高效能
人士都在用的工作法

Excel行政与文秘职场实践技法

恒盛杰资讯◎编著

机械工业出版社
China Machine Press

图书在版编目（CIP）数据

高效能人士都在用的工作法：Excel 行政与文秘职场实践技法／恒盛杰资讯编著. —北京：机械工业出版社，2016.6

ISBN 978-7-111-53708-3

Ⅰ. ①高… Ⅱ. ①恒… Ⅲ. ①表处理软件 Ⅳ. ① TP391.13

中国版本图书馆 CIP 数据核字（2016）第 097261 号

本书针对行政与文秘工作中的信息录入、数据统计、表格制作、表单设计和图表展示等应用需求，汇编出最贴近实际工作的知识和技巧，全面系统地介绍了 Excel 的技术特点和应用方法，深入揭示隐藏于高效办公背后的原理和概念，并配合大量典型的应用实例，帮助读者全面掌握 Excel 在行政与文秘工作中的应用技术，从而彻底从加班队伍中解脱出来。

本书以准确、快速、高效地完成工作任务为目标，不仅分专题详解 Excel 的应用，还设计了"文秘应用""常见问题""经验分享""专家点拨"等单元，帮助读者更快更好地理解内容、抓住精髓。全书共 16 章，分为 3 篇。第 1 篇包括第 1 ~ 7 章，主要讲解 Excel 基本操作，内容包括快速输入与编辑数据、快速格式化工作表、高效管理表格数据、SmartArt 图形与图表的应用、使用数据透视表分析表格数据、公式与函数的运用、数据的有效保护等。第 2 篇包括第 8 ~ 15 章，以实例的形式讲解如何使用 Excel 解决行政与文秘工作中的常见问题，具体包括文秘常用单据的制作、企划书的制作、公司会议安排与会议室使用管理、公司车辆使用管理、客户信息管理、员工资料库与人事管理、公司办公用品管理、新产品调查问卷的制作等。第 3 篇包括第 16 章，主要介绍 Excel 与其他软件的协同使用。

本书配套的云空间资料内容极其丰富，除包含所有实例的原始文件和可直接套用的最终文件外，还有播放时间长达 350 分钟的 195 个重点实例的教学视频，具有极高的学习价值和使用价值。

本书可作为需要使用 Excel 处理、分析信息数据的行政经理、行政助理、秘书、文员等专业人员的案头参考，也适合职场新人或非行政文秘工作人员快速掌握使用 Excel 完成日常工作的技巧。

高效能人士都在用的工作法：Excel 行政与文秘职场实践技法

出版发行：机械工业出版社（北京市西城区百万庄大街 22 号 邮政编码：100037）

责任编辑：杨 倩

印　　刷：北京天颖印刷有限公司　　　　　　　版　　次：2016 年 6 月第 1 版第 1 次印刷

开　　本：185mm×260mm　1/16　　　　　　　印　　张：23.5

书　　号：ISBN 978-7-111-53708-3　　　　　　定　　价：59.00 元

前言
Preface

对于从事行政与文秘工作的人来说，与各种报表、图表打交道是日常工作必不可少的一部分，与之相关的烦恼也不断涌现：

如何快速、准确地输入常用信息？

如何规范地显示员工资料？

如何让数据报表更加美观与专业？

如何制作老板满意、同事羡慕的图表？

如何让每月都要重复的操作以自动化的方式完成？

……

这些问题其实使用Excel就能轻松解决。Excel是一款高效的数据分析、处理与图表制作软件，被广泛应用于多种办公领域，如行政与文秘、会计与财务、人力资源管理、市场营销分析与决策等。Excel丰富的软件功能让各行各业的资料统计、分析、归纳与处理都离不开它；而它与其他Office组件如Word、PowerPoint等的良好协作，能显著提高办公效率，是纵横职场必不可少的工具。

本书就是为了便于广大行政与文秘工作人员掌握Excel的操作方法，并能根据自身实际的行业应用需求，精通相应的软件功能而编写的，希望能为读者处理日常工作事务、提高办公效率带来帮助。

◎ 内容结构

全书共16章，分为3篇。

第1篇包括第1～7章，主要讲解Excel基本操作，内容包括快速输入与编辑数据、快速格式化工作表、高效管理表格数据、SmartArt图形与图表的应用、使用数据透视表分析表格数据、公式与函数的运用、数据的有效保护等。

第2篇包括第8～15章，以实例的形式讲解如何使用Excel解决行政与文秘工作中的常见问题，具体包括文秘常用单据的制作、企划书的制作、公司会议安排与会议室使用管理、公司车辆使用管理、客户信息管理、员工资料库与人事管理、公司办公用品管理、新产品调查问卷的制作等。

第3篇包括第16章，主要介绍Excel与其他软件的协同使用。

◎ 编写特色

■ **遵循学习规律，详细探讨软件功能**：本书以由浅入深、循序渐进的方式编排内容，每个实例都有详细的操作步骤解析，确保零基础的人学习无障碍、有一定经验的人提高更快。

■ **贴近行业实际，全面总结工作技巧**：在实际工作中，并不是会使用软件就一定能顺利完成任务，因为各个行业有其自身的特色需求，很多经验技巧需要在实践中才能领悟和总结。本书为了满足读者即学即用的需求，不仅选择了有代表性的实例以便读者直接套用，还通过"文秘应用""常见问题""经验分享""专家点拨"四大环节，介绍了大量实用性极强的工作技巧，力求拓展读者的知识面、提高综合应用能力。

■ **结合动手操作，学习效果立竿见影**：本书配套的云空间资料不仅完整收录了书中全部实例的原始文件和最终文件，还有播放时间长达350分钟的195个重点操作实例的教学视频，具有极高的学习价值和使用价值。读者按照书中的讲解，结合实例文件进行实际操作，能够更加形象、直观地理解和掌握知识点。

◎ 阅读提示

■ **关于实例中使用的称谓和数据**：为了最大程度模拟真实操作效果，便于日后读者代入工作实践，本书中部分实例采用了真实的厂商或产品的名称，但仅仅是为了教学使用，读者请勿对号入座，实例中的数据也不代表实际的商业信息。

■ **关于实例文件路径**：由于编写本书时使用的电脑中的文件路径与读者放置实例文件的路径可能会不一致，部分实例的最终文件在打开并直接使用时看不到操作后的效果，若发生此情况，建议读者按照步骤的介绍，实际操作后重新链接文件。

◎ 读者对象

本书可作为需要使用Excel处理、分析信息数据的行政经理、行政助理、秘书、文员等专业人员的案头参考，也适合职场新人或非行政文秘工作人员快速掌握使用Excel完成日常工作的技巧。

由于编著者水平有限，在编写本书的过程中难免有不足之处，恳请广大读者指正批评，除了扫描二维码添加订阅号获取资讯以外，也可加入QQ群137036328与我们交流。

编著者
2016年3月

如何获取云空间资料

步骤1：扫描关注微信公众号

在手机微信的"发现"页面中点击"扫一扫"功能，如左下图所示，页面立即切换至"二维码/条码"界面，将手机对准右下图中的二维码，即可扫描关注我们的微信公众号。

步骤2：获取资料下载地址和密码

关注公众号后，回复本书书号的后6位数字"537083"，公众号就会自动发送云空间资料的下载地址和相应密码。

步骤3：打开资料下载页面

方法1：在计算机的网页浏览器地址栏中输入获取的下载地址（输入时注意区分大小写），按Enter键即可打开资料下载页面。

方法2：在计算机的网页浏览器地址栏中输入"wx.qq.com"，按Enter键后打开微信网页版的登录界面。按照登录界面的操作提示，使用手机微信的"扫一扫"功能扫描登录界面中的二维码，然后在手机微信中点击"登录"按钮，浏览器中将自动登录微信网页版。在微信网页版中单击左上角的"阅读"按钮，如右图所示，然后在下方的消息列表中找到并单击刚才公众号发送的消息，在右侧便可看到下载地址和相应密码。将下载地址复制、粘贴到网页浏览器的地址栏中，按Enter键即可打开资料下载页面。

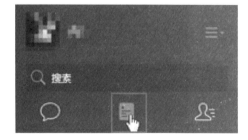

步骤4：输入密码并下载资料

在资料下载页面的"请输入提取密码："下方的文本框中输入下载地址附带的密码（输入时注意区分大小写），再单击"提取文件"按钮，在新打开的页面中单击右上角的"下载"按钮，在弹出的菜单中选择"普通下载"选项，即可将云空间资料下载到计算机中。下载的资料如为压缩包，可使用7-Zip、WinRAR等解压软件解压。

目录 CONTENTS

目录 CONTENTS

第 2 篇　Excel在文秘与行政中的应用

目 录 CONTENTS

第 3 篇　拓展应用

16 第章　Excel与其他软件的协同使用 ···362

第1篇

Excel——高效的表格与数据处理软件

第 1 章

快速输入与编辑数据

 学习要点

- 文本、数值的输入
- 自动填充数据
- 查找和替换数据
- 货币符号与会计格式的添加
- 复制与移动数据
- 数据有效性的使用

 本章结构

输入文字		
在编辑栏中输入	在单元格中输入	文字自动换行
输入数值数据		
输入0开头的数据	设置保留小数位	输入负数
添加货币符号与会计格式		
使用"数字格式"添加	设置默认认货币格式	快速添加会计格式
自动填充数据		
填充相同数据	填充有规律数据	自定义填充
复制与移动数据		
用复制、剪切复制移动		通过拖动复制移动
查找和替换数据		
查找替换文字或格式		使用通配符查找
有效数据的输入		
设置有效性条件	设置提示信息	设置出错信息

① 快速应用货币格式

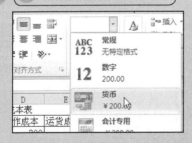

② 填充有规律的数据

③ 查找符合文字格式要求的内容

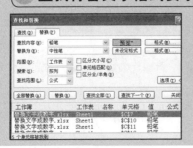

④ 用有效性制作下拉列表

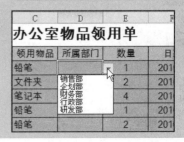

快速输入与编辑数据

无论编辑什么样的表格，都需要在表格中输入数据，数据是体现表格内容的基本元素，用户可以通过Excel 2010提供的某些功能来提高表格制作的速度，例如在输入数据时，使用自动填充功能快速输入特殊格式的数据等，从而提高用户的工作效率。本章将介绍快速制作专业表格的方法，主要包括文字的输入、货币符号专用格式的输入、自动填充数据、复制与移动数据、查找和替换等内容。

1.1 文字的输入

文本与数据是整个工作表的核心内容，是整个数据表格中不可缺少的部分，它可以让使用者清楚地明白表格内容是什么。

在输入文字时，用户可以通过编辑栏或单元格输入。输入文本后，按Enter键即可。

无论采用在编辑栏中输入或是选中单元格直接输入，按Enter键后，都将得到相同的效果。

在不调整单元格所占列宽的情况下，为了使内容较多的单元格内文本全部显示，可以设置单元格文本自动换行。在"设置单元格格式"对话框的"对齐"选项卡下，勾选"自动换行"复选框，即可实现单元格文本自动换行，有时，为了更好地浏览换行效果，还需调整单元格行高。

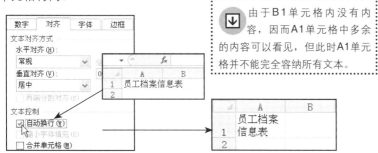

由于B1单元格内没有内容，因而A1单元格中多余的内容可以看见，但此时A1单元格并不能完全容纳所有文本。

1.1.1 在编辑栏中输入

编辑栏位于表格区域上方，可直接在此向当前所在的单元格输入数据内容，在单元格中输入数据内容时同样也会显示在此。

最终文件 | 实例文件\第1章\最终文件\编辑栏输入文本.xlsx

提示 ① 在多个单元格中同时输入相同数据

在输入文本时，用户可以在一张工作表的多个单元格中输入相同数据，以快速提高工作效率。

1 新建工作簿，在A1单元格中输入文本"电脑"，再选中单元格区域A1:A4，如下图所示。

2 按组合键Ctrl+Enter，即可在单元格区域A1:A4中输入相同的文本"电脑"，如下图所示。

提示② 设置按Enter键时光标的移动方向

当编辑完一个单元格中的内容后，人们习惯上使用Enter键来完成该单元格的编辑，同时切换到下一个需要编辑的单元格，而下一个需要编辑的单元格可以是编辑完成单元格上方、下方、左侧或右侧的单元格，用户可以根据自己的需要，设置按下Enter键时光标的移动方向。

在Excel中单击"文件"按钮，在弹出的菜单中单击"选项"按钮，打开"Excel选项"对话框，单击左侧的"高级"选项，在右侧界面中勾选"按Enter键后移动所选内容"复选框，然后在"方向"下拉列表中可以选择"向下"、"向右"、"向上"和"向左"选项，如下图所示。

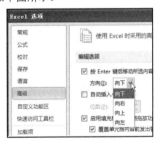

1 输入单元格名称。新建空白工作簿，在名称框中输入单元格名称A1，如下图所示。

3 输入单元格内容。在"编辑栏"文本框中输入文字内容"员工办公室物品领用单"，如下图所示。

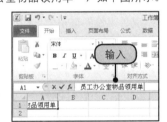

2 选定单元格。按Enter键即可自动选中单元格A1，如下图所示。

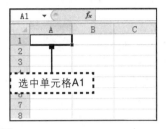

4 完成文本输入。按Enter键，即可完成在单元格A1中输入文本的操作，如下图所示。

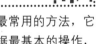

1.1.2 在单元格中输入

编辑工作表时，在单元格中直接输入文本信息是最常用的方法，它具有方便、快速、精确等多种优点，成为人们输入数据最基本的操作，具体的操作步骤如下。

⊚	原始文件	实例文件\第1章\原始文件\单元格输入文本.xlsx
	最终文件	实例文件\第1章\最终文件\单元格输入文本.xlsx

1 输入文本信息。打开"实例文件\第1章\原始文件\单元格输入文本.xlsx"工作簿，选中单元格A2，并输入文本"员工"，如下图所示，可以看到Excel会自动显示上次输入的文本信息。

3 完成输入。确认文本输入后，按Enter键即可输入需要的内容，如右图所示。如果要更改单元格文本内容，则双击单元格即可重新编辑。

2 继续输入文本内容。忽略Excel提供的记忆式键入功能，直接输入其他文本"编号"，如下图所示。

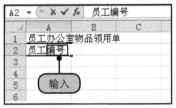

1.1.3 文字的自动换行功能

如果单元格中的文本内容较长，并且右边单元格中有数据，此时单元格中的文本便不会完全显示出来，用户可以应用文本的自动换行功能解决这类问题，该功能可以根据单元格的列宽自动换行显示多余的内容，具体的操作步骤如下。

原始文件	实例文件\第1章\原始文件\自动换行.xlsx
最终文件	实例文件\第1章\最终文件\自动换行.xlsx

1 选中整个表格。打开"实例文件\第1章\原始文件\自动换行.xlsx"工作簿，单击工作表工作区左上角行号与列标的交叉处，选中整个表格，如下图所示。

3 设置自动换行。在"设置单元格格式"对话框中，单击"对齐"标签，切换至"对齐"选项卡，在"文本控制"选项组中勾选"自动换行"复选框，如下图所示。

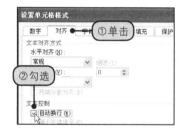

2 打开"设置单元格格式"对话框。在"开始"选项卡下单击"字体"组中的对话框启动器，如下图所示，打开"设置单元格格式"对话框。

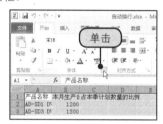

4 显示自动换行的效果。经过以上操作后，所选中的整个表格即实现了自动换行效果，如下图所示。用户可以很清楚地看出每个单元格中的内容。

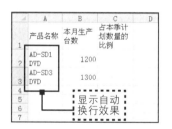

1.2

数值数据的输入

在学习了如何输入文本后，接下来将学习更重要的数值数据的输入方法，包括输入以0开头的特殊数值、四舍五入小数位数以及负数的输入方法。

有时需要将输入到单元格中的数值型数据保存为文本类型，例如要输入批次编号"200812003"，如果直接在单元格中输入数字，系统会默认将它处理为数值型数据，这时，用户也可以通过特殊的输入方式将它处理为文本类型的数据。

③ 缩小字体填充

前面介绍了使用文字自动换行功能显示完整的单元格内容，除此之外，用户还可以使用"缩小字休"功能显示单元格内容。

1 在"实例文件\第1章\原始文件\缩小字体.xlsx"工作簿中选中单元格区域A1:A6，切换至"开始"选项卡，单击"字体"对话框启动器，打开"设置单元格格式"对话框，然后切换至"对齐"选项卡，勾选"缩小字体填充"复选框，再单击"确定"按钮，如下图所示。

2 经过以上操作后，选中的单元格区域A1:A6已经被缩小字体了，并完整地显示出来，如下图所示。

④ 输入分数

在编辑工作表时，有时会输入分数形式的数据，输入分数的具体操作步骤如下。

1 新建工作簿，选中需要设置分数的单元格，然后切换至"开始"选项卡，在"数字"下拉列表中单击"分数"选项，如下图所示。

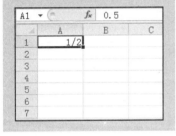

2 在选中的单元格中输入分数1/2，按Enter键即可显示输入的分数，如下图所示。

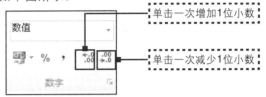

先在英文状态下输入符号"'"，再输入数值，此时Excel会自动将其处理为文本格式，并且会自动左对齐。更改为文本格式的单元格左上角会显示绿色小三角形。

在单元格中输入小数并调整小数位数有两种方式，一种是直接在"数字"组中设置；另一种是使用"设置单元格格式"对话框进行设置，如下图所示。

—— 单击一次增加1位小数

—— 单击一次减少1位小数

若要在单元格中输入负数，可以采取最简单的先输入"-"号，再输入数字的形式，或采用"（ ）"的形式输入，如下图所示。

在C2单元格中输入（48）或者直接输入-48，按Enter键后，都将得到-48。

1.2.1 输入0开头的数据

用户在编辑工作表时，有时需要输入0开头的数据，如输入员工编号时常常以0开头输入"001"等数据，如果用户直接在单元格中输入"001"，则单元格中显示为"1"，此时就需要采用文本型数字方式输入，具体的操作步骤如下。

原始文件	实例文件\第1章\原始文件\输入0开头的数据.xlsx
最终文件	实例文件\第1章\最终文件\输入0开头的数据.xlsx

⑤ 将文本转换为数字

当用户以文本形式输入数字时，可以将其快速转换为数字，具体的操作步骤如下。

1 打开"实例文件\第1章\原始文件\输入0开头的数据.xlsx"工作簿，在单元格A3中输入"'001001"，按Enter键，再单击单元格右侧的"错误选项"按钮，然后在弹出的快捷菜单中单击"转换为数字"命令，如下图所示。

1 输入特殊数据。打开"实例文件\第1章\原始文件\输入0开头的数据.xlsx"工作簿，选中单元格A3，输入"'001001"，如下图所示。

2 显示输入的0开头数据。输入完毕后，按Enter键，此时用户可以看到在单元格中输入了以0开头的数据"001001"，如下图所示。

3 忽略错误。在生成文本型数据的同时，单元格左上角也将出现绿色三角形，单击单元格右侧显示的"错误选项"按钮，在弹出的快捷菜单中单击"忽略错误"命令，如下图所示。

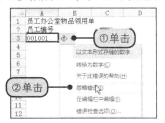

4 显示设置后的效果。经过以上操作后，单元格A3左上角的绿色三角形消失了，如下图所示。

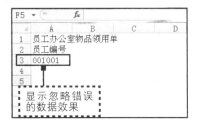

1.2.2 设置保留的小数位数

默认情况下，Excel在内置的数字格式中会显示两位小数位数，对于已在工作表上输入的数字，用户可以使用"增加小数位数"和"减少小数位数"按钮来改变小数点后的小数位数，具体的操作步骤如下。

原始文件	实例文件\第1章\原始文件\设置小数位数.xlsx
最终文件	实例文件\第1章\最终文件\设置小数位数.xlsx

1 选中单元格区域。打开"实例文件\第1章\原始文件\设置小数位数.xlsx"工作簿，选中单元格区域B3:C5，如下图所示。

2 设置数值格式。切换至"开始"选项卡，在"数字"组中单击"数字格式"的下三角按钮，然后在展开的下拉列表中单击"数字"选项。

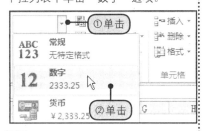

3 减少小数位数。此时选中单元格区域B3:C5的数据将保留默认的两位小数，接着在"数字"组中单击"减少小数位数"按钮，如下图所示。

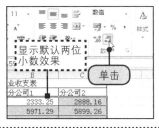

4 显示1位小数位数效果。经过以上操作后，单元格区域B3:C5中的小数位数均同时保留到1位，效果如下图所示。

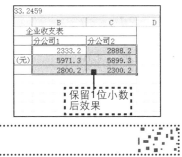

1.2.3 输入负数

文秘人员在核算企业利润或业绩时，有时会遇到需要输入负数的情况。如果按照一般的方式输入，可能大多数读者都会操作，下面为您介绍一种特殊的负数输入方式，具体的操作步骤如下。

（续上页）

提示 ⑤ 将文本转换为数字

2 经过以上操作后，单元格A3中的值"001001"将被转换为数字"1001"，如下图所示。

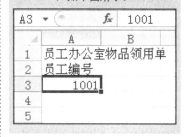

提示 ⑥ 在"设置单元格格式"对话框中设置小数位数

通过前面的介绍，读者应该知道了如何在"数字"组中快速设置小数位数，其实读者也可以在"设置单元格格式"对话框中设置小数位数，具体的操作步骤如下。

1 打开"实例文件\第1章\原始文件\设置小数位数.xlsx"工作簿，选中单元格区域B3:C5，单击"字体"对话框启动器，打开"设置单元格格式"对话框，单击左侧的"数值"选项，然后在右侧"小数位数"下拉列表中单击"1"选项，再单击"确定"按钮，如下图所示。

（续上页）

原始文件	实例文件\第1章\原始文件\输入负数.xlsx
最终文件	实例文件\第1章\最终文件\输入负数.xlsx

提示 ⑥ 在"设置单元格格式"对话框中设置小数位数

2 经过以上操作后，单元格区域B3:C5中的小数位数即减少到1位，效果如下图所示。

	B	C
	企业收支表	
	分公司1	分公司2
（元）	2333.2	2888.2
	5971.3	5899.3
	2800.2	2300.2

1 选中单元格。打开"实例文件\第1章\原始文件\输入负数.xlsx"工作簿，选中D3单元格，如下图所示。

2 输入特殊格式。在单元格D3中输入"(2)"，如下图所示。

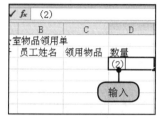

3 显示输入的负数。按Enter键后，D3单元格中将显示输入的负数"-2"，如右图所示。

1.3 货币符号及会计专用格式的添加

在编辑工作表数据时，难免会建立与金额相关的数据，此时就需要用到货币符号，本小节将介绍如何设置货币符号的专用格式。

通过前面的介绍，读者应该知道在"数字"下拉列表中可以选择数值格式，同样以这样的方法设置"货币"格式，如下图所示。

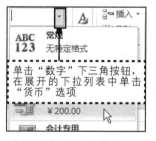

单击"数字"下三角按钮，在展开的下拉列表中单击"货币"选项

← 选择货币格式后，默认的数值会保留两位小数，用户可以按照前面介绍的方法减少或增加小数位数。

默认的货币格式符号为"￥"，如果用户需要将其设置为其他符号，例如"$"、"US$"等，则可以使用"设置单元格格式"对话框进行设置。

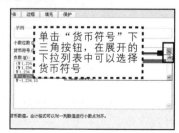

单击"货币符号"下三角按钮，在展开的下拉列表中可以选择货币符号

← 打开"设置单元格格式"对话框，切换至"数字"选项卡，单击左侧的"货币"选项，在右侧界面中即可设置货币的各种格式，包括小数位数、货币符号、负数形式等。

提示 ⑦ 快速输入日期

在编辑工作表时，可以输入各种形式的日期格式数据，具体的操作步骤如下。

1 新建工作簿，在单元格A1中输入日期"2009-1-16"，如下图所示。

	A	B	C
1	2009-1-16		
2			
3			
4			

2 打开"设置单元格格式"对话框，单击左侧的"日期"选项，在右侧"类型"列表框中单击"2001年3月14日"选项，如下图所示，再单击"确定"按钮。

如果用户要更改Excel的默认货币符号，则可以在系统的控制面板中更改，这样在Excel工作簿中的默认货币格式即会根据设置的地区显示，如中国默认的货币符号为人民币￥。

在系统中的"控制面板"窗口中打开"区域和语言选项"对话框，切换至"区域选项"选项卡，可以在此设置地区、数字、货币、时间等，完毕后单击"确定"按钮即可。

1.3.1 使用"数字格式"快速添加货币符号

在"数字"组中，读者可以很方便地为数值添加默认的货币格式，其操作简单、方便，能有效提高用户的工作效率，具体的操作步骤如下。

原始文件	实例文件\第1章\原始文件\添加货币格式.xlsx
最终文件	实例文件\第1章\最终文件\添加货币格式.xlsx

1 选中单元格。打开"实例文件\第1章\原始文件\添加货币格式.xlsx"工作簿，选中单元格区域B3:C3，如下图所示。

2 快速设置货币格式。切换至"开始"选项卡，在"数字"组中单击"数字格式"下三角按钮，然后在展开的下拉列表中单击"货币"选项，如下图所示。

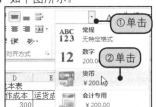

3 显示设置的货币样式。经过以上操作后，单元格区域B3:C3的数值即添加上了默认的货币格式，效果如下图所示。

4 设置小数位数。在"数字"组中单击两次"减少小数位数"按钮，即可将为0的小数位取消，如下图所示。

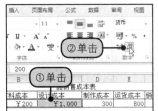

1.3.2 设置默认的货币格式

要更改Excel中"数字格式"下拉列表中默认的货币格式，必须在"控制面板"窗口中的"区域和语言选项"对话框中进行，具体的操作步骤如下。

（续上页）

提示 ⑦ 快速输入日期

3 经过以上操作后，在单元格A1中即可显示设置的单元格格式"2009年1月16日"，如下图所示。

提示 ⑧ 使用&符号连接两个值

读者可以使用&符号，将文本运算合并或者连接两个值，以产生一个连续的文本值，具体的操作步骤如下。

1 打开"实例文件\第1章\原始文件\使用&符号.xlsx"工作簿，在单元格C2中输入"=a2&b2"，如下图所示。

2 输入完毕后按Enter键，此时在单元格C2中即可显示单元格A2和B2中连接的数值"20101"，如下图所示。

原始文件	实例文件\第1章\原始文件\设置默认货币格式.xlsx
最终文件	实例文件\第1章\最终文件\设置默认货币格式.xlsx

1 打开"控制面板"窗口。在桌面上单击"开始"按钮，然后在弹出的快捷菜单中单击"控制面板"命令，如下图所示。

2 打开"区域和语言选项"对话框。在打开的窗口右侧界面中双击"区域和语言选项"选项，如下图所示。

3 打开"自定义区域选项"对话框。打开"区域和语言选项"对话框，在"标准和格式"选项组中单击"自定义"按钮，如下图所示。

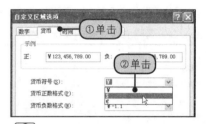

4 设置货币符号。在弹出的对话框中切换至"货币"选项卡，然后在"货币符号"下拉列表中单击"$"选项，如下图所示。

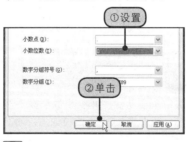

5 设置小数位数。接着在"小数位数"下拉列表中单击"0"选项，再单击"确定"按钮，如下图所示。

6 确认设置。返回"区域和语言选项"对话框，确认设置后单击"确定"按钮，如下图所示。

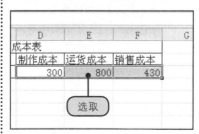

7 打开工作簿。设置完毕后，打开"实例文件\第1章\原始文件\设置默认货币格式.xlsx"工作簿，选中单元格区域D3:F3，如下图所示。

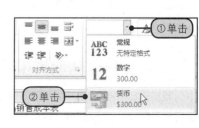

8 选择货币格式。切换至"开始"选项卡，在"数字"组的"数字格式"下拉列表中单击"货币"选项，如下图所示。

📋 **文秘应用**

设置产值利润对比表

　　文秘工作时常需要整理利润对比表，难免会需要进行数据格式的设置，其中包括货币、百分比、小数位数等格式的设置。

原始文件	实例文件\第1章\原始文件\利润对比表.xlsx
最终文件	实例文件\第1章\最终文件\利润对比表.xlsx

1 打开"实例文件\第1章\原始文件\利润对比表.xlsx"工作簿，按住Ctrl键的同时选中单元格区域B3:B7和D3:D7，然后在"数字"组中的"会计数字格式"下拉列表中单击"¥中文(中国)"选项，如下图所示。

2 按照同样的方法选中单元格区域C3:C7和E3:E7，然后在"数字"组中单击"百分比样式"按钮，如下图所示。

9 显示设置的货币效果。经过以上操作后，选中的单元格区域D3:F3即快速应用了设置的货币符号$，并且取消了小数位数的显示，如右图所示。

D	E	F
本表		
制作成本	运货成本	销售成本
$300	$800	$430

1.3.3 快速添加"会计专用"格式

为了使表格中的数据更符合实际需要，可以为金额添加货币符号，而在财会统计中，比货币符号更专业的格式为"会计专用"格式，下面就来介绍添加"会计专用"格式的操作。

原始文件	实例文件\第1章\原始文件\添加货币格式.xlsx
最终文件	实例文件\第1章\最终文件\会计专用格式.xlsx

1 打开工作簿。打开"实例文件\第1章\原始文件\添加货币格式.xlsx"工作簿，选中单元格区域B3:F3，如下图所示。

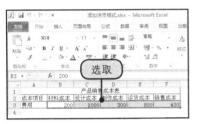

2 选择会计专用格式。在"数字"组中单击"会计数字格式"右侧的下三角按钮，然后在展开的下拉列表中单击"¥中文(中国)"选项，如下图所示。

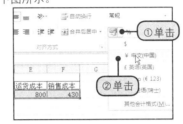

3 显示设置的货币效果。经过以上操作后，选中的单元格区域B3:F3即快速应用了所选的会计专用格式，如右图所示。

1.4 自动填充数据

自动填充功能是Excel中的一项特殊功能，它可以将一些有规律的数据或公式，通过自动填充的方式更便捷地应用到其他区域，从而减少诸如手动编号或重复输入公式的繁琐性。

如果需要快速填充相同的数据，则可以使用拖动法和填充命令进行操作。

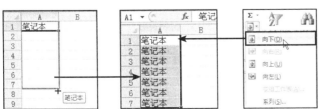

（续上页）

文秘应用
设置产值利润对比表

3 经过以上操作后，所选取的单元格区域即被设置为需要的效果了，如下图所示。

提示 ⑨ 更改默认的千位分隔符样式

如果有时需要显示带有不同千位分隔符的数字，则可以暂时使用自定义分隔符来替换系统分隔符。

1 打开工作簿，单击"文件"按钮，在弹出的菜单中单击"选项"按钮，打开"Excel选项"对话框。

2 切换至"高级"选项卡，在右侧"编辑选项"选项组中取消勾选"使用系统分隔符"复选框，然后在"千位分隔符"文本框中设置自定义符号，如下图所示，再单击"确定"按钮即可。

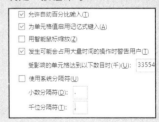

提示 ⑩ 填充日期

在工作表中填充日期可以根据填充日、月、年三种方式进行设置，默认填充是以日填充，下面介绍月、年的填充方法，其步骤如下。

1 打开"实例文件\第1章\原始文件\填充日期.xlsx"工作簿，选中单元格A1，将鼠标移至单元格右下角直至鼠标指针呈┿状，按住鼠标左键不放向下拖动至单元格A9，然后单击其右侧的"填充选项"按钮 ，在弹出的快捷菜单中选中"以月填充"单选按钮，如下图所示。

	A		
1	2010-1-10	○	复制单元格(C)
2	2010-1-11	●	填充序列(S)
3	2010-1-12	○	仅填充格式(F)
4	2010-1-13	○	不带格式填充(O)
5	2010-1-14	○	以天数填充(D)
6	2010-1-15	○	以工作日填充(W)
7	2010-1-16	●	以月填充(M)
8	2010-1-17	○	以年填充(Y)
9	2010-1-18		
10			

2 经过以上操作后，在单元格区域A1:A9中即可以月的序列方式向下填充，如下图所示。

	A	B	C
1	2010-1-10		
2	2010-2-10		
3	2010-3-10		
4	2010-4-10		
5	2010-5-10		
6	2010-6-10		
7	2010-7-10		
8	2010-8-10		
9	2010-9-10		
10			

3 按照前面的方法，在"填充选项"快捷菜单中选中"以年填充"单选按钮，即可按年的序列方式向下填充，如下图所示。

	A	B	C
1	2010-1-10		
2	2011-1-10		
3	2012-1-10		
4	2013-1-10		
5	2014-1-10		
6	2015-1-10		
7	2016-1-10		
8	2017-1-10		
9	2018-1-10		
10			

如果用户使用拖动法填充数据，则会在最后一个单元格右下角出现"填充选项"按钮 ，单击该按钮，可以从弹出的菜单中选择不同的填充方式。

在"填充选项"下拉列表中，用户可以选择"复制单元格"、"填充序列"、"仅填充格式"、"不带格式填充"、"以天数填充"和"以工作日填充"共6种填充方式

在编辑表格数据时，用户可以通过自定义序列来实现自动填充常规或自定义的信息。在"Excel选项"对话框的"高级"选项卡的"常规"选项组中，单击"编辑自定义列表"按钮可打开"自定义序列"对话框。

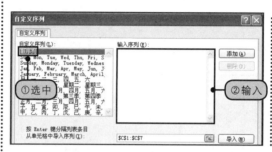

打开"自定义序列"对话框，选中左侧的"新序列"选项后，在右侧列表框中输入自定义填充信息，再单击"添加"按钮即可完成设置。

1.4.1 快速填充相同数据

在输入表格数据时，读者经常会遇到在表格中要输入相同数据的情况，此时读者可以使用自动填充功能快速完成这样的操作，具体步骤如下。

原始文件	实例文件\第1章\原始文件\填充相同数据.xlsx
最终文件	实例文件\第1章\最终文件\填充相同数据.xlsx

① 方法一：使用"填充"命令

1 选中单元格区域。打开"实例文件\第1章\原始文件\填充相同数据.xlsx"工作簿，选中单元格区域A3:A5，如下图所示。

2 向下填充相同数据。切换至"开始"选项卡，在"编辑"组中单击"填充"下三角按钮，在展开的下拉列表中单击"向下"选项，如下图所示。

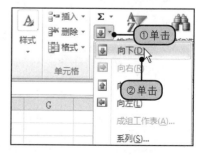

3 显示填充的效果。经过以上操作后，选中的单元格区域A3:A5即快速实现了相同数据的快速填充，效果如右图所示。

显示填充相同数据的效果

❷ 方法二：使用拖动法填充

1 选中填充文本内容。选中B3单元格，输入需要的文本，例如"邱宁"，将鼠标移至单元格右下角待指针变为➕状，如下图所示。

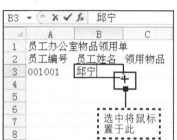

选中将鼠标置于此

2 拖动填充相同数据。按住鼠标左键并向下拖动填充柄至所需位置处，然后释放鼠标，如下图所示。

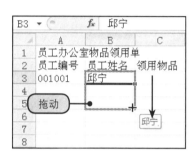

拖动

3 显示填充的效果。经过以上操作后，可以看到单元格区域B3:B5填充了相同数据，如右图所示。

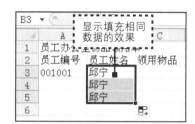

显示填充相同数据的效果

提示 ⑪ 进行"行"的填充

用户除了可以自动填充纵向的单元格区域外，也可以自动填充横向单元格区域。

单击"开始"标签，切换至"开始"选项卡，在"编辑"组中单击"填充"下三角按钮，然后在展开的下拉列表中单击"向左"选项或"向右"选项，即可进行"行"的填充。

需要注意的是，如果向下填充，则系统默认以递增的方式填充值，而向上填充，则系统会默认以递减的方式填充值。

除了可以使用命令填充横向单元格区域外，用户也可以直接横向拖动填充数据，得到填充行的效果。

1.4.2 填充有规律的数据

用户在编辑表格时，常常需要填充有规律的数据，例如填充日期时间有规律的数字编号等。

❶ 填充日期时间

通过序列填充或拖动填充的方式均可实现日期时间的快速填充，以采用拖动填充方式为例，快速填充日期的具体操作步骤如下。

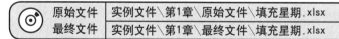

◎	原始文件	实例文件＼第1章＼原始文件＼填充星期.xlsx
	最终文件	实例文件＼第1章＼最终文件＼填充星期.xlsx

1 填充数据。打开"实例文件\第1章\原始文件\填充星期.xlsx"工作簿，选中单元格A2，将鼠标移至单元格右下角待指针呈➕状，按住鼠标左键向下拖动填充柄至A8单元格处，如右图所示。

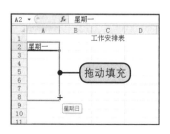

拖动填充

提示 ⑫ 填充格式

除了可以填充前面介绍的数据、序列、日期外，读者还可以填充单元格格式，具体的操作步骤如下。

1 打开"实例文件\第1章\原始文件\填充格式.xlsx"工作簿，选中单元格B3，按照前面的方法向下填充至单元格B7，如下图所示。

	A	B	C	D
1		产值利润对比表		
2	年份	产值(万元)	同比增加	利润(万元)
3	2005	¥ 980.00	5%	¥ 90.00
4	2006	¥ 1,070.00	6%	¥ 100.00
5	2007	¥ 1,150.00	7%	¥ 120.00
6	2008	¥ 1,300.00	8%	¥ 132.00
7	2009	¥ 1,450.00	12%	¥ 150.00
8				
9		¥980.00		

2 单击单元格B7右下角的 按钮，在弹出的快捷菜单中选中"仅填充格式"单选按钮，如下图所示。

980.00	12%	¥	150.00

- ○ 复制单元格(C)
- ○ 填充序列(S)
- ⊙ 仅填充格式(F)
- ○ 不带格式填充(O)

3 经过以上操作后，单元格区域B3:B7即可应用填充的格式效果，如下图所示。

	A	B	C
1		产值利润对比	
2	年份	产值(万元)	同比增加	利
3	2005	¥ 980.00	5%	¥
4	2006	¥ 1,070.00	6%	¥
5	2007	¥ 1,150.00	7%	¥
6	2008	¥ 1,300.00	8%	¥
7	2009	¥ 1,450.00	12%	¥

2 设置以工作日填充。释放鼠标后，单击单元格A8右下角的 按钮，在弹出的快捷菜单中选中"以工作日填充"单选按钮，如下图所示。

3 显示填充的效果。经过以上操作后，日期数据即会自动以工作日的方式从星期一填充至星期五，再接着从星期一开始有规律地进行填充，如下图所示。

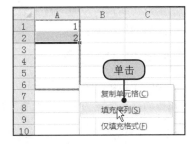

2 填充数字编号

文秘人员在处理员工记录或编制办公用品表格时，常常需要对员工或办公用品名称进行编号。在Excel中，对于这类有规律的编号数字，可以采取填充的方式进行录入。下面就来介绍两种填充这类数据的方法。

最终文件	实例文件\第1章\最终文件\填充数字编号.xlsx

1 方法一：使用拖动法填充

1 选中填充的单元格区域。打开空白工作簿，在单元格A1、A2中分别输入1和2，然后选中单元格区域A1:A2，将鼠标置于单元格区域右下角位置处待指针呈十状，如下图所示。

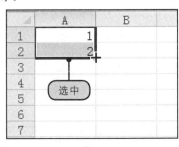

2 拖动填充数值。按住鼠标右键不放，向下进行拖动，拖动至单元格A6处释放鼠标，在弹出的快捷菜单中单击"填充序列"命令，如下图所示。

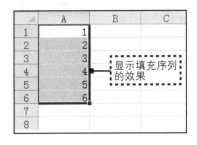

3 显示填充效果。此时拖动鼠标经过的单元格区域中将自动以序列方式填充数字，如右图所示，运用同样的方法，用户还可以对数据进行等差或等比数列的填充。

② 方法二：使用"序列"对话框

1 选中单元格。打开空白工作簿，在单元格A1中输入数字"1"，并将A1单元格选中，如下图所示。

2 打开"序列"对话框。切换至"开始"选项卡，在"编辑"组中单击"填充"按钮，然后在展开的下拉列表中单击"系列"选项，如下图所示。

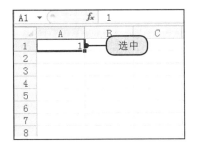

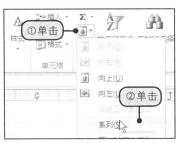

3 设置步长值。在弹出的对话框中设置序列产生在"列"，并分别设置"步长值"与"终止值"为1和6，最后单击"确定"按钮，如下图所示。

4 显示填充的效果。经过以上操作后，在单元格区域A1:A6中将自动从1开始编号，填充至终止值6，如下图所示。

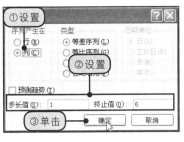

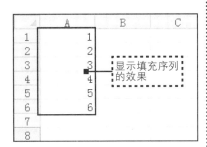

显示填充序列的效果

1.4.3 自定义填充数据

也许工作中经常会遇到这样的问题，譬如随时可能会输入周一、周二、周三这样有规律的数据，或是在一套表格中均需要重复录入某部门的所有员工。此时便可以设置自定义序列，以便随时能将这一整套序列快速填充至相应区域，以提高办公效率。自定义填充数据的具体操作如下。

原始文件	实例文件\第1章\原始文件\自定义填充数据.xlsx
最终文件	实例文件\第1章\最终文件\自定义填充数据.xlsx

1 打开"Excel选项"对话框。打开"实例文件\第1章\原始文件\自定义填充数据.xlsx"工作簿，单击"文件"按钮，在弹出的菜单中单击"选项"按钮，如右图所示。

文秘应用
自动填充员工编号

文秘在制作表格时，最常输入员工的编号，此时可以使用自动填充功能快速输入这些信息，具体的操作步骤如下。

 原始文件	实例文件\第1章\原始文件\自动填充员工编号.xlsx
最终文件	实例文件\第1章\最终文件\自动填充员工编号.xlsx

1 打开"实例文件\第1章\原始文件\自动填充员工编号.xlsx"工作簿，选中单元格A3，将鼠标移至单元格右下角呈 ✚ 状，如下图所示。

2 按住鼠标左键并向下拖动至单元格A8，如下图所示。

3 释放鼠标后，便完成了员工编号填充的操作，如下图所示。

提示 ⑬ 从单元格中导入自定义序列

在"自定义序列"对话框中输入序列时，如果序列的值已经存在于工作表中的单元格内，则读者在创建自定义序列时，可以直接从该工作表中导入序列值，而不需要麻烦的手工输入，具体的操作步骤如下。

1 打开"实例文件\第1章\原始文件\导入自定义序列.xlsx"工作簿，按照1.4.3小节中的方法打开"自定义序列"对话框，单击 按钮，如下图所示。

2 切换至工作表，选中需要的单元格区域A2:A8，如下图所示，再单击"自定义序列"对话框中的 按钮。

3 返回"选项"对话框，单击"导入"按钮，此时所选单元格区域的内容即被添加在"自定义序列"列表框中了，如下图所示，单击"确定"按钮即可。

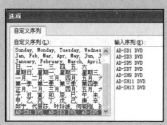

2 打开"自定义序列"对话框。打开"Excel选项"对话框，切换至"高级"选项卡，单击"编辑自定义列表"按钮，如下图所示。

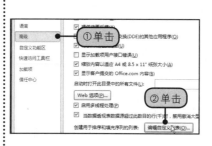

4 输入序列信息。在右侧"输入序列"列表框中输入新序列，每个序列为一行，输入完成后单击"添加"按钮，如下图所示。

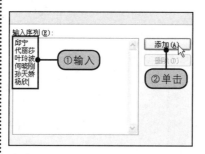

6 确认设置。单击"确定"按钮，返回"Excel选项"对话框，确认设置的自定义列表后再次单击"确定"按钮，退出"Excel选项"对话框，如下图所示。

8 显示自定义填充效果。拖动至B8单元格后释放鼠标，此时拖动经过的单元格区域即自动填充了自定义填充序列的内容，如右图所示。

3 选择新序列。打开"自定义序列"对话框，在左侧列表框中单击"新序列"选项，如下图所示。

5 显示自定义序列。经过以上操作后，在左侧"自定义序列"列表框底部将显示添加的自定义序列信息，如下图所示。

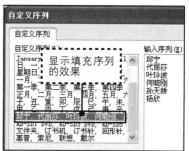

7 填充序列。返回工作表后，在B3单元格输入自定义序列的第一个文本并将其选中，接着拖动该单元格右下角的填充柄向下填充序列，如下图所示。

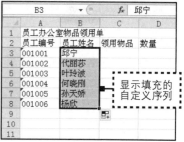

1.5

复制与移动数据

通过前面的学习，我们已经知道如何向单元格中录入数据，但有时为了减少工作量，也可以使用数据的复制和移动功能。本节将主要介绍复制与移动工作表中数据的相关操作。

若用户需要复制数据到其他区域，则可以使用剪贴板上的"复制"与"粘贴"按钮。

选中需要复制数据的单元格，在"开始"选项卡中，单击"剪贴板"组中的"复制"按钮，即可将所选单元格中的内容及格式复制到剪贴板中。

若同时配合使用剪贴板上的"剪切"与"粘贴"按钮，则可以完成数据位置的移动。

选中需要移动数据的单元格，在"开始"选项卡中单击"剪贴板"组中的"剪切"按钮。

无论复制还是移动数据，都需要将复制或剪切的数据剪贴到指定位置，此时就需要使用"剪贴板"组中的"粘贴"功能。

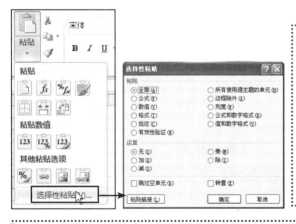

选中需要粘贴数据的单元格，然后单击"剪贴板"组中的"粘贴"下三角按钮，在展开的下拉列表中用户可以选择粘贴的方式，如"粘贴"、"公式"、"粘贴值"，或"选择性粘贴"等。

1.5.1 使用复制、剪切功能复制与移动数据

对于工作表中常用的单元格数据，可以使用复制与移动功能来简化其重复输入的过程，从而节省工作时间。

❶ 使用"复制"按钮复制数据

用户可以使用剪贴板上的"复制"与"粘贴"按钮进行数据的复制操作，具体操作步骤如下。

---

⑭ 防止用复制的空白单元格替换数据单元格

选择包含空白单元格的单元格区域，切换至"开始"选项卡，在"剪贴板"组中单击"复制"按钮，选择位于粘贴区域左上角的单元格，在"剪贴板"组中单击"粘贴"下三角按钮，然后在展开的下拉列表中单击"选择性粘贴"命令，弹出"选择性粘贴"对话框，在其中勾选"跳过空单元"复选框，再单击"确定"按钮即可。

原始文件	实例文件\第1章\原始文件\使用命令复制数据.xlsx
最终文件	实例文件\第1章\最终文件\使用命令复制数据.xlsx

⑮ 复制格式
提示

用户可以使用复制功能只复制单元格格式，具体的操作步骤如下。

1 打开"实例文件\第1章\原始文件\使用命令复制数据.xlsx"工作簿，然后右击单元格E3，在弹出的快捷菜单中单击"复制"命令，如下图所示。

2 右击目标单元格区域A3:A8，在弹出的快捷菜单中单击"选择性粘贴"命令，如下图所示。

3 在"选择性粘贴"对话框中选中"格式"单选按钮，再单击"确定"按钮，如下图所示。

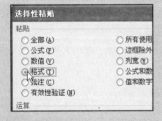

4 经过以上操作后，单元格区域A3:A8即应用了单元格E3的格式，如下图所示。

1 选中需要复制的单元格。打开"实例文件\第1章\原始文件\使用命令复制数据.xlsx"工作簿，选中需要复制的单元格，如选中单元格E3，如下图所示。

3 选中粘贴单元格区域。选中需要粘贴数值的单元格区域E3:E8，如下图所示。

5 显示复制粘贴数据后的效果。经过以上操作后，用户即可看到选中的单元格区域E3:E8已经复制了目标单元格中的数据，如右图所示。

2 使用"复制"按钮。切换至"开始"选项卡，在"剪贴板"组中单击"复制"按钮，如下图所示，还可以按快捷键Ctrl+C进行复制操作。

4 粘贴数据。在"剪贴板"组中单击"粘贴"按钮，如下图所示，还可以按快捷键Ctrl+V进行粘贴操作。

② 使用"剪切"命令移动数据

数据的移动可以使用剪贴板上的"剪切"与"粘贴"按钮进行操作，具体的操作步骤如下。

原始文件	实例文件\第1章\原始文件\使用命令移动数据.xlsx
最终文件	实例文件\第1章\最终文件\使用命令移动数据.xlsx

1 剪切数据。打开"实例文件\第1章\原始文件\使用命令移动数据.xlsx"工作簿，右击单元格E3，在弹出的快捷菜单中单击"剪切"命令，如右图所示，或按快捷键Ctrl+X剪切数据。

2 粘贴数据。选中欲将数据移动至的目标单元格E4，并右击鼠标，在弹出的快捷菜单中单击"粘贴"图标，如下图所示。

3 显示移动的数据。经过以上操作后，原本在单元格E3的数据即被移动到单元格E4中，如下图所示。

从"粘贴"下拉列表中预览粘贴选项

除了可以从快捷菜单中选择"粘贴选项"来预览粘贴效果外，还可以直接从"粘贴"下拉列表中选择粘贴选项。方法如下。

打开"实例文件\第1章\原始文件\从快捷菜单中选择粘贴选项.xlsx"工作簿，选中E3单元格，按快捷键Ctrl+C进行复制，再选中C3:C8单元格区域，在"开始"选项卡下单击"粘贴"按钮，从展开的下拉列表中选择要粘贴的选项即可，例如单击"格式"图标，如下图所示。

1.5.2 从快捷菜单中选择粘贴选项

在Excel 2010中新增加了粘贴预览功能，用户可以预览要从剪贴板中粘贴的数据，以便在粘贴数据之前查看不同可能的结果，具体操作步骤如下。

原始文件	实例文件\第1章\原始文件\从快捷菜单中选择粘贴选项.xlsx
最终文件	实例文件\第1章\最终文件\从快捷菜单中选择粘贴选项.xlsx

1 复制单元格内容。打开"实例文件\第1章\原始文件\从快捷菜单中选择粘贴选项.xlsx"工作簿，选中要复制的单元格E3，按快捷键Ctrl+C进行复制，如下图所示。

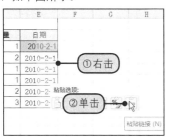

2 从快捷菜单中选择预览粘贴选项。选中需要粘贴的单元格区域C3:C8，右击选中的区域，在弹出的快捷菜单中的"粘贴选项"中显示了几个粘贴选项，将鼠标指针移近要选择的粘贴选项，即可预览粘贴后效果，这里选择"格式"图标，如下图所示。

领用物品	数量	日期
文件夹	1	2010-2-1
笔记本	①右击	
铅笔	1	
文件夹	粘贴选项:	
铅笔	②单击	
笔记本		

格式 (R)

3 在快捷菜单中选择"粘贴链接"图标。选中E4:E8单元格区域，右击选中区域，在弹出的快捷菜单中选择"粘贴选项"中的"粘贴链接"图标，如下图所示。

	日期			
1	2010-2-1			
2	2010-2-1	①右击		
1	2010-2-1			
1	2010-2-1			
2	2010-2-	粘贴选项:		
3	2010-2-	②单击		

粘贴链接 (N)

4 粘贴后的效果。通过以上从快捷菜单中选择的两种不同粘贴选项，得到的"领用物品"列和"日期"列效果如下图所示。

领用物品	数量	日期
文件夹	1	2010-2-1
笔记本	2	2010-2-1
铅笔	1	2010-2-1
文件夹	1	2010-2-1
铅笔	粘贴后效果	2010-2-1
笔记本	3	2010-2-1

⑰ 复制单元格宽度设置

复制数据时，粘贴的数据会使用目标单元格的列宽设置，若要调整列宽使其与复制的单元格相同时，可以按照下面的方法进行设置。

1 选择要移动或复制的单元格，切换至"开始"选项卡，在"剪贴板"组中单击"复制"按钮，选择位于粘贴区域左上角的单元格。

2 在"剪贴板"组中单击"粘贴"下三角按钮，然后在展开的下拉列表中单击"选择性粘贴"命令，弹出"选择性粘贴"对话框，在其中选中"列宽"单选按钮，再单击"确定"按钮即可。

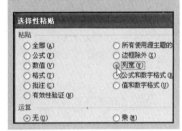

1.5.3 通过拖动法复制与移动数据

在编辑、整理工作表中的数据时，除了可以使用前面介绍的方法进行数据的复制与移动外，还可以使用拖动法进行数据的复制与移动操作，具体的操作步骤如下。

◎	原始文件	实例文件\第1章\原始文件\拖动复制与移动.xlsx
	最终文件	实例文件\第1章\最终文件\拖动复制与移动.xlsx

1 选中单元格。打开"实例文件\第1章\原始文件\拖动复制与移动.xlsx"工作簿，选中要复制的单元格C3，如下图所示。

2 拖动复制数据。按住Ctrl键的同时将鼠标指向单元格待指针呈状时，按住左键拖动光标至单元格C5，如下图所示。

3 选中移动的数据。释放鼠标后，单元格C5中将显示复制的数据。之后选中要移动的单元格C9，将鼠标指向单元格边缘待指针变为状，如下图所示。

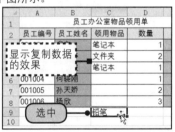

4 拖动移动数据。按下鼠标左键拖动光标至欲移动到的指定位置，如移动至单元格C7，如下图所示。

5 显示移动数据的效果。释放鼠标后，读者即可看到选中的数据被移动到了指定的单元格中，如右图所示。

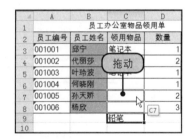

1.6

查找和替换数据

在浏览或审阅工作表中的数据时，如果数据较多或较复杂，则读者可以利用查找功能对要查看的内容进行查找，以提高工作效率。如果需要批量修改工作表中的数据，则可以使用替换功能，既快捷又简单。本小节将介绍如何使用查找和替换功能对工作表中的数据进行操作。

若读者要使用查找或替换功能，可以切换至"开始"选项卡，然后在"编辑"组中单击"查找和选择"按钮，并在展开的下拉列表中选择

"查找"或"替换"命令。

以"查找"为例，若读者需要查找某一内容，则需要在"查找"选项卡下设置查找内容，并输入查找范围等具体信息，完毕后单击"查找下一个"按钮或"查找全部"按钮，这样，Excel就可根据设置的条件对工作表或工作簿中满足指定条件的单元格进行查找。

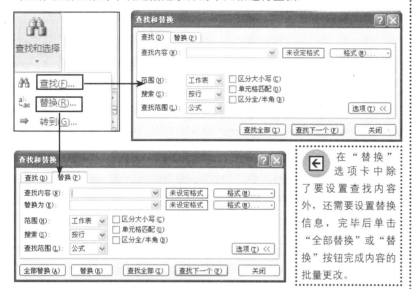

在"替换"选项卡中除了要设置查找内容外，还需要设置替换信息，完毕后单击"全部替换"或"替换"按钮完成内容的批量更改。

1.6.1 查找替换文字或格式

用户在修改工作表数据时，常常会需要批量修改相同的数据，此时可以使用替换功能，使操作更简单、快捷。使用替换批量修改工作表中数据的具体操作步骤如下。

原始文件	实例文件\第1章\原始文件\替换文字或格式.xlsx
最终文件	实例文件\第1章\最终文件\替换文字或格式.xlsx

1 打开工作簿。打开"实例文件\第1章\原始文件\替换文字或格式.xlsx"工作簿，如右图所示。

2 打开"查找和替换"对话框。切换至"开始"选项卡，在"编辑"组中单击"查找和选择"按钮，在展开的下拉列表中单击"替换"命令，如下图所示。

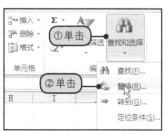

提示 ⑱ **在整个工作簿中进行查找**

在1.6小节中主要介绍了在工作表中查找与替换数据的操作，那么如何在整个工作簿中查找数据呢？可以按照下面的方法进行设置。

1 打开工作簿，单击"开始"标签，切换至"开始"选项卡，在"编辑"组中单击"查找和选择"下三角按钮，然后在展开的下拉列表中单击"查找"选项。

2 打开"查找和替换"对话框，单击"选项"按钮，在"范围"下拉列表框中单击"工作簿"选项即可。

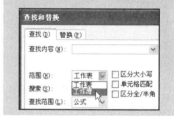

---

3 输入查找内容。弹出"查找和替换"对话框，在"替换"选项卡中输入查找内容"铅笔"，接着单击"选项"按钮，如下图所示。

提示 ⑲ 进行日期格式的数据替换

在工作表中，如果需要将某种日期格式替换为另一种日期格式，例如将"2010-3-2"格式替换为"2010年3月2日"格式，具体的操作步骤如下。

1 打开"实例文件\第1章\原始文件\替换日期格式.xlsx"工作簿，切换至"开始"选项卡，在"编辑"组中单击"查找和选择"按钮，在其下拉列表中单击"替换"选项，打开"查找和替换"对话框。

2 单击"选项"按钮，然后单击"查找内容"文本框右侧的"格式"按钮，在弹出的"查找格式"对话框中单击"分类"列表框中的"日期"选项，并选择适合的日期格式，单击"确定"按钮即可。按照同样的方法设置"替换为"文本框右侧的格式再进行替换即可。

4 打开"查找格式"对话框。单击"选项"按钮后，会出现查找和替换的详细界面，单击"查找内容"文本框右侧的"格式"按钮，如下图所示。

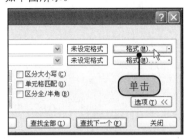

6 从单元格选择格式。除了自己设置查找格式外，读者还可以直接选择单元格格式，在界面左下角单击"从单元格选择格式"按钮，如下图所示。

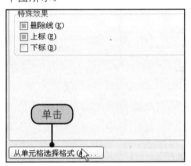

8 显示查找的信息。此时在对话框中即可看到根据查找内容查找到的全部信息，如右图所示。

9 全部替换。确认将查找到的这些信息全部替换为设置的内容后，单击"全部替换"按钮，如下图所示。

5 自定义设置查找格式。在弹出的"查找格式"对话框中可以对查找的格式也进行设置，如下图所示。

7 查找全部。接着返回工作表中用吸管吸取浅绿色格式到"未设定格式"中，然后在"查找和替换"对话框的"替换为"文本框中输入替换信息"中性笔"，并设置"搜索"为"按列"，完毕后单击"查找全部"按钮。

10 完成替换。弹出Microsoft Office Excel对话框，提示已经完成搜索并进行了5处替换，单击"确定"按钮，如下图所示。

11 显示替换后的效果。经过以上操作后，读者可以在工作表中看到符合查找内容条件的单元格"铅笔"已经替换为当前的"中性笔"了，如右图所示。

在编辑工作表时，难免会需要替换英文状态的数据，同时又需要区分大小写，此时可以按照下面的方法进行替换，具体的操作步骤如下。

1 切换至"开始"选项卡，在"编辑"组中单击"查找和选择"下三角按钮，在展开的下拉列表中单击"替换"选项，弹出"查找和替换"对话框。

2 单击"选项"按钮，勾选"区分大小写"复选框，如下图所示，同时输入"查找内容"和"替换为"信息，完毕后再进行替换即可。

1.6.2 使用通配符进行高级查找

在Excel中进行"查找"和"替换"时，如果使用通配符进行相关操作，可以大大提高工作效率，Excel支持的通配符有"*"、"?"和"~"（波浪号）3种，"*"符号可以匹配多个字符，下面以使用"*"通配符为例，介绍如何使用通配符进行查找。具体的操作步骤如下。

◎ 原始文件	实例文件\第1章\原始文件\使用通配符查找.xlsx

1 打开工作簿。打开"实例文件\第1章\原始文件\使用通配符查找.xlsx"工作簿，如下图所示。

2 打开"查找"对话框。切换至"开始"选项卡，在"编辑"组中单击"查找和选择"按钮，在展开的下拉列表中单击"查找"选项，如下图所示。

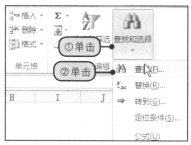

3 设置查找内容。弹出"查找和替换"对话框，在"查找内容"文本框中输入"邱*"，即查找第1个字符为"邱"的所有单元格，再单击"查找全部"按钮，如下图所示。

4 显示查找内容。经过以上操作后，读者即可在对话框中看到查找到的文本第1个字符为"邱"的单元格的具体位置，如下图所示。

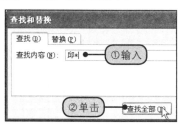

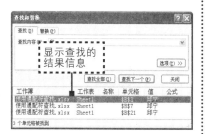

1.7

防止输入无效数据的有效性设置

在编辑一些需要输入数据的表格时，为了防止其他用户输入错误或无效的数据而耽误工作时间，可以先设定录入区域的有效性条件或输入提示。本小节将介绍设置数据有效性的方法。

用户要设置数据有效性，可以切换至"数据"选项卡，然后在"数据工具"组中单击"数据有效性"|"数据有效性"选项，在打开的"数据有效性"对话框中进行设置。数据有效性设置包括有效性条件、提示信息、出错警告条件的设置。

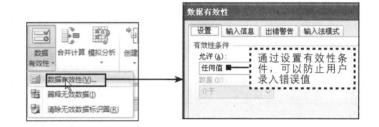

通过设置有效性条件，可以防止用户录入错误值

1.7.1 设置有效性条件

在Excel中，可以使用数据有效性功能控制用户输入到单元格中的数据类型以及数据输入范围，在"数据有效性"对话框中设置有效性条件即可，具体的操作步骤如下。

原始文件	实例文件\第1章\原始文件\有效性条件.xlsx
最终文件	实例文件\第1章\最终文件\有效性条件.xlsx

1 选取单元格区域。打开"实例文件\第1章\原始文件\有效性条件.xlsx"工作簿，选中单元格区域D3:D16，如右图所示。

2 打开"数据有效性"对话框。切换至"数据"选项卡，在"数据工具"组中单击"数据有效性"按钮，如下图所示。

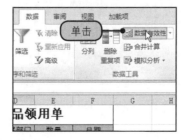

3 设置数据允许条件。弹出"数据有效性"对话框，切换至"设置"选项卡，在"允许"下拉列表中单击"序列"选项，如下图所示。

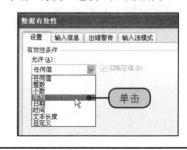

提示 ㉑ 取消设置的数据有效性

当用户将某些单元格设置了数据有效性格式后，可以将其取消，具体的操作步骤如下。

1 首先选择不再需要设置数据有效性的单元格，切换至"数据"选项卡，在"数据工具"组中单击"数据有效性"按钮，打开"数据有效性"对话框。

2 切换至"设置"选项卡，单击"全部清除"按钮，如下图所示，即可取消数据有效性格式。

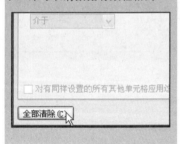

4 设置来源。在"来源"文本框中输入"销售部,企划部,财务部,行政部,研发部",如下图所示,输入完毕后,单击"确定"按钮。

5 显示设置的数据有效性。经过以上操作后,用户在录入该区域的数值时,则只能选择下拉列表中出现的来源值进行输入,如下图所示。若输入其他数值,均会弹出出错警告。

设置日期数据有效性 22

在1.7.1小节中介绍了设置"序列"有效性条件的操作,同时读者还可以设置"日期"数据的有效性,具体的操作步骤如下。

1 打开"实例文件\第1章\原始文件\设置日期有效性.xlsx"工作簿,选中单元格区域F3:F16,在"数据工具"组中单击"数据有效性"按钮。

2 打开"数据有效性"对话框。在打开的对话框中设置"允许"为日期,然后在"开始日期"和"结束日期"文本框中分别输入"2010-2-1"和"2010-2-28",再单击"确定"按钮即可。经过以上操作后,用户只能录入开始日期与结束日期之间的日期值。

1.7.2 设置提示信息

设置了允许输入的数据类型和范围后,可以切换至"输入信息"选项卡,在其中设置提示信息。提示信息用于在录入数据前给用户输入相关数据的提示。设置提示信息的具体操作步骤如下。

原始文件	实例文件\第1章\原始文件\设置提示信息.xlsx
最终文件	实例文件\第1章\最终文件\设置提示信息.xlsx

1 选取单元格区域。打开"实例文件\第1章\原始文件\设置提示信息.xlsx"工作簿,选中单元格区域F3:F16,如下图所示。

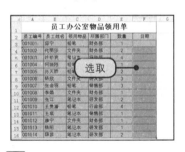

2 打开"数据有效性"对话框。切换至"数据"选项卡,在"数据工具"组中单击"数据有效性"按钮,如下图所示。

3 设置提示信息。在打开的对话框中切换至"输入信息"选项卡,设置"标题"为"提示:",在"输入信息"文本框中输入如下图所示的提示信息。

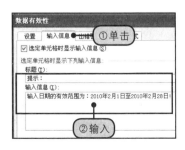

4 显示设置的提示效果。单击"确定"按钮后,选中单元格区域F3:F16中的任意单元格,都会出现设置的提示信息,如下图所示。

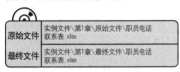
文秘应用
手机号码输入限制

在文秘工作中，常常需要记录员工的联系电话，为了避免电话出现少位情况，可以设置数据有效性格式，具体的操作步骤如下。

原始文件 | 实例文件\第1章\原始文件\职员电话联系表.xlsx
最终文件 | 实例文件\第1章\最终文件\职员电话联系表.xlsx

1 打开"实例文件\第1章\原始文件\职员电话联系表.xlsx"工作簿，选中单元格区域C3:C13，切换至"数据"选项卡，单击"数据有效性"按钮，在打开的对话框中设置"允许"为"文本长度"，设置"数据"为"等于"，最后设置长度为11，如下图所示。

2 切换至"出错警告"选项卡，设置"标题"为"出错"，设置"错误信息"为"请输入11位手机号"，再单击"确定"按钮。

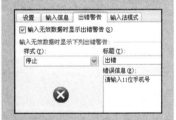

3 经过以上操作后，当用户在指定单元格区域中输入错误信息时，即会弹出错误提示框，如下图所示。

1.7.3　设置出错信息

切换至"出错警告"选项卡，在该选项卡下不仅可以设置数据录入出错时显示的信息文本，而且还可以控制是否允许用户录入错误的信息。若设置错误警告样式为"停止"，则将强制阻止无效数据的录入。

原始文件 | 实例文件\第1章\原始文件\设置出错信息.xlsx
最终文件 | 实例文件\第1章\最终文件\设置出错信息.xlsx

1 选取单元格区域。打开"实例文件\第1章\原始文件\设置出错信息.xlsx"工作簿，选中单元格区域F3:F16，如下图所示。

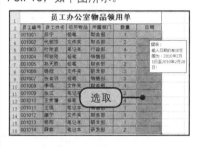

2 打开"数据有效性"对话框。切换至"数据"选项卡，在"数据工具"组中单击"数据有效性"按钮，如下图所示。

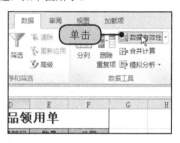

3 设置出错警告。在弹出的对话框中切换至"出错警告"选项卡，设置"样式"为停止、"标题"为"错误"，然后在"错误信息"文本框中输入如下图所示的出错显示内容，单击"确定"按钮。

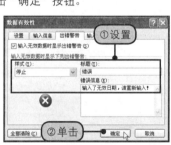

4 输入错误信息。返回工作表，在设置了有效性条件的单元格F4中输入信息"2009-12-1"，如下图所示，然后按Enter键。

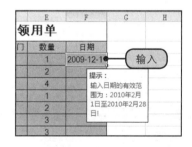

5 弹出错误提示框。此时会弹出"错误"对话框，显示之前设置的错误信息，如下图所示，用户可以单击"重试"或"取消"按钮后重新输入。

第 2 章

快速格式化工作表

👓 本章结构

设置单元格格式	
设置文本格式	设置对齐格式

设置边框和底纹	
快速打造边框	添加底纹

用颜色显示适合条件的单元格				
突出显示单元格规则	数据条	图标集	自定义条件格式	管理条件格式

套用表格格式	
套用预设表格格式美化工作表	套用表格格式后不考虑位置筛选数据

创建页眉和页脚	
使用"页面布局"视图	使用"页面设置"对话框

🖱 **1 快速绘制网格**

F10 ▼	fx			
	A	B	C	D
1				
2				
3				
4				
5				✐田
6				
7				
8				

2 快速套用标题样式

常规 ... 条件格式 套用 单元格样式 表格格式

好、差和适中
常规　　差　　好　　适中

数据和模型
计算　检查单元格　解释性文本　警告文本
输入　注释

标题
标题　标题 1　标题 2　标题 3

3 突出显示满足条件的单元格

2	日期	运输类别	运输天数	运输个数	运输重量(公
3	2010-2-1	短途	2	10	150
4	2010-2-2	长途	6	50	400
5	2010-2-3	短途	1	15	300
6	2010-2-4	短途	2	30	210
7	2010-2-5	长途	7	45	440
8	2010-2-6	长途	7	40	500
9	2010-2-7	短途	3	20	330
10	2010-2-8	长途	8	50	600
11	2010-2-9	长途	6	55	620
12	2010-2-10	短途	1	30	450
13	2010-2-11	长途	8	60	700

4 插入自动的页眉

页面设置　　　　　　　　　？✕

页面　页边距　页眉/页脚　工作表

页眉(A):
(无)
(无)
第 1 页
第 1 页，共 ? 页
Sheet1
China 机密, 2009-6-3, 第 1 页
Book1

快速格式化工作表

第**2**章

文秘和行政人员在使用Excel 2010编辑完工作表后，还需要对工作表进行设置。Excel 2010为用户提供了许多内置的单元格样式和表格样式，用户可以通过使用这些样式来快速美化工作表，当然也可以根据自己的需要自定义设置工作表。本章将介绍快速设置单元格格式、设置边框和底纹、设置条件格式、套用工作表样式、创建页眉和页脚等内容。

2.1 设置单元格格式

用户编辑完成工作表后，为了使工作表效果更加完善，可以对单元格进行相应的设置，如设置单元格中的字体样式、背景颜色等，本节将对这些操作进行介绍。

在编辑工作表时，默认的字体格式为11号的宋体，如果用户要设置单元格字体格式，可以切换至"开始"选项卡，在"字体"组中设置各种字体选项，如下图所示。

用户可以在左侧的"字体"组中设置字体的样式、大小、粗细、颜色、特殊效果等文字的基本内容。

用户设置单元格的格式也可以通过"设置单元格格式"对话框来实现，"设置单元格格式"对话框包括了对单元格进行设置的所有项目。

用户要打开"设置单元格格式"对话框，首先选择需要设置的单元格区域，然后单击"开始"选项卡下"字体"组中的对话框启动器即可。

提示 ① **"设置单元格格式"对话框的设置内容**

用户在使用Excel 2010编辑工作表时，可以通过"设置单元格格式"对话框来设置单元格格式，每个选项卡包含的设置内容如下。

1．"数字"选项卡选项

使用"数字"选项卡中的选项，可以向工作表单元格中的数字应用特定的数字格式。要在工作表单元格中输入数字，可以使用数字键，也可以先按键盘上的 Num-Lock键，然后再使用数字键盘上的数字键。

2．"对齐"选项卡选项

使用"对齐"选项卡中的选项，可以更改单元格内容的对齐方式、定位单元格中的单元格内容以及更改单元格内容的方向。

3．"字体"选项卡选项

使用"字体"选项卡中的选项，可更改字体、字形、字号以及其他字体效果。

4．"边框"选项卡选项

使用"边框"选项卡中的选项，可以向所选单元格应用所选样式和颜色的边框。

5．"填充"选项卡选项

使用"填充"选项卡中的选项，可以用颜色、图案和特殊的填充效果填充所选单元格。

2.1.1 在功能区中设置文本格式

在制作相关表格时，用户可以对其中的文本或数据进行字体、字号、字形、字体颜色等设置，让表格看起来更加美观。使用Excel设置文本格式可以在功能区中设置，也可以使用"设置单元格格式"对话框，本小节将以第一种方式进行介绍。

❶ 字体与字号

在"字体"组中，用户可以很方便地设置数据字体与字体大小，具体的操作步骤如下。

原始文件	实例文件\第2章\原始文件\设置字体和字号.xlsx
最终文件	实例文件\第2章\最终文件\设置字体和字号.xlsx

1 选取单元格区域。打开"实例文件\第2章\原始文件\设置字体和字号.xlsx"工作簿，选取单元格区域A1:D1，如下图所示。

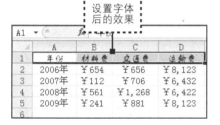

3 显示设置字体后的效果。经过以上操作后，选中的单元格区域A1:D1即可应用设置的字体"方正舒体"效果，如下图所示。

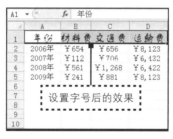

5 显示设置字号后的效果。经过以上操作后，所选单元格区域即可应用设置的字号16，如右图所示。

2 设置字体。在"开始"选项卡的"字体"组中，单击"字体"文本框右侧的下三角按钮，然后在展开的下拉列表中单击"方正舒体"选项，如下图所示。

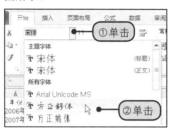

4 设置字号。单击"字号"文本框右侧的下三角按钮，在"字号"下拉列表中单击16选项，如下图所示。

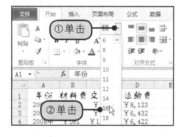

2 字形与字体颜色

设置单元格文本的字形和字体颜色，除了可以美化表格外，还可以突出显示数据内容，具体的操作步骤如下。

原始文件	实例文件\第2章\原始文件\设置字形和颜色.xlsx
最终文件	实例文件\第2章\最终文件\设置字形和颜色.xlsx

1 选取单元格区域。打开"实例文件\第2章\原始文件\设置字形和颜色.xlsx"工作簿，选取单元格区域A1:D1，如右图所示。

（续上页）

提示 ① **"设置单元格格式"对话框的设置内容**

6. "保护"选项卡选项

使用"保护"选项卡中的选项，可以在保护工作表之前锁定或隐藏单元格。

提示 ② **增大或减小字号**

用户在对单元格中的文字大小进行微调时，可以使用"开始"选项卡"字体"组中的"增大字号"或"减小字号"按钮，如下图所示。

提示 ③ 设置字形的其他样式

用户在设置单元格字形时，还有很多样式可供选择。

1.设置文字倾斜样式

为强调突出文字，还可以将文字的字形设置成倾斜的。

1 选中需要设置的单元格区域，在"开始"选项卡的"字体"组中单击"倾斜"按钮，如下图所示。

2 显示设置倾斜后的文字效果，如下图所示。

A	B
年份	*材料费*

2.设置文字下划线效果

用户给文字添加下划线时，既可以加单下划线，也可以加双下划线。

1 选中需要设置的单元格区域，在"开始"选项卡的"字体"组中单击"下划线"后的下三角按钮，在展开的下拉列表中单击"双下划线"选项，如下图所示。

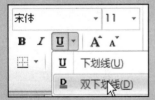

2 显示设置下划线后的文字效果，如下图所示。

A	B
年份	材料费

2 设置字形。切换至"开始"选项卡，在"字体"组中单击"加粗"按钮，如下图所示。

4 显示设置完成后的效果。设置字体样式后，效果如右图所示。

3 设置字体颜色。此时所选单元格内容即可应用字形"加粗"效果，单击"字体颜色"下三角按钮，在展开的下拉列表中可以选择自己喜欢的颜色，如下图所示。

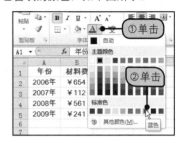

设置字形和字体颜色后的效果

2.1.2 在功能区中设置对齐格式

在Excel 2010中，用户可以在功能区中轻松设置单元格的对齐方式，常用的对齐方式有文本左对齐、居中、文本右对齐、合并后居中、合并单元格、取消单元格合并等。在特殊的表格中，还可以使用顶端对齐、垂直居中、底端对齐等格式。

① 单元格的对齐方式

在编辑表格的过程中，设置单元格的对齐方式可以使表格看起来更加美观、规范，具体的操作步骤如下。

原始文件	实例文件\第2章\原始文件\单元格对齐方式.xlsx
最终文件	实例文件\第2章\最终文件\单元格对齐方式.xlsx

1 设置居中对齐方式。打开"实例文件\第2章\原始文件\单元格对齐方式.xlsx"工作簿，选取单元格区域A2:D2，在"对齐方式"组中单击"居中"按钮，如下图所示。

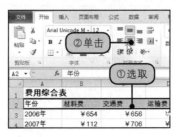

2 设置文本右对齐格式。经过以上操作后，所选单元格区域便应用了居中效果，然后选取单元格区域A3:A6，在"对齐方式"组中单击"文本右对齐"按钮，如下图所示。

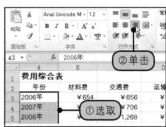

显示设置的右对齐效果。按照前面的方法设置其他单元格的对齐方式，最终效果如右图所示。

右对齐效果

❷ 合并单元格

在Excel 2010中，用户可以根据设置需要选择不同的方式合并单元格，下面主要介绍"合并后居中单元格"和"跨越合并单元格"两种合并单元格的方法。

（1）合并后居中单元格

合并后居中单元格是编辑表格中的常用功能之一，可以将选中的多个单元格合并为1个单元格，并且可以直接将其设置成文本居中的样式，具体的操作步骤如下。

原始文件	实例文件\第2章\原始文件\合并单元格.xlsx
最终文件	实例文件\第2章\最终文件\合并单元格.xlsx

① 选取单元格区域。打开"实例文件\第2章\原始文件\合并单元格.xlsx"工作簿，选取单元格区域A1:D1，如下图所示。

选取

② 设置合并单元格。在"开始"选项卡的"对齐方式"组中单击"合并后居中"下三角按钮，在展开的下拉列表中单击"合并后居中"选项，如下图所示。

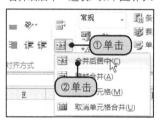

①单击
②单击

③ 显示合并单元格后的效果。经过以上操作后，所选中的单元格区域A1:D1即可被合并为1个单元格，并且数据呈居中显示，如右图所示。

合并后居中

（2）跨越合并单元格

用户如果要按行来合并多个列，那么可以选择"跨越合并"选项进行快速操作。

原始文件	实例文件\第2章\原始文件\跨越合并单元格.xlsx
最终文件	实例文件\第2章\最终文件\跨越合并单元格.xlsx

① 选取单元格区域。打开"实例文件\第2章\原始文件\跨越合并单元格.xlsx"工作簿，选取单元格区域A1:H4，如右图所示。

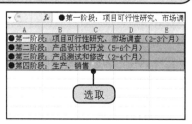

选取

提示 ④ 使用"合并后居中"按钮合并单元格

用户在合并后居中单元格时，可以通过单击"合并后居中"按钮直接实现合并后居中的效果。

提示 ⑤ 设置合并单元格

在合并单元格时，有时不需要将文本居中，可以选择"开始"选项卡中"对齐方式"组的"合并后居中"|"合并单元格"选项，如下图所示。

提示 ⑥ 撤销合并单元格

用户在合并单元格后，还可以通过"取消单元格合并"选项撤销单元格的合并，如下图所示。

2 设置合并单元格。切换至"开始"选项卡，在"对齐方式"组中单击"合并后居中"下三角按钮，然后在展开的下拉列表中单击"跨越合并"选项，如下图所示。

3 显示合并单元格后的效果。经过以上操作后，所选中的单元格区域A1:H4即被合并为单列多行，如下图所示。

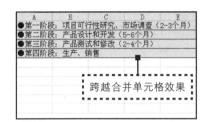

2.2

设置边框和底纹

用户在设置边框时还可以擦除多余的边框，操作步骤如下。

1 在"开始"选项卡的"边框"下拉列表中单击"擦除边框"选项，如下图所示。

2 此时的鼠标指针变成 样式，将指针移至要擦除的边框处单击，如下图所示。

3 擦除边框后的效果如下图所示。

用户编辑完工作表中的内容后，还可以为工作表中的单元格设置边框和底纹。在Excel 2010中，用户可以很方便地根据自己的需要设置表格边框，例如设置边框样式、边框颜色、边框线型等。在"字体"组中单击"边框"下三角按钮，在展开的下拉列表中可以对边框进行设置，将鼠标指向"线条颜色"、"线型"选项，可展开对应的子列表。

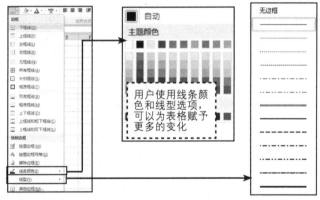

Excel 2010为用户提供了60种表格格式，用户可以直接套用这些表格样式。除此之外，还可以快速套用单元格样式，其中分为"好、差和适中"、"数据和模型"、"标题"、"主题单元格样式"和"数字格式"5种类型。

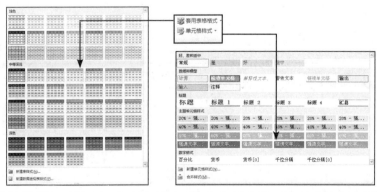

2.2.1 快速打造边框

一般情况下表格都是有边框的，加上边框不但能使表格更加美观，而且用户看起来更加方便。下面介绍如何快速绘制边框和网格，以及为制作完成的表格添加边框。

❶ 绘图边框网格

在功能区的"边框"下拉列表中，用户可以选择"绘图边框网格"选项，在工作表中快速绘制需要有网格的表格。

最终文件	实例文件\第2章\最终文件\绘图边框和网格.xlsx

1 设置绘制的边框线型。打开空白工作簿，切换至"开始"选项卡，在"边框"下拉列表中将鼠标指针指向"线型"选项，在展开的子列表中选择喜欢的线条样式，如下图所示。

2 设置绘制的边框颜色。再次单击"边框"按钮，在"边框"下拉列表中将鼠标指针指向"线条颜色"选项，在子列表中选择喜欢的颜色，例如"浅蓝"，如下图所示。

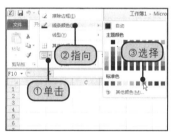

3 选择绘制边框网格。接着在"边框"下拉列表中单击"绘图边框网格"选项，如下图所示。

4 绘制网格。此时，工作表中鼠标指针变为 ✏ 状，按住鼠标左键不放，拖动鼠标绘制表格的行和列，如下图所示。

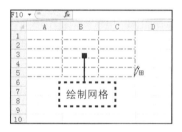

❷ 绘制边框

用户也可以手动绘制边框线，它的绘制方式和绘制网格线基本相同。

1 选择绘制边框。在"边框"下拉列表中单击"绘图边框"选项，如右图所示。

👥 提示 ⑧ **通过"设置单元格格式"对话框设置边框**

用户设置边框还可以选择在"设置单元格格式"对话框中进行。

1 切换到"开始"选项卡，在"边框"下拉列表中单击"其他边框"选项，打开"设置单元格格式"对话框，如下图所示。

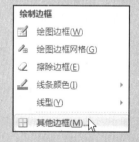

2 用户打开"设置单元格格式"对话框后，可以有更多的选择来设置边框。

2 绘制边框。此时，工作表中鼠标指针变为 ✏ 状，按住鼠标左键不放，拖动鼠标绘制表格的行和列，如下图所示。

3 显示绘制的边框效果。经过以上操作后，便完成了绘制边框的操作，效果如下图所示。

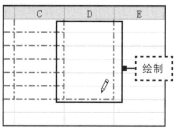

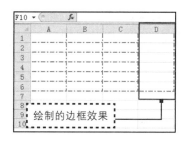

3 快速添加边框

在Excel 2010中，用户还可以通过快速选择边框样式的方式来添加边框线。

原始文件	实例文件\第2章\原始文件\为表格添加边框.xlsx
最终文件	实例文件\第2章\最终文件\为表格添加边框.xlsx

1 选取单元格区域。打开"实例文件\第2章\原始文件\为表格添加边框.xlsx"工作簿，选取单元格区域A1:C13，如下图所示。

2 添加所有框线。切换至"开始"选项卡，在"边框"下拉列表中单击"所有框线"选项，如下图所示。

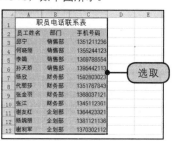

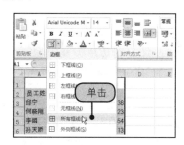

3 显示添加的边框效果。经过以上操作后，所选单元格区域即可应用设置的边框，效果如右图所示。

用户也可以录入完成数据后，再通过快捷方式为数据绘制表格线。

表格的边框线种类很多，用户可以根据不同的需要进行选择，也可以将几种不同的边框线组合起来使用。

如下图所示为"边框"下拉列表中可以选择的边框类型。

2.2.2 快速添加表格底纹

在Excel中可以用背景色或图案来设置背景，为单元格设置背景色后，单元格将更加突出，使用这种方法可以让工作表中的要点更加引人注目。

1 快速套用单元格样式

要快速地设置单元格的样式，可以使用Excel 2010的套用单元格样式功能，具体的操作步骤如下。

原始文件	实例文件\第2章\原始文件\套用单元格样式.xlsx
最终文件	实例文件\第2章\最终文件\套用单元格样式.xlsx

1 选中单元格。打开"实例文件\第2章\原始文件\套用单元格样式.xlsx"工作簿，选中单元格A1，如下图所示。

	A	B	C
1	职员电话联系表		
2	员工姓名	部门	手机号码
3	邱宁	销售部	1351211236
4	何晓刚	销售部	1355244123
5	李娟	销售部	1369788554
6	孙天娇	销售部	1395442113
7	杨欣	财务部	1592803023
8	代丽莎	财务部	1351767843
9	张金羽	财务部	1368037121

3 选取单元格区域。此时单元格A1已经应用了"标题1"样式，再选取单元格区域A2:C2，如下图所示。

A2	fx	员工姓名	
	A	B	C
1	职员电话联系表		
2	员工姓名	部门	手机号码
3	邱宁	销售部	1351211236
4	何晓刚	销售部	1355244123
5	李娟	选取	1369788554
6	孙天娇	销售部	1395442113
7	杨欣	财务部	1592803023
8	代丽莎	财务部	1351767843

5 显示设置的单元格样式。经过以上操作后，所选单元格区域即可应用所选样式的底纹和字体格式，如右图所示。

2 选择单元格标题样式。切换至"开始"选项卡，在"单元格"组中单击"单元格样式"按钮，在展开的样式库中选择"标题1"样式，如下图所示。

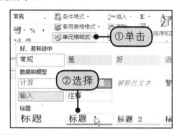

4 选择主题单元格样式。切换至"开始"选项卡，在"单元格"组中单击"单元格样式"按钮，然后在展开的样式库中选择"强调文字"样式，如下图所示。

	A	B	C
1	职员电话联系表		
2	员工姓名	部门	手机号码
3	邱宁	销售部	1351211236
4	何晓刚	销售部	1355244123
5		部	1369788554
6	快速套用	部	1395442113
7	单元格样式	部	1592803023
8	代丽莎	财务部	1351767843

❷ 在功能区中填充单元格底纹

除了在内置的单元格样式中设置底纹外，用户还可以自定义底纹效果，具体的操作步骤如下。

原始文件	实例文件\第2章\原始文件\填充单元格底纹.xlsx
最终文件	实例文件\第2章\最终文件\填充单元格底纹.xlsx

1 选取单元格区域。打开"实例文件\第2章\原始文件\填充单元格底纹.xlsx"工作簿，按住Ctrl键，同时选取需要设置的单元格区域，如右图所示。

---

 ⑩ 新建单元格样式

在Excel 2010中，用户如果对系统提供的单元格样式不满意，还可以为单元格设置新的快速套用样式。

1 在"开始"选项卡的"单元格"组中单击"单元格样式"按钮，然后在其下拉列表中单击"新建单元格样式"选项，如下图所示。

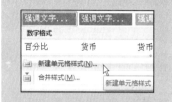

2 在弹出的"样式"对话框中单击"格式"按钮，如下图所示。

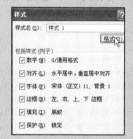

3 在弹出的"设置单元格格式"对话框中对单元格的样式进行设置，如下图所示。

设置完成后，就可以应用到工作表中了。

文秘应用

设置文件传阅单

文秘行政人员在工作中常常需要制作各种各样的表格，下面以制作文件传阅单为例，向用户说明设置表格的方法。

最终文件	实例文件\第2章\最终文件\文件传阅单.xlsx

1 新建工作簿，在"开始"选项卡的"边框"下拉列表中单击"绘图边框网格"选项，如下图所示。

绘制边框
- 绘制边框(W)
- 绘制边框网格(G)
- 擦除边框(E)

2 将鼠标指针放在工作表中，当鼠标指针变为 ✎ 状时，按住鼠标左键不放，拖动鼠标绘制表格的行和列，绘制后的效果如下图所示。

3 按照合并单元格的方法合并单元格，合并后的效果如下图所示。

4 为表格添加文本内容，如下图所示。

5 在"开始"选项卡的"单元格"组中单击"格式"按钮，然后在展开的下拉列表中单击"行高"选项，如下图所示。

2 打开"颜色"对话框。在"字体"组中单击"填充颜色"下三角按钮，然后在展开的下拉列表中单击"其他颜色"选项，如下图所示。

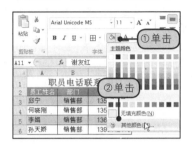

4 显示为表格添加的底纹效果。经过以上操作后，所选的单元格区域即应用了设置的底纹颜色，如右图所示。

填充间隔底纹

3 设置颜色。打开"颜色"对话框，切换至"自定义"选项卡，设置"红色"为225、"绿色"为244、"蓝色"为255，如下图所示。

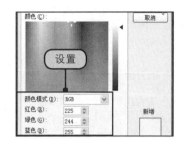

职员电话联系表		
员工姓名	部门	手机号码
邱宁	销售部	1351211236
何晓刚	销售部	1355244123
李娟	销售部	1369788554
孙天娇	销售部	1395442113
杨欣	财务部	1592803023
代丽莎	财务部	1351767843
张金羽	财务部	1368037121
张江	财务部	1345112361
谢友红	企划部	1364423321

2.3

用颜色显示适合条件的单元格

Excel 2010的条件格式功能还可以突出显示所需的单元格或单元格区域、强调重复值等，让用户直接地查看、分析和查询数据，以了解数据之间的相互关系，查询满足一定条件的数据信息。

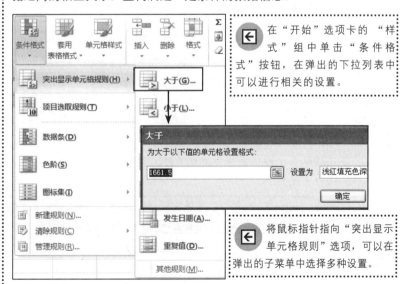

在"开始"选项卡的"样式"组中单击"条件格式"按钮，在弹出的下拉列表中可以进行相关的设置。

将鼠标指针指向"突出显示单元格规则"选项，可以在弹出的子菜单中选择多种设置。

如果要以"数据条"设置条件格式，那么可以在"条件格式"下拉列表中单击"数据条"选项，然后在展开的子列表中选择所需的数据条样式。

> 数据条可帮助您查看某个单元格相对于其他单元格的值。数据条的长度代表单元格中的值，数据条越长，表示值越高；数据条越短，表示值越低。在观察大量数据中的较高值和较低值时，数据条尤其有用。

如果要以"图标集"设置条件格式，那么可以在"条件格式"下拉列表中单击"图标集"选项，在弹出的子列表中选择多种图标方式。除此之外，还可以单击"其他规则"选项，以便自定义图标规则。

> 使用图标集可以对数据进行注释，并可以按阈值将数据分为3～5个类别，每个图标代表一个值的范围。例如，在三向箭头图标集中，绿色的上箭头代表较高值，黄色的横向箭头代表中间值，红色的下箭头代表较低值。

2.3.1 突出显示单元格规则

在数据较多的工作表中，如果需要将一些特殊的、满足一定条件的数据显示出来，那么可以对这些数据进行条件设置并突出显示出来，具体的操作步骤如下。

原始文件	实例文件\第2章\原始文件\突出显示单元格.xlsx
最终文件	实例文件\第2章\最终文件\突出显示单元格.xlsx

1 选取单元格区域。打开"实例文件\第2章\原始文件\突出显示单元格.xlsx"工作簿，选取单元格区域C3:C14，如下图所示。

3 设置单元格格式。在弹出对话框中的"为大于以下值的单元格设置格式"文本框中输入大于数字6，单击"设置为"下三角按钮，在展开的下拉列表中单击"绿填充色深绿色文本"选项，如下图所示，再单击"确定"按钮。

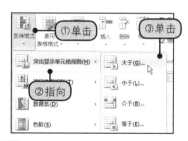

2 打开"大于"对话框。切换至"开始"选项卡，在"样式"组中单击"条件格式"|"突出显示单元格规则"|"大于"选项，如下图所示。

4 显示设置的突出显示规则效果。经过以上操作后，在所选的单元格区域中大于数字6的单元格即呈绿色底纹、深绿色文本显示，效果如下图所示。

（续上页）

文秘应用
设置文件传阅单

6 在弹出的"行高"对话框的"行高"文本框中输入值18，然后单击"确定"按钮，如下图所示。

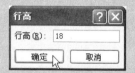

7 按照上面的方法打开"列宽"对话框，并设置"列宽"值为10，如下图所示。

8 最后分别设置单元格的字号、字形和单元格颜色，完成文件传阅单表格的格式设置，效果如下图所示。

提示 **⑪** 使用项目选取规则设置单元格

用户通过"开始"选项卡的"条件格式"下拉列表中的"项目选取规则"选项，可以设置更多的单元格规则，如下图所示。

（续上页）

提示 ⑪ 使用项目选取规则设置单元格

如果系统提供的规则不能满足用户的需要，那么用户还可以通过单击“其他规则”选项，打开“新建格式规则”对话框进行设置，如下图所示。

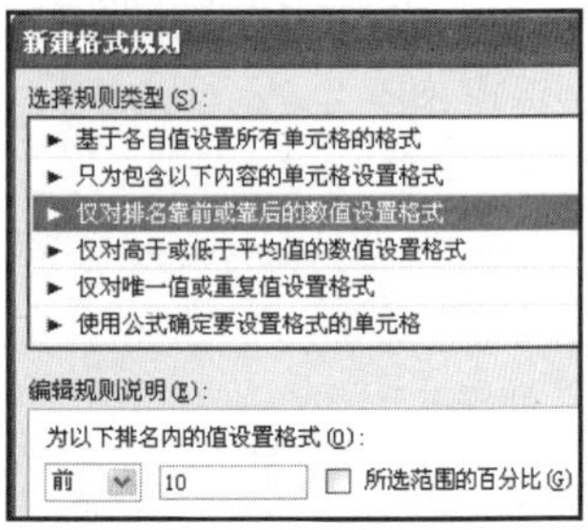

新建格式规则
选择规则类型(S):
► 基于各自值设置所有单元格的格式
► 只为包含以下内容的单元格设置格式
► 仅对排名靠前或靠后的数值设置格式
► 仅对高于或低于平均值的数值设置格式
► 仅对唯一值或重复值设置格式
► 使用公式确定要设置格式的单元格
编辑规则说明(E):
为以下排名内的值设置格式(O):
前
10
所选范围的百分比(G)

提示 ⑫ 清除条件格式

用户对于应用的条件格式不满意，想将其清除，若是刚添加的条件格式规则，则可以使用“撤销”命令将其恢复，如果已经进行了保存，再使用“撤销”命令就于事无补了。此时可按照如下方法进行操作。

切换至“开始”选项卡，在“样式”组中单击“条件格式”|“清除规则”选项，从展开的下拉列表中可以选择“清除所选单元格的规则”选项或“清除整个工作表的规则”两个选项。

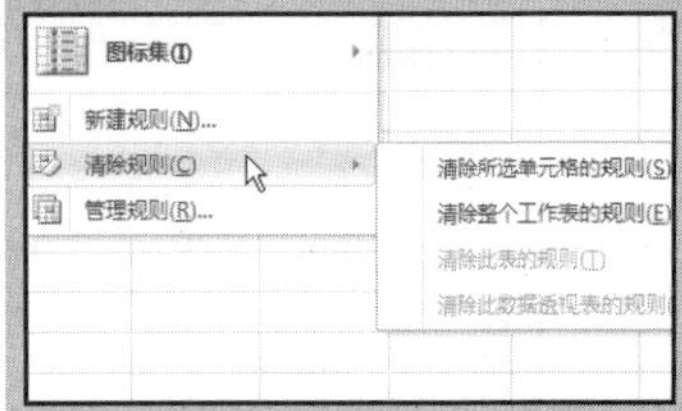

图标集(I)
新建规则(N)...
清除规则(C)
管理规则(R)...
清除所选单元格的规则(S)
清除整个工作表的规则(E)
清除此表的规则(T)
清除此数据透视表的规则

2.3.2 数据条

用户还可以利用 Excel 中的数据条功能来表示出数据。数据条可帮助用户查看某个单元格相对于其他单元格的值。在观察大量数据中的较高值和较低值时，数据条尤其有用。

❶ 使用数据条进行渐变填充

使用渐变填充的方式表示单元格中值的大小，渐变的数据条越长，所表示的数值就越大，反之则越小。

原始文件	实例文件\第2章\原始文件\数据条.xlsx
最终文件	实例文件\第2章\最终文件\数据条-渐变填充.xlsx

1 选取单元格区域。打开“实例文件\第2章\原始文件\数据条.xlsx”工作簿，选取单元格区域D3:D14，如下图所示。

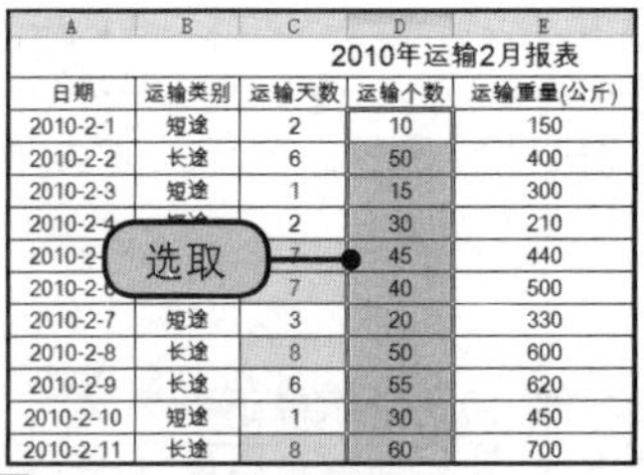

日期	运输类别	运输天数	运输个数	运输重量(公斤)
2010-2-1	短途	2	10	150
2010-2-2	长途	6	50	400
2010-2-3	短途	1	15	300
2010-2-4		2	30	210
2010-2-			45	440
2010-2-		7	40	500
2010-2-7	短途	3	20	330
2010-2-8	长途	8	50	600
2010-2-9	长途	6	55	620
2010-2-10	短途	1	30	450
2010-2-11	长途	8	60	700

2010年运输2月报表
选取

2 设置数据条颜色。切换至“开始”选项卡，在“样式”组中单击“条件格式”|“数据条”|“浅蓝色数据条”选项，如下图所示。

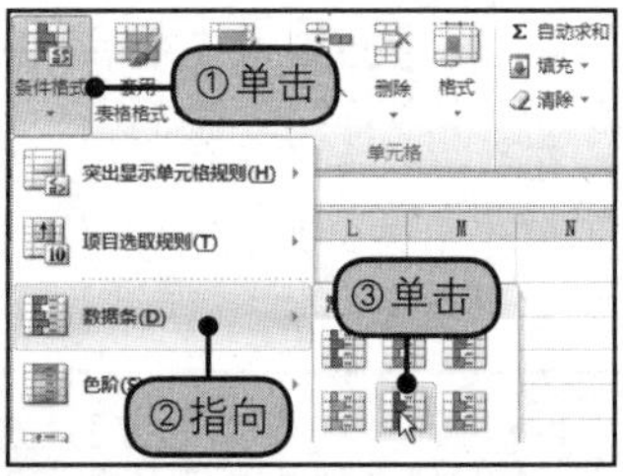

条件格式
套用表格格式
①单击
删除
格式
单元格
自动求和
填充
清除
突出显示单元格规则(H)
项目选取规则(T)
数据条(D)
色阶(S)
③单击
②指向

3 显示设置的数据条格式效果。经过以上操作后，在选取的单元格区域D3:D14中，会根据数值的大小显示相应长短的数据条，效果如右图所示。

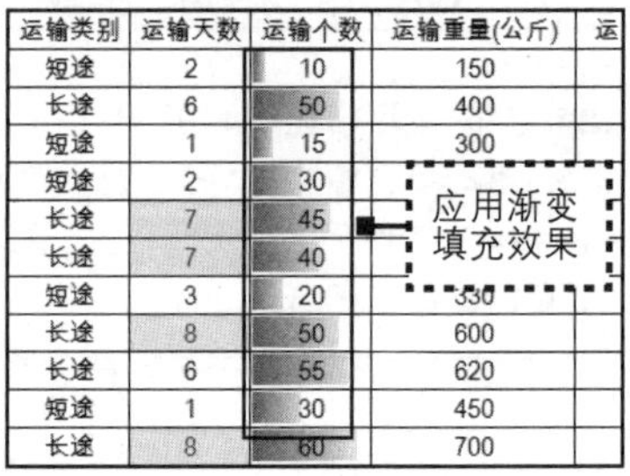

运输类别	运输天数	运输个数	运输重量(公斤)
短途	2	10	150
长途	6	50	400
短途	1	15	300
短途	2	30	
长途	7	45	
长途	7	40	
短途	3	20	330
长途	8	50	600
长途	6	55	620
短途	1	30	450
长途	8	60	700

应用渐变填充效果

❷ 使用数据条进行实心填充

实心数据条是Excel 2010中新增加的一种数据条类型，采用一种颜色表示数据条的长短，用户可以根据自己的喜好选择要应用的实心数据条样式。

原始文件	实例文件\第2章\原始文件\数据条.xlsx
最终文件	实例文件\第2章\最终文件\数据条-实心填充.xlsx

1 选取单元格区域。打开“实例文件\第2章\原始文件\数据条.xlsx”工作簿，选取单元格区域D3:D14，如右图所示。

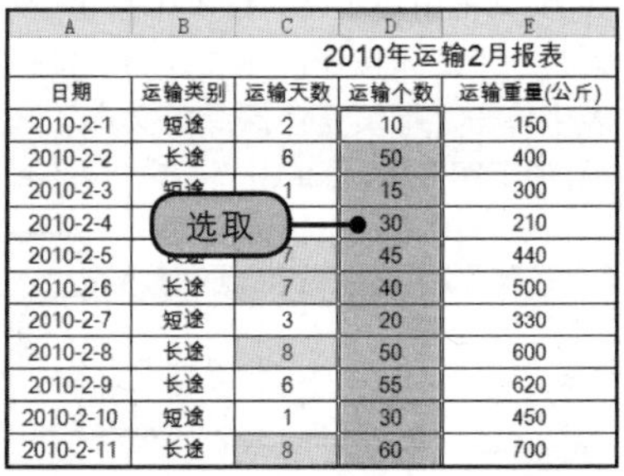

日期	运输类别	运输天数	运输个数	运输重量(公斤)
2010-2-1	短途	2	10	150
2010-2-2	长途	6	50	400
2010-2-3	短途	1	15	300
2010-2-4			30	210
2010-2-5		7	45	440
2010-2-6	长途	7	40	500
2010-2-7	短途	3	20	330
2010-2-8	长途	8	50	600
2010-2-9	长途	6	55	620
2010-2-10	短途	1	30	450
2010-2-11	长途	8	60	700

2010年运输2月报表
选取

2 选择实心数据条样式。切换至"开始"选项卡，在"样式"组中单击"条件格式"|"数据条"|"红色数据条"选项，如下图所示。

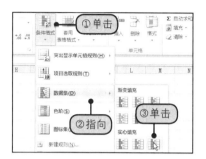

2.3.3 图标集

Excel 2010为用户准备了17种图标集方式，用户可以为单元格设置图标集，这样能更加方便地了解数据信息。设置图标集的具体操作步骤如下。

原始文件	实例文件\第2章\原始文件\图标集.xlsx
最终文件	实例文件\第2章\最终文件\图标集.xlsx

1 选取单元格区域。打开"实例文件\第2章\原始文件\图标集.xlsx"工作簿，选取单元格区域E3:E14，如下图所示。

运输类别	运输天数	运输个数	运输重量(公斤)
短途	2	10	150
长途	6	50	400
短途	1	15	300
短途	2	30	210
长途	7	45	440
长途		40	500
短途		20	330
长途	8	50	600
长途	6	55	620
短途	1	30	450
长途	8	60	700
短途	2	15	200

选取

3 显示设置的数据条格式效果。经过以上操作后，在选取的单元格区域D3:D14中，会根据数值的大小显示相应长短的数据条，效果如下图所示。

运输类别	运输大数	运输个数	运输重量(公斤)	运
短途	2	10	150	
长途	6	50		
短途	1	15	实心填充	
短途	2	30	效果	
长途	7	45		
长途	7	40	500	
短途	3	20	330	
长途	8	50	600	
长途	6	55	620	
短途	1	30	450	
长途	8	60	700	

2 选择图标集格式。切换至"开始"选项卡，在"样式"组中单击"条件格式"|"图标集"|"四向箭头（彩色）"选项，如下图所示。

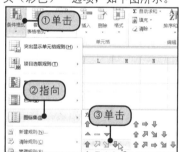

3 显示设置的图标集格式效果。经过以上操作后，选中的单元格区域中即会根据单元格的数据大小应用彩色的四向箭头，效果如右图所示。

日期	运输类别	运输天数	运输个数	运输重量(公斤)
10-2-1	短途	2	10	150
10-2-2	长途	6	50	400
10-2-3	短途	1	15	300
			30	210
			45	440
应用彩色四向			40	500
箭头图标			20	330
			50	600
10-2-9	长途	6	55	620
10-2-10			30	450
10-2-11	长途	8	60	700
10-2-12	短途	2	15	200

2.3.4 自定义条件格式

如果用户对系统默认的单元格格式规则不满意，还可以自定义设置单元格条件格式规则，具体的操作步骤如下。

原始文件	实例文件\第2章\原始文件\自定义条件格式.xlsx
最终文件	实例文件\第2章\最终文件\自定义条件格式.xlsx

⑬ 对规则进行管理

用户在对表格运用各种规则后，还可以通过"管理规则"查询设置的规则项目。

1 切换至"开始"选项卡，在"样式"组中单击"条件格式"|"管理规则"选项，如下图所示。

2 在打开的"条件格式规则管理器"对话框中查询已设置的规则，也可以新建规则、编辑规则或删除规则，如下图所示。

文秘行政人员在工作中常常会遇到使用条件格式的情况，使用条件格式对工作的业务量进行分析，可以使数据更加直观生动。

原始文件	实例文件\第2章\原始文件\业务完成量统计.xlsx
最终文件	实例文件\第2章\最终文件\业务完成量统计.xlsx

1 打开"实例文件\第2章\原始文件\业务完成量统计.xlsx"工作簿，选取单元格区域C3:C27，在"开始"选项卡的"样式"组中单击"条件格式"|"项目选取规则"|"高于平均值"选项，如下图所示。

2 在弹出的"高于平均值"对话框中，将高于平均值区域设置为浅红色，如下图所示。

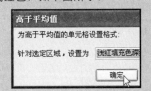

3 设置完成后的效果如下图所示。

姓名	1季度
李静	325000
王佳怡	250000
刘晨	365000
陈智	150000
苏小伟	100000
刘峰	420000
周德东	185000
张世新	250000

1 选取单元格区域。打开"实例文件\第2章\原始文件\自定义条件格式.xlsx"工作簿，选取单元格区域B2:B14，如下图所示。

3 选择其他规则。在展开的子列表中单击"其他规则"选项，如下图所示，打开"新建格式规则"对话框。

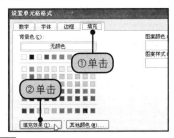

5 设置格式。弹出"设置单元格格式"对话框，切换至"填充"选项卡，单击"填充效果"按钮，如下图所示。

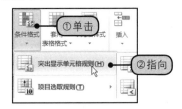

7 显示突出显示的单元格效果。经过以上操作后，所选取的单元格区域B2:B14中，包含文本"短途"的单元格即全部应用了设置的自定义格式，如右图所示。

2 选择突出显示单元格规则。在"样式"组中单击"条件格式"按钮，然后在展开的下拉列表中指向"突出显示单元格规则"选项，如下图所示。

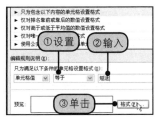

4 编辑规则说明。在弹出的对话框中设置"编辑规则说明"为单元格值等于"短途"，再单击"格式"按钮，如下图所示。

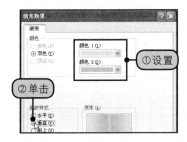

6 设置填充效果。在弹出的对话框中设置双色的"颜色1"和"颜色2"，将"底纹样式"设置为"垂直"，如下图所示，再单击"确定"按钮。

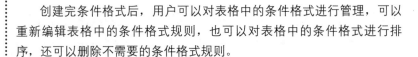

2.3.5 管理条件格式

创建完条件格式后，用户可以对表格中的条件格式进行管理，可以重新编辑表格中的条件格式规则，也可以对表格中的条件格式进行排序，还可以删除不需要的条件格式规则。

1 更改条形图外观和方向

Excel 2010中可以通过"管理条件格式"功能对单元格中的数据条执行不同的方向，此外，数据条现在可以成比例地表示实际值，负值的数据条显示在正轴对面。

原始文件	实例文件\第2章\原始文件\更改条形图外观和方向.xlsx
最终文件	实例文件\第2章\最终文件\更改条形图外观和方向.xlsx

1 单击"管理规则"选项。打开"实例文件\第2章\原始文件\更改条形图外观和方向.xlsx"工作簿，切换至"开始"选项卡，单击"条件格式"|"管理规则"选项，如下图所示。

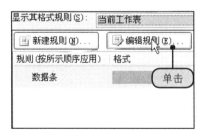

3 单击"编辑规则"按钮。此时在对话框的下方列表框中显示了当前工作表的所有规则，选中要编辑的规则，再单击"编辑规则"按钮，如下图所示。

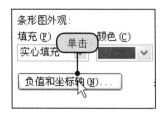

5 单击"负值和坐标轴"按钮。若要设置负值的填充颜色，可单击"负值和坐标轴"按钮，如下图所示。

条形图外观:

填充(F) 颜色(C)
实心填充 [单击]

负值和坐标轴(N)...

2 选择要显示格式规则的区域。弹出"条件格式规则管理器"对话框，从"显示其格式规则"下拉列表中选择要显示规则的区域，这里选择"当前工作表"选项，如下图所示。

条件格式规则管理器
显示其格式规则(S): 当前选择
当前选择
当前工作表
新建规则(N)... 表: Sheet2
表: Sheet3
规则(按所示顺序应用) 选择

4 选择填充颜色。弹出"编辑格式规则"对话框，在"条形图外观"选项组中的"颜色"下拉列表中选择实心填充的颜色为"红色"，如下图所示。

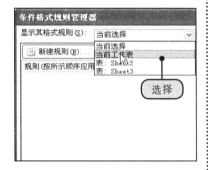

6 选择负值的填充颜色。弹出"负值和坐标轴设置"对话框，从"填充颜色"右侧下拉列表中选择"绿色"，如下图所示。

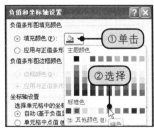

（续上页）

文秘应用

用条件格式显示业务完成量

4 按照上面的方法再分别设置单元格区域D3:D27、E3:E27和F3:F27，效果如下图所示。

1季度	2季度	3季度	4季度
325000	210000	350000	180000
250000	120000	240000	250000
365000	400000	200000	150000
150000	150000	120000	180000
100000	250000	98000	150000
420000	180000	110000	250000
185000	90000	200000	225000
250000	280000	140000	160000
125000	98000	150000	150000
500000	100000	120000	240000
90000	100000	100000	250000
100000	150000	240000	180000

5 接着再设置销售总额低于平均值的项目为绿色，如下图所示。

4季度	销售总额
180000	1065000
250000	860000
150000	1115000
180000	600000
150000	598000
250000	960000
225000	700000
160000	830000
150000	523000
240000	960000
250000	560000

6 选取单元格区域G3:G27，单击"条件格式"|"数据条"|"橙色数据条"选项，如下图所示。

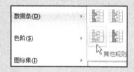

7 设置完成后，工作表的效果如下图所示。

3季度	4季度	销售总额
350000	180000	1065000
240000	250000	860000
200000	150000	1115000
120000	180000	600000
98000	150000	598000
110000	250000	960000
200000	225000	700000
140000	160000	830000
150000	150000	523000
120000	240000	960000
100000	250000	560000
240000	180000	670000
125000	180000	700000

提示 ⑭ 升降条件格式优先级别

当一个工作表中含有多个条件格式时，条件格式的优先级别即会按照设置条件格式的先后顺序而定。若用户需重新调整条件格式的优先顺序，则可按照如下方法操作。

1 切换至"开始"选项卡，在"样式"组中单击"条件格式"丨"管理规则"选项，将弹出"条件格式规则管理器"对话框，从"显示其格式规则"下拉列表中选择"当前工作表"后将显示出所有的条件格式，如下图所示。

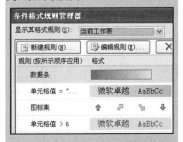

2 在"规则"列表框中选择要调整的规则，然后通过单击"上移"或"下移"按钮来调整其顺序，如下图所示。

7 选择条形图方向。单击"确定"按钮返回"编辑格式规则"对话框，从"条形图方向"下拉列表中选择条形图的方向为"从左到右"，如下图所示。

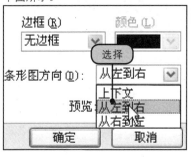

2 重新设置图标集规则

在Excel 2010中，用户可以混合和匹配不同集里的图标，并且更轻松地隐藏图标。例如，用户可以选择仅对高利润值显示图标，而对中间值和较低值省略图标。

	原始文件	实例文件\第2章\原始文件\图标集规则.xlsx
	最终文件	实例文件\第2章\最终文件\图标集规则.xlsx

1 单击"管理规则"选项。打开"实例文件\第2章\原始文件\图标集规则.xlsx"工作簿，切换至"开始"选项卡，单击"条件格式"丨"管理规则"选项，如下图所示。

3 选择无单元格图标。弹出"编辑格式规则"对话框，在第二个图标下拉列表中单击"无单元格图标"选项，如右图所示。

8 更改条形图外观和方向后效果。连续单击"确定"按钮返回工作表中，此时可以看到正值采用红色填充，负值采用绿色填充，效果如下图所示。

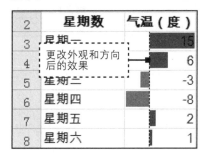

2 单击"编辑规则"按钮。弹出"条件格式规则管理器"对话框，从"显示其格式规则"下拉列表中选择"当前工作表"选项。再选中要编辑的规则，单击"编辑规则"按钮，如下图所示。

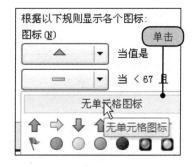

4 继续选择无单元格图标。同样在第三个图标下拉列表中单击"无单元格图标"选项，如下图所示。

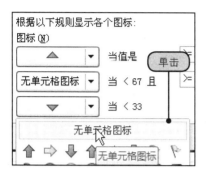

5 只标示利润最大值。连续单击"确定"按钮，返回工作表中，此时在B3:B7单元格区域中只标示出了最大利润额，而忽略了中间的或最小的利润额，如下图所示。

	A	B
2	1月	利润额
3	2月	▲ ￥42,569.00
4	3月	￥25,881.00
5	4月	￥8,892.00
6		￥48,920.00
7		￥10,561.00

只标示最大值

2.4

套用表格格式

通常在制作完成表格后，为了使表格看上去更加美观，还需要为表格设置格式，但这样也需要一定的时间，这时就可以使用自动套用格式快速为表格应用专业化的格式。

Excel 2010中自带了三类表格样式：浅色、中等深浅和深色，共计60种工作表样式，用户可以根据需要选择使用，其方法简单、快捷，能为用户节约不少时间。

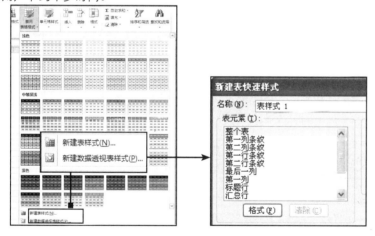

2.4.1 套用预设表格格式美化工作表

如果要套用工作表样式，那么可以在"样式"组中单击"套用表格格式"按钮，在展开的样式库中选择自己喜欢的样式，同时还可以单击"新建表样式"选项，对表格设置自定义样式。

文秘应用

用条件格式显示员工培训成绩

当对员工培训完毕后，为了检测培训的结果，需对培训的员工进行考核，考核后将所有员工的成绩罗列出来。使用条件格式对工作表中的成绩进行分析，可以使数据更加直观。

1 打开"实例文件\第2章\原始文件\培训成绩表.xlsx"工作簿，选取单元格区域C3:C17，如下图所示。

	A		C
1	培训成绩表		
2	员工编号	员工姓名	C++程序
3	1023	张军	85
4	1024	李晓勇	63
5	1025	曾志丹	92
6	1026	王鹏	85
7	1027	蕾蕾	57
8	1028	王俊	48
9	1029	张亚东	63

2 在"开始"选项卡下的"样式"组中单击"条件格式"|"色阶"|"红-黄-绿色阶"选项，如下图所示。

3 此时，可以看到选取区域中红色表示的数值最大，中间值用黄色表示，最小值用绿色表示，效果如下图所示。

	A	B	C
1	培训成绩表		
2	员工编号	员工姓名	C++程序
3	1023	张军	85
4	1024	李晓勇	63
5	1025	曾志丹	92
6	1026	王鹏	85
7	1027	蕾蕾	57
8	1028	王俊	48
9	1029	张亚东	63
10	1030	李晓明	88

1 选取单元格区域。打开"实例文件\第2章\原始文件\套用工作表样式.xlsx"工作簿，选取单元格区域A1:G13，然后在"样式"组中单击"套用表格格式"按钮，如下图所示。

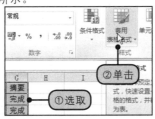

2 选择表格样式。在展开的表格样式库中选择喜欢的表格样式，如选择"中等深浅"选项组下的"表样式中等深浅9"样式，如下图所示。

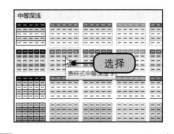

用户在套用工作表样式设置表格后，表格的筛选功能是打开的，用户可以对表格进行筛选。如果需要退出筛选功能，那么可以进行以下操作。

1 选中整个表格，切换至"开始"选项卡，在"编辑"组中单击"排序和筛选"按钮，然后在展开的下拉列表中单击"筛选"选项，如下图所示。

2 经过以上操作后，表头的筛选按钮即被取消，设置表样式的效果如下图所示。

3 套用表格式。弹出"套用表格式"对话框，保留默认的表数据来源，勾选"表包含标题"复选框，再单击"确定"按钮，如下图所示。

4 显示表样式效果。此时所选单元格区域即可应用选择的表样式，默认的表头还有筛选功能，如下图所示。

2.4.2 套用表格格式后不考虑位置筛选数据

当套用了预设的表格格式后，表格的第一行中将出现一个下三角按钮，即筛选按钮。在新版本的Excel 2010中，筛选按钮与表格标题一起显示在表格列中，这样用户可以对数据进行快速排序或筛选，而不必一直向上回滚到表格顶部。

1 筛选按钮与表格标题显示在表格列中。打开"实例文件\第2章\原始文件\不考虑位置筛选数据.xlsx"工作簿，此时可以看到筛选按钮与表格标题显示在表格列中，如下图所示。

2 筛选数据。单击表格列中的"运输类别"右侧的下三角按钮，从展开的下拉列表中只勾选"长途"复选框，如下图所示。

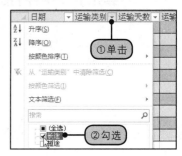

3 筛选结果。单击"确定"按钮，此时可以看到在表格中只显示出"长途"运输类别的记录，如右图所示。

创建页眉和页脚

在办公表格的制作中，经常会遇到在页面的顶部或底部添加某些相同内容的情况，如显示页码、工作表名称等，这些可以通过在工作表中添加页眉或页脚的方式来完成。

页眉和页脚位于工作表中每个页面的顶部、底部，它们提供了关于工作表的重要背景信息，其中包括页码、日期、文件名、工作表名等。

若要插入页眉和页脚，则可以切换至"插入"选项卡，在"文本"组中单击"页眉和页脚"按钮插入。在"页眉和页脚工具"|"设计"选项卡的"页眉和页脚元素"组中，用户可以选择要添加的页眉和页脚元素，例如页码、页数、当前日期、当前时间、文件路径、文件名、工作表名等，此时则会在页眉或页脚处显示设置的元素效果。

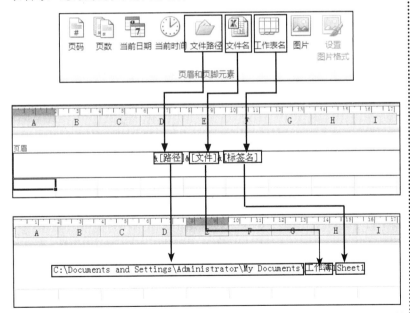

2.5.1 在"页面布局"视图下编辑页眉和页脚

页眉和页脚是位于上下页边的注释性文字或图片，设置页眉和页脚的方法很多，可以在"页面布局"视图下进行编辑，也可以在"页面设置"对话框的"页眉/页脚"选项卡下进行设置。

提示 ⑯ 对页眉和页脚的快速设置

在激活页眉和页脚编辑区后，用户即可直接使用"页脚和页脚工具"|"设计"选项卡对页眉和页脚进行快速设置。

在该选项卡下的"页眉和页脚"组中，分别单击"页眉"或"页脚"按钮，可以快速选择页眉和页脚样式，如下图所示。

在"页眉和页脚元素"组中，用户还可选择为页眉和页脚添加丰富的自定义元素，并且这些元素多数会随着工作表内容的更新而自动更新，如选择插入页码、文件名、工作表名等，如下图所示。

提示 ⑰ 对页眉和页脚选项的设置

在"页眉和页脚工具"|"设计"选项卡下的"选项"组中，用户还可设置页眉和页脚的其他选项，诸如首页不同、奇偶页不同等，如下图所示，这在工作表内容较多，从而需要区别不同页的页眉和页脚时很有用。

本小节先介绍第一种插入页眉和页脚的方法。使用"插入"选项卡下的"页眉和页脚"功能与直接单击"视图"选项卡下的"页面布局"按钮均可切换至页面布局视图，在该视图中用户可以自定义编辑本工作表的页眉与页脚，具体操作如下。

原始文件	实例文件\第2章\原始文件\设置页眉和页脚.xlsx
最终文件	实例文件\第2章\最终文件\设置页眉和页脚.xlsx

1 激活页眉和页脚编辑区。打开"实例文件\第2章\原始文件\设置页眉和页脚.xlsx"工作簿，单击"插入"选项卡下"文本"组中的"页眉和页脚"按钮，如下图所示。

2 编辑页眉。在激活的页面布局视图下的页眉位置处，输入"公司运输详单"字样，如下图所示，编辑页眉标题。

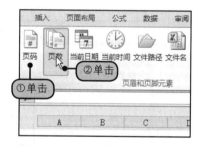

3 转至页脚编辑处。编辑完页眉后，单击"页眉和页脚工具"选项卡下"导航"组中的"转至页脚"按钮，如下图所示，就可以切换至页脚编辑区了。

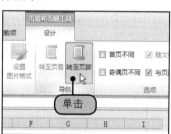

4 插入页码和页数。切换至页脚编辑区后，再分别单击"页眉和页脚元素"组中的"页码"与"页数"按钮，如下图所示。

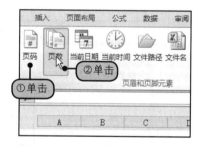

5 显示页脚处自动生成的页码与页数占位符。经过以上操作后，在"页面布局"视图的"页脚"中即可自动插入了页码与页数占位符，如下图所示。

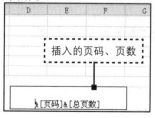

6 显示插入页码与页数后的效果。单击页脚外的任意位置，即可看到最终的页码与页数效果，如下图所示，11表示当前位置页码为第1页，该工作表总共有1页。

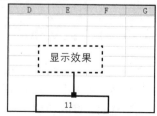

7 编辑更完整的页脚。为了使页码页数表达更完整，用户可以对其进行编辑。单击页脚位置，使页脚可编辑，接着编辑页码页数为"第&[页码]页，共&[总页数]页"，如下图所示。

8 显示页脚最终效果。编辑完成后，单击页脚外的任意位置，即可看到最终的页脚效果，如下图所示。当工作表中的内容增加后，页脚处的页码与页数也会自动更新。

第&[页码]页，共&[总页数]页

第1页，共1页

2.5.2 在"页面设置"对话框中插入页眉和页脚

用户除了可以在"页面布局"视图下编辑页眉和页脚外，还可以在"页面设置"对话框的"页眉/页脚"选项卡下进行设置。在"页眉/页脚"选项卡下，用户可以通过两种途径设置页眉和页脚：一种是快速插入内置的页眉和页脚样式，另一种是自定义页眉和页脚样式。

❶ 插入内置的页眉和页脚样式

在"页眉/页脚"选项卡下，通过选择页眉和页脚下拉列表中的内置样式，可以达到快速设置页眉或页脚的目的。以设置页眉样式为例，具体操作如下。

原始文件	实例文件\第2章\原始文件\设置页眉和页脚.xlsx
最终文件	实例文件\第2章\最终文件\设置页眉和页脚1.xlsx

1 打开"页面设置"对话框。打开"实例文件\第2章\原始文件\设置页眉和页脚.xlsx"工作簿，单击"页面布局"选项卡下"页面设置"组中的对话框启动器，如下图所示。

2 插入页眉。在打开的"页面设置"对话框中，切换至"页眉/页脚"选项卡，在"页眉"下拉列表中选择"第1页，共?页"页眉样式，如下图所示。

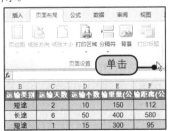

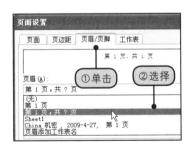

3 启动打印预览。为了查看插入内置页眉的效果，用户可以单击下方的"打印预览"按钮，如右图所示。

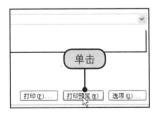

通过"页面设置"对话框设置页眉和页脚，并单击"确定"按钮后，在工作表中是看不见页眉和页脚的设置效果的，如果要查看页眉和页脚的设置状态，可以通过"打印预览"来实现。

提示 ⑲ 查看页眉和页脚的方法

用户设置完成页眉和页脚后，除了可以在"打印预览"中查看设置效果，还可以通过"页面布局"按钮来实现。

1 单击"视图"选项卡下"工作簿视图"组中的"页面布局"按钮，如下图所示。

2 工作表切换到"页面布局"视图，在该视图下可以查看页眉和页脚的效果，如下图所示。

第1页，共1页

输个数	合重量(公	合输距离(公
10	150	112
50	400	580
15	300	95

3 此时，页眉和页脚也是可以编辑的，如下图所示。

第&[页码]页，共&[总页数]页

运输类别	运输天数	运输个数	合重量	(公合距离(公	篇
短途	2	10	150	112	完
长途	6	50	400	580	完
短途	1	15	300	95	完
短途	2	30	210	120	完
长途	7	45	440	670	完
长途	7	40	500	780	完
短途	3	20	330	85	完
长途	8	50	600	870	完
长途	6	55	620	620	完

4 显示插入页眉样式后的效果。在"打印预览"选项卡下，用户可以预览到工作表添加内置页眉样式的效果，如右图所示。

第1页，共1页

日期	运输类别	运输天数	运输个数	合重量	公输距离(公	篇表
2010-2-1	短途	2	10	150	112	完成
2010-2-2	长途	6	50	400	580	完成
2010-2-3	短途	1	15	300	95	完成
2010-2-4	短途	2	30	210	120	完成
2010-2-5	长途	7	45	440	670	完成
2010-2-6	长途	7	40	500	780	完成
2010-2-7	短途	3	20	330	85	完成
2010-2-8	长途	8	50	600	870	完成
2010-2-9	长途	6	55	620	620	完成
######	短途	1	30	450	101	完成
######	长途	8	60	700	820	完成

❷ 自定义页眉和页脚样式

除了直接插入内置的页眉和页脚样式外，用户还可以自定义页眉与页脚样式，具体操作如下。

原始文件	实例文件\第2章\原始文件\设置页眉和页脚.xlsx
最终文件	实例文件\第2章\最终文件\设置页眉和页脚2.xlsx

1 打开"页面设置"对话框。打开"实例文件\第2章\原始文件\设置页眉和页脚.xlsx"工作簿，单击"页面布局"选项卡下"页面设置"组中的对话框启动器，如下图所示。

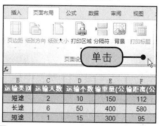

3 设置页眉。在"页眉"对话框"左"下方的文本框中输入"公司运输详单"，如下图所示。

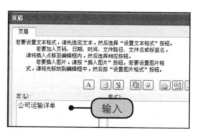

5 设置页脚。打开"页脚"对话框，单击"中"下方的文本框，然后单击"插入页数"按钮，如下图所示。

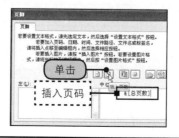

2 打开"页眉"对话框。打开"页面设置"对话框，在对话框中切换至"页眉/页脚"选项卡，单击"自定义页眉"按钮，如下图所示。

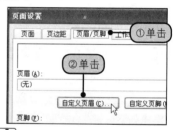

4 打开"页脚"对话框。单击"确定"按钮后，在"页眉/页脚"选项卡中单击"自定义页脚"按钮，如下图所示。

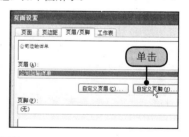

6 显示打印预览效果。返回"页面设置"对话框后，单击"打印预览"按钮，可以预览到自定义页眉和页脚后的效果，如下图所示。

公司运输详单

日期	运输类别	运输天数	运输个数	输重量
2010-2-1	短途	2	10	150
2010-2-2	长途	6	50	400
2010-2-3	短途	1	15	300
2010-2-4	短途	2	30	210

1

第 3 章

高效管理表格数据

学习要点

- 排序
- 高级筛选
- 分级显示
- 自动筛选
- 通过关键字筛选
- 分类汇总

本章结构

快速排列表格中数据		
简单排序	高级排序	自定义排序

筛选			
自动筛选	通过关键字筛选	自定义筛选	高级筛选

分类汇总		
创建分类汇总	多级分类汇总	分级显示数据

1 按基本工资奖金升序快速排列

	A	B	C	D	E
			某公司员工工资表		
	工编号	姓名	部门	基本工资	奖金
	2	王佳怡	财务部	2500	500
	3	刘晨	销售部	2650	1560
	12	王冬冬	销售部	2650	550
	13	张家明	销售部	2800	760
	1	李静	财务部	2850	500
	11	李铭	销售部	2850	1650
	18	苏东	生产部	2900	2580
	14	丁次	生产部	2950	1560
	4	陈智	销售部	3000	1200
	7	周德东	生产部	3000	1600

2 按所选单元格值快速筛选

- 插入(I)...
- 删除(D)...
- 清除内容(N)
- 筛选(E) ▶ — 重新应用(R)
- 排序(O) ▶ — 按所选单元格的值筛选(V)
- 插入批注(M) — 按所选单元格的颜色筛选
- 设置单元格格式(F)... — 按所选单元格的字体颜色
- 从下拉列表中选择(K)... — 按所选单元格的图标筛选
- 显示拼音字段(S)
- 命名单元格区域(R)...

3 分类汇总查看各商品销售总额

B	C	D	E	F
电脑配件销售情况表				
品名	品牌	销售数量	销售单价	销售总额(
CPU	联想	10	1250	12500
CPU	联想	4	1250	5000
CPU	惠普	10	1200	12000
CPU	惠普	8	1200	9600
CPU	三星	12	1500	18000
CPU	联想	4	1250	5000
CPU 汇总				62100
显示器	联想	5	1500	7500
显示器	索尼	5	1800	9000

4 分级显示数据

B	C	D	E	F
电脑配件销售情况表				
期	品名	品牌	销售数量	销售单价	销售总额(
CPU 汇总					62100
显示器 汇总					49900
硬盘 汇总					30800
总计					142800

第3章

高效管理表格数据

文秘行政人员在工作中经常会遇到记录各种各样数据资料表格的情况，只有从中提取出对工作有用的信息，才能帮助其快速地做出分析、决策。要提取有效的数据信息，就需要文秘行政人员能够对这些表格数据进行管理。如何才能高效地管理这些表格呢？本章就着重向用户介绍使用Excel 2010高效管理表格数据的方法，包括对表格数据进行排序、筛选、分类汇总和创建数据透视表与创建数据透视图。

3.1

快速排列表格中的数据

对数据进行排序是数据分析不可缺少的组成部分，用户对数据进行排序后就可以快速直观地显示数据，更好地理解数据，组织并查找所需数据，最终帮助用户做出更有效的分析决策。

与Excel 2003相比，Excel 2010的排序功能更加强大。优化后的排序功能可以更好地满足用户的需求，除了可以对文本、数据进行排序外，还可以对时间、日期、单元格字体颜色、图标、自定义序列等内容进行排序。

本节主要向用户介绍了简单排序、高级排序和自定义排序3种排序方法。

如下图所示为通过在"数据"选项卡下的"排序和筛选"组中单击"排序"按钮打开的"排序"对话框，如果用户要进行较复杂的排序，都需要在这里进行设置。

提示 ① **用"降序"按钮将数据按降序排列**

用户在工作表中也可以通过"数据"选项卡下"排序和筛选"组中的"降序"按钮将数据按降序排列。

Excel 2010中，排序的条件可以有很多个，单击"添加条件"按钮，就可以定义复杂的排序条件了。

单击"选项"按钮后，可以在弹出的"排序选项"对话框中设置排序的方向和方法。

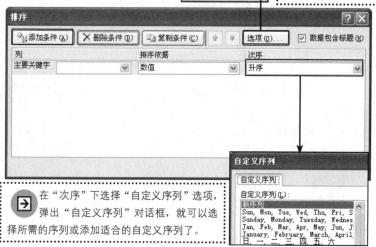

在"次序"下选择"自定义序列"选项，弹出"自定义序列"对话框，就可以选择所需的序列或添加适合的自定义序列了。

3.1.1 简单排序

简单排序是指用户在排序时，设置的排序条件是单一的，工作表中的数据是按照指定的某一种条件进行排列的。下面为用户介绍两种简单排序的方法。

原始文件	实例文件\第3章\原始文件\某公司员工工资表.xlsx
最终文件	实例文件\第3章\最终文件\简单排序.xlsx

① 方法一：使用"升序"按钮排序

1 对数据进行简单升序排序。打开"实例文件\第3章\原始文件\某公司员工工资表.xlsx"工作簿，选中单元格D2，单击"数据"选项卡下"排序和筛选"组中的"升序"按钮，如下图所示。

2 显示排序后的效果。经过以上操作后，某公司员工工资表将自动按照基本工资列数据的升序顺序完成排列，如下图所示。

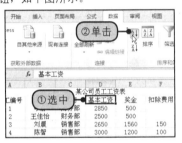

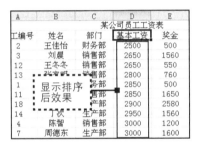

② 方法二：使用"排序"对话框进行排序

1 打开"排序"对话框。打开"实例文件\第3章\原始文件\某公司员工工资表.xlsx"工作簿，选取单元格区域A2:G27，单击"数据"选项卡下"排序和筛选"组中的"排序"按钮，如下图所示。

2 设置排序关键字。在打开的"排序"对话框中，单击"主要关键字"右侧的下三角按钮，在展开的下拉列表中单击"基本工资"选项，如下图所示。

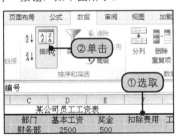

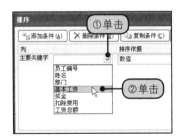

3 设置排序依据和次序。单击"排序依据"下三角按钮，在展开的下拉列表中单击"数值"选项，然后在"次序"下拉列表中单击"升序"选项，单击"确定"按钮完成设置，如右图所示。

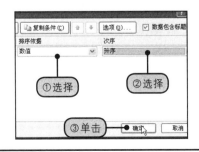

提示 ② 其他排序方法

在Excel 2010中排序的方法有很多种，除了左侧介绍的两种方法外，这里再介绍另外两种方法。

1.方法一：用右键快捷菜单排序

1 右击需要排序的单元格，在弹出的快捷菜单中单击"排序"命令，如下图所示。

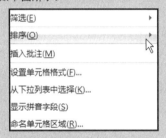

2 之后在展开的子菜单中选择需要排序的方式即可。

2.方法二：在"开始"选项卡下排序

在"开始"选项卡下单击"编辑"组中的"排序和筛选"下三角按钮，然后在展开的下拉列表中选择排序的方式，如下图所示。

4 显示排序后的效果。经过以上操作后，某公司员工工资表将自动按照基本工资列数据的升序顺序完成排列，如右图所示。

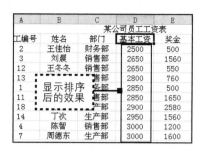

3.1.2 高级排序

高级排序就是按照多个关键字对数据进行排序。用户在弹出的"排序"对话框中除了要设置主要关键字外，还要通过编辑设置多个关键字来实现对数据的排序。设置多个关键字排序的目的是为了设置排序的优先级。

原始文件	实例文件\第3章\原始文件\某公司员工工资表.xlsx
最终文件	实例文件\第3章\最终文件\某公司员工工资表1.xlsx

1 打开"排序"对话框。打开"实例文件\第3章\原始文件\某公司员工工资表.xlsx"工作簿，选取单元格区域A2:G27，在"数据"选项卡下单击"排序和筛选"组中的"排序"按钮，如下图所示。

2 设置排序主要关键字。在打开的"排序"对话框中，单击"主要关键字"右侧的下三角按钮，在展开的下拉列表中单击"基本工资"选项，如下图所示。

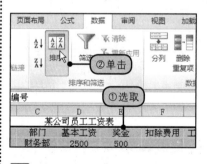

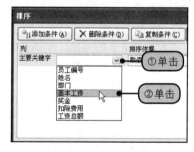

3 设置添加条件。单击"排序"对话框中的"添加条件"按钮，如下图所示。

4 设置排序次要关键字。在添加的排序条件下单击"次要关键字"右侧的下三角按钮，然后在展开的下拉列表中单击"奖金"选项，如下图所示。

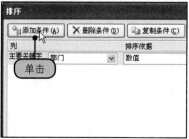

提示 ③ **数据的选择方式**

用户在对表单数据进行排序时，首先需要选中数据表单中要排序的数据，选择数据的方式有两种，可以选取整个表单，也可以选中数据表单的首个单元格。

提示 ④ **删除已设置的排序条件**

用户在设置排序条件后发现设置有误时，可以单击"排序"对话框里的"删除条件"按钮删除无用的排序条件，如下图所示。

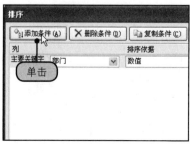

5 设置排序次序。单击"次序"下侧的下三角按钮,在展开的下拉列表中单击"升序"选项,然后单击"确定"按钮完成设置,如下图所示。

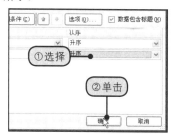

①选择
②单击

6 显示排序后的效果。经过以上操作后,某公司员工工资表将自动按照基本工资列数据的升序顺序排列,在基本工资相同的情况下,按照奖金列数据的升序排列,如下图所示。

B	C	D	E	F
某公司员工工资表				
姓名	部门	基本工资	奖金	扣除费
王佳怡	财务部	2500	500	
王冬冬	销售部	2650	550	45
刘晨	销售部	2650	1560	150
	售部	2800	760	60
	务部	2850	500	
	售部	2850	1650	100
苏东	生产部	2900	2580	25
丁次	生产部	2950	1560	90
陈智	销售部	3000	1200	100
周德东	生产部	3000	1600	

显示排序后的效果

3.1.3 自定义排序

在Excel 2010中,还允许对数据进行自定义排序。本节以自定义排序工作表中的数据与自定义排序单元格的颜色为例,向用户介绍自定义排序的方法。

❶ 数据的自定义排序

用户在排序时,可以根据需要自定义数据的排列顺序。在下面的例子中,就是按照管理部、宣传部、财务部、生产部、销售部的次序排列数据的。

原始文件	实例文件\第3章\原始文件\某公司员工工资表1.xlsx
最终文件	实例文件\第3章\最终文件\数据自定义排序.xlsx

1 打开"排序"对话框。打开"实例文件\第3章\原始文件\某公司员工工资表1.xlsx"工作簿,选取单元格区域A2:G27,在"数据"选项卡下单击"排序和筛选"组中的"排序"按钮,如下图所示。

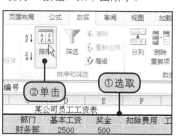

②单击 ①选取

2 设置排序主要关键字。在打开的"排序"对话框中,单击"主要关键字"右侧的下三角按钮,在展开的下拉列表中单击"部门"选项,如下图所示。

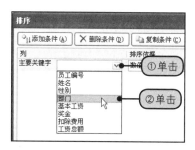

①单击
②单击

3 打开"自定义序列"对话框。单击"次序"下侧的下三角按钮,在展开的下拉列表中单击"自定义序列"选项,如右图所示。

①单击
②单击

提示 **⑤** **如何使用"排序选项"**

用户在使用Excel 2010时,还可以根据需要设置排序的方向和方法,这就需要在"排序选项"对话框中进行设置。

1 单击"排序"对话框中的"选项"按钮,如下图所示。

2 弹出"排序选项"对话框,在该对话框中就可以对排序的方向和方法进行设置了,如下图所示。

提示 ⑥ 打开或关闭标题行

用户对数据进行排序时，通常最好有一个标题行，以便于理解数据的含义。默认情况下，标题中的值不包括在排序操作中。有时，则用户可能需要打开或关闭标题，以使标题中的值包括或不包括在排序操作中。

如果要从排序中排除第一行数据（该行是列标题），则用户可以在"排序"对话框中勾选"数据包含标题"复选框。

如果要将第一行数据包括在排序中（不是列标题），则用户可以在"排序"对话框中取消勾选"数据包含标题"复选框。

文秘应用
为公司员工销售业绩排序

在工作中，文秘行政人员经常会遇到对员工的销售业绩进行分析的情况，以便了解整个公司的销售特点，好进行针对性的工作。要分析员工的销售业绩，首先要做的就是对员工的业绩进行排序。

原始文件　实例文件\第3章\原始文件\员工销售业绩表.xlsx
最终文件　实例文件\第3章\原始文件\员工销售业绩表.xlsx

1 打开"实例文件\第3章\原始文件\员工销售业绩表.xlsx"工作簿，选取单元格区域A2:G27，在"数据"选项卡下单击"排序和筛选"组中的"排序"按钮，如下图所示。

4 添加自定义序列。在弹出的"自定义序列"对话框"输入序列"下的文本中按竖列输入要排序的次序"管理部"、"宣传部"、"财务部"、"生产部"、"销售部"，然后单击"添加"按钮，如下图所示。

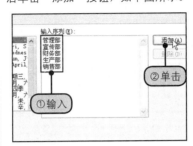

6 完成排序。单击"确定"按钮后退出"自定义序列"对话框，再单击"确定"按钮退出"排序"对话框，如下图所示。

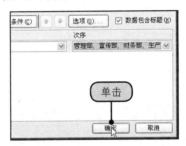

5 选择自定义序列。单击"添加"按钮后，序列将添加到左侧"自定义序列"下的列表框里，选择序列"管理部, 宣传部, 财务部, 生产部, 销售部"，如下图所示。

7 显示排序后的效果。经过以上操作后，某公司员工工资表将自动按照部门列数据的自定义顺序完成排列，如下图所示。

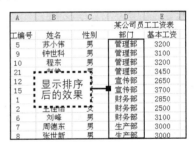

❷ 颜色的自定义排序

原始文件　实例文件\第3章\最终文件\数据自定义排序.xlsx
最终文件　实例文件\第3章\最终文件\颜色自定义排序.xlsx

在Excel 2010中，还可以按单元格颜色、字体的颜色或单元格图标样式等对数据进行排序。下面以自定义排序单元格颜色为例进行说明。

1 打开"排序"对话框。打开"实例文件\第3章\最终文件\数据自定义排序.xlsx"工作簿，选取单元格区域A2:G27，在"数据"选项卡下单击"排序和筛选"组中的"排序"按钮，如下图所示。

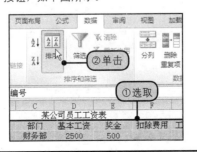

2 设置排序主要关键字和排序依据。在打开的"排序"对话框中，单击"主要关键字"下拉列表中的"扣除费用"选项，在"排序依据"的下拉列表中单击"单元格颜色"选项，如下图所示。

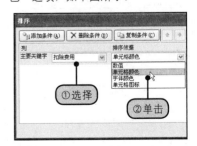

3 设置排序次序。单击"次序"下拉列表中的茶色,如下图所示。

5 设置排序次要关键字和排序依据。添加上次要关键字条件后,单击"次要关键字"右侧的下三角按钮,在展开的下拉列表中单击"工资总额"选项,然后在"排序依据"下拉列表中单击"单元格颜色"选项,如下图所示。

7 显示排序后的效果。某公司员工工资表将自动按照"扣除费用"单元格茶色在前的顺序完成排列,在同为茶色的情况下,按照"工资总额"单元格粉色在前的顺序排列,如右图所示。

4 设置添加条件。单击"排序"对话框上的"添加条件"按钮,如下图所示。

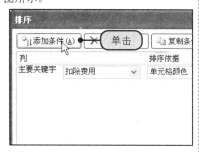

6 设置次要排序次序。单击"次序"下侧的下三角按钮,在展开的下拉列表中单击"粉色",如下图所示。完成设置后单击"确定"按钮退出"排序"对话框。

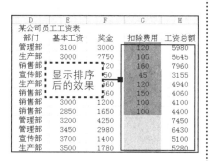

(续上页)

(续上页)

文秘应用
为公司员工销售业绩排序

2 在打开的"排序"对话框中,单击"主要关键字"下拉列表中的"销售总额"选项,再单击"添加条件"按钮,如下图所示。

3 单击"次要关键字"右侧的下三角按钮,在展开的下拉列表中单击"4季度"选项,如下图所示。

4 单击"主要关键字"后"次序"下侧的下三角按钮,在展开的下拉列表中单击"降序"选项,同样设置"次要关键字"的次序为"降序",再单击"确定"按钮完成排序。

5 排序完成后,效果如下图所示。

员工销售业绩统计表				
1季度	2季度	3季度	4季度	销售总额
365000	400000	200000	150000	1115000
325000	210000	350000	180000	1065000
420000	180000	110000	250000	960000
500000	100000	120000	240000	960000
250000	360000	250000	100000	960000
250000	120000	240000	250000	860000
180000	200000	230000	250000	860000
120000	360000	100000	250000	830000
250000	280000	140000	160000	830000
185000	90000	200000	225000	700000
155000	240000	125000	180000	700000
150000	120000	150000	250000	670000

3.2

筛选

使用筛选功能筛选数据,可以帮助用户快速而又方便地查找和使用需要的数据,筛选过的数据显示的只是那些满足指定条件的行,而那些无用的数据就被隐藏起来了。筛选数据之后,那些筛选产生的数据子集,就可以直接用来分析和使用了。

本节主要介绍了3种Excel 2010数据筛选功能,包括自动筛选、自定义筛选以及高级筛选。下面是对这3种方法的简单对比。

可以通过"数字筛选"下方的复选框进行自动筛选，一般用在筛选条件单一的情况下。

也可以通过"数据筛选"的子菜单来选择自动筛选的内容。

通过自定义筛选数据的条件范围，完成筛选，使用时，一般筛选条件不超过两个。

高级筛选的条件可以是3个或3个以上。

在工作表中输入筛选条件后，在这里设置条件区域，进行高级筛选。

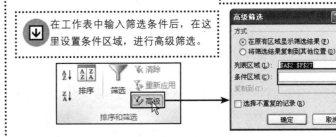

3.2.1 自动筛选

自动筛选可以用在快速筛选且筛选条件较少的数据时，一般情况下，用户在使用自动筛选时，筛选条件是单一的。

❶ 按所选单元格值进行筛选

用户在自动筛选数据时，有两种方法可供选择，既可以使用功能区提供的"筛选"按钮进行筛选，也可以用右键快捷菜单来筛选数据。

| 原始文件 | 实例文件\第3章\原始文件\某公司员工工资表2.xlsx |
| 最终文件 | 实例文件\第3章\最终文件\自动筛选.xlsx |

（1）方法一：使用功能区筛选

1 启动筛选功能。打开"实例文件\第3章\原始文件\某公司员工工资表2.xlsx"工作簿，选取单元格区域A2:F27，在"数据"选项卡下单击"排序和筛选"组中的"筛选"按钮，如下图所示，即可进入筛选状态。

2 选择需要筛选的数列。单击单元格"扣除费用"后的下三角按钮，展开下拉列表，如下图所示。

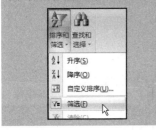

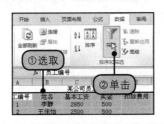

3 自动筛选数据。在展开的下拉列表中，取消勾选除"空白"外的复选框，单击"确定"按钮完成筛选，如下图所示。

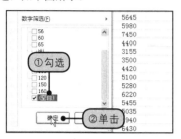

4 显示筛选结果。经过以上操作后，工资表即可将"扣除费用"为空白的员工全部筛选出来了，如下图所示。

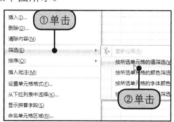

（2）方法二：使用右键菜单筛选

1 选中单元格。打开"实例文件\第3章\原始文件\某公司员工工资表2.xlsx"工作簿，选中单元格E3，如下图所示。

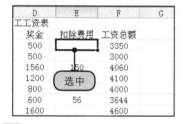

2 设置筛选条件。右击单元格E3，在弹出的快捷菜单中单击"筛选"命令，然后在展开的子菜单中单击"按所选单元格的值筛选"命令，如下图所示。

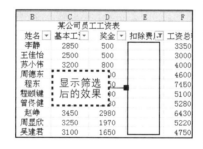

3 显示筛选结果。经过以上操作后，工资表即可将"扣除费用"为空白的员工全部筛选出来了，如右图所示。

② 自动筛选前5个

用户在自动筛选时，也可以筛选10个最大值、高于平均值、低于平均值这类的数据范围。下面以筛选扣除费用最多的5个人为例来说明。

原始文件	实例文件\第3章\原始文件\某公司员工工资表2.xlsx
最终文件	实例文件\第3章\最终文件\自动筛选前5个.xlsx

1 启动筛选功能。打开"实例文件\第3章\原始文件\某公司员工工资表2.xlsx"工作簿，选取单元格区域A2:G27，在"数据"选项卡下单击"排序和筛选"组中的"筛选"按钮，如右图所示，即可进入筛选状态。

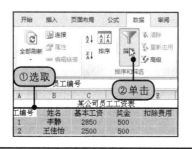

⑧ 清除筛选

用户筛选完成后，也可以选择清除筛选。下面以左侧员工工资表扣除费用为0后的筛选为例，对清除筛选进行讲解。

1 单击单元格"扣除费用"后的筛选按钮，在展开的下拉列表中单击"从'扣除费用'中清除筛选"选项，如下图所示。

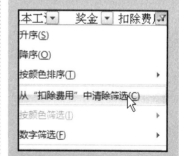

2 再单击"数据"选项卡下"排序和筛选"组中的"筛选"按钮，退出筛选功能，如下图所示。

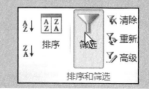

2 打开"自动筛选前10个"对话框。单击"扣除费用"字段右侧的筛选按钮，在展开的下拉列表中指向"数字筛选"选项，然后在展开的子列表中单击"10个最大的值"选项，如下图所示。

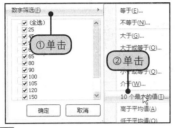

3 设置筛选内容。在弹出的"自动筛选前10个"对话框中，单击"显示"组下方第一个列表框后的下三角按钮，在展开的下拉列表中单击"最大"选项，然后在右侧的文本框中输入5，设置完毕后单击"确定"按钮，如下图所示。

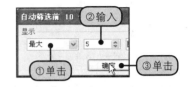

4 显示筛选结果。经过以上操作后，工资表即可将扣除费用最多的5名员工全部筛选出来了，如右图所示。

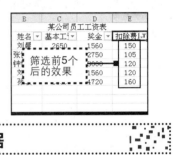

3.2.2 通过关键字筛选数据

当用户需要筛选的表格包括大量的数据，如果还采用"自动筛选"的方式，即通过勾选需要查看的关键字来筛选出记录，就显得太过繁琐。在Excel 2010中，为用户新增加了一种"搜索"框，用户只需输入需筛选的关键字即可筛选出需要的数据。

原始文件	实例文件\第3章\原始文件\某公司员工工资表2.xlsx
最终文件	实例文件\第3章\最终文件\通过关键字筛选.xlsx

1 单击"筛选"按钮。打开"实例文件\第3章\原始文件\某公司员工工资表2.xlsx"工作簿，选取单元格区域A2:F27，在"数据"选项卡下单击"筛选"按钮，如下图所示。

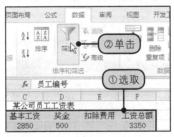

2 输入要搜索的关键字。单击单元格"姓名"后的筛选按钮，然后在展开的下拉列表的"搜索"文本框中输入要搜索的姓名，例如输入"刘峰"，如下图所示。

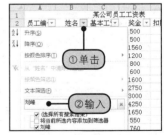

3 搜索结果。单击"确定"按钮，此时，在表格中只显示出了"刘峰"的基本信息，如右图所示。

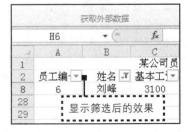

3.2.3 自定义筛选

在Excel 2010中，如果用户要进行两个以上条件的筛选时，可以选择使用自定义筛选功能。

原始文件	实例文件\第3章\原始文件\某公司员工工资表2.xlsx
最终文件	实例文件\第3章\最终文件\自定义筛选.xlsx

1 启动筛选功能，打开"排序"对话框。打开"实例文件\第3章\原始文件\某公司员工工资表2.xlsx"工作簿，选取单元格区域A2:G27，在"数据"选项卡下单击"排序和筛选"组中的"筛选"按钮，如下图所示，即可进入筛选状态。

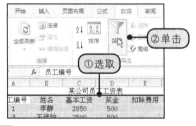

2 选择数字筛选。单击单元格"工资总额"后的筛选按钮，然后在展开的下拉列表中指向"数字筛选"选项，如下图所示。

3 打开"自定义自动筛选方式"对话框。在展开的子列表中单击"自定义筛选"选项，弹出"自定义自动筛选方式"对话框，如下图所示。

4 设置自定义筛选条件。在"工资总额"组下方左侧的下拉列表中单击"小于或等于"选项，然后在右侧的文本框中输入5000，再单击其下方左侧下拉列表中"大于或等于"选项，在右侧的文本框中输入3500，单击"确定"按钮，如下图所示。

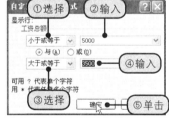

5 显示筛选后的结果。经过以上操作后，即可将工资表中工资总额在3500～5000之间的员工全部筛选出来了，如右图所示。

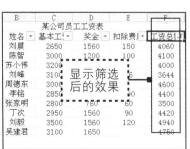

提示 ⑩ 筛选后对数据排序

用户在使用筛选功能时，依然可以根据需要对筛选后的数据进行排序。以左侧的例子为例，若要对工资总额在3500～5000之间的员工按升序排列，可以通过以下的方法进行操作。

1.方法一：直接升序或降序

1 单击单元格"工资总额"后的筛选按钮，在展开的下拉列表中单击"升序"选项，如下图所示。

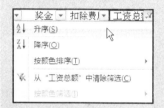

2 工资总额即可按升序排列，排列后的效果如下图所示。

姓名	基本工	奖金	扣除费」	工资总
张家明	2800	760	60	3500
刘峰	3100	600	56	3644
苏小伟	3200	800		4000
刘晨	2650	1500	150	4060
陈智	3000	1200	100	4100
李铭	2850	1650	100	4400
丁次	2950	1560	90	4420
周德东	3000	1600		4600
吴建君	3100	1650		4750
刘毅	3500	1560	120	4940

2.方法二：用"排序"对话框排序

单击单元格"工资总额"后的筛选按钮，在展开的下拉列表中指向"按颜色排序"选项，然后在展开的子列表中单击"自定义排序"选项，如下图所示，即可打开"排序"对话框了。

用户在Excel 2010中使用"高级"按钮对数据进行筛选与使用"筛选"按钮进行筛选是有所区别的。

首先，使用"高级"筛选显示的是"高级筛选"对话框，而不是启动自动筛选功能按钮。

其次，用户在使用"高级筛选"对话框时，可以快速选择出不重复的记录。

最后，高级筛选可以筛选同时或并列满足多种条件的记录，而自动筛选所能设置的筛选条件是有限的。

3.2.4 高级筛选

用户若要使用3个或3个以上条件对数据进行筛选，就需要使用"数据"选项卡下"排序和筛选"组中的"高级"命令来筛选数据。

原始文件	实例文件\第3章\原始文件\某公司员工工资表3.xlsx
最终文件	实例文件\第3章\最终文件\高级筛选.xlsx

1 输入筛选条件。打开"实例文件\第3章\原始文件\某公司员工工资表3.xlsx"工作簿，在工资表下方的单元格区域A29:F30中输入筛选条件，如下图所示。

2 打开"高级筛选"对话框。选取单元格区域A2:F27，在"数据"选项卡下单击"排序和筛选"组中的"高级"按钮，如下图所示。

3 设置条件区域。单击"条件区域"右侧的折叠按钮，如下图所示，再返回工作表中选取单元格区域C29:F30。

4 设置筛选结果放置位置。返回"高级筛选"对话框，选中"将筛选结果复制到其他位置"单选按钮，单击"复制到"右侧的折叠按钮，再返回工作表选中单元格A32，然后单击"确定"按钮退出"高级筛选"对话框，如下图所示。

用户在完成分类汇总后，如果要撤销分类汇总命令，也是可以实现的，具体操作如下。

在"数据"选项卡下单击"分级显示"组中的"分类汇总"按钮，打开"分类汇总"对话框，单击对话框下方的"全部删除"按钮，如下图所示，就可以撤销分类汇总的结果了。

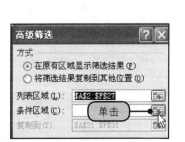

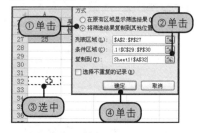

5 显示筛选结果。经过以上操作后，筛选结果即可放置在指定的位置，如右图所示。

显示筛选后的效果

3.3

分类汇总

文秘行政人员在工作中会经常接触到各种数据表格，需要通过表中的数据字段对数据表格进行分类汇总。Excel 2010提供的数据分类汇总可以满足对多种数据的整理需求。

用户可以通过使用"数据"选项卡下"分级显示"组中的"分类汇总"按钮来实现对数据的分类汇总工作。汇总数据的方式有很多，可以是求和、平均值、最大值、最小值等。

下面以某公司电脑销售情况表为例，向用户展示用不同的汇总方式汇总数据的效果。

 左图显示的是6天销售的产品金额的平均值。

 左图显示的是销售产品数量的汇总，通过汇总可以轻松看出6天的销售数量。

 左图显示的是销售价值最高的产品。

3.3.1 创建分类汇总

用户在使用Excel 2010对数据进行分类汇总之前，首先需要对数据进行排序，也就是说要将同类的数据排列在一起，以方便汇总。

原始文件	实例文件\第3章\原始文件\电脑销售表1.xlsx
最终文件	实例文件\第3章\最终文件\创建分类汇总.xlsx

1 打开"排序"对话框。打开"实例文件\第3章\原始文件\电脑销售表1.xlsx"工作簿，选取单元格区域A2:F20，在"数据"选项卡下单击"排序和筛选"组中的"排序"按钮，如右图所示。

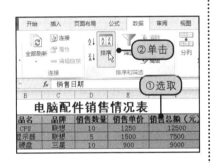

2 设置排序关键字。在打开的"排序"对话框中，单击"主要关键字"右侧的下三角按钮，在展开的下拉列表中单击"品名"选项，如下图所示。

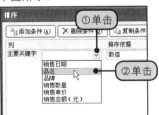

3 打开"分类汇总"对话框。单击"确定"按钮返回工作表，在"数据"选项卡下单击"分级显示"组中的"分类汇总"按钮，如下图所示。

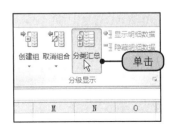

文秘应用
汇总各部门员工薪资管理表

员工薪资管理表往往涉及员工的切身利益，这里主要向用户介绍如何对员工薪资管理表进行汇总统计。

原始文件	实例文件\第3章\原始文件\员工薪资管理表.xlsx
最终文件	实例文件\第3章\最终文件\员工薪资管理表.xlsx

1 打开"员工薪资管理表.xlsx"工作簿，选取单元格区域A2:H27，在"数据"选项卡下单击"排序和筛选"组中的"排序"按钮，如下图所示。

2 为表格数据排序。在打开的"排序"对话框中设置"主要关键字"为"部门"、"次要关键字"为"性别"，都按"升序"次序排列，如下图所示，单击"确定"按钮后即可完成排序。

3 单击"数据"选项卡下的"分类汇总"按钮，在打开的"分类汇总"对话框中设置"分类字段"为"部门"、汇总方式为"求和"、"汇总项"为"工资总额"，如下图所示，单击"确定"按钮退出"分类汇总"对话框。

（续上页）

文秘应用
汇总各部门员工薪资管理表

4 再次单击"数据"选项卡下的"分类汇总"按钮，打开"分类汇总"对话框，在其中设置"分类字段"为"性别"、汇总方式为"平均值"、"汇总项"为"基本工资"，取消勾选"替换当前分类汇总"复选框，勾选"每组数据分页"复选框，单击"确定"按钮完成设置。

分类字段(A):
性别
汇总方式(U):
平均值
选定汇总项(D):
□性别
□部门
☑基本工资
□奖金
□扣除费用
□工资总额
□替换当前分类汇总(C)
☑每组数据分页(P)

5 经过以上操作后，汇总效果如下图所示。

性别	部门	基本工资	奖金	扣除费用	工资总
男	财务部	3100	600	56	3644
男 平均值		3100			
女	财务部	2850	500		3350
女	财务部	2500	500		3000
女 平均值		2675			
	财务部 汇总				9994
男	生产部	3000	1600		4600
男	生产部	3000	2750	105	5645
男	生产部	3100	3000	120	5980
男	生产部	2950	1560	90	4420
男	生产部	3700	1400		5100
男	生产部	3500	1790		5280
男	生产部	3500	1560	120	4940
男	生产部	3450	2980		6430
男 平均值		3275			

4 选择分类字段和汇总方式。打开"分类汇总"对话框，在其中单击"分类字段"下三角按钮，在展开的下拉列表中单击"品名"选项，然后在"汇总方式"下拉列表中单击"求和"选项，如下图所示。

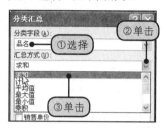

6 显示汇总结果。经过以上操作后，电脑配件销售表即可按品名汇总销售总额，如右图所示。

显示汇总
后的效果

5 设置汇总项。在"选定汇总项"组中勾选"销售总额"复选框，单击"确定"按钮完成设置，如下图所示。

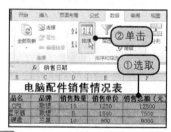

3.3.2 多级分类汇总

用户在分类汇总时还可以根据不同的需要，将工作表在原有的分类汇总的基础上，对相关字段再次进行分类汇总。

原始文件	实例文件\第3章\原始文件\电脑销售表1.xlsx
最终文件	实例文件\第3章\最终文件\多级分类汇总.xlsx

1 打开"排序"对话框。打开"实例文件\第3章\原始文件\电脑销售表1.xlsx"工作簿，选取单元格区域A2:F20，在"数据"选项卡下单击"排序和筛选"组中的"排序"按钮，如右图所示。

2 设置排序主要关键字。在打开的"排序"对话框中，单击"主要关键字"右侧的下三角按钮，在展开的下拉列表中单击"品名"选项，如下图所示。

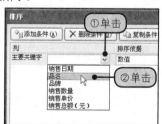

3 设置排序次要关键字。单击"添加条件"按钮，在"次要关键字"右侧的下拉列表中单击"品牌"选项，如下图所示。设置完成后，单击"确定"按钮返回工作表。

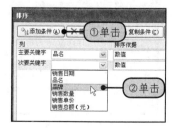

4 选择分类字段和汇总方式。在"数据"选项卡下单击"分级显示"组中的"分类汇总"按钮,打开"分类汇总"对话框,在其中单击"分类字段"下三角按钮,在展开的下拉列表中单击"品名"选项,在"汇总方式"下拉列表中单击"求和"选项,如下图所示。

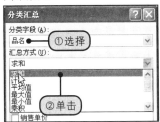

5 设置汇总项。在"选定汇总项"组中勾选"销售总额"复选框,单击"确定"按钮完成设置,如下图所示。

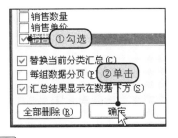

6 选择分类字段。再次在"数据"选项卡下单击"分级显示"组中的"分类汇总"按钮,打开"分类汇总"对话框。单击"分类字段"下三角按钮,在展开的下拉列表中单击"品牌"选项,如下图所示。

7 设置汇总项。在"选定汇总项"组中勾选"销售总额"复选框,再取消勾选"替换当前分类汇总"复选框,勾选"每组数据分页"复选框,单击"确定"按钮完成设置,如下图所示。

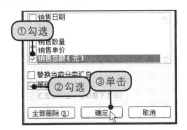

8 显示汇总结果。经过以上操作后,电脑配件销售表即可按多级分类进行汇总,如下图所示。

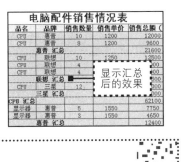

3.3.3 分级显示数据

在完成数据的分级汇总后,用户利用分级显示,可以迅速显示汇总行或汇总列,还能显示每个组的明细数据。

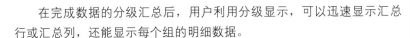
| 原始文件 | 实例文件\第3章\最终文件\多级分类汇总.xlsx |

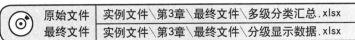
| 最终文件 | 实例文件\第3章\最终文件\分级显示数据.xlsx |

1 设置分级显示数据。打开"实例文件\第3章\最终文件\多级分类汇总.xlsx"工作簿,单击工作表左侧的二级显示按钮,如下图所示。

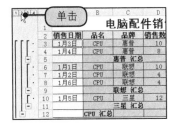

2 显示分级显示效果。此时,工作表中只显示出所有汇总的项目,如下图所示。

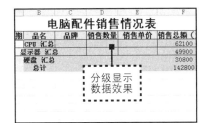

提示 ⑬ 分级显示数据的其他方式

用户在使用分级显示数据的功能时,也可以通过单击工作表左侧的分级按钮➕或➖来实现。

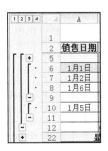

第 4 章

高效办公中SmartArt图形与图表的应用

学习要点

- SmartArt图形的使用
- 设置图表格式
- 添加折线
- 创建迷你图
- 快速插入图表
- 添加趋势线
- 使用误差线
- 修改迷你图

本章结构

使用专业的SmartArt图形			
创建SmartArt图形	插入图形文本	设计SmartArt图形	格式化SmartArt图形

快速应用图表	
选择图表类型	改变图表类型

设置图表格式			
设置图表布局和样式	设置图表标签	设置坐标轴与网格线	设置图表背景

对图表进行分析		
使用趋势性预测未来	为图表添加折线	添加误差线

使用迷你图显示数据趋势	
创建迷你图	修改迷你图

1 使用SmartArt快速建立结构图

2 专业图形的创建

3 快速选择需要的图表

4 使用迷你图表示数值大小

第4章

高效办公中SmartArt图形与图表的应用

文秘行政人员在办公过程中，经常需要制作各种不同的图形和图表，如何才能高效地制作和应用这些图表呢？可以应用这章介绍的Excel 2010中的 SmartArt 图形和图表来完成。使用SmartArt图形可以用来制作直观的效果图，表达复杂的信息和观点，而图表更多的是用在商业数据分析的情况下。因为在Excel 2010中，SmartArt图形和图表都可以直接生成，所以文秘人员若在办公中适当地应用它们，将会大大提高自己的办公效率。

4.1

使用专业的SmartArt图形

在Excel 2003中制作专业图形只能用一般形状的方式来完成，而Excel 2010提供了方便的SmartArt 图形，能够帮助用户轻松创建各种组织结构图和其他专业图形。由于该图形具有可视化表达复杂信息和观点的作用，因而有助于我们更好地理解和记忆信息。

SmartArt图形可以用来显示层次结构信息，或者用来演示过程或工作流中的各个步骤或阶段，也可用来列表信息或显示循环信息及重复信息以及用来显示各部分之间的关系。

下面是几种在行政办公中常用的SmartArt图形效果，包括表示客户分类的棱锥图、表示网络营销特点的循环图、表示管理信息系统开发过程的流程图以及表示人力资源问题的三个层面的列表图。

提示 ① **Excel 2010在图形绘制方面的改进**

用户使用Excel 2003时会花费大量时间使各个形状大小相同并且适当对齐，或使文字正确显示；手动设置形状的格式以符合文档的总体样式等，而无法将更多的精力用于关注图形内容。

但是，如果使用Excel 2010 SmartArt图形，只需单击几下鼠标，就可以创建具有设计师水准的图形了。

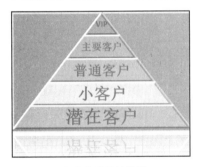

客户分类的棱锥图

网络营销的6大特点的循环图

管理信息系统开发过程的流程图

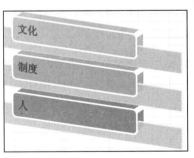

人力资源问题的三个层面

要制作上页显示的几种图，其实很简单，在Excel 2010中的"插入"选项卡下，单击SmartArt按钮，在打开的"选择SmartArt图形"对话框中选择相应图形，进行简单的设计就可以了。

例如，要制作"人力资源问题的三个层面"图，可以用下面箭头所指示的方式完成。

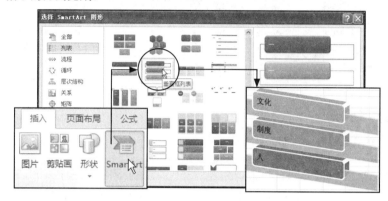

提示 ② 各种SmartArt 图形类型的用法

- 列表：用来显示无序信息。
- 流程图：用来在流程或日程表中显示步骤。
- 循环图：用来显示连续的流程。
- 层次结构图：用来显示决策树或创建组织结构图。
- 关系图：用来表示图示连接。
- 棱锥图：用来显示与顶部或底部最大部分的比例关系。
- 矩阵图：用来显示各部分如何与整体关联。
- 图片：用来突出使用的图片。

4.1.1 插入图片类型的SmartArt图形

SmartArt图形样式有很多种，例如循环图、流程图、关系图、矩阵图、层次结构图等。在Excel 2010中又为用户新增了一种"图片"类型的SmartArt图形。根据不同的需求，用户可以创建不同的图形。下面以简单的组织层次结构图为例，说明如何创建SmartArt图形。

最终文件	实例文件\第4章\最终文件\创建SmartArt图形.xlsx

1 单击SmartArt按钮。新建一张Excel工作簿。单击"插入"标签，切换至"插入"选项卡，再单击"插图"组中的SmartArt按钮，如下图所示。

2 选择图形。在弹出的"选择SmartArt图形"对话框中，单击"图片"选项，在右侧子集中单击"圆形图片层次结构"图标，再单击"确认"按钮，如下图所示。

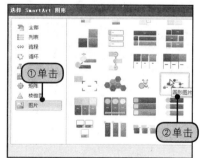

3 显示生成SmartArt图形的效果。经过以上操作，Excel即自动创建了一个SmartArt图形，效果如右图所示。

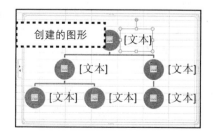

4.1.2 输入图形文本

在SmartArt图形中输入文本的方法有很多种，包括使用"文本窗格"以及直接在图形中输入。其中在"文本窗格"中键入文字是最简单快捷的一种方式。

原始文件	实例文件\第4章\最终文件\创建SmartArt图形.xlsx
最终文件	实例文件\第4章\最终文件\输入图形文本.xlsx

1 准备输入文本。打开"实例文件\第4章\最终文件\创建SmartArt图形.xlsx"工作簿，将插入点移到左侧"在此处键入文字"窗格第1级文本处，如右图所示。

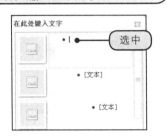

2 输入文本。在"[文本]"占位符处输入文本，如下图所示。

3 形成SmartArt图形文本。在文本窗格内输入文本后，在右侧的图形中看到形状添加文本后的效果，如下图所示。

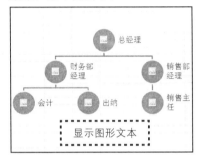

4.1.3 在SmartArt图形中插入图片

在Excel 2010新增的图片SmartArt类型中，不仅可以输入组织结构中的职称，还可以输入该职位的相应图片，例如插入该职位的员工头像。

原始文件	实例文件\第4章\最终文件\输入图形文本.xlsx
最终文件	实例文件\第4章\最终文件\在图形中插入图片.xlsx

1 单击图片占位符图标。打开"实例文件\第4章\最终文件\输入图形文本.xlsx"工作簿，单击要插入图片的职位中的占位符，如下图所示。

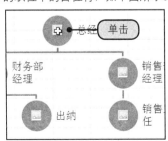

2 选择要插入的图片。弹出"插入图片"对话框，选择要插入的图片"总经理.jpg"，如下图所示。

提示③ 在SmartArt图形中直接输入文本

在SmartArt图形中文本也可以在图形中直接输入。先在右侧的图形中选中要添加文本的形状，然后在占位符处直接输入文本即可。

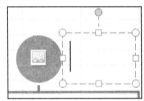

提示④ 在"文本"窗格中插入图片

在SmartArt图形中，也可以通过"文本"窗格插入图片。

打开"文本"窗口，单击对应职位左侧的图片占位符，如下图所示。同样可以打开"插入图片"对话框，选择要插入的图片即可。

3 插入图片。单击"插入"按钮，返回到工作表中，此时插入了总经理的头像，如下图所示。

4 插入其他职位图片。采用步骤1到步骤2的方法，插入其他职位头像，如下图所示。

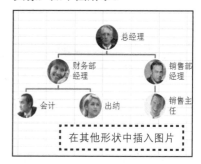

4.1.4 设计SmartArt图形

有时，系统提供的SmartArt图形并不能满足用户的需求，例如图形结构不符合公司的实际情况或样式不利于信息传达，此时就需要用户手动进行修改，添加图形状，升高/降低项目符号或形状的级别等。

❶ 添加形状的两种方法

在SmartArt图形设计中，用户可以通过功能区添加形状，也可以在"文本"窗格中直接添加形状。用户可以根据需要，选择适合自己的方式。

原始文件	实例文件\第4章\最终文件\在图形中插入图片.xlsx
最终文件	实例文件\第4章\最终文件\添加图形状.xlsx

（1）方法一：使用功能区添加形状

1 选择添加形状的位置。打开"实例文件\第4章\最终文件\在图形中插入图片.xlsx"工作簿，在右侧的图形中选中需要在其四周添加形状的形状"销售部经理"，如下图所示。

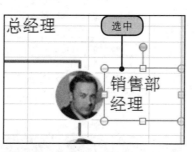

2 添加形状。单击"SmartArt工具"｜"设计"标签，切换至"设计"选项卡，再单击"创建图形"组左侧的"添加形状"下三角按钮，在展开的下拉列表中单击"在后面添加形状"选项，如下图所示。

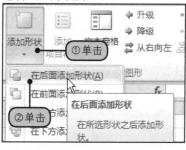

3 显示形状添加后的效果。经过以上操作，SmartArt图形中"销售部经理"形状后即添加了一个新的空白形状，如右图所示。左侧的文本窗格自动做出相应的调整。

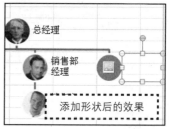
添加形状后的效果

在SmartArt图形中，图形的布局是可以切换的。

1 在"SmartArt工具"｜"设计"选项卡中，单击"创建图形"组中的"从右向左"按钮，就可以切换图形的布局了。

2 显示切换后的图形布局，效果如下图所示。

（2）方法二：使用"在此处键入文字"窗格添加形状

1 选择需要插入形状的位置。单击文本窗格内的"销售主任"，将插入点置于"销售主任"后，如下图所示。

2 使用Enter键插入形状。按Enter键后，文本窗格中即可插入了一个同上一级的文本占位符，如下图所示。

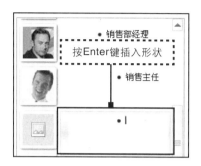

3 显示插入形状后的效果。经过以上操作后，"销售主任"形状后即自动添加了一个新的空白形状，如下图所示。

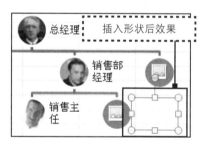

4 单击"编辑文字"命令。右击新插入的形状，从弹出的快捷菜单中单击"编辑文字"命令，如下图所示。

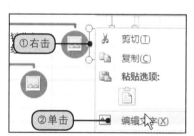

5 为新增加形状添加文本和图片。光标定位在新增加的形状中，输入职位。并为对应的职位添加上头像图片，如右图所示。

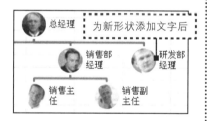

❷ 升高与降低项目符号或形状的级别

在SmartArt图形设计中，用户可以通过功能区升高与降低项目符号或形状的级别，也可以使用文本窗格直接升高与降低项目符号或形状的级别，用户可以根据实际情况选择合适的方法。下面分别介绍这两种升降级的方法。

原始文件	实例文件\第4章\最终文件\添加图形形状.xlsx
最终文件	实例文件\第4章\最终文件\升高形状级别.xlsx

提示 **⑥ 降低形状级别**

在SmartArt图形中，降低形状的级别也有两种方法。

1.方法一：使用功能区降低形状级别

可以先在图形中选中需要降级的文本形状，再在"SmartArt工具"｜"设计"选项卡下，单击"创建图形"组中的"降级"按钮。

2.方法二：使用文本窗格降低形状级别

1 单击文本窗格内第2级文本"销售部经理"，将插入点置于"销售部经理"前，然后按键盘上的Tab键，如下图所示。

2 此时"销售部经理"降为了第3级，如下图所示。

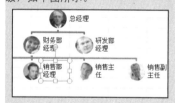

（1）方法一：使用功能区升高形状级别

1 选择升级形状的位置。打开"实例文件\第4章\最终文件\添加图形形状.xlsx"工作簿，在右侧的图形中选中需要升级的第3级文本形状"销售主任"，如下图所示。

2 升级形状。在"SmartArt工具" | "设计"选项卡下，单击"创建图形"组中的"升级"按钮，如下图所示。

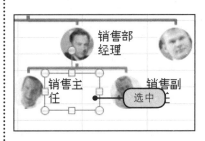

3 显示升级形状后的效果。经过以上操作后，SmartArt图形中第3级文本形状"销售主任"就升级成了第2级文本，如右图所示。

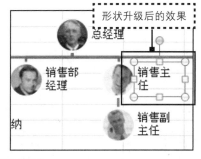

（2）方法二：使用文本窗格升高形状级别

1 选择升级形状的位置。单击文本窗格内第2级文本"销售部经理"，将插入点置于"销售部经理"前，然后再按键盘上的Backspace键，如下图所示。

2 显示升级文本占位符后的效果。按Backspace键后，文本窗格内第2级文本"销售部经理"升级为第1级文本，如下图所示。

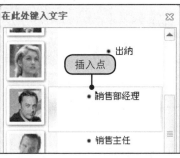

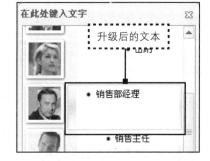

3 显示右侧升级后的形状效果。同时，右侧SmartArt图形也自动调整，形成新的形状，如右图所示。

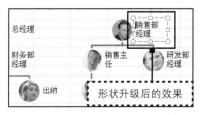

❸ 修改SmartArt图形的样式

SmartArt图形还提供了样式的修改。用户既可以选择快速修改SmartArt图形的颜色，也可以选择快速修改SmartArt图形的表达效果。

原始文件	实例文件\第4章\最终文件\添加图形形状.xlsx
最终文件	实例文件\第4章\最终文件\修改图形样式.xlsx

（1）修改SmartArt图形的颜色

1 修改图形颜色。打开"实例文件\第4章\最终文件\添加图形形状.xlsx"工作簿，在"SmartArt工具"｜"设计"选项卡下，单击"SmartArt样式"组"更改颜色"下三角按钮，在展开的样式库中选择"彩色"选项组中的第4个样式，如下图所示。

2 修改颜色后的图形效果。修改图形颜色后，Excel自动生成新的SmartArt图形颜色，效果如下图所示。

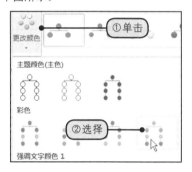

（2）增强图形的立体效果

1 增强图形的立体效果。单击"SmartArt工具"｜"SmartArt样式"组下方的快翻按钮，在展开的"文档的最佳匹配对象"样式中选择"强烈效果"样式，如下图所示。

2 增强图形的立体效果后的图形效果。增强图形立体效果后，Excel将自动生成新的SmartArt图形，效果如下图所示。

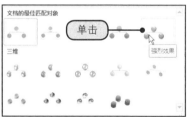

4.1.5 格式化SmartArt图形

在初步完成SmartArt图形的设计后，为了使图形更美观、更清晰，就需要对图形进行优化，进一步完善SmartArt图形。

❶ 修改SmartArt图形形状样式

SmartArt图形的形状样式可以进行进一步的修改。用户通过修改、完善SmartArt图形的细节，可以使图形显得更丰满。

提示 ⑦ 重设图形

在"SmartArt工具"｜"设计"选项卡最后有一个"重置"组，单击"重设图形"按钮，即可取消图形在"SmartArt样式"组中做出的修改。

提示 ⑧ 使用"在二维视图中编辑"按钮来编辑图形

如果用户设计的SmartArt图形是三维形式的，那么为了方便对图形的美化，可以在开始编辑前，先单击"SmartArt工具"｜"格式"选项卡下"形状"组左侧的"在二维视图中编辑"按钮，将图形转换成二维图形，编辑完成后，再单击"在二维视图中编辑"按钮，则图形即可还原成三维形式了。

| 原始文件 | 实例文件\第4章\最终文件\修改图形样式.xlsx |
| 最终文件 | 实例文件\第4章\最终文件\修改图形形状样式.xlsx |

提示 ⑨ 修改图形形状颜色样式的注意事项

用户选中需要修改的形状，单击"SmartArt工具"｜"格式"选项卡"形状样式"组左侧的快翻按钮，选择展开的样式库中的形状样式，就可以快速修改形状的样式了。

但是需注意的是：在样式库里可供选择的样式有限，且只能对单个形状或单个形状的连接线进行修改。如果需要更复杂的形状样式或对整体图形的样式进行修改，就要单击"形状样式"组的对话框启动器按钮进行修改了。

提示 ⑩ 为形状应用纹理填充样式

除了可以对形状应用渐变填充外，还可以对其应用图片、纹理填充样式。

下面以填充单个形状为例，介绍纹理填充的应用方法。

1 选中"财务部经理"形状，单击"格式"选项卡"形状样式"组"形状填充"下三角按钮，如下图所示。

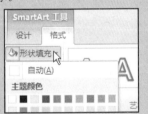

2 在展开的下拉列表中选择"纹理"选项，再在展开的子列表中选择"水滴"纹理，效果如下图所示。

（1）修改图形形状颜色

1 更改图形形状颜色。打开最终文件中的"修改图形样式.xlsx"工作簿，选中"总经理"形状，在"SmartArt工具"｜"格式"选项卡下，单击"形状样式"组的快翻按钮，在展开的样式库中选中新的样式，如下图所示。

2 更改形状颜色后的效果。更改图形形状颜色后，Excel自动显示新的SmartArt图形形状颜色效果，如下图所示。用户可采用相同的方法，为其他职位对应的形状套用形状样式。

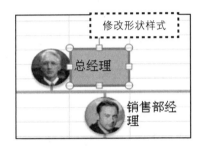

（2）添加图形背景颜色

① 纯色背景的添加

1 选择图形背景颜色。选中整个SmartArt图形，然后单击"格式"选项卡下"形状样式"组中的"形状填充"下三角按钮，在展开的下拉列表中选中适合的颜色，如下图所示。

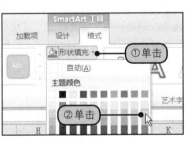

2 显示图形背景颜色效果。添加图形背景颜色后，产生的SmartArt图形背景颜色，效果如下图所示。

② 渐变背景的添加

1 选择渐变选项。若要设置渐变背景，可在"形状填充"下拉列表中单击"渐变"选项，如下图所示。

2 打开"设置形状格式"对话框。在展开的子列表中选择"其他渐变"选项，如下图所示。打开"设置形状格式"对话框。

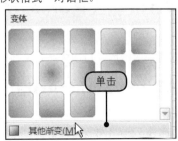

3 选择渐变填充。在"填充"选项卡下,选中"渐变填充"单选按钮,如下图所示。

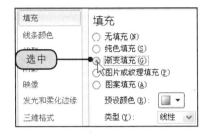

4 设置预设颜色。单击"预设颜色"右侧的下三角按钮,在展开的样式库中选择"红日西斜"样式,如下图所示。

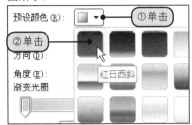

5 显示预设颜色效果。设置预设图形颜色后,SmartArt图形将产生新的背景颜色效果,如下图所示。

6 选择颜色类型。设置SmartArt图形的背景颜色后,调整背景效果。单击"类型"右侧的下三角按钮,在展开的列表中单击"射线"选项,如下图所示。

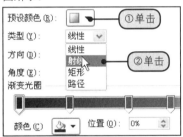

7 调整背景颜色方向。单击"方向"右侧下三角按钮,在展开的样式库中选择"中心辐射"样式,如下图所示。

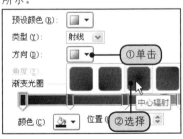

8 显示图形渐变背景颜色效果。SmartArt图形应用新的颜色背景后,效果如下图所示。

9 选择渐变光圈。为了对光圈进行细节调整,单击"渐变光圈"选项组选择第4个光圈,如右图所示。

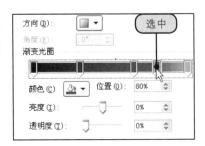

提示 ⑪ 给图形或图形形状设置其他轮廓

在SmartArt图形中,还有很多的轮廓样式可供选择。为图形或形状添加轮廓的方法如下所示。

选中需要添加轮廓的形状,然后在"SmartArt工具"|"格式"选项卡下,单击"形状轮廓"下三角按钮,在展开的下拉列表中即可选择需要的轮廓样式,如可选择"虚线"选项,并在展开的子列表中选择"划线-点"选项,为形状应用如下图所示的轮廓。

值得注意的是,如果用户认为用前面介绍的方法设置的轮廓,不能满足需要,也可以打开"设置形状格式"对话框修改图形或形状轮廓的线条颜色和线型。

10 设置结束位置和颜色。之后在"位置"文本框中输入"60%"。再单击"颜色"右侧下三角按钮，在展开的下拉列表中选择所需颜色，如下图所示。

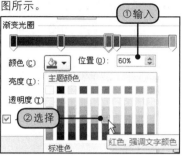

11 显示设置渐变光圈效果。设置渐变光圈颜色后，SmartArt图形出现新的图形颜色效果，如下图所示。

（3）添加图形形状轮廓

1 选择图形形状轮廓。选中整个SmartArt图形，然后在"SmartArt工具"｜"格式"选项卡下，单击"形状轮廓"下三角按钮，如右图所示。

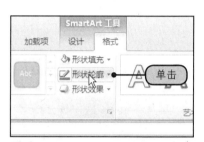

2 添加图形形状轮廓。在展开的下拉列表中选择"粗细"选项，并在展开的"粗细"子列表中选择"2.25磅"，如下图所示。

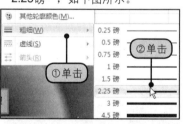

3 显示添加图形形状轮廓效果。经过以上操作后，SmartArt图形即添加上了设置的轮廓，效果如下图所示。

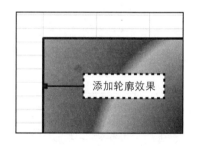

（4）设计图形的形状效果

1 选择形状效果选项。选中整个图形，在"格式"选项卡下单击"形状样式"组中的"形状效果"按钮，在展开的下拉列表中单击"映像"选项，如下图所示。

2 设计形状效果。在展开的子列表中选择"映像变体"选项组中的样式，如下图所示。

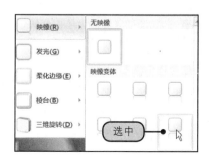

提示 ⑫ 设计图形的形状效果

在Excel 2010中可以设计的形状效果还有很多，用户在"形状样式"组"形状效果"展开的下拉列表中可以根据需要选择效果。

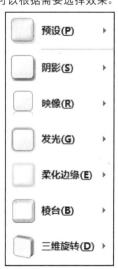

3 显示图形应用变体样式后的效果。SmartArt图形应用变体效果后，效果如右图所示。

❷ 更改SmartArt图形形状

SmartArt图形中形状是可以更改的。根据构图的需要，用户可以选择不同的形状代替原有的形状。更改图形形状的具体操作如下。

原始文件	实例文件\第4章\最终文件\修改图形形状样式.xlsx
最终文件	实例文件\第4章\最终文件\更改形状.xlsx

1 选择更改形状的位置。打开"实例文件\第4章\最终文件\修改图形形状样式.xlsx"工作簿，在SmartArt图形中选中需要更改的形状"总经理"，如右图所示。

2 更改形状。在 "SmartArt工具" | "格式"选项卡下，单击"形状"组右侧的"更改形状"下三角按钮，在展开的下拉列表中单击"基本形状"选项组中的"椭圆"图标，如下图所示。

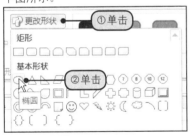

3 更改形状的图形效果。更改图形形状后，Excel自动生成新的SmartArt形状，效果如下图所示。

4.2

快速应用图表

文秘行政人员在工作中常常会用到大量的商业数据分析，这就需要使用图表。与Excel 2003相比，Excel 2010对图表的功能进行了升级，完善了图表的内容。用户使用时会更加便捷，因而可以大大提高工作效率。

Excel 2010提供了很多不同类型的图表，可以满足用户不同用途的需要，下面是几种在行政办公中常用的图表效果，包括表示某通讯公司2月各卖场的销售占总销售比例的饼图、表示公司销售人员收入情况的条形图以及表示商品销售情况的柱形图。

⑬ 增大或减小图形形状
提示

用户还可以选择增大或者减小图形的形状。

在SmartArt图形中选中需要更改的形状，单击"SmartArt工具" | "格式"选项卡下"形状"组右侧"更改形状"下三角按钮下方的"增大"按钮或"减小"按钮，就可以调整SmartArt图形形状的大小了。

⑭ 修改SmartArt图形文本样式
提示

在SmartArt图形设计中，用户可以通过"SmartArt工具" | "格式"选项卡下的"艺术字样式"组对文本的样式进行修改。用户可以完善文本的细节，赋予图形文本更多的变化。文本样式的修改和图形的形状样式修改的方法相似，所以用户在对文本样式进行修改时，可以参考修改图形的形状样式的方法。

某通信公司2月各卖场的销售占总销售的比例图

公司销售人员收入情况对比图

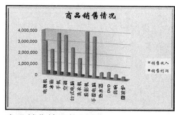

商品销售情况柱形图

提示 ⑮ 其他各种图表的使用范围

• 折线图：可以显示随时间变化的连续数据，因此适用于显示在相等时间间隔下数据的趋势，尤其当有多个系列数据的情况下。但是如果拥有的数值标签多于十个，则改用散点图。

• 面积图：强调数量随时间变化的程度，也可用于引起人们对总值趋势的注意。例如，表示随时间变化的利润的数据可以绘制在面积图中，以强调总利润。

• 曲面图：用来找到两组数据之间的最佳组合，就像在地形图中一样，颜色和图案表示具有相同数值范围的区域。当类别和数据系列都是数值时，可以使用曲面图。

• 散点图：显示若干数据系列中各数值之间的关系，或者将两组数绘制为XY坐标的一个系列，通常用于显示和比较数值，例如科学数据、统计数据和工程数据。

• 股价图：经常用来显示股价的波动。另外，这种图表也可用于科学数据。例如，可以使用股价图来显示每天或每年温度的波动，必须按正确的顺序组织数据，才能创建股价图。

• 圆环图：和饼图类似，显示各个部分与整体之间的关系，但是它可以包含多个数据系列。

• 气泡图：绘制排列在工作表列中的数据，第一列中列出 x 值，在相邻列中列出相应的 y 值和气泡大小。

• 雷达图：比较排列在工作表的列或行中几个数据系列的聚合值。

饼图：仅显示排列在工作表的一列或一行中的数据中各项的大小与各项总和的比例。饼图中显示的为某项占整个饼图的百分比。

条形图：可以看做是顺时针旋转90°的柱形图，显示各个项目之间的比较情况，主要用来显示轴标签过长或显示的数值是持续型的数据。

柱形图：用于显示在一段时间内的数据变化或显示各项之间的比较情况，排列在工作表的列或行中的数据都可以绘制到柱形图中。

以商品销售情况图为例，要制作这种图表其实很简单，在Excel 2010中选中表单中的商品名称、销售收入、销售利润三列后，单击"插入"标签，切换至"插入"选项卡下，再单击"图表"组中的"柱形图"下三角按钮，在打开的下拉列表中选择相应图标，就可以进行简单的设计了。

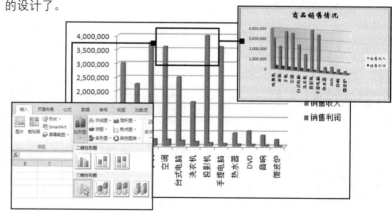

4.2.1 在功能区中快速选择图表类型

Excel 2010中图表的样式有很多种，例如柱形图、折线图、饼图、条形图、散点图等。根据不同的需求，我们可以创建不同的图表。下面以某通讯公司2010年2月各卖场的手机销售统计表的数据为例，用柱形图说明如何创建图表。

原始文件	实例文件\第4章\原始文件\手机销售统计表.xlsx
最终文件	实例文件\第4章\最终文件\选择图表类型.xlsx

1 选择图表类型。打开"实例文件\第4章\原始文件\手机销售统计表.xlsx"工作簿。选取单元格区域A2:E9，切换至"插入"选项卡下，再单击"图表"组中的"柱形图"下三角按钮，在展开的下拉列表中选择"二维柱形图"组中的"簇状柱形图"图标，如下图所示。

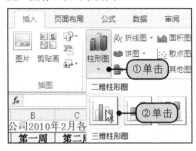

2 显示生成的图表。经过以上操作后，Excel即自动创建了一个柱形图，效果如下图所示。

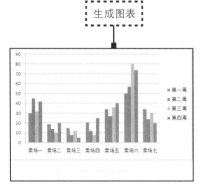

生成图表

4.2.2 改变图表类型

在图表建立后，用户依然可以根据自己的需要和喜好，快速地改变图表的类型。

原始文件	实例文件\第4章\最终文件\选择图表类型.xlsx
最终文件	实例文件\第4章\最终文件\更改图表类型.xlsx

1 打开"更改图表类型"对话框。打开"实例文件\第4章\最终文件\选择图表类型.xlsx"工作簿。选中整个图表，在"图表工具"|"设计"选项卡下，单击"类型"组中的"更改图表类型"按钮，如下图所示，打开"更改图表类型"对话框。

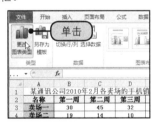

2 改变图表类型。在弹出的"更改图表类型"对话框中，单击左侧"柱形图"选项，在右侧的"柱形图"子集中选择"堆积柱形图"图标，如下图所示。

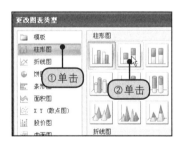

3 显示更改后的图表类型。更改图表类型后，图表自动产生新的类型效果，如右图所示。

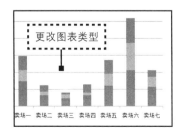

更改图表类型

文秘应用
制作广告投放数量图表

文秘在工作中经常会用到相关的图表，通过广告投放数量图表，可以从整体上把握广告市场状况，饼图能够直观地看到各种数据与总体数据之间的比例。

下面的例子是用饼图表示2010年3月美国主要行业媒体网站投放广告数量，由图可以看出，通过美国主要行业媒体网站投放广告量居首位，占到48%，其次是电信类的广告投放数量，占到35%，汽车类广告投放量也占到2%。

原始文件	实例文件\第4章\原始文件\广告投放数量表.xlsx
最终文件	实例文件\第4章\最终文件\广告投放数量图.xlsx

1 打开"实例文件\第4章\原始文件\广告投放数量表.xlsx"工作簿，选取单元格区域A2:B6，如下图所示。

（续上页）

 文秘应用

制作广告投放数量图表

2 在"插入"选项卡下，单击"图表"组中的"饼图"下三角按钮，在展开的下拉列表中选择"二维饼图"图标，如下图所示。

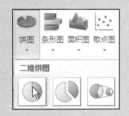

3 生成的饼图效果如下图所示。

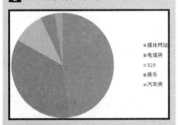

4 调整图表布局。在"设计"选项卡下选择"图表布局"组中的"布局6"样式，如下图所示。

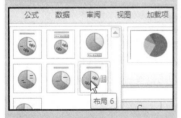

5 调整图表布局后，图表自动生成新的布局效果，最后在标题处填入标题，如下图所示。

4.3

设置图表格式

确定图表类型后，此时的图表还是Excel系统默认的格式，布局和样式都很单一，并不能完全满足用户的需要。因此，用户可以根据功能区提供的各种功能，快速重新设置图表格式。

用户可以设置的图表格式内容很多，包括可以设置图表布局和样式、图表标签的布局和格式、坐标轴和网格线的格式、图表背景、形状的样式、艺术字的样式等，这节着重介绍前四点。下面展示的是通过本章设置图表格式，新产生的图表效果图。

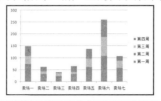 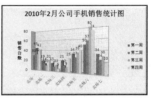

4.3.1 快速设置图表布局和样式

用户可以对图表布局和样式进行调整，选择更加恰当的布局和样式。

❶ 快速设置图表布局

在"图表工具"|"设计"选项卡下，可以快速地对图表进行布局，高效地完成图表布局工作。

原始文件	实例文件\第4章\最终文件\更改图表类型.xlsx
最终文件	实例文件\第4章\最终文件\设置图表布局.xlsx

1 快速设置图表布局。打开"实例文件\第4章\最终文件\更改图表类型.xlsx"工作簿。选中整个图表，在"图表工具"|"设计"选项卡下，选择"图表布局"组中的"布局3"样式，如下图所示。

2 显示设置图表布局后的效果。调整图表布局后，图表自动生成新的布局效果，接着在标题处输入标题文本，如下图所示。

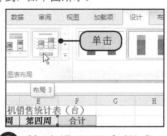

❷ 快速设置图表样式

在设置图表布局后，用户还可以对图表的样式进行快速设置，进一步完善图表的效果。

原始文件	实例文件\第4章\最终文件\设置图表布局.xlsx
最终文件	实例文件\第4章\最终文件\设置图表样式.xlsx

1 快速设置图表样式。打开"实例文件\第4章\最终文件\设置图表布局.xlsx"工作簿，选中整个图表，在"图表工具"|"设计"选项卡下单击"图表样式"组下方的快翻按钮，然后在展开的样式库中选择新的样式，如下图所示。

2 显示设置图表样式后的效果。经过以上操作后，图表产生新的样式效果，如下图所示。

设置图表样式后效果

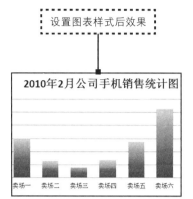

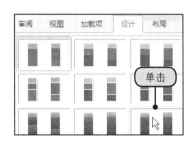

4.3.2 手动设置图表标签的布局和格式

在Excel 2010中，用户还可以根据需要手动设置图表标签的布局和格式，包括设置图表标题、坐标轴标题、图例、数据标签和数据表。

原始文件	实例文件\第4章\最终文件\设置图表样式.xlsx
最终文件	实例文件\第4章\最终文件\设置图表标签.xlsx

1 设置图表标题位置。打开"实例文件\第4章\最终文件\设置图表样式.xlsx"工作簿，选中整个图表，在"图表工具"|"布局"选项卡上单击"标签"组中的"图表标题"下三角按钮，然后在展开的下拉列表中单击"居中覆盖标题"选项，如右图所示。

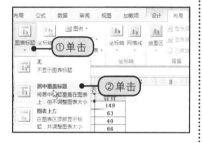

2 显示设置图表标题位置效果。经过以上操作后，图表的标题居中覆盖在图表上，如下图所示。

设置标题位置

3 选择设置坐标轴标题。单击"坐标轴标题"下方的下三角按钮，在展开的下拉列表中单击"主要纵坐标轴标题"选项，如下图所示。

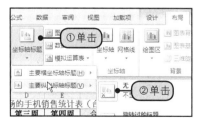

提示 ⑯ 修改图表图例的位置

用户在"标签"组中，还可以对图例的位置进行修改。

1 选中整个图表，在"图表工具"|"布局"选项卡上单击"标签"组中的"图例"下三角按钮，然后在展开的下拉列表中单击"在右侧显示图例"选项，如下图所示。

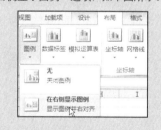

2 经过以上操作后，图例即可显示在图表的右侧，如下图所示。

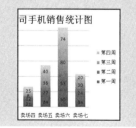

4 设置坐标轴标题。在展开的子列表中单击"竖排标题"选项，如下图所示。

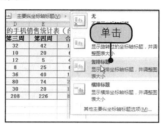

5 显示设置坐标轴标题后的效果。经过以上操作后，在纵坐标轴左侧即出现一个文本框，输入文本后，效果如下图所示。

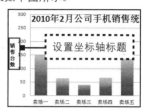

6 添加数据标签。单击"数据标签"下方的下三角按钮，在展开的下拉列表中单击"居中"选项，如下图所示。

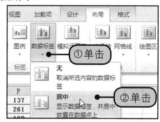

7 显示添加数据标签后的效果。经过以上操作后，数据标签即居中显示在数据系列上，如下图所示。

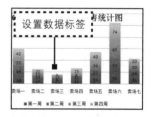

4.3.3 设置坐标轴和网格线的格式

在Excel 2010中，用户还可以对坐标轴和网格线的格式进行设计，操作也很简单。

1 设置坐标轴格式

用户在进行坐标轴格式的设置时，既可以通过打开"设置坐标轴格式"对话框完成，也可以在下拉列表中直接完成。

原始文件	实例文件\第4章\最终文件\设置图表标签.xlsx
最终文件	实例文件\第4章\最终文件\设置坐标轴的格式.xlsx

1 选择设置坐标轴格式。打开"实例文件\第4章\最终文件\设置图表标签.xlsx"工作簿。选中整个图表，在"图表工具"|"布局"选项卡下单击"坐标轴"组中的"坐标轴"下三角按钮，然后在展开的下拉列表中单击"主要横坐标轴"选项，如下图所示。

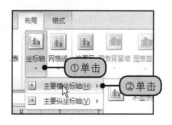

2 打开"设置坐标轴格式"对话框。在展开的子列表中，单击"其他主要横坐标轴选项"选项，如下图所示。

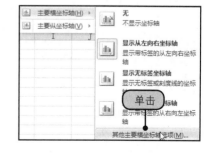

提示 **17** 为图表添加数据表

如果用户需要在图表中添加数据表，也可以在"标签"组中实现。

1 选中整个图表，在"图表工具"|"布局"选项卡下，单击"标签"组中的"数据表"下三角按钮，在展开的下拉列表中单击"显示数据表"选项，如下图所示。

2 经过以上操作后，在图表下方即可添加一个数据表，如下图所示。

3 设置坐标轴格式。在"坐标轴选项"选项卡下,单击"主要刻度线类型"右侧的下三角按钮,在展开的下拉列表中单击"内部"选项,再单击"次要刻度线类型"右侧的下三角按钮,在展开的下拉列表中单击"内部"选项,如下图所示。

4 显示设置坐标轴格式后的效果。完成对坐标轴添加刻度线后,效果如下图所示。

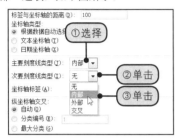

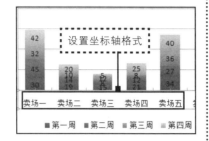

❷ 设置网格线的格式

在使用图表的过程中,用户可以根据需要选择适合图表的网格线格式,也可以将不需要的网格线隐藏。

原始文件	实例文件\第4章\最终文件\设置坐标轴的格式.xlsx
最终文件	实例文件\第4章\最终文件\设置网格线的格式.xlsx

1 设置网格线的格式。选中整个图表,在 "图表工具"|"布局"选项卡下单击"坐标轴"组中的"网格线"下三角按钮,然后在展开的下拉列表中单击"主要横网格线"|"无"选项,如下图所示。

2 显示设置网格线格式效果。经过以上操作后,图表的网格线即可被去掉,效果如下图所示。

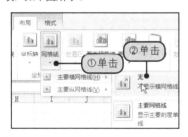

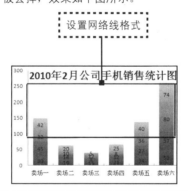

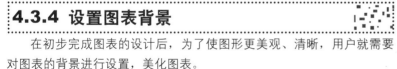

4.3.4 设置图表背景

在初步完成图表的设计后,为了使图形更美观、清晰,用户就需要对图表的背景进行设置,美化图表。

这里为了更好地向用户说明哪些方式可以用来设置图表的背景,特意将上面小节里制成的图表样式进行重新设置,将图表的布局更改为三维柱状图,将图表的标题放在图表的上方,将图例移到右侧显示。

❶ 设置图表背景墙

在Excel 2010中,用户还可以单独设置图表的背景墙,使图表的数据更加突出,样式更加精美。

提示 ⑱ 通过其他方式设置图表背景内容

在"图表工具"|"布局"选项卡下的"背景"组中,用户还可以对图表的基底和三维旋转的效果进行设置,如下图所示。

（续上页）

原始文件	实例文件\第4章\原始文件\手机销售统计图.xlsx
最终文件	实例文件\第4章\最终文件\添加图表背景图.xlsx

提示 ⑱ 通过其他方式设置图表背景内容

1.设置图表基底

1 单击"背景"组中的"图表基底"下三角按钮，在展开的下拉列表中单击"其他基底选项"，如下图所示。

2 打开"设置基底格式"对话框，在对话框中可以对图表基底进行设置，如下图所示。

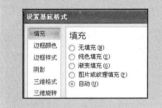

2.设置图表三维旋转

单击"背景"组中的"三维旋转"按钮，打开"设置图表区格式"对话框，对图表希望的效果进行设置，如下图所示。

1 打开"设置背景墙格式"对话框。打开"实例文件\第4章\原始文件\手机销售统计图.xlsx"工作簿。选中整个图表，在"图表工具"|"布局"选项卡，单击"背景"组中的"图表背景墙"下三角按钮，在展开的下拉列表中单击"其他背景墙选项"选项，如下图所示。

3 设置填充颜色。单击"纹理"右侧的下三角按钮，在展开的样式库中选择"画布"样式，如下图所示。

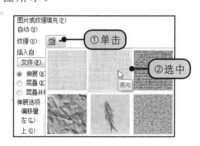

5 设置边框颜色。在"设置背景墙格式"对话框中，单击"边框颜色"选项,切换至"边框颜色"选项卡。选中"实线"单选按钮，再单击"颜色"右侧的下三角按钮，在展开的下拉列表中选择"黑色，文字1"选项，如下图所示。

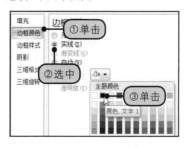

2 选择图片纹理填充。打开"设置背景墙格式"对话框，在"填充"选项卡下选中"图片或纹理填充"单选按钮，如下图所示。

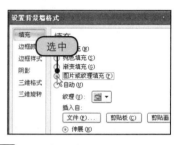

4 显示设置填充颜色后的效果。填充颜色后，图表产生纹理背景墙颜色，效果如下图所示。

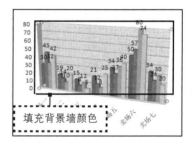

6 设置三维旋转。切换至"三维旋转"选项卡，在"旋转"选项组下调整X为20°，Y为0°，"透视"为30°，如下图所示。

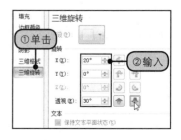

7 显示设置图表背景墙的效果。经过以上操作后，图表的背景墙即设置完成，效果如右图所示。

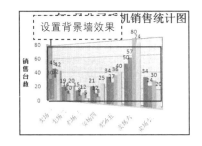

设置背景墙效果

❷ 设置图表背景

在图表的使用中，用户还可以通过形状样式对图表区的背景进行设置，直到达到满意的效果。

原始文件	实例文件\第4章\最终文件\添加图表背景图.xlsx
最终文件	实例文件\第4章\最终文件\图表效果图.xlsx

1 选择图表背景颜色。打开"实例文件\第4章\最终文件\添加图表背景图.xlsx"工作簿，选中图表区，然后在"图表工具"|"格式"选项卡下单击"形状样式"组中的"形状填充"下三角按钮，在展开的下拉列表中选中适合的颜色，如下图所示。

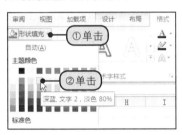

2 显示图表区背景颜色效果。添加图表区背景颜色后，产生的颜色效果如下图所示。

添加图表区颜色

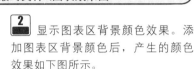

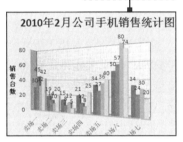

3 选择形状效果选项。在"图表工具"|"格式"选项卡下，单击"形状样式"组中的"形状效果"按钮，如下图所示。

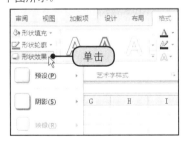

4 选择形状效果。在展开的下拉列表中单击"棱台"选项，然后在展开的子列表中选择"棱台"选项组中的"圆"样式，如下图所示。

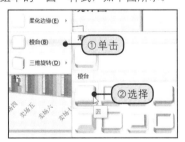

5 显示图表应用形状样式后的效果。图表应用形状效果后，效果如右图所示。

应用形状效果

⑲ "大小"组的使用

在"图表工具"|"格式"选项卡最后有一个"大小"组，如下图所示。

选中整个图表后，"大小"组显示的即是整个图表的高度和宽度。在该组中可以更改形状或图片的大小。

⑳ 设置图表背景的其他选择内容

在Excel 2010中，对图表的背景或其他元素都可以进行设置，如在"形状样式"组中选择合适的形状样式，如下图所示。

也可以在"艺术字样式"组中对图表上的文字进行编辑，如下图所示。

4.4

对图表进行分析

用户制作完成的图表，只是将复杂的表格数据转化为直观的图表，还不能达到分析的效果。要实现对图表更深层次的研究，就可以借助Excel 2010里的分析工具，如趋势线、折线、涨/跌柱线和误差线。本节着重介绍趋势线、折线和误差线的使用。

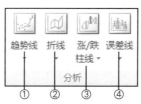

> 用户在"图表工具"|"布局"选项卡下的"分析"组中选择恰当的分析方法，就可以轻松进行图表的分析了。

①趋势线：能够直观地显示数据的一般趋势，通常可用于数据的预测分析，可以根据实际数据来预测未来数据。

②折线：一系列相连的点表示大批分组的数据（例如过去几年的销售总额）。

③涨/跌柱线：适用于具有多个数据系列的折线图。涨/跌柱线指示第一个数据系列与最后一个数据系列的数据点之间的差异。

④误差线：通常用于统计科学数据，显示潜在的误差或相对于系列中每个数据标志的不确定程度。

提示 ㉑ "当前所选内容"组设置的图表范围

单击"当前所选内容"组中的"图表元素"下三角按钮，可以在展开的下拉列表中快速选定需要设置的元素。

单击"设置所选内容样式"按钮，可以快速启动"格式"对话框，精确调整所选图表元素的格式。

单击"重设以匹配样式"按钮，可以清除所选图表的自定义格式，将其还原为应用于该图表的整体外观样式，这可以确保所选图表元素与文档的整体主题相匹配。

4.4.1 使用趋势线预测未来

在工作中要为将来制订合理的预测，对用户来说是一件令人头痛的事。但是值得庆幸的是，如果您有过去的销售数据，就可以通过使用Excel 2010中的分析工具轻松完成。

原始文件	实例文件\第4章\原始文件\产品销售额表.xlsx
最终文件	实例文件\第4章\最终文件\趋势线预测未来.xlsx

1 选择单元格区域。打开"实例文件\第4章\原始文件\产品销售额表.xlsx"工作簿，选取单元格区域A1:B10，如下图所示。

2 创建散点图。在"插入"选项卡下，单击"图表"组中的"散点图"下三角按钮，在展开的下拉列表中选择"仅带数据标记的散点图"图标建立散点图，效果如下图所示。

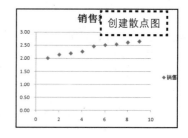

3 选择趋势线选项。在"图表工具"|"布局"选项卡下，单击"分析"组中的"趋势线"下三角按钮，如下图所示。

4 打开"设置趋势线格式"对话框。在展开的下拉列表中单击"其他趋势线选项"选项，如下图所示。

5 选择趋势线选项。在"趋势线选项"选项卡下选中"指数"单选按钮，如下图所示。

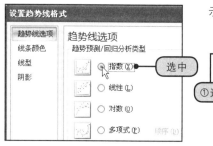

6 对趋势线进行设置。选中"自定义"单选按钮，在"自定义"右侧的文本框中键入"对未来3个月的预测"，然后在"趋势预测"组的"前推"框中键入3，最后勾选"显示公式"复选框，如下图所示。

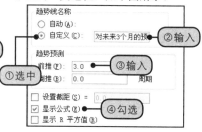

提示 ㉒ 趋势线的作用

趋势线是数据趋势的图形表示形式，可用于分析预测问题，这种分析又称为回归分析。通过使用回归分析，可以将图表中的趋势线延伸至事实数据以外，预测未来值。例如，左侧的图表使用预测未来三个月的简单指数趋势线，清楚地表示未来的收入增长趋势。

7 设置趋势线颜色。在"设置趋势线格式"对话框中单击"线条颜色"选项，切换至"线条颜色"选项卡下。选中"实线"单选按钮，再单击"颜色"右侧的下三角按钮，在展开的下拉列表中选择红色，如下图所示。

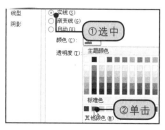

8 显示使用趋势线后的图表效果。使用趋势线后，图表的效果如下图所示。

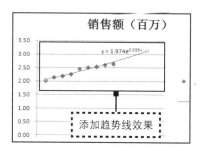

9 为图表添加背景效果。在趋势线设置完成后，就可以为图表添加背景颜色了，效果如右图所示。

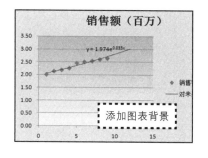

提示 ㉓ 可供选择的趋势线类型

在"趋势线选项"选项卡下，可供选择的趋势线类型有很多，一般在设置趋势线时，系统默认的趋势线是线性的，如下图所示。

提示 24 如何为数据选择最合适的趋势线

当用户用趋势线拟和数据，Excel 会根据公式自动计算它的 R 平方值，当趋势线的 R 平方值为 1 或者接近 1 时，趋势线最可靠。

趋势预测	
前推(F): 0.0	周期
倒推(B): 0.0	周期
☐ 设置截距(S) = 0.0	
☐ 显示公式(E)	
☑ 显示 R 平方值(R)	

如果在"设置趋势线格式"对话框中勾选"显示R平方值"复选框，则还可以在图表中显示 R²的值。

提示 25 为图表添加折线的内容

为图表添加折线包括为图表添加垂直线和高低点连线两种，如下图所示。

4.4.2 为图表添加折线

为图表添加折线是以等时间间隔来显示数据变化趋势，它强调的是时间性和变动率，而不是变动量。

原始文件	实例文件\第4章\原始文件\产品合格情况表.xlsx
最终文件	实例文件\第4章\最终文件\为图表添加折线.xlsx

1 创建图表。打开"实例文件\第4章\原始文件\产品合格情况表.xlsx"工作簿。选取单元格区域A1:C13，单击"插入"标签，切换至"插入"选项卡下，再单击"图表"组中的"折线图"下三角按钮，在展开的下拉列表中选择需要的图标，如下图所示。

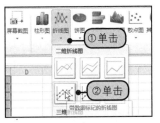

2 显示创建图表后的效果。经过以上操作后，即创建了一个折线图表，效果如下图所示。

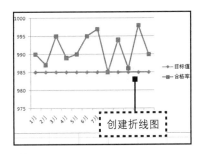

3 选择折线选项。在"图表工具"|"布局"选项卡下，单击"分析"组中的"折线"下三角按钮，在展开的下拉列表中单击"高低点连线"选项，如下图所示。

4 显示连接效果。经过以上操作后，图表即可显示"高低点连线"效果，如下图所示。

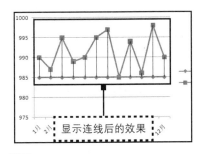

5 给图表建立数据表。在"图表工具"|"布局"选项卡下，单击"标签"组中的"模拟运算表"按钮，然后在展开的下拉列表中单击"显示模拟运算表"选项，如下图所示。

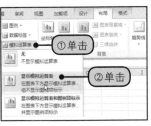

6 显示为图表建立数据表后的效果。经过以上操作后，即可为图表添加了数据表，效果如下图所示。

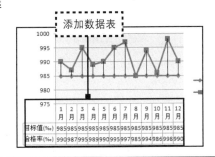

7 美化图表。为了使图表更美观，在图表制作完成后，对图表进行美化，效果如右图所示。

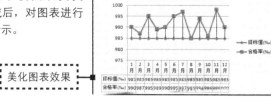

美化图表效果 →

4.4.3 为图表添加误差线

添加图表的误差线常用在统计或科学记数法数据中。误差线显示相对序列中的每个系列数据标记的潜在误差或不确定度。

原始文件	实例文件\第4章\原始文件\商场人流量变化.xlsx
最终文件	实例文件\第4章\最终文件\为图表添加误差线.xlsx

1 创建图表X轴的误差。打开"实例文件\第4章\原始文件\商场人流量变化.xlsx"工作簿。在B4和B5单元格中分别输入7和0，在C4单元格中输入"=C2-B2"后，按Enter键，C4单元格即可显示结果，如下图所示，再选中C4单元格右下角的填充柄，拖动至J4单元格。

2 创建图表Y轴的误差。在C5单元格中输入"=C3-B3"后，按Enter键，C5单元格即可显示结果，如下图所示，再选中C5单元格的填充柄，拖动至J5单元格。

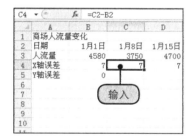

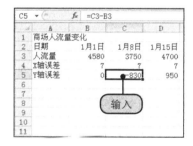

3 创建散点图。选取单元格区域A2:J3，在"插入"选项卡下单击"图表"组中的"散点图"下三角按钮，然后在展开的下拉列表中选择"仅带数据标记的散点图"图标建立散点图，创建如下图所示的散点图。

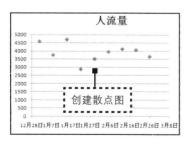

4 选择误差线选项。在"图表工具"|"布局"选项卡下，单击"分析"组中的"误差线"下三角按钮，如下图所示。

提示 **26** **修改误差线的样式格式**

用户如果要修改误差线的样式格式，则可在打开的"设置误差线格式"对话框中进行设置，如下图所示。

也可以选中误差线后，单击"格式"选项卡下"形状样式"组左侧的快翻按钮，在展开的样式库中选择误差线的颜色样式。

提示 ㉗ 修改文本样式的其他方法

用户在制作完成整个图表后，对文本样式进行修改的方式有很多种。除了上面介绍的在"图表工具"|"格式"选项卡下的"艺术字样式"组中进行修改外，还可以在"开始"选项卡下的"字体"组中进行修改，如下图所示。

文秘应用

对三家网站满意度调查图

公司为了更好地发展，常常会进行各种调查，从调查中分析与竞争者的优势和差距，这时使用雷达图就会让分析变得简单起来。

原始文件	实例文件\第4章\原始文件\对三家网站满意度调查.xlsx
最终文件	实例文件\第4章\最终文件\对三家网站满意度调查.xlsx

1 打开"实例文件\第4章\原始文件\对三家网站满意度调查.xlsx"工作簿。选取单元格区域A1:G5，在"插入"选项卡下，单击"图表"组中的"其他图表"下三角按钮，如下图所示。

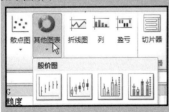

5 打开"设置误差线格式"对话框。在展开的下拉列表中单击"其他误差线选项"选项，如下图所示。

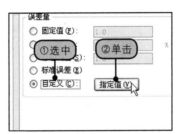

7 打开"自定义错误栏"对话框。在"误差量"选项组中选中"自定义"单选按钮，再单击右侧的"指定值"按钮，如下图所示。

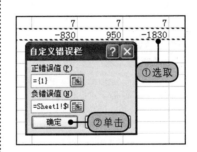

9 设置负错误值。选取单元格区域B5:J5，单击"确定"按钮关闭"自定义错误栏"对话框，如下图所示。

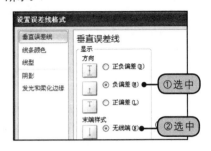

6 选择垂直误差线选项。在"垂直误差线"选项卡下选中"负偏差"和"无线端"单选按钮，如下图所示。

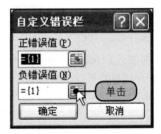

8 选择设置负错误值。在弹出的"自定义错误栏"对话框中选择"负错误值"文本框右侧的折叠按钮，如下图所示。

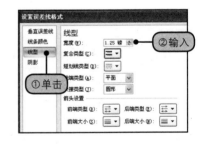

10 设置线条线型。返回"设置误差线格式"对话框，切换至"线型"选项卡下，在"宽度"右侧的文本框中输入"1.25磅"，如下图所示。

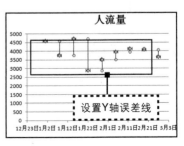

11 显示设置Y轴误差线后的效果。设置Y轴误差线后，图表产生的效果图如右图所示。

12 选择设置X轴误差线。在"图表工具"|"布局"选项卡下，单击"当前所选内容"组中"图表元素"文本框右侧的下三角按钮，在展开的下拉列表中单击"系列'人流量'X误差线"选项，如下图所示。

13 打开"设置误差线格式"对话框。单击"当前所选内容"组中的"设置所选内容格式"按钮，如下图所示。

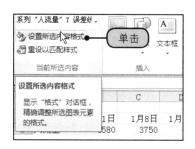

（续上页）

文秘应用
对三家网站满意度调查图

2 在展开的下拉列表中，单击"雷达图"选项组中的"雷达图"图标，即可创建雷达图，如下图所示。

14 选择误差线选项。在"水平误差线"选项卡下的"显示"选项组中选中"正偏差"和"无线端"单选按钮，如下图所示。

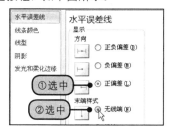

15 打开"自定义错误栏"对话框。在"误差量"选项组中选中"自定义"单选按钮，再单击右侧的"指定值"按钮，如下图所示。

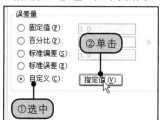

3 生成的雷达图效果如下图所示。利用雷达图，就可以对公司目前的网站情况与竞争者进行比较了。

16 设置"自定义错误栏"。在对话框中单击"正错误值"文本框右侧的折叠按钮，选取单元格区域B4:J4，单击"确定"按钮完成设置，如下图所示。

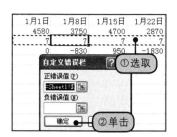

17 显示图表添加误差线后的效果。经过以上操作后，即可为图表添加误差线，效果如下图所示。

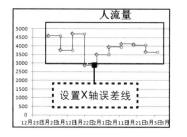

18 美化图表。为了使图表更美观，在图表制作完成后，对图表进行美化，效果如右图所示。

图表美化后的效果 ←

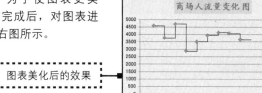

4.5

使用迷你图显示数据趋势

迷你图是Excel 2010中加入的一种全新的图表制作工具，它以单元格为绘图区域，简单便捷地为我们绘制出简明的数据小图表，方便地把数据以小图的形式呈现在读者的面前，它是存在于单元格中的小图表。

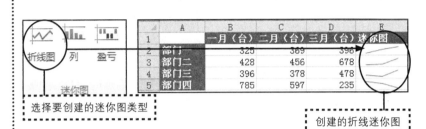

选择要创建的迷你图类型

创建的折线迷你图

4.5.1 创建迷你图分析数据

迷你图作为一个将数据形象化呈现的制图小工具，使用方法非常简单，在生成迷你图之前，请特别注意，只有使用Excel 2010创建的数据表才能创建迷你图，低版本Excel文档即使使用Excel 2010打开也不能创建，必须将数据拷贝至Excel 2010文档中才能使用该功能。

提示 ㉘ 为什么要使用迷你图

虽然行或列中呈现的数据很有用，但很难一眼看出数据的分布形态。通过在数据旁边插入迷你图可为这些数字提供上下文。

迷你图可以通过清晰简明的图形表示方法显示相邻数据的趋势，而且迷你图只需占用少量空间。尽管并不要求将迷你图单元格紧邻其基本数据，但这是一个好的做法。

❶ 创建单个迷你图

创建单个迷你图即是为一组数据创建单个迷你图，用户只需先选择要创建迷你图的类型，然后选择好数据范围和放置迷你图的位置即可。

原始文件	实例文件\第4章\原始文件\各营业点净利润.xlsx
最终文件	实例文件\第4章\最终文件\单个迷你图.xlsx

1 单击"折线图"按钮。打开"实例文件\第4章\原始文件\各营业点净利润.xlsx"，在"插入"选项卡下单击"折线图"按钮，如下图所示。

2 选择数据范围。弹出"创建迷你图"对话框，将光标定位在"数据范围"文本框，然后拖动鼠标选取B3:G3区域，如下图所示。

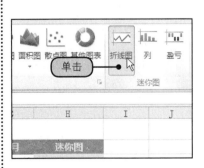

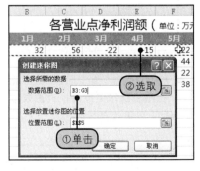

3 选择位置范围。将光标定位在"位置范围"文本框，然后拖动鼠标选中H3区域，如下图所示。

4 创建迷你图。单击"确定"按钮，返回到工作表中，此时在H3单元格中创建的折线迷你图效果如下图所示。

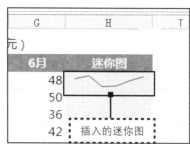

❷ 创建组迷你图

创建组迷你图即是为多组数据同时创建多个迷你图，用户只需先选择要创建迷你图的类型，然后选择好多组数据范围和多个放置迷你图的位置即可。

原始文件	实例文件\第4章\原始文件\各营业点净利润.xlsx
最终文件	实例文件\第4章\最终文件\创建组迷你图.xlsx

1 单击"折线图"按钮。打开"实例文件\第4章\原始文件\各营业点净利润.xlsx"，在"插入"选项卡下单击"折线图"按钮，如下图所示。

2 选择数据范围。弹出"创建迷你图"对话框，将光标定位在"数据范围"文本框，然后拖动鼠标选取B3:G6区域，如下图所示。

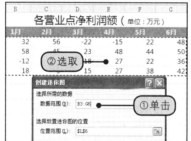

3 选择位置范围。将光标定位在"位置范围"文本框，然后拖动鼠标选取H3:H6区域，如下图所示。

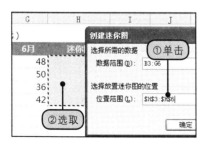

4 创建组迷你图。单击"确定"按钮，返回到工作表中，此时在H3:H6区域中同时创建了4个折线迷你图，效果如下图所示。

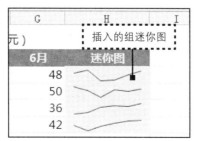

提示 ㉙ 清除迷你图

对于已经创建完毕的迷你图，若用户觉得不满意，想删除迷你图，恢复原有的空白单元格。由于迷你图不同于一般的文字或图表，直接按Delete键是不能将其删除的。用户可采用以下方法进行删除。

选中要清除的迷你图，在"迷你图工具"|"设计"选项卡下单击"清除"按钮右侧下三角按钮，从展开的下拉列表中可选择"清除所选的迷你图"选项，则将清除当前选择的迷你图；若要清除迷你图组，可单击"清除所选的迷你图组"选项，如下图所示。

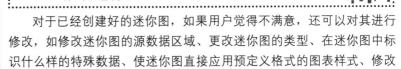

提示 ③⓪ 组合迷你图

对于创建的多个单个迷你图，用户可以将其组合为一个组，便于编辑和修改。

此时只需选择需组合的多个迷你图，在"迷你图工具"｜"设计"选项卡下单击"组合"按钮，即可将其进行组合，如下图所示。

相反，若要对一个组中的单个迷你图进行修改，则可取消组合。选中一组中的任意一个迷你图，在"迷你图工具"｜"设计"选项卡下单击"取消组合"按钮即可，如下图所示。

4.5.2 修改迷你图

对于已经创建好的迷你图，如果用户觉得不满意，还可以对其进行修改，如修改迷你图的源数据区域、更改迷你图的类型、在迷你图中标识什么样的特殊数据、使迷你图直接应用预定义格式的图表样式、修改迷你图的颜色等。本节将分别为读者进行介绍。

❶ 修改迷你图数据源

若用户需要更换创建迷你图的数据区域，可打开"编辑迷你图"对话框，重新选择创建迷你图的区域。

原始文件	实例文件\第4章\原始文件\迷你图.xlsx
最终文件	实例文件\第4章\最终文件\修改数据源.xlsx

1 编辑单个迷你图数据。打开"实例文件\第4章\原始文件\迷你图.xlsx"工作簿，选中迷你图，在"迷你图工具"｜"设计"选项卡下单击"编辑数据"按钮，在展开的下拉列表中单击"编辑单个迷你图的数据"选项，如下图所示。

2 查看当前选择的数据区域。弹出"编辑迷你图数据"对话框，在"选择迷你图的源数据区域"文本框中显示出了当前选中迷你图的数据源区域，工作表中使用虚线框显示出了迷你图的数据源范围，如下图所示。

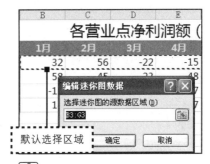

3 重新选择数据区域。按住鼠标左键在工作表中拖动，重新选择创建迷你图的区域为B3:D3，如下图所示。

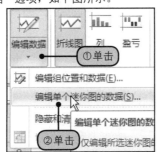

4 更改数据源后的迷你图。此时可以看到H3单元格中更改后的迷你图效果，如下图所示。

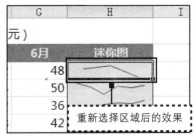

5 编辑组迷你图数据。若要更改组迷你图的数据源，可在"迷你图工具"｜"设计"选项卡下单击"编辑数据"按钮，在展开的下拉列表中单击"编辑组位置和数据"选项，如右图所示。

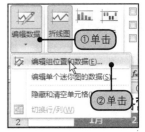

6 重新选择组迷你图数据源。弹出"编辑迷你图"对话框，按住鼠标左键在工作表中拖动，重新选取要创建组迷你图的区域为B3:D6，如下图所示。

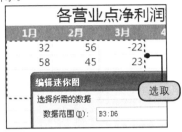

7 更改组迷你图数据源后的效果。单击"确定"按钮，返回工作表中，更改组迷你图数据源后得到的迷你图效果如下图所示。

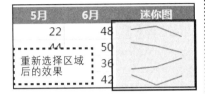

重新选择区域后的效果

提示 **31** **设置迷你图坐标轴**

如果创建的迷你图数据区域中包含日期，则可以待创建完毕迷你图后，在"迷你图工具"｜"设计"选项卡下单击"坐标轴"按钮，在展开的下拉列表中单击"日期坐标轴类型"选项，如下图所示。将迷你图上的各个数据点进行排列以反映任何不规则的时间段。

❷ 更改迷你图类型

若用户需要更换创建迷你图的数据区域，可打开"编辑迷你图"对话框，重新选择创建迷你图的区域。

原始文件	实例文件＼第4章＼原始文件＼迷你图.xlsx
最终文件	实例文件＼第4章＼最终文件＼更改迷你图类型.xlsx

1 选择要更换的迷你图类型。打开"实例文件\第4章\原始文件\迷你图.xlsx"工作簿，选中迷你图，在"迷你图工具"｜"设计"选项卡下的"类型"组中选择迷你图的类型，例如选择"盈亏"类型，如下图所示。

2 更换迷你图类型后的效果。此时，可以看到工作表中的迷你图更换为了"盈亏"型，如下图所示。其中上面方向的图形表示正数，下面方向的图形表示负数。

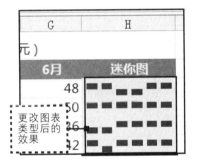

更改图表类型后的效果

❸ 套用迷你图样式

若用户需要更换创建迷你图的数据区域，可打开"编辑迷你图"对话框，重新选择创建迷你图的区域。

原始文件	实例文件＼第4章＼最终文件＼更改迷你图类型.xlsx
最终文件	实例文件＼第4章＼最终文件＼套用迷你图样式.xlsx

1 选择迷你图显示标记。打开"实例文件\第4章\最终文件\更改迷你图类型.xlsx"工作簿，选中迷你图，在"迷你图工具"｜"设计"选项卡下的"显示"组中勾选要在迷你图中显示的标记，例如勾选"高点"和"负点"复选框，如右图所示。

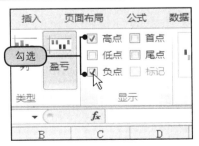

提示 ③② 处理空单元格或零值

对于创建迷你图的数据区域，可能会出现空单元格或隐藏了的单元格，此时该如何处理呢？

1 在"迷你图工具"｜"设计"选项卡下单击"编辑数据"按钮，在展开的下拉列表中单击"隐藏和清空单元格"选项，如下图所示。

2 弹出"隐藏和空单元格设置"对话框，选择隐藏值和空值显示在所选迷你图组中的方式，如下图所示。

2 选择迷你图样式。在"迷你图工具"｜"设计"选项卡下单击"样式"组快翻按钮，从展开库中选择要套用的迷你图样式，例如选择"样式34"，如下图所示。

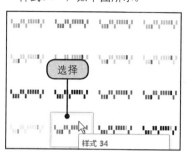

3 套用迷你图样式后的效果。此时，可以看到工作表中的迷你图效果如下图所示。其中正数使用绿色表示，负数使用红色表示。

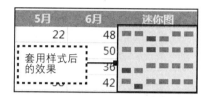

④ 使用不同迷你图颜色分析数据

除了套用迷你图样式外，用户还可以自己手动设置迷你图的颜色。手动设置的迷你图颜色是除显示标记外的其他数据系列颜色。

原始文件	实例文件＼第4章＼最终文件＼套用迷你图样式.xlsx
最终文件	实例文件＼第4章＼最终文件＼设置迷你图颜色.xlsx

1 选择迷你图颜色。打开"实例文件＼第4章＼最终文件＼套用迷你图样式.xlsx"工作簿，选中迷你图，在"迷你图工具"｜"设计"选项卡下单击"迷你图颜色"按钮右侧下三角按钮，从展开的下拉列表中选择迷你图的颜色，这里选择如下图所示的颜色。

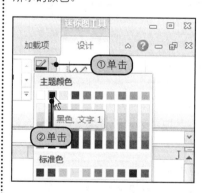

2 更换颜色后的迷你图。此时，在工作表中可以看到迷你图的颜色变成了黑色，效果如下图所示。但其中高点和负点的颜色没有更换。

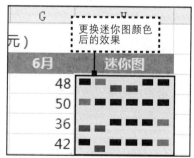

⑤ 更改迷你图标记颜色突出数据系列

在第4小点中介绍了更换迷你图的颜色，其中迷你图的标记是不会随之更换的，若要手动更改迷你图标记的颜色，可按照如下方法进行操作。

原始文件	实例文件＼第4章＼最终文件＼设置迷你图颜色.xlsx
最终文件	实例文件＼第4章＼最终文件＼更改迷你图标记颜色.xlsx

1 选择高点颜色。打开"实例文件\第4章\最终文件\设置迷你图颜色.xlsx"工作簿，选中迷你图，在"迷你图工具"｜"设计"选项卡下单击"标记颜色"按钮右侧下三角按钮，从展开的下拉列表中选择标记的颜色，这里单击"高点"｜"红色"选项，如下图所示。

2 选择负点颜色。同样，若要设置负点的颜色。可先单击"标记颜色"按钮右侧下三角按钮，从展开的下拉列表中选择标记的颜色，这里单击"负点"｜"浅绿"选项，如下图所示。

3 更换标记颜色后的迷你图。此时，在工作表中可以看到迷你图标记的颜色发生了变化，效果如下图所示。

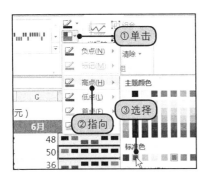

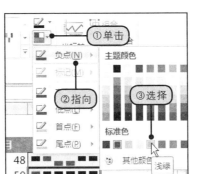

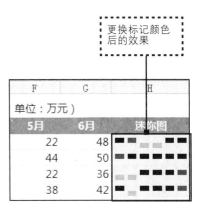

更换标记颜色后的效果

读书笔记

第 5 章
使用数据透视表分析表格数据

学习要点

- 创建数据透视表
- 更改字段布局
- 更改值显示方式
- 插入切片器
- 创建数据透视图
- 向数据透视表中添加字段
- 更改汇总字段汇总方式
- 筛选数据透视表中的数据
- 设置数据透视表格式
- 编辑数据透视图

本章结构

创建数据透视表

编辑数据透视表
添加并更改字段布局	更改汇总方式	更改值的数字格式	更改值显示方式

设置数据透视表及显示方式
活动字段的展开与折叠	筛选数据透视表中数据	插入切片器筛选数据透视表

设置数据透视表格式
设置数据透视表布局	套用数据透视表样式

创建数据透视图

编辑数据透视图

1 创建数据透视表

2 创建的数据透视表

3 根据切片器筛选透视表

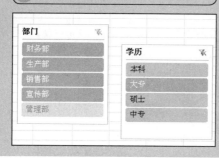

4 创建的数据透视图

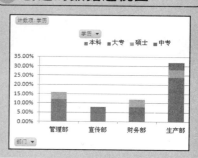

使用数据透视表分析表格数据

第5章

数据透视表是一种对大量数据快速汇总的动态表格，能够帮助用户分析、组织数据。例如，计算平均数、标准差，建立列联表、计算百分比、建立新的数据子集等。建好数据透视表后，还可以对数据透视表重新安排，以便从不同的角度查看数据。数据透视表的名字来源于它具有"透视"表格的能力，从大量看似无关的数据中寻找背后的联系，从而将纷繁的数据转化为有价值的信息，以供研究和决策所用。

5.1 创建数据透视表

文秘行政人员在工作中需要深入分析数值数据或回答一些预料之外的数据问题时，就可以使用数据透视表。如果文秘行政人员运用数据透视表进行计算与合理分析，就能使许多复杂的问题简单化并且极大地提高工作效率。

创建数据透视表的第一步就是选择数据源。数据透视表的数据源既可以是一个表或表上的区域，也可以是外部的数据。

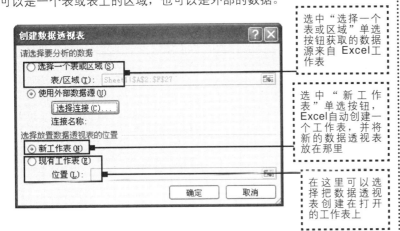

选中"选择一个表或区域"单选按钮获取的数据源来自 Excel 工作表

选中"新工作表"单选按钮，Excel自动创建一个工作表，并将新的数据透视表放在那里

在这里可以选择把数据透视表创建在打开的工作表上

原始文件	实例文件\第5章\原始文件\员工资料表.xlsx
最终文件	实例文件\第5章\最终文件\创建数据透视表.xlsx

1 打开"创建数据透视表"对话框。打开"实例文件\第5章\原始文件\员工资料表.xlsx"工作簿，选取单元格区域A2:F27，切换到"插入"选项卡，单击"表"组中的"数据透视表"下三角按钮，在展开的下拉列表中单击"数据透视表"选项，如右图所示。

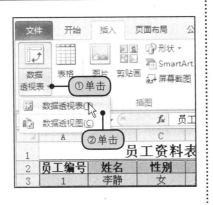

提示 ① 用外部数据源创建数据透视表

用户在选择数据透视表数据源时，可以从外部选取数据源。

用户在打开"创建数据透视表"对话框后，可以单击选中"使用外部数据源"单选按钮，再单击"选择连接"按钮，在弹出的对话框中显示可以获取的外部数据源，根据需要就可以选择数据源了，如下图所示。

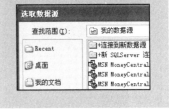

2 创建数据透视表。打开"创建数据透视表"对话框后，此时默认的分析区域为整个员工资料表，选中"新工作表"单选按钮，设置数据透视表的放置位置，然后单击"确定"按钮，如下图所示。

3 完成创建数据透视表。经过以上操作后，即可生成一张新的工作表，并创建出数据透视表的基本框架，将工作表重命名为"数据透视表"，如下图所示。

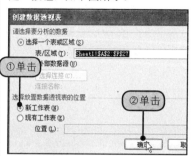

5.2

编辑数据透视表

Excel 2010为用户提供的数据透视表编辑方式更加简单，易于操作。用户可以根据需要，选择对工作有用的数据进行编辑。

数据透视表的编辑包括对报表字段的设置和对整个报表的布局格式的设置。在这里最基本的是通过"数据透视表字段列表"窗格对报表的字段进行设置。

用户在创建数据透视表后，可以先对数据透视表的选项进行设置。设置的位置在"数据透视表工具"｜"选项"选项卡下，"数据透视表"组里，如下图所示。

用户可以在"数据透视表名称:"下方的文本框里对数据透视表进行重命名。也可以单击"选项"按钮打开"数据透视表选项"对话框，对数据透视表选项进行更多项目的设置，如下图所示。

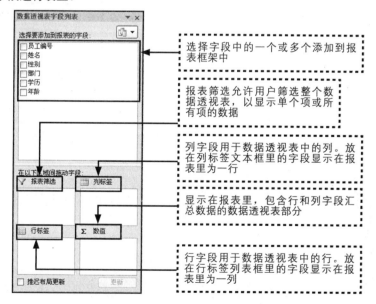

选择字段中的一个或多个添加到报表框架中

报表筛选允许用户筛选整个数据透视表，以显示单个项或所有项的数据

列字段用于数据透视表中的列。放在列标签文本框里的字段显示在报表里为一行

显示在报表里，包含行和列字段汇总数据的数据透视表部分

行字段用于数据透视表中的行。放在行标签列表框里的字段显示在报表里为一列

5.2.1 添加字段

在数据透视表创建完成后，用户就需要添加数据透视表的字段。添加字段的方法有3种：用字段右键菜单添加、用字段复选框添加以及拖动字段名称到区域中添加。下面将分别介绍这3种方法的使用。

原始文件	实例文件\第5章\最终文件\创建数据透视表.xlsx
最终文件	实例文件\第5章\最终文件\添加和删除字段.xlsx

❶ 方法一：用右键菜单添加字段

1 用右键菜单添加字段。打开"实例文件\第5章\最终文件\创建数据透视表.xlsx"工作簿，在"数据透视表字段列表"窗格中右击要添加的字段"部门"，在弹出的菜单中单击"添加到列标签"命令，如下图所示。

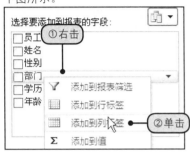

2 显示添加字段的效果。经过以上操作后，"部门"字段即添加到报表框架中的列标签内，如下图所示。

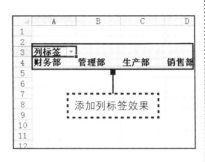

❷ 方法二：用复选框添加字段

1 用复选框添加字段。在"数据透视表字段列表"窗格中勾选要添加的字段"学历"复选框，如下图所示。

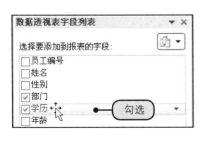

2 显示添加字段的效果。经过以上操作后，"学历"字段即添加到报表框架中的行标签内，如下图所示。

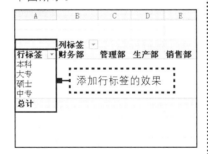

❸ 方法三：用拖动字段名称的方式添加字段

1 选中字段名称。在"数据透视表字段列表"窗格中勾选要添加的字段名称"学历"，如下图所示。

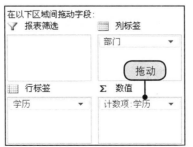

2 移动字段。按住鼠标左键不放，将字段"学历"拖动到下方"数值"区域内，如下图所示。

提示 ③ 调整"数据透视表字段列表"窗格

在Excel 2010里，"数据透视表字段列表"窗格是可以调整的。

1. 显示或隐藏"数据透视表字段列表"窗格

在显示有数据透视表字段列表窗格的情况下，单击"数据透视表工具"|"选项"选项卡下的"显示/隐藏"组中"字段列表"按钮，即可隐藏字段列表窗格，如下图所示。再次单击该按钮，则重新调出窗格。

2. 调整或移动"数据透视表字段列表"窗格

当单击"数据透视表字段列表"窗格右侧的下三角按钮时，展开一个下拉列表，如下图所示，在列表里可以选择移动、关闭"数据透视表字段列表"窗格或调整"数据透视表字段列表"窗格的大小。

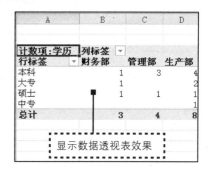

3 显示添加字段后的效果。释放鼠标后，字段"学历"即添加到报表中的数值区域中，效果如右图所示。

④ 删除字段

用户在编辑数据透视表时，有时候是需要删除字段的。删除字段的方式很简单，只需取消勾选"数据透视表字段列表"窗格里"选择要添加到报表的字段"之前的复选框就可以了。

显示数据透视表效果

5.2.2 更改字段布局

添加字段后，还可以定义报表的布局。用户如果要从另外的角度分析数据，就需要拖动字段到不同区域重排布局。

原始文件	实例文件\第5章\最终文件\添加和删除字段.xlsx
最终文件	实例文件\第5章\最终文件\移动字段重排布局.xlsx

⑤ 对活动字段的重命名

用户在编辑数据透视表时，如果需要对活动字段进行重命名，有两种方法可供选择。

1．方法一：直接输入

用户可以选中活动字段所在单元格，直接输入新的名称就可以完成活动字段的重命名。

2．方法二：通过功能区

用户也可以先选中要重命名的活动字段，在"数据透视表工具"｜"选项"选项卡的"活动字段"组中输入活动字段名，完成字段重命名。

1 用复选框添加字段。打开"实例文件\第5章\最终文件\添加和删除字段.xlsx"工作簿，在"数据透视表字段列表"窗格中勾选"性别"字段复选框，如下图所示。

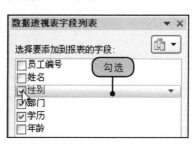

2 调整字段显示顺序。在"行标签"区域单击"性别"字段下三角按钮，然后在弹出的菜单中单击"上移"命令，如下图所示。

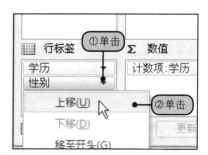

3 显示调整后的效果。将字段"性别"排列在"学历"字段上一级后，效果如右图所示。

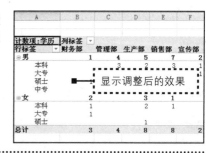

显示调整后的效果

5.2.3 更改汇总字段汇总方式

默认情况下，数据透视表的计算字段的汇总方式要么是计数，要么是求和，用户可以根据自己要分析的需求，重新选择汇总字段的汇总方式。

原始文件	实例文件\第5章\最终文件\移动字段重排布局.xlsx
最终文件	实例文件\第5章\最终文件\更改汇总方式.xlsx

1 重新添加或删除字段。打开"实例文件\第5章\最终文件\移动字段重排布局.xlsx"工作簿，添加"年龄"字段到"数值"区域，删除"行标签"和"数值"区域中的"学历"和"计数项:学历"字段，如下图所示。

3 更改值汇总方式后的效果。此时，数据透视表表中按照不同的性别计算出了各部门员工的平均年龄，如右图所示。

2 重新选择值汇总方式。在"数据透视表工具"|"选项"选项卡下，单击"按值汇总"按钮，在展开的下拉列表中重新选择值汇总方式，例如选择"平均值"选项，如下图所示。

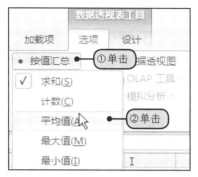

平均值汇总结果

提示 6 使用对话框更改汇总方式

除了在"数据透视表工具"|"选项"选项卡下，更改值的汇总方式外，用户还可以通过"值字段设置"来更改汇总方式。

1 单击"求和项:年龄"选项，然后在弹出的菜单中单击"值字段设置"命令，如下图所示。

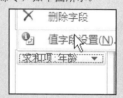

2 弹出"值字段设置"对话框，切换至"值汇总方式"选项卡下，在"计算类型"列表框中重新选择汇总方式即可，如下图所示。

5.2.4 更改值的数字格式

默认情况下添加到数据透视表中的字段的值数字格式都为"常规"格式，用户可根据实际分析的需求更改值的数字方式。

原始文件	实例文件\第5章\最终文件\更改汇总方式.xlsx
最终文件	实例文件\第5章\最终文件\更改值数字格式.xlsx

1 单击"值字段设置"命令。打开"实例文件\第5章\最终文件\更改汇总方式.xlsx"工作簿，单击"平均值项:年龄"选项，在弹出的菜单中单击"值字段设置"命令，如下图所示。

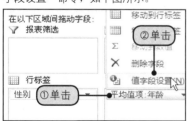

3 设置数字格式。弹出"设置单元格格式"对话框，首先在"分类"列表框中选择"数值"格式，再在"小数位数"文本框中输入保留的小数位数"0"，如右图所示。

2 单击"数字格式"按钮。弹出"值字段设置"对话框，单击"数字格式"按钮，如下图所示。

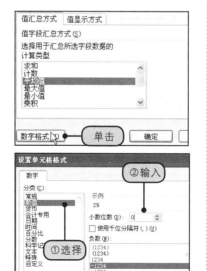

使用数据透视表分析员工请假信息

对一个自然月内员工的请假情况进行分析，有利于人事部门更好地掌握员工请假的主要事由和请假最多的事由及天数。

| 原始文件 | 实例文件\第5章\原始文件\员工请假表.xlsx |
| 最终文件 | 实例文件\第5章\最终文件\透视分析请假表.xlsx |

1 打开"实例文件\第5章\原始文件\员工请假表.xlsx"工作簿，选择A2:E27单元格区域，在"插入"选项卡下单击"数据透视表"按钮，在展开的下拉列表中单击"数据透视表"选项，如下图所示。

2 弹出"创建数据透视表"对话框，直接单击"确定"按钮，如下图所示。

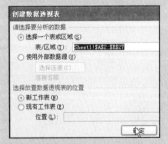

3 在"数据透视表字段列表"任务窗格中勾选"请假日期"、"员工姓名"、"请假原由"和"请假天数"复选框，如下图所示。

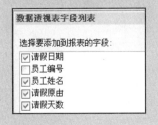

4 更改数字格式后的效果。连续单击"确定"按钮，返回到数据透视表中，此时在数据透视表中显示出了各部门男女的平均年龄值为整数，效果如右图所示。

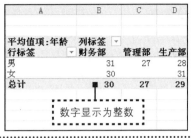

数字显示为整数

5.2.5 更改值显示方式

字段的显示方式可分类两类：对文本字段显示方式的设置和对值字段显示方式的设置。在这里以值字段设置为例，值字段显示方式的设置不仅可以设置按求和、计数、平均值汇总字段数据，还可以让值以百分比的形式显示，这是文本字段所没有的。

| 原始文件 | 实例文件\第5章\最终文件\移动字段重排布局.xlsx |
| 最终文件 | 实例文件\第5章\最终文件\设置字段显示方式.xlsx |

1 选择值显示方式。打开"实例文件\第5章\最终文件\移动字段重排布局.xlsx"工作簿，在"数据透视表工具"|"选项"选项卡下，单击"值显示方式"按钮，在展开的下拉列表中选择值的显示方式，例如选择"总计的百分比"方式，如下图所示。

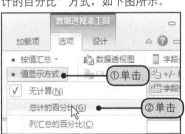

2 显示设置后的效果。经过以上操作后，在数据透视表中即可看到公司各种学历占公司总人数的百分比情况，如下图所示。

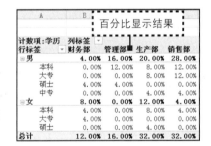

百分比显示结果

5.3

设置数据透视表的显示方式

数据透视表创建完毕后，用户可以根据自己的需求对字段进行隐藏或显示，筛选要查看的字段，也可以插入切片器筛选数据。切片器是Excel 2010中新增的一项功能，它可以使数据透视表的筛选功能更加易用。

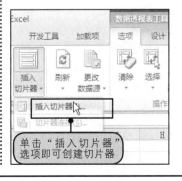

单击"插入切片器"选项即可创建切片器

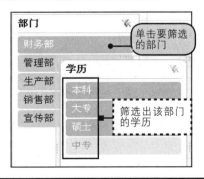

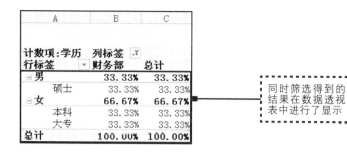

同时筛选得到的结果在数据透视表中进行了显示

5.3.1 活动字段的展开与折叠

用户使用数据透视表，还可以显示详细信息或隐藏信息，要显示或隐藏行或列中的项目，可以单击对应字段的折叠或展开按钮。

| 原始文件 | 实例文件\第5章\最终文件\设置字段显示方式.xlsx |

1 单击折叠按钮。打开"实例文件\第5章\最终文件\设置字段显示方式.xlsx"工作簿，单击"男"左侧的折叠按钮⊟，如下图所示。

2 隐藏数据。此时，"男"下方的各类学历被隐藏，同样的方法，单击"女"左侧的折叠按钮⊟，隐藏"女"下方的明细数据，如下图所示。

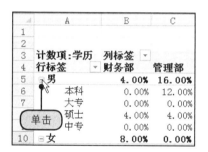

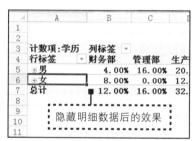

隐藏明细数据后的效果

3 重新显示明细数据。若要重新显示出明细数据，可单击展开按钮⊞，例如单击"女"左侧的展开按钮⊞，将重新显示出"女"下方各学历的明细数据，如右图所示。

显示明细数据后的效果

5.3.2 筛选数据透视表中的数据

通过折叠和展开按钮可以隐藏和显示明细数据，除此之外，也可以通过筛选来隐藏明细数据。单击字段右侧的下三角按钮，在展开的列表中根据需要勾选或取消勾选相应复选框。

| 原始文件 | 实例文件\第5章\最终文件\设置字段显示方式.xlsx |
| 最终文件 | 实例文件\第5章\最终文件\对字段进行筛选.xlsx |

（续上页）

文秘应用
使用数据透视表分析员工请假信息

4 单击"行标签"区域中的"请假日期"字段，从弹出的菜单中单击"移动到报表筛选"命令，如下图所示。

5 根据以上字段的添加和移动，得到的数据透视表效果如下图所示。

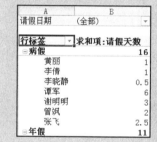

提示⑦ 字段设置的内容

用户使用"字段设置"对话框可以控制数据透视表中字段的各种格式、打印、分类汇总和筛选器设置。

在"字段设置"对话框中，"源名称"是指显示数据源中的字段名称。

"自定义名称"是显示数据透视表中的当前字段名称，如果不存在自定义名称，则显示源名称。要更改"自定义名称"，请单击框中的文本并编辑该名称。

提示⑧ 清除切片器的筛选

若用户需要进行其他切片器的筛选，可首先将已经筛选的字段进行筛选，恢复原有的数据透视表数据结果。

若要清除某个字段的筛选，可选中该字段对应的切片器，然后单击切片器右侧的"清除筛选器"按钮，如下图所示。

1 选择字段。打开"实例文件\第5章\最终文件\设置字段显示方式.xlsx"工作簿，单击A4单元格右侧下三角按钮，在展开的下拉列表"选择字段"下单击"学历"选项，如下图所示。

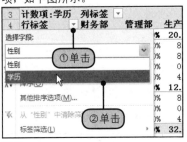

3 显示设置后的效果。经过筛选后，除"本科"之外的全部学历项目都隐藏起来，效果如右图所示。

2 设置隐藏字段数据。在下拉列表中，取消勾选除"本科"外的复选框，单击"确定"按钮完成对其他学历员工数据信息的隐藏，如下图所示。

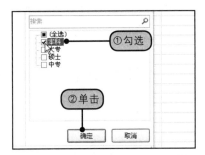

显示设置后的效果

5.3.3 插入切片器筛选数据透视表

切片器是 Excel 2010 中的新增功能，它提供了一种可视性比较强的筛选方法以筛选数据透视表中的数据。一旦插入切片器，即可使用多个按钮对数据进行快速分段和筛选，仅显示出所需数据。

此外，对数据透视表应用多个筛选器之后，用户不再需要打开列表查看数据所应用的筛选器，这些筛选器会显示在屏幕上的切片器中。用户还可以设置切片器的格式，使其与工作簿的格式设置相符，并且能够在其他数据透视表、数据透视图和多维数据集函数中重复使用这些切片器。

❶ 插入切片器进行筛选

在数据透视表中插入切片器的方法很简单，用户只需选择要插入切片器的字段，即可插入相应字段的切片器，选中想要在字段切片器中显示的内容，即可在对应的数据透视表中显示出关于该字段的筛选结果。

原始文件	实例文件\第5章\最终文件\设置字段显示方式.xlsx
最终文件	实例文件\第5章\最终文件\插入切片器筛选.xlsx

1 单击"插入切片器"选项。打开"实例文件\第5章\最终文件\设置字段显示方式.xlsx"工作簿，在"数据透视表工具"|"选项"选项卡下单击"插入切片器"按钮，在展开的下拉列表中单击"插入切片器"选项，如右图所示。

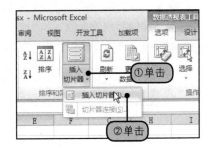

2 勾选要插入的切片器字段。弹出"插入切片器"对话框,勾选"部门"和"学历"复选框,如下图所示。选择完毕后单击"确定"按钮即可。

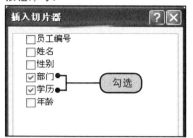

3 插入切片器。此时,在表格中插入了"部门"和"学历"切片器,如下图所示。

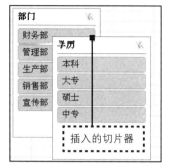

4 筛选"部门"字段。在"部门"切片器中单击"管理部"选项,此时在"学历"切片器中显示出来"管理部"对应的学历,如下图所示。

5 数据透视表筛选结果。系统将自动筛选数据透视表,只显示出"管理部"中各学历的比例,如下图所示。

筛选后结果

计数项:学历	列标签	
行标签	管理部	总计
男	100.00%	100.00%
本科	75.00%	75.00%
硕士	25.00%	25.00%
总计	100.00%	100.00%

6 筛选"学历"字段。同理,若要筛选"学历"字段,可单击"学历"切片器的"大专"选项,如下图所示。

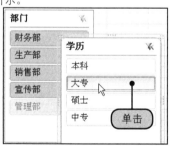

7 筛选"学历"结果。系统自动对数据透视表进行筛选,筛选得到"大专"学历对应的各部门比例情况,如下图所示。

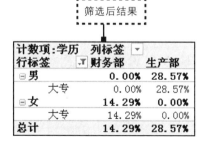

筛选后结果

计数项:学历	列标签	
行标签	财务部	生产部
男	0.00%	28.57%
大专	0.00%	28.57%
女	14.29%	0.00%
大专	14.29%	0.00%
总计	14.29%	28.57%

❷ 应用切片器样式

　　系统为用户预设了一套漂亮而专业的切片器样式,只需选择喜欢的切片器样式直接套用即可。

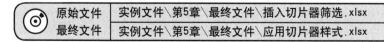

原始文件	实例文件\第5章\最终文件\插入切片器筛选.xlsx
最终文件	实例文件\第5章\最终文件\应用切片器样式.xlsx

提示 ⑩ 组合切片器

对于数据透视表中创建的多个切片器，可以将其组合起来，这样便于移动和放大缩小。

1 按住Ctrl键同时选中要组合的两个或多个切片器，如下图所示。

2 在"切片器工具"｜"选项"选项卡下单击"组合"按钮，在展开的下拉列表中单击"组合"选项即可，如下图所示。

1 选中要套用样式的切片器。打开"实例文件\第5章\最终文件\插入切片器筛选.xlsx"工作簿，选中要套用样式的切片器，这里选择"学历"切片器，如下图所示。

3 套用样式后切片器的效果。套用了"切片器样式深色6"样式后，得到的"学历"切片器效果如下图所示。

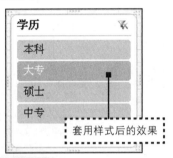

2 选择要套用的切片器样式。在"切片器工具"｜"选项"选项卡下单击"切片器样式"组快翻按钮，从展开库中选择要套用的切片器样式，如下图所示。

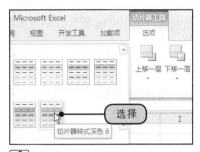

4 为"部门"切片器套用样式。按照步骤2的方法，为"部门"切片器套用"切片器样式深色3"样式，效果如下图所示。

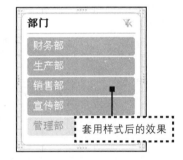

5.4

设置数据透视表格式

在数据透视表制作完成后，还可以为报表设置不同的格式，达到美化报表的效果。本节将为读者介绍如何更改数据透视表布局并套用数据透视表样式。

5.4.1 设置数据透视表布局

用户可以根据报表的类型特点，对报表的布局格式进行调整。

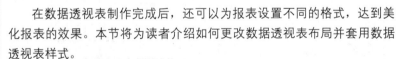

原始文件	实例文件\第5章\最终文件\设置字段显示方式.xlsx
最终文件	实例文件\第5章\最终文件\设置数据透视表布局.xlsx

1 设置分类汇总。打开"实例文件\第5章\最终文件\设置字段显示方式.xlsx"工作簿。选中数据透视表中任意单元格，在"数据透视表工具"｜"设计"选项卡下，单击"布局"组中的"分类汇总"下拉列表中的"在组的底部显示所有分类汇总"选项，如右图所示。

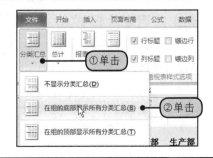

2 设置报表布局。单击"布局"组中的"报表布局"按钮,在展开的下拉列表中单击"以表格形式显示"选项,如下图所示。

4 显示设置后效果。经过以上操作后,数据透视表的布局发生了改变,效果如右图所示。

显示设置布局后的效果

3 设置数据透视表空行。单击"布局"组中的"空行"按钮,在展开的下拉列表中单击"在每个项目后插入空行"选项,如下图所示。

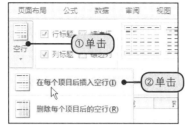

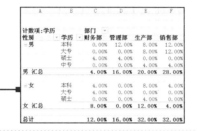

5.4.2 套用数据透视表样式

除了更改透视表的布局外,用户还可以通过设置数据透视表的样式美化报表。

| 原始文件 | 实例文件\第5章\最终文件\设置数据透视表布局.xlsx |
| 最终文件 | 实例文件\第5章\最终文件\设置数据透视表样式.xlsx |

1 设置数据透视表样式选项。打开实例文件\第5章\最终文件\设置数据透视表布局.xlsx工作簿,选中数据透视表中任意单元格,在"数据透视表工具"|"设计"选项卡下,勾选"数据透视表样式选项"组中"行标题"、"列标题"和"镶边行"复选框,如下图所示。

3 显示设置数据透视表样式后的效果。经过以上操作后,数据透视表产生新的样式效果,如右图所示。

设置样式后的效果

2 设置数据透视表样式。在"数据透视表工具"|"设计"选项卡下,单击"数据透视表样式"组下方的快翻按钮,在展开的样式库中选择"数据透视表样式浅色8"样式,如下图所示。

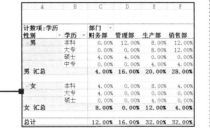

提示 ⑪ 数据透视表中选择功能的使用

如果用户需要分析的数据很多、很复杂,那么每次从数据透视清单中选择区域是一件很费时的事。

Excel 2010为用户提供了选取各个区域的快捷方式。

下面以选取数据透视表中所有标签为例向用户说明。

1 在"数据透视表工具"|"选项"选项卡下单击"选择"下三角按钮,在展开的下拉列表中单击"整个数据透视表"选项,如下图所示,选中整个数据透视表。

2 激活"选择"列表中的其他选项后,单击"标签"选项,如下图所示,快速选取数据透视表中的所有标签。

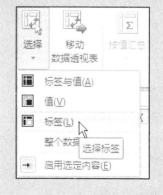

5.5

创建数据透视图

数据透视图以图形形式表示数据透视表中的数据。和数据透视表一样，用户可以更改数据透视图的布局和数据。数据透视图通常有一个使用相应布局的相关联的数据透视表。两个报表中的字段相互对应。如果更改了某一报表的某个字段位置，另一报表中的相应字段位置也会改变。

数据透视图除了具有标准图表的特点、分类、数据标记和坐标轴外，还具有一些与数据透视表对应的特殊元素。

用户在创建数据透视图时，一般有两种方式。

如果用户已经创建了数据透视表，就在"数据透视表工具"｜"选项"选项卡下，单击"工具"组中"数据透视图"按钮创建数据透视图

如果用户没有创建数据透视表要直接创建数据透视图，就在"插入"选项卡下，单击"表"组中"数据透视表"下三角按钮，在展开的下拉列表中单击"数据透视图"选项

◎	原始文件	实例文件\第5章\原始文件\数据透视表.xlsx
	最终文件	实例文件\第5章\最终文件\创建数据透视图.xlsx

1 打开"插入图表"对话框。打开"实例文件\第5章\原始文件\数据透视表.xlsx"工作簿，选中数据透视表中任意单元格，在"数据透视表工具"｜"选项"选项卡下，单击"数据透视图"按钮，如下图所示。

2 选择图表类型。在弹出的"插入图表"对话框中，单击左侧"饼图"选项，在右侧的"饼图"子集中选择"三维饼图"图标，如下图所示。

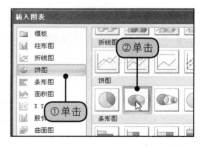

3 修改图表图例的位置。在"数据透视图工具"|"布局"选项卡上，单击"标签"组中的"图例"下三角按钮，在展开的下拉列表中单击"在顶部显示图例"选项，如下图所示。

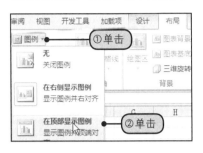

4 显示生成的数据透视图。经过以上操作，创建了一个图例在顶部的数据透视图，效果如下图所示。

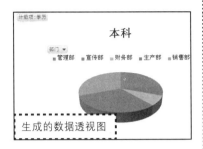

生成的数据透视图

5.6

编辑数据透视图

在完成数据透视图的创建后，用户就要对数据透视图进行编辑了。编辑数据透视图和一般的图表一样，可以编辑的内容包括设计、布局、格式、分析等。很多的内容在图表应用部分已经详细介绍了，这里就只是简单地为用户展示应该如何编辑数据透视图。

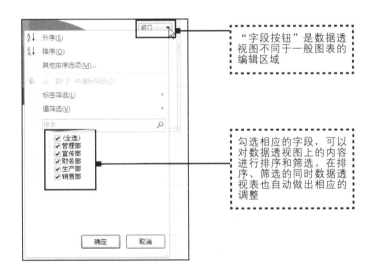

"字段按钮"是数据透视图不同于一般图表的编辑区域

勾选相应的字段，可以对数据透视图上的内容进行排序和筛选。在排序、筛选的同时数据透视表也自动做出相应的调整

① 更改数据透视图布局

用户在完成数据透视图创建后，还可以根据具体图表的情况或图表的显示效果，对图表布局进行快速更改。

原始文件	实例文件\第5章\最终文件\创建数据透视图.xlsx
最终文件	实例文件\第5章\最终文件\更改数据透视图布局.xlsx

提示 ⑭ 隐藏和显示"字段按钮"

数据透视图中的字段按钮是可以根据用户自己的需求隐藏或显示的。

在"数据透视图工具"|"分析"选项卡下，单击"字段按钮"，从展开的下拉列表中可以显示要隐藏或显示的字段按钮，若选项前面显示为"√"，则表示该按钮在数据透视图中已经显示，再次单击则可取消勾选该选项。若要全部隐藏透视图中的字段按钮，可单击"全部隐藏"选项，如下图所示。

1 打开"更改图表类型"对话框。打开"实例文件\第5章\最终文件\创建数据透视图.xlsx"工作簿。选中整个数据透视图，在"数据透视图工具"|"设计"选项卡下，单击"更改图表类型"按钮，打开"更改图表类型"对话框，如下图所示。

2 改变数据透视图类型。在弹出的"更改图表类型"对话框中，单击左侧"柱形图"选项，在右侧的"柱形图"子集中选择"堆积柱形图"图标，如下图所示。

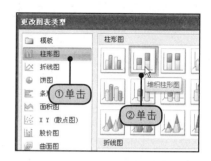

3 显示更改后的图表类型。更改数据透视图类型后，图表自动产生新的类型效果，如右图所示。

更改类型后的效果

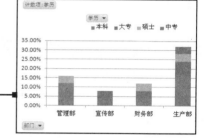

文秘应用
使用数据透视图分析员工请假信息

在前面一个"文秘应用"环节中带领读者使用数据透视表分析了员工4月份的请假情况，下面使用数据透视图更直观地观察员工请假情况。

原始文件	实例文件\第5章\原始文件\员工请假表1.xlsx
最终文件	实例文件\第5章\最终文件\透视图分析请假情况.xlsx

1 打开"实例文件\第5章\原始文件\员工请假表1.xlsx"工作簿，首先折叠"病假"、"年假"和"事假"字段，如下图所示。

2 在"数据透视表工具"|"选项"选项卡下单击"数据透视图"按钮，如下图所示。

3 弹出"插入图表"对话框，选择"三维饼图"，如下图所示。

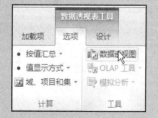

❷ 筛选数据透视图

与Excel 2007相比，在Excel 2010中数据透视图中的"字段按钮"是一个新的按钮形式，它替代了Excel 2007中的筛选窗格。更有利于用户对数据透视图进行排序和筛选。

原始文件	实例文件\第5章\最终文件\更改数据透视图布局.xlsx
最终文件	实例文件\第5章\最终文件\筛选透视图.xlsx

1 设置轴字段。打开"实例文件\第5章\最终文件\更改数据透视图布局.xlsx"工作簿。选中整个图表，单击数据透视图中的"部门"按钮，在展开的下拉列表中勾选"管理部"、"宣传部"和"财务部"复选框，最后单击"确定"按钮，如下图所示。

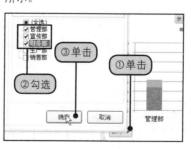

2 设置图例字段。单击数据透视图中的"学历"按钮，在展开的下拉列表中勾选"本科"复选框，选定后单击"确定"按钮即可，如下图所示。

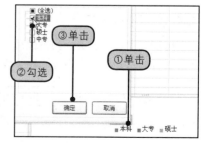

3 显示筛选后结果。经过以上操作后，数据透视图效果如右图所示。

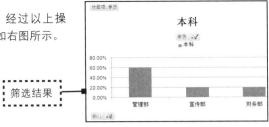

筛选结果

3 设置移动图表

用户还可以通过"移动图表"按钮，将数据透视图转移到新的工作表里。

	原始文件	实例文件\第5章\最终文件\筛选透视图.xlsx
	最终文件	实例文件\第5章\最终文件\移动图表.xlsx

1 打开"移动图表"对话框。打开"实例文件\第5章\最终文件\筛选透视图.xlsx"工作簿。在"数据透视图工具"｜"设计"选项卡下，单击"移动图表"按钮，如下图所示。

单击

2 设置"移动图表"对话框。在弹出的"移动图表"对话框中单击"新工作表"单选按钮，在其右侧的文本框中输入文本"数据透视图"，如下图所示。

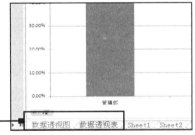

①单击 ②输入

3 显示移动图表后的效果。单击"确定"按钮后，完成数据透视图的移动，效果如右图所示。

显示移动图表后的效果

（续上页）

文秘应用
使用数据透视图分析员工请假信息
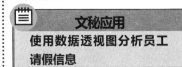

4 单击"确定"按钮返回工作表中，在"数据透视图工具"｜"布局"选项卡下单击"数据标签"按钮，在展开的下拉列表中单击"其他数据标签选项"，弹出"设置数据标签格式"对话框，勾选"百分比"和"显示引导线"复选框，如下图所示。

5 单击"确定"按钮，输入图表标题"各类请假事由所占百分比"，最终结果如下图所示。

读书笔记

第6章
高效办公中公式与函数的运用

学习要点

- Σ自动求和
- 使用状态栏中计算项
- 单元格引用
- AND、TEXT、YEAR
- RANK.AVG、RANK.EQ

- 求和列表快速统计个数平均值
- 公式与公式输入
- 函数与嵌套函数
- IF、COUNTIF、SUMPROUDCT
- VLOOKUP、MATCH

常用Excel计算功能		
自动求和	求和列表中计数与平均值计算	状态栏中的计算项
公式		
基本元素	运算符	公式输入	单元格引用方式
函数		
函数结构	在公式中使用函数	嵌套函数
文秘工作常用函数		
AND	TODAY	YEAR	IF	COUNTIF	SUMIF	VLOOKUP

1 自动求和快速计算合计值

A	B	C	D	E
	精油销售情况一览			
品名	1月	2月	3月	合计
洋甘菊	3200	3700	5100	12000
玫瑰	4500	4400	3900	12800
熏衣草	5000	4800	5300	15100
天竺葵	2800	3100	3000	8900
茉莉	3600	4000	3700	11300
合计	19100	20000	21000	60100
				单位：元

2 使用PRODUCT函数计算总价

×✓ *fx* =PRODUCT(C4,D4)

B	C	D	E	F
某公司进货表				
商品编号	单价	数量	总价	
3	25	10	=PRODUCT(C4,D4)	
5	36	15		
3	25	17		
4	18	25		
1	45	17		
6	15	22		
2	60	16		

3 用函数计算采购金额合计值

C8 ▼ *fx* =SUMPRODUCT(B2:B6,C2:C6)

	A	B	C	D
1	商品名	单价	数量	
2	便笺纸	2	100	
3	订书机	12	20	
4	笔记本	9.8	50	
5	资料夹	26.7	30	
6	档案袋	2.6	35	
7				
8	采购合计金额		1822	
9				
10				

4 使用函数查找匹配项

C10 ▼ *fx* =MATCH(A10,$B$3:$B$7,1)

	A	B	C
1	奖品兑换表		
2	奖品类别	兑换点数	奖品
3	1	350	茶杯垫
4	2	620	精美玻璃杯
5	3	990	电吹风
6	4	1580	微波炉
7	5	2000	数码相机
8			
9	顾客持有的兑换点		奖品类别
10	550		1
11	1800		4

第6章

高效办公中公式与函数的运用

利用公式与函数的高效计算功能，办公人员在职场中能大大提高数据的处理效率。公式是对工作表中数值执行计算的等式；而函数是预先编写的公式，在需要执行复杂计算时，使用函数能大大简化公式的输入。因而，两者都是办公人员处理数据的好帮手。本章将主要介绍公式与函数的使用基础，如公式与函数的概念、输入方法以及常用函数的使用。

6.1 工作中常用的Excel计算功能

在日常办公中，使用最多的计算要数求和、求平均值与求最大、最小值了。而在Excel工作表中，有两种方式可以快速实现数值的这些运算。其中一种方式是使用自动求取功能，包括自动求和、自动求平均值等；而另一种方式是使用状态栏的查看功能。

在"开始"选项卡下的"编辑"组以及"公式"选项卡下的"函数库"组中，使用"自动求和"下拉列表可以快速求取一组数值的总和与平均值等项；而使用Excel的状态栏，即便不计算，也能快速查询出简单的算术计算结果。

单击"自动求和"下三角按钮，在列表中可以选取快速计算项。

选取数值区域，然后在状态栏查看简单的算术计算结果

6.1.1 使用∑自动求和

自动求和按钮的功能等同于SUM函数。使用自动求和功能，可以快速计算出几个参数的合计值。

原始文件	实例文件\第6章\原始文件\使用自动求和.xlsx
最终文件	实例文件\第6章\最终文件\使用自动求和.xlsx

1 使用"自动求和"。打开"实例文件\第6章\原始文件\使用自动求和.xlsx"工作簿，选中单元格，切换到"公式"选项卡，单击"自动求和"按钮，如右图所示。

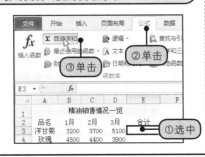

② 使用SUM函数求和

用户在对数据求和时，除了可以使用"求和"按钮，也可使用SUM函数进行计算，方法如下。

1 选中E3单元格，切换到"公式"选项卡，单击"数学和三角函数"按钮，如下图所示。

2 在展开的下拉列表中单击SUM选项，如下图所示。

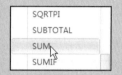

3 打开"函数参数"对话框，指定参数为"B3:D3"，如下图所示，单击"确定"按钮完成设置。

4 此时，目标单元格将返回求和值12000，如下图所示。

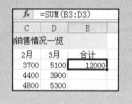

2 自动选取求和区域。此时，Excel将自动选取当前单元格左侧区域为求和区域，如下图所示。

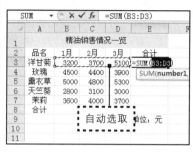

3 返回自动求和结果。按Enter键后，返回求和结果12000，如下图所示。

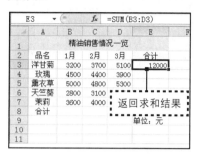

在对数值区域的小计项进行求和时，使用"自动求和"按钮比使用SUM函数更加方便，下面仍然采用上面的例子说明。

1 对区域求和。选取单元格区域B3:E8，单击"公式"选项卡下的"自动求和"按钮，如下图所示。

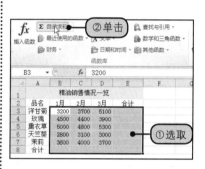

2 显示求和结果。单击"自动求和"按钮后，在区域的右侧与下侧即可自动计算出分月份与分产品的销售额合计值。

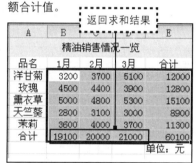

6.1.2 使用"求和"列表快速统计个数与平均值

使用"求和"下拉列表中的平均值、计数等选项，可以快速求出一组数据的平均值与统计出它们的个数。

| 原始文件 | 实例文件\第6章\原始文件\计数与平均值.xlsx |
| 最终文件 | 实例文件\第6章\最终文件\计数与平均值.xlsx |

1 计算平均销售额。打开"实例文件\第6章\原始文件\计数与平均值.xlsx"工作簿，选取单元格区域F2:F12，单击"自动求和"下三角按钮，在展开的下拉列表中单击"平均值"选项。

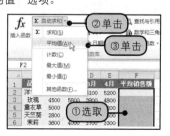

2 显示计算结果。单击"平均值"选项后，Excel将自动统计出各产品1~4月的平均销售额，如下图所示。

3 计算产品品种数。选中C14单元格，单击"自动求和"下三角按钮，在展开的下拉列表中单击"计数"选项，如下图所示。

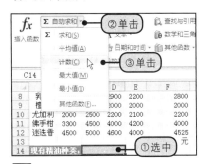

5 重新选择计算区域。拖动鼠标重新选取区域C2:C12，如下图所示。

4 显示计算结果。单击"计数"选项后，Excel将自动选取临近的C2:C13区域为自动统计数值个数的区域，如下图所示。

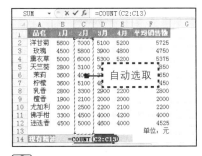

6 返回计算结果。按Enter键后，返回计算结果11，如下图所示，即统计出公司提供的精油品种有11种。

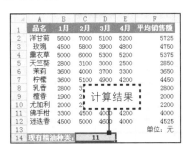

③ 使用COUNT函数统计数值个数

"求和"下拉列表中的"计数"选项实际上是 COUNT 函数的快捷方式。

那么，什么是COUNT函数，它又该如何使用呢？

COUNT函数是用于计算包含数字的单元格以及参数列表中数字个数的函数。

用户在统计一定区域中包含非逻辑值、文本值或错误值的数值个数时，可以使用COUNT函数。

通过在"公式"选项卡下单击"其他函数"按钮，然后在展开的下拉列表中单击"统计"｜COUNT选项，可以插入COUNT函数，如下图所示。

6.1.3 在状态栏中快速查看基本统计结果

在Excel状态栏中，可以快速查看所选数据区域的合计值、平均值等统计结果。

1 在状态栏查看产品品种数。选取单元格区域A2:A12，在状态栏中可以直接查看到该区域的"计数"值为11，如下图所示，表示公司产品的品种共有11种。

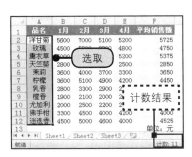

2 在状态栏查看洋甘菊1~4月的销售总额。选取单元格区域B2:E2，在状态栏中可以查看到该区域的"求和"值为22900，如下图所示，即洋甘菊1~4月的销售总额为22900。

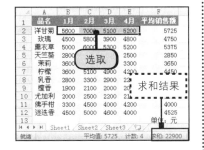

④ 巧用Excel状态栏

Excel状态栏即Excel工作表窗口底部的水平区域。Excel的状态栏有自动计算的功能，如果用户选中某一单元格区域，则在状态栏中会自动出现这些单元格的数值求和。其实，状态栏不仅有求和的功能，右击状态栏，还可在弹出的快捷菜单中选择最大值、最小值、平均值等项。

尽管Excel 2010的求和功能极易使用，并可通过"求和"下拉列表快速选择平均值、计数等计算，甚至直接选择其他函数，但最简单和最易用的求和方式仍然是使用状态栏的自动计算功能。

3 查看平均值。若平均值项没有显示在状态栏中，则可以右击状态栏，然后在弹出的快捷菜单中查看，如下图所示，可以查看到洋甘菊1~4月的平均销售额为5725。

4 让平均值显示在状态栏中。接着上一步的操作，在右键快捷菜单中单击"平均值"命令，即可在状态栏显示洋甘菊1~4月的平均销售额，如下图所示。

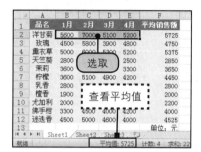

6.2 求解计算结果的公式

在Excel的应用中，最强大的功能就是利用公式进行数据的运算与分析。公式是在工作表中执行数值计算的等式。公式以一个等号（=）开始，如在A1单元格输入"=1+2*3"，表示公式的计算方式是先以2乘以3，再加上1的结果。在A1单元格输入以上公式后，按Enter键，会得到计算结果7。

在Excel中，使用公式可以完成大多数简单的计算功能，输入公式的方法也很简单。此外，为了完成公式的高效使用，单元格引用也是公式使用中一个很重要的知识点。通过相对引用、绝对引用和混合引用3种引用方式，用户可以将一个单元格中的公式快速应用于其他单元格中，从而完成高效计算。

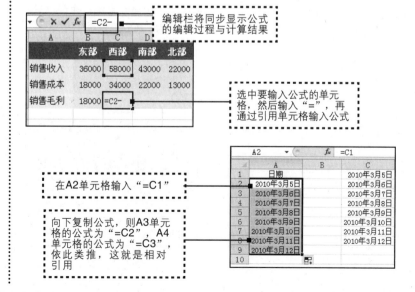

6.2.1 公式的基本元素

在公式中，除了包含数值外，也可以包含下列任一项目：函数、引用、运算符及常数。

❶ 函数

包括Excel本身自带的函数，如IF、TODAY等，也可以是用户自定义的函数，如输入"=TODAY()"，按Enter键后，会返回今天的系统日期。

❷ 引用

包括引用某一单元格、某一个单元格范围，或名称的引用，如下图所示。

A2	▼ (◦	fx	=A1+7	
◢	A	B	C	D
1	2010-4-3			
2	2010-4-10			
3				

❸ 运算符

包括算术运算符、比较运算符、字符连接运算符等。如使用^运算符表示数字的乘幂；>为比较运算符中的大于符号。

❹ 常数

直接输入公式的数字，日期或文字，如数字2与文本"工作时间"都是常量。

6.2.2 公式中的运算符

运算符用于指定公式元素的计算类型。Excel包含4种不同类型的运算符：算术、比较、文本与引用。

❶ 运算符类型

下面依次介绍公式中4类不同的运算符及它们的用途。

（1）算术运算符

若要执行基本的数学运算，如加、减、乘、除，并结合数字返回计算结果，可使用如下表6-1所示的算术运算符。

表6-1　算术运算符

算术运算符	含　义	范　例
+（加号）	加法	2+2
−（减号）	减法	2−1
	负数	−1
*（星号）	乘法	2*2
/（正斜线）	除法	2/2
%（百分比符号）	百分比	20%
^（次方符号）	乘幂	2^3

提示 ⑤ 去掉Excel中引用公式之后多余的0

在Excel的使用中，引用公式可完成一些数据的自动计算，这是非常好的方法，并可完成某些工资的计算或销售额的统计等。但大家都知道，若公式引用了没有填写数据的单元格，则会立即产生0，现在就来介绍如何去掉这些多余的0。假设A2单元格的公式为=A1+2，而A1单元格为空，此时，在A2单元格输入上述公式后，按Enter键会返回数值0，去掉0的操作方法如下。

编辑A2单元格中的公式为"=IF(A1<>0,A1+2,"")"，该公式的含义为判定A1单元格中的值是否为0，若其中的值非0，则返回计算结果，否则返回空单元格（即去掉0）。

提示 ⑥ 创建计算单个结果的数组公式

可用数组公式执行多个计算而生成单个结果。通过用单个数组公式代替多个不同的公式，可简化工作表模型。

例如，计算一组股票价格和股份的总价值，而无需计算每只股票的总价值。将公式"{=SUM(B2:C2*B3:C3)}"作为数组公式输入（假设B2、C2分别为第一只与第二只股票的股份，B3、C3分别为第一只、第二只股票的价格），该公式将每只股票的"股份"和"价格"相乘，然后再将这些计算结果相加，最终得到计算结果。按Ctrl+Shift+Enter键后，Excel将自动在 { }（大括号）之间插入公式。

提示 ⑦ 将其他工作表名称包含在单引号中

如果公式中引用了其他工作表或工作簿中的值或单元格，并且这些工作簿或工作表的名称中包含非字母字符，那么必须用单引号（'）将其名称引起来。

（2）比较运算符

可以使用如表6-2所示的比较运算符来比较两个数值的大小。当读者使用这些运算符来比较两个数值时，返回的结果将会是逻辑值，即非TRUE即FALSE。

表6-2 比较运算符

比较运算符	含 义	范 例
=（等号）	等于	A1=B1
>（大于符号）	大于	A1>B1
<（小于符号）	小于	A1<B1
>=（大于或等于符号）	大于或等于	A1>=B1
<=（小于或等于符号）	小于或等于	A1<=B1
<>（不等号）	不等于	A1<>B1

（3）文本运算符

使用&符号来连结或关联一个或多个文本字符串，将其组合为一个新的文本，如表6-3所示。

表6-3 文本运算符

文本运算符	含 义	范 例
&（连结）	连结两个值，以产生一个连续的文本值	"EMA 公司" & "工作时间安排表"返回的结果为 "EMA 公司工作时间安排表"

（4）引用运算符

可使用引用运算符对单元格区域进行合并计算，如表6-4所示。

表6-4 引用运算符

引用运算符	含义（范例）
:（冒号）	区域运算符，产生对两个引用之间所有单元格的引用，如 "=SUM(A1:A5)"
,（逗号）	联合运算符，可将多个引用合并为一个引用，如 "=SUM(B1:B5,D1:D5)"
（空格）	交集运算符，产生对两个引用中交叉区域的单元格的引用 A6 ▾ fx =C1:C3 A3:C4 		A	B	C	D	 	1	1	11	8		 	2	2	9	12		 	3	3	10	6		 	4	4	5	7		 	5					 	6	6				

❷ 公式中执行运算的顺序

公式按特定的顺序计算数值。Excel中的公式通常以等号开始，紧接着等号之后的是需要计算的元素，各元素之间若以算术运算符分隔，则根据公式中运算符的特定顺序，从左到右依次计算。

运算符的优先顺序：若公式中包含多个运算符，则Excel会按照如表6-5所示的顺序来执行计算。若公式中的运算符同时在一个顺序位置下，则Excel会从左到右依次计算。

表6-5 公式中的运算顺序

优先顺序	运算符	描 述
1	:（冒号） （单个空格） ,（逗号）	引用运算符
2	－	负数（如－1）
3	%	百分比
4	^	乘幂
5	*、/	乘和除
6	+、－	加和减
7	&	连结两个文本字符串
8	=、<、>、<=、>=、<>	比较

6.2.3 公式的输入

在Excel中，可以利用公式进行各种运算。建立公式的方法有两种：一种是在公式中直接输入数值完成公式的输入；另一种是采用在公式中引用单元格的方式输入公式。

相比之下，引用单元格的方式比直接输入数据更简便快捷，因为即使单元格中用于计算的数值发生改变，也没必要修改公式。

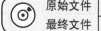

原始文件	实例文件\第6章\原始文件\公式的输入.xlsx
最终文件	实例文件\第6章\最终文件\公式的输入.xlsx

❶ 在公式中直接输入数值来完成公式的输入

在公式中直接输入数值计算的方法比较笨拙，适用于少量计算的情况。

1 在公式中直接使用数值输入。打开"实例文件\第6章\原始文件\公式的输入.xlsx"工作簿，选中B4单元格，输入"=36000-18000"，如下图所示。

2 完成公式计算。输入完成后，按Enter键，则B4单元格返回公式的计算结果，如下图所示。输入的公式同步显示在编辑栏内。

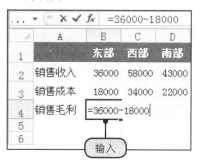

❷ 在公式中引用包含数值的单元格来完成公式的输入

在公式中引用数值进行计算的方法比较常用，当用于计算的源数据改变时，公式的计算结果也发生相应改变。

1 在公式中引用C2单元格数值。选中C4单元格，输入"="，然后选中C2单元格，将C2单元格引用到公式中的等号后，如下图所示。

2 输入运算符。在编辑栏中输入"-"，或直接输入"-"，如下图所示，输入公式中的运算符。

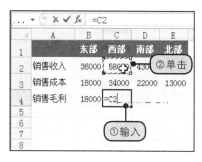

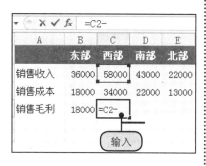

提示 ⑧ 在编辑栏中编辑公式

用户也可以在编辑栏中输入公式，方法如下。

1 选中要输入公式的单元格B4，再单击编辑栏，如下图所示。

2 在编辑栏输入公式"=36000-18000"，如下图所示。

3 输入完成后，按Enter键，则B4单元格将返回公式的计算结果，如下图所示。

文秘应用
计算商品销售金额

文秘行政人员在工作中常常会遇到统计产品销售金额的情况，那么该如何快速计算商品的销售金额呢？下面就向用户介绍统计商品销售金额的方法。

原始文件	实例文件\第6章\原始文件\商品销售统计表.xlsx
最终文件	实例文件\第6章\最终文件\商品销售统计表.xlsx

（续上页）

文秘应用
计算商品销售金额

1 打开"实例文件\第6章\原始文件\商品销售统计表.xlsx"工作簿，选中D3单元格，输入"="，然后选中B3单元格，将B3单元格引用到公式中的等号后，如下图所示。

商品销售统计表		
商品单价	商品数量	销售金额
￥15.00	15	=B3
￥20.50	21	
￥36.00	45	
￥19.80	19	
￥24.00	18	
￥9.80	56	
￥42.80	18	

2 在D3单元格中直接输入"*"，然后选中C3单元格，如下图所示，使计算公式变为"=B3*C3"。

商品销售统计表		
商品单价	商品数量	销售金额
￥15.00	15	=B3*C3
￥20.50	21	
￥36.00	45	
￥19.80	19	
￥24.00	18	
￥9.80	56	
￥42.80	18	
￥19.90	24	

3 按Enter键后，D3单元格返回计算结果￥225.00，如下图所示。

售统计表	
商品数量	销售金额
15	225
21	
45	
19	

4 拖动D3单元格右下角填充柄，复制D3单元格内的相对引用至D13单元格，如下图所示。

fx	=B3*C3
C	D
18	432
56	548.8
18	770.4
24	477.6
30	960
19	568.1
20	1080
合计：	

3 引用C3单元格数值。然后选中C3单元格，如下图所示，使计算公式变为"=C2-C3"。

选中

4 返回计算结果。按Enter键后，C4单元格返回计算结果24000，如下图所示。该数值是C2单元格数值减去C3单元格数值的计算结果。

计算结果

6.2.4 公式中单元格的引用方式

在使用公式计算时，单元格引用是非常重要的一个知识点。通过确定引用位置，可以识别出工作表上的一个单元格或一个单元格区域，并让Excel知道从哪里可以找到公式要用的数值或资料。

使用引用，用户可以在公式中使用同一个工作表不同单元格中包含的数值，或使用同一工作簿中其他工作表某单元格或区域包含的数值，甚至是其他工作簿中某工作表的数值。引用包括相对引用、绝对引用和混合引用。

① 相对引用

相对引用是公式中的相对单元格引用，即依据包含此公式的单元格和此引用所指向的单元格的相对位置。若包含公式的单元格的位置改变，则引用也会自动调整。例如，B2单元格内的公式为=A1，若复制单元格B2内的相对引用至单元格B3，则B3内的公式会自动调整为=A2。

原始文件	实例文件\第6章\原始文件\相对引用.xlsx
最终文件	实例文件\第6章\最终文件\相对引用.xlsx

1 在A2单元格中相对引用C1单元格中的值。打开"实例文件\第6章\原始文件\相对引用.xlsx"工作簿，选中A2单元格，输入"=C1"，然后按Enter键，如下图所示。此时，A2单元格返回引用的C1单元格内的值"2010年3月5日"。

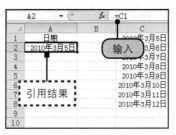

输入

引用结果

2 使用相对引用方式复制公式。拖动A2单元格右下角填充柄，复制A2单元格内的相对引用至A9单元格，如下图所示。释放鼠标后，可以看到相对引用的结果，即引用随着单元格相对位置的改变而改变。

复制公式

❷ 绝对引用

绝对引用是公式内的绝对单元格引用，就是加上"$"符号的引用。例如"$A$1"，永远引用一个特定的位置。与相对引用不同的是，若包含公式的单元格位置改变，绝对引用也保持不变。例如，B2单元格内的公式为"=$A$1"，若复制单元格B2内的绝对引用至单元格B3，则两个单元格中的引用将会同样是"=$A$1"。

原始文件	实例文件\第6章\原始文件\绝对引用.xlsx
最终文件	实例文件\第6章\最终文件\绝对引用.xlsx

1 在A2单元格中绝对引用C1单元格中的值。打开"实例文件\第6章\原始文件\绝对引用.xlsx"工作簿，选中A2单元格，输入"=$C$1"，然后按Enter键，如下图所示，即可绝对引用C1单元格内的值"2010年3月5日"。

2 使用绝对引用方式复制公式。拖动A2单元格右下角填充柄，复制A2单元格内的绝对引用至A9单元格，如下图所示，释放鼠标后，可以看到绝对引用的结果，即永远引用C1单元格中的值。

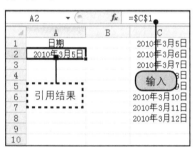
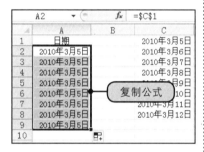

❸ 混合引用

混合引用为有一个绝对行及相对列，或是有一个绝对列及相对行的引用。绝对列的引用形式为$A1、$C2等；绝对行的引用形式为A$1、C$2等。使用混合引用，若包含公式的单元格位置改变，则相对引用会改变，但是绝对引用不会改变。例如，B2单元格内的公式为"=A$1"，若复制单元格B2内的混合引用至单元格B3，则B3单元格内的公式将仍然为=A$1，再向右复制引用至单元格C3，则C3单元格内的公式会变为=B$1。

原始文件	实例文件\第6章\原始文件\混合引用.xlsx
最终文件	实例文件\第6章\最终文件\混合引用.xlsx

1 绝对行相对列的混合引用。打开"实例文件\第6章\原始文件\混合引用.xlsx"工作簿，选中A2单元格，输入"=C$1"，然后按Enter键，并复制引用至A9单元格，可以看到使用绝对行相对列引用C1单元格中值的效果，如右图所示。

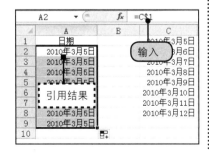

（续上页）

 文秘应用
计算商品销售金额

5 选取单元格区域D3:D13，切换到"开始"选项卡，单击"自动求和"按钮，如下图所示。

6 单击"自动求和"按钮后，Excel将自动统计出商品销售总金额，如下图所示。

提示 ⑨ 快捷键键入绝对引用和混合引用

用户若要快速为引用区域设置绝对引用或混合引用方式，可以将光标移至公式中引用的区域文本后，按F4键快速选择引用方式。

文秘应用
统计产品供应清单

文秘行政人员在编辑Excel表格中的公式时，一定要注意绝对引用和相对引用的设置，下面以统计产品供应清单为例来向读者说明。

原始文件	实例文件\第6章\原始文件\产品供应清单.xlsx
最终文件	实例文件\第6章\最终文件\产品供应清单.xlsx

1 打开"实例文件\第6章\原始文件\产品供应清单.xlsx"工作簿，选中C3单元格，输入公式"=C2*A3"，如下图所示。

（续上页）

文秘应用
统计产品供应清单

2 选中公式中的C2，按两次F4键，改变C2单元格引用方式为绝对行相对列引用，将公式修改为"=C$2*A3"，如下图所示。

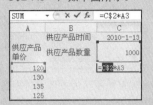

3 选中公式中的A3，按3次F4键，改变A3单元格引用方式为绝对列相对行引用，将公式修改为"=C$2*$A3"，如下图所示。

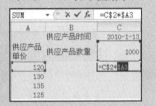

4 编辑完公式后，按Enter键，C3单元格即返回函数结果，如下图所示。

5 拖动C3单元格右下角填充柄，向右与向下复制公式，分别计算出整个区域的产品销售情况，如下图所示。

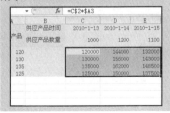

2 绝对列相对行的混合引用。选中A2单元格，修改公式为"=$C1"，然后按Enter键，并复制引用至A9单元格，可以看到使用绝对列相对行引用C1单元格中值的效果，如右图所示。

6.3

专业求解的函数

什么是函数？函数其实是一些事先定义的公式，它们使用一些称为参数的特定数值，按特定的顺序或结构进行计算。函数可用于进行简单或复杂的计算，如使用YEAR函数计算某日期的年份。

参数是Excel函数的重要组成部分，在函数名后用圆括号括起来的即为参数。

Excel函数的参数可以是数字、文本、形如TRUE或FALSE的逻辑值、数组、错误值或单元格引用，给定的参数必须能产生有效的值。

单击"插入函数"按钮，可打开"插入函数"对话框，在对话框中，用户可以选择更多类别的函数，或根据需求搜索指定的函数。

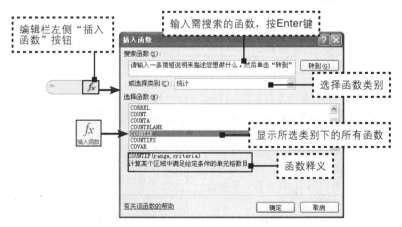

一个函数是否可以是另一个函数的参数呢？当然可以，这就是嵌套函数。所谓嵌套函数，就是指在某些情况下，您可能需要将某函数作为另一函数的参数使用。

=IF(SUM(C2:C9)>=1800 "免费",15)

将SUM函数作为IF函数的参数

6.3.1 函数的结构

函数的结构是以等号开头，后面是函数名称、左圆括号、以逗号分隔的参数和右圆括号，如"=SUM(A1:A10)"。

6.3.2 在公式中使用函数

在公式中应用函数可以大大简化公式的计算，特别是对于编辑复杂的计算公式而言。本小节主要介绍输入函数的方法。

作为特殊公式的函数，在输入时有两种实现方式：对于用户熟悉的函数，可直接在单元格或编辑栏中输入或编辑；如果用户不确定函数的拼写或语法等信息，则需要借用"函数参数"对话框插入函数。

原始文件	实例文件\第6章\原始文件\输入函数.xlsx
最终文件	实例文件\第6章\最终文件\输入函数.xlsx

❶ 方法一：直接输入函数

1 输入函数名。打开"实例文件\第6章\原始文件\输入函数.xlsx"工作簿，选中E4单元格输入计算乘积的函数PRODUCT，当输入pro三个字母后，即可出现以PRO开头的所有函数，如下图所示，双击下拉列表中的PRODUCT函数。

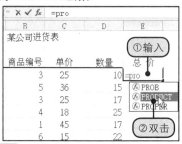

2 在公式中使用函数。将PRODUCT函数应用到E4单元格中，此时，出现了PRODUCT函数相应的参数工具提示，如下图所示。

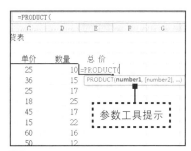

3 输入参数。在PRODUCT函数括号内输入参数，如输入"C4,D4"，如下图所示。

4 返回函数结果。按Enter键后，E4单元格内即可返回函数的计算结果，如下图所示。

提示 ⑩ PRODUCT函数解析

PRODUCT函数可计算用作参数的所有数字的乘积，然后返回乘积。例如，如果单元格A1和A2含有数字，则可以使用公式"=PRODUCT(A1,A2)"计算这两个数字的乘积，也可以使用乘法（*）数学运算符来执行相同的操作，例如，"=A1 * A2"。

如果需要让许多单元格相乘，则使用PRODUCT函数很有用。例如，公式"=PRODUCT(A1:A3,C1:C3)"等同于"=A1 * A2 * A3 * C1* C2* C3"。

语法：

PRODUCT(number1, [number2],...)

参数含义：

number1为要相乘的第一个数字或单元格区域；

"number2,…"为要相乘的其他数字或单元格区域，最多可以使用255个参数。

⑪ **直接选择需要的函数**

除了可以使用"插入函数"对话框输入函数外，用户还可以直接从"公式"选项卡下的"函数库"组中选择函数输入。如本例中要插入PRODUCT函数，可执行如下操作。

选中要插入函数的单元格，切换到"公式"选项卡，单击"函数库"组中的"数学和三角函数"按钮，在展开的下拉列表中单击PRODUCT选项，如下图所示，可打开"函数参数"对话框。

❷ 方法二：使用"函数参数"对话框输入函数

1 打开"插入函数"对话框。选中E5单元格，单击编辑栏左侧的"插入函数"按钮，如下图所示，打开"插入函数"对话框。

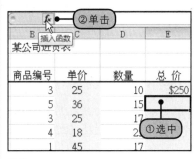

2 选择函数。在"或选择类别"下拉列表中选择"数学与三角函数"选项，然后在"选择函数"列表框中双击PRODUCT函数，如下图所示。

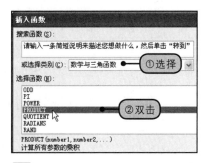

3 指定函数参数。打开"函数参数"对话框，指定参数Number1为C5、Number2为D5，如下图所示。

4 返回函数结果。单击"确定"按钮后，目标单元格即可返回函数的计算结果540，如下图所示。

6.3.3 函数的嵌套使用

函数的嵌套即在一个函数中调用另一个函数，当用户需要按条件返回不同条件对应的结果时，就会用到嵌套函数。

在使用嵌套函数时，需要注意以下两个问题。

第一，有效的返回值。当嵌套函数作为参数使用时，它返回的数值类型必须与参数使用的数值类型相同。例如，如果参数需要一个 TRUE 或 FALSE 值时，那么该位置的嵌套函数也必须返回一个 TRUE 或 FALSE 值，否则，Excel 将显示"#VALUE!"错误值。

第二，嵌套层数的限制。公式中最多可以包含 64 层嵌套函数，在形如"a(b(c(d())))"的函数调用中，如果 a、b、c、d 都是函数名，则函数 b 称为第二层函数、c 称为第三层函数，依此类推。

假设某公司签售了多笔订单，为了回馈顾客，现公司规定凡订单额大于600美元以上，则提供9.5折优惠，试计算每笔订单的折扣额。

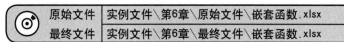

原始文件	实例文件\第6章\原始文件\嵌套函数.xlsx
最终文件	实例文件\第6章\最终文件\嵌套函数.xlsx

1 使用IF函数。打开"实例文件\第6章\原始文件\嵌套函数.xlsx"工作簿，选中E4单元格，切换到"公式"选项卡，单击"逻辑"按钮，在展开的下拉列表中单击IF选项，如下图所示。

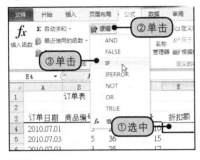

3 选择PRODUCT函数。在"插入函数"对话框中选择函数类别为"数学与三角函数"，在"选择函数"列表框中双击PRODUCT选项，如下图所示。

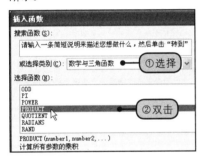

5 指定IF函数参数。切换回IF函数的参数设置对话框，接着设置如下图所示的IF函数参数。

7 复制公式。拖动E4单元格右下角填充手柄，向下复制公式至E15单元格，如右图所示。

2 打开"插入函数"对话框。打开"函数参数"对话框，单击Logical_test文本框，再单击名称框右侧的下三角按钮，在展开的下拉列表中单击"其他函数"选项，如下图所示。

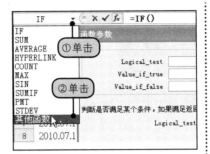

4 指定PRODUCT函数参数。打开PRODUCT"函数参数"对话框，指定PRODUCT参数Number1为"C4:D4"，然后单击编辑栏中的IF，如下图所示。

6 返回参数结果。参数设置完毕后，单击"确定"按钮，则E4单元格即可返回函数的结果值0，如下图所示。

LOOKUP函数解决⑫IF函数嵌套层数的问题

在Excel中，通常可以使用IF函数来处理一些条件判断的问题。例如员工专业信息中，专业代码为01~07，它们分别对应7个专业名称，如下图所示。

专业代码	专业名称
01	建筑
02	电信
03	护理
04	财经
05	商贸
06	法律
07	计算机

现在需要在一大堆数据中根据专业代码查找出对应的专业名称，则可以使用IF嵌套函数来处理，相应的公式为：IF(D3="01","建筑",IF(D3="02","电信",IF(D3="03","护理",IF(D3="04","财经",IF(D3="05","商贸",IF(D3="06","法律",IF(D3="07","计算机"))))))，如下图所示。

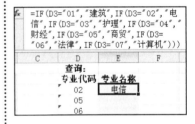

相信用户一定觉得这样操作很麻烦，这还在其次，关键的问题是这个公式中要用到6个IF函数来嵌套，而在Excel 2003及以前的版本中，最多允许7层IF函数嵌套。即使在Excel 2010中，也只能允许使用64层函数嵌套。

那么遇到这种嵌套过多的情况应该怎么办呢？

其实，在Excel中，还有另一函数可以解决这个问题，那就是LOOKUP函数。

137

（续上页）

**LOOKUP函数解决
⑫IF函数嵌套层数的
问题**

如本例中，在E4单元格输入公式
"=LOOKUP(D4,A2:A8,B2:B8)"，
然后按Enter键，就可以得到结果
了，如下图所示。

注意：使用LOOKUP函数时，
这里的专业代码必须是升序排列。

8 显示填充结果。释放鼠标后，则
根据函数条件计算出了每笔订单的折
扣额，如右图所示。

6.4 文秘工作中常用的函数

文秘在日常工作中最重要的工作是制作表格，当然，其中也会兼做
一些数据的整理。在数据的计算中，有一些函数可以提高文秘工作人员
的工作效率，本小节就将具体介绍这些函数的用法，如表6-6所示。

表6-6 函数基本用法

函数名称	用 法
AND函数	用于判定指定的多个条件是否全部成立
TEXT函数	将数值转换为按指定数字格式表示的文本
YEAR函数	返回某日期的年份
IF函数	执行真假判断，根据逻辑测试值返回结果
COUNTIF函数	统计某一单元格区域符合条件的单元格数目
SUMPRODUCT 函数	将数组间对应元素相乘，并返回乘积之和
RANK.EQ函数	返回一个数字在数字列表中的排位：其大小与列表中的其他值相关。如果多个值具有相同的排位，则返回该组数值的最高排位
RANK.AVG函数	返回一个数字在数字列表中的排位：数字的排位是其大小与列表中其他值的比值；如果多个值具有相同的排位，则将返回平均排位
VLOOKUP函数	查找指定数值，并返回当前行中指定列处数值
MATCH函数	返回指定方式下与指定数值匹配的元素的相应位置

6.4.1 AND函数

AND函数用于判定指定的多个条件是否全部成立。若它的所有参
数的逻辑值都为真，则返回TRUE（真），否则为假。它的语法为：
AND(logical1，logical2，…)。

"logical1，logical2，…"为待检验的1~255个逻辑表达式，它们
的结论或为TRUE（真）或为FALSE（假）。

试用AND函数快速判定部门为行政部且年龄小于25岁的职员。

原始文件	实例文件\第6章\原始文件\AND函数.xlsx
最终文件	实例文件\第6章\最终文件\AND函数.xlsx

1 使用AND函数。打开"实例文
件\第6章\原始文件\AND函数.xlsx"
工作簿，选取单元格区域D2:D7，
切换到"公式"选项卡，单击"逻
辑"按钮，在展开的下拉列表中选择
AND函数。

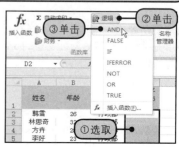

2 设置AND函数参数。打开"函数参数"对话框,指定参数Logical1为"B2<25"、Logical2为"C2="行政部"",如下图所示。

3 返回函数结果。参数设置完毕后,按Ctrl+Enter键,此时,目标区域即返回了函数结果,如下图所示。凡是行政部年龄小于25岁的职员,AND函数的结果即为真(TRUE),否则为假(FALSE)。

姓名	年龄	部门	行政部年龄小于25岁职员
韩雪	26	行政部	FALSE
林思奇	32	财务部	FALSE
方卉		销售部	FALSE
李好		行政部	TRUE
张佳丽	25	销售部	FALSE
张圆圆	23	行政部	TRUE

公式栏:=AND(B2<25,C2="行政部")

函数结果

6.4.2 TEXT函数

TEXT函数用于将数值转换为按指定数字格式表示的文本,它的语法为:TEXT(value,format_text)。

Value是数值、计算结果是数值的公式,或对数值单元格的引用;Format_text是所要选用的文本型数字格式,即"单元格格式"对话框中"数字"选项卡下的"分类"列表框中显示的格式,它不能含有星号"*"。

使用TEXT函数可以快速将销售金额转换为指定的数字格式。

原始文件	实例文件\第6章\原始文件\TEXT函数.xlsx
最终文件	实例文件\第6章\最终文件\TEXT函数.xlsx

1 使用TEXT函数。打开"实例文件\第6章\原始文件\TEXT函数.xlsx"工作簿,选中C2单元格,输入"=TEXT(B2,"$#,##0")",如下图所示。

2 返回函数结果。按Enter键后,返回函数结果"$12,635",如下图所示,即可将B2单元格中的数值转换为TEXT函数所规定的文本格式。

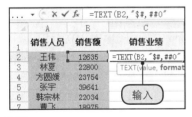

输入

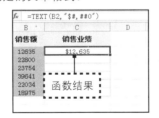

函数结果

3 复制公式。双击C2单元格右下角填充柄,向下复制公式,可依次将左列单元格区域对应的数值全部转换为相应的文本格式,如右图所示。

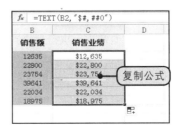

复制公式

提示⑬ 使用AND函数的注意事项

用户在使用AND函数时应该注意以下几个方面的问题。

(1)AND函数参数必须是逻辑值TRUF或FALSE,或者包含逻辑值的数组或引用。

(2)如果数组或引用参数中包含文本或空白单元格,则这些值将被忽略。

(3)如果指定的单元格区域内包括非逻辑值,则AND将返回错误值#VALUE!。

提示⑭ 使用TEXT函数与"数字"格式的区别

使用"单元格格式"对话框的"数字"选项卡设置单元格格式,只会改变单元格的格式,而不会影响其中的数值。使用函数TEXT可以将数值转换为带格式的文本,而其结果将不再作为数字参与计算。

提示⑮ DOLLAR或RMB函数

DOLLAR或RMB函数可将数字转换为文本格式,并应用货币符号。函数的名称及其应用的货币符号取决于用户的语言设置。

这两个函数的主要用法为,按照货币格式将小数四舍五入到指定的位数并转换成文字。

语法:

```
DOLLAR(number,decimals)
RMB(number decimals)
```

参数含义:

number是数字、包含数字的单元格引用,或计算结果为数字的式子;

decimals是十进制的小数,如果decimals为负数,则参数Number从小数点往左按相应位数取整。如果省略Decimals,则假设其值为2。

提示⑯ 静态日期或时间的插入与更新日期时间值

用户若要在单元格中插入当前日期和时间，可以按如下的方法进行操作。

1．插入静态的日期或时间

- 插入当前日期：选取一个单元格，并按 Ctrl+;（分号）组合键。
- 插入当前时间：选取一个单元格，并按Ctrl+Shift+ +;（分号）组合键。
- 插入当前日期和时间：选取一个单元格，并按 Ctrl+;（分号），然后按空格键，最后按Ctrl+Shift+;（分号）组合键。

采用上述方式插入的日期与时间不会自动更新。

2．插入会更新值的日期或时间

用户若要执行此任务，可以使用TODAY和NOW函数。

TODAY()和NOW() 函数仅在计算工作表或运行包含这些函数的宏时才更改，它们不连续更新，所使用的日期和时间取自计算机的系统时钟。

提示⑰ 日期函数的返回值

Microsoft Excel可将日期存储为可用于计算的序列数。默认情况下，1900年1月1日的序列号是1，而 2008年1月1日的序列号是39448，这是因为它距1900年1月1日有39448天。

无论提供的日期值以何种格式显示，YEAR、MONTH和DAY函数返回的值都是Gregorian值。例如，如果提供日期的显示格式是回历，则YEAR、MONTH和DAY函数返回的值将是与等价的Gregorian日期相关联的值。

4 隐藏列。由于此时B列已经不再需要，那么右击B列，在弹出的快捷菜单中单击"隐藏"命令，将它隐藏，如右图所示。

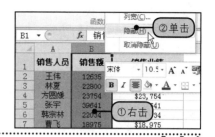

6.4.3 YEAR函数

YEAR函数用于返回某日期的年份，语法为"YEAR(serial_number)"。

Serial_number是一个日期值，其中包含要查找的年份。如使用"=YEAR("2010-6-11")"，则返回年份2010。参数Serial_number也可以是引用某个单元格中的日期，如本例将使用YEAR函数快速返回员工的入职年份。

原始文件	实例文件\第6章\原始文件\YEAR函数.xlsx
最终文件	实例文件\第6章\最终文件\YEAR函数.xlsx

1 使用YEAR函数。打开"实例文件\第6章\原始文件\YEAR函数.xlsx"工作簿，选中E2单元格，输入"=YEAR(D2)"，如下图所示。

2 返回提取的年份。按Enter键后，返回第一位职员的入职年份，如下图所示。

3 复制公式。双击E2单元格右下角填充柄，向下复制公式至E7单元格，如右图所示，即可根据所有职员的入职时间返回入职的年份信息。

6.4.4 IF函数

IF函数通常用于执行逻辑判断，并根据判断的真假值返回不同的结果，它的语法为"IF(logical_test, value_if_true, value_if_false)"。

Logical_test表示计算结果为TRUE或FALSE的任意值或表达式；Value_if_true是Logical_test为TRUE时函数的返回值，如果logical_test为TRUE并且省略了Value_if_true，则返回TRUE；Value_if_false是

Logical_test为FALSE时函数的返回值。如果Logical_test为FALSE并且省略Value_if_false，则返回FALSE。

如果销售业绩中，规定销售额上了15000元为达标，而小于这个数值为不达标，则用IF函数可以快速检测出公司所有销售人员的销售业绩情况。

原始文件	实例文件\第6章\原始文件\IF函数.xlsx
最终文件	实例文件\第6章\最终文件\IF函数.xlsx

1 使用IF函数。打开"实例文件\第6章\原始文件\IF函数.xlsx"工作簿，选中C2单元格，切换到"公式"选项卡，单击"逻辑"按钮，在展开的下拉列表中选择IF函数，如右图所示。

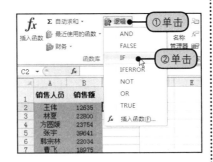

2 设置IF函数参数。打开"函数参数"对话框，指定参数Logical_test为"B2>15000"、Value_if_true为""达标""、Value_if_false为""未达标""，如下图所示。

3 返回函数结果。按Enter键后，C2单元格返回IF函数的条件判断结果，即未达标，因为销售额小于15000，如下图所示。

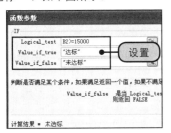

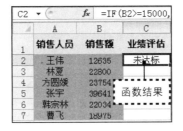

4 复制公式。双击C2单元格右下角填充柄，复制公式，如右图所示，即可根据设定条件判断出所有销售人员的销售业绩情况。

销售人员	销售额	业绩评估
王伟	12635	未达标
林夏	22800	达标
方圆媛		达标
张宇		达标
韩宗林	22034	达标
曹飞	18975	达标

(复制公式)

如果根据不同的销售业绩，对销售等级还进行了钻石级、宝石级、黄金级、白银级的等级划分，则使用单个IF函数是不能判定出结果的，还需要多次嵌套IF函数才能实现等级的划分。

原始文件	实例文件\第6章\原始文件\IF嵌套函数.xlsx
最终文件	实例文件\第6章\最终文件\IF嵌套函数.xlsx

提示 ⑱ IF函数的应用及其扩展

用户在使用IF函数时，应该注意以下几个方面的问题。

（1）最多可使用64个IF函数作为value_if_true和value_if_false参数进行嵌套，以构造更详尽的测试。此外，若要检测多个条件，请考虑使用 LOOKUP、VLOOKUP 或 HLOOKUP 函数。

（2）如果函数 IF 的参数包含数组，则在执行 IF 语句时，数组中的每一个元素都将计算。

（3）Excel 还提供了其他一些函数，它们可根据条件来分析数据。例如，如果要计算某单元格区域内某个文本字符串或数字出现的次数，则可使用 COUNTIF 和 COUNTIFS 函数。若要计算基于某区域内一个文本字符串或一个数值的总和，则可使用 SUMIF 和 SUMIFS 工作表函数。

1 打开"插入函数"对话框。打开"实例文件\第6章\原始文件\IF嵌套函数.xlsx"工作簿，选中C2单元格，单击编辑栏左侧的"插入函数"按钮，如下图所示。

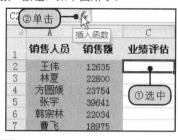

3 设置IF函数参数。指定IF函数参数Logical_test为"B2>45000"、Value_if_true为""钻石级""；然后单击Value_if_false文本框，如右图所示。

4 插入嵌套的IF函数。接着单击"名称框"右侧的下三角按钮，在展开的下拉列表中单击IF选项，如下图所示。

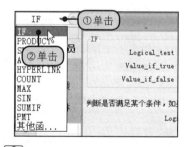

6 再次嵌套IF函数。单击名称框右侧的下三角按钮，在展开的下拉列表中单击IF选项，如下图所示，插入第3层的IF嵌套函数。

2 选择IF函数。打开"插入函数"对话框，选择"或选择类别"为"逻辑"；然后在"选择函数"列表框中双击IF选项，如下图所示，打开IF函数参数设置对话框。

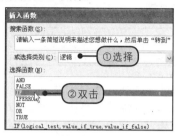

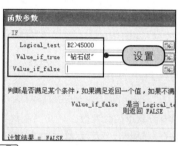

5 设置第2层嵌套的IF函数参数。设置参数Logical_test为"B2>35000"、Value_if_true为""宝石级""，然后单击Value_if_false文本框。

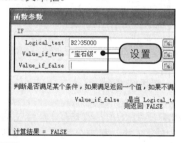

7 设置参数。设置参数Logical_test为"B2>25000"、Value_if_true为""黄金级""，这次在参数Value_if_false文本框中直接输入IF(B2>15000,"白银级","未达标")，如下图所示。

8 返回函数结果。单击"确定"按钮后，C2单元格返回嵌套函数的判定结果，即判定销售人员王伟的销售业绩因为小于**15000**，所以未达标，如下图所示。

9 复制公式。双击C2单元格右下角填充柄，向下复制公式，即可根据IF函数所设定的条件得到所有销售人员的业绩等级评估，如下图所示。

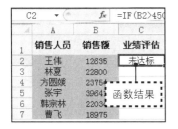

6.4.5 COUNTIF函数

COUNTIF函数用于快速统计某一区域中符合条件的单元格数目，它的语法为"COUNTIF(range，criteria)"。

Range为需要统计的符合条件单元格数目的区域；Criteria为参与计算的单元格条件，其形式可以为数字、表达式或文本，如可以使用COUNTIF函数快速完成对行政部工作人员的统计。

原始文件	实例文件\第6章\原始文件\COUNTIF函数.xlsx
最终文件	实例文件\第6章\最终文件\COUNTIF函数.xlsx

1 选中C9单元格。打开"实例文件\第6章\原始文件\COUNTIF函数.xlsx"工作簿，选中C9单元格，如下图所示。

2 使用COUNTIF函数。切换到"公式"选项卡，单击"其他函数"按钮，在展开的下拉列表中单击"统计"| COUNIF选项，如下图所示。

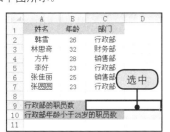

3 设置函数参数。打开"函数参数"对话框，指定参数Range为"C2:C7"、Criteria为""行政部""，如下图所示。

4 返回函数结果。单击"确定"按钮后，C9单元格将返回统计出的行政部的职员人数，即3人，如下图所示。

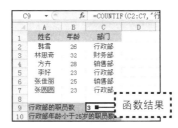

提示 ⑲ COUNTIF函数和 COUNTIFS函数

COUNTIF函数用于计算区域中满足给定条件的单元格的个数。使用COUNTIF函数时，可以在条件中使用通配符、问号（？）和星号（*）。

问号匹配任意单个字符；星号匹配任意一串字符。如果要查找实际的问号或星号，则在该字符前键入波形符（~）。

COUNTIFS函数用于计算某个区域中满足多重条件的单元格数目，可以计算关联条件有1~127个的区域。

使用COUNTIFS函数时，仅当区域中的每一单元格满足为其指定的所有相应条件时，才对其进行计算。

如果条件为空单元格，则COUNTIFS将其视为0值。

文秘应用
统计报销费用大于500元的个数

需统计各种数据个数时，可以使用COUNTIF函数。下面以统计报销费用大于500的个数为例，向用户进行介绍。

| 原始文件 | 实例文件\第6章\原始文件\报销费用表.xlsx |
| 最终文件 | 实例文件\第6章\最终文件\报销费用表.xlsx |

1 打开"实例文件\第6章\原始文件\报销费用表.xlsx"工作簿，选中C16单元格，如下图所示。

A	B	C
林思奇	住宿费	780
方卉	餐饮费	241
李妤	路费	425
张佳丽	电话费	223
张圆圆	路费	820

报销额大于500元的个数：

2 切换到"公式"选项卡，单击"其他函数"按钮，在展开的下拉列表中单击"统计" | COUNIF选项，如下图所示。

3 打开"函数参数"对话框，指定参数Range为"C3:C14"、Criteria为">500"，如下图所示。

4 按Enter键，即可得到报销费用大于500元的个数为5，如下图所示。

fx	=COUNTIF(C3:C14,">500")	
B	C	D
住宿费	780	
餐饮费	241	
路费	425	
电话费	223	
路费	820	
元的个数：	5	

5 选择COUNTIF函数。选中D10单元格，输入"=COUNT"，如下图所示，此时，出现函数记忆式键入列表，在列表中双击COUNTIF选项，如下图所示。

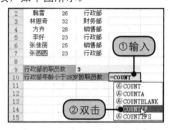

7 返回函数结果。设置完毕后，按Enter键，即可得到行政部年龄在25岁以下的职员人数，如右图所示，函数返回的结果为2，即共有两人。

6 设置函数参数。在公式中插入COUNTIF函数后，编辑函数的参数，即指定Range为B2:B7、Criteria为""<25""，如下图所示。

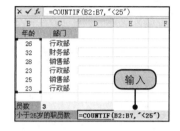

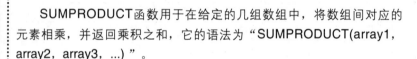

6.4.6 SUMPRODUCT函数

SUMPRODUCT函数用于在给定的几组数组中，将数组间对应的元素相乘，并返回乘积之和，它的语法为"SUMPRODUCT(array1，array2，array3，...)"。

其中"array1，array2，array3，..."为2~255个数组，其相应元素需要进行相乘并求和。

如使用SUMPRODUCT函数快速计算出全部商品的采购金额，当只需要获得总额而不需要计算每件商品的采购金额时，使用SUMPRODUCT函数特别方便。

| 原始文件 | 实例文件\第6章\原始文件\SUMPRODUCT函数.xlsx |
| 最终文件 | 实例文件\第6章\最终文件\SUMPRODUCT函数.xlsx |

1 选中C8单元格。打开"实例文件\第6章\原始文件\SUMPRODUCT函数.xlsx"工作簿，选中C8单元格，如下图所示。

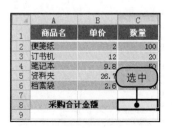

2 使用SUMPRODUCT函数。在"公式"选项卡下单击"数学和三角函数"按钮，然后在展开的下拉列表中单击SUMPRODUCT选项，如下图所示。

3 设置函数参数。设置函数参数Array1为"B2:B6"、Array2为"C2:C6"，如下图所示。

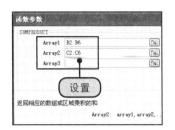

4 返回函数结果。单击"确定"按钮后，返回函数结果1822，如下图所示，即直接统计出所有需要采购商品的总金额。

6.4.7 RANK.AVG和RANK.EQ函数

在Excel 2010中将原有的RANK函数又进行了细化，分为了RANK.AVG和RANK.EQ两类函数。本节将分别介绍这两个函数的应用和区别。

❶ RANK.AVG函数

RANKE.AVG函数用于返回一个数字在数字列表中的排位，数字的排位是其大小与列表中其他值的比值，如果多个值具有相同的排位，则返回平均排位。它的语法为：RANK.AVG(number,ref,[order])。

其中number是需要查找其排位的数字；ref是包含一组数字的数组或引用（其中的非数值型参数将被忽略）；order为一数字，指明排位的方式。如果order为0或省略，则按降序排列的数据清单进行排序，否则按升序排列的数据清单进行排位。

当需要进行销售的统计排名时，可以使用RANK.AVG函数。

原始文件	实例文件\第6章\原始文件\RANK.AVG函数.xlsx
最终文件	实例文件\第6章\最终文件\RANK.AVG函数.xlsx

1 输入公式计算排位。打开"实例文件\第6章\原始文件\RANK.AVG函数.xlsx"工作簿，选中C2单元格，在编辑栏中输入公式"=RANK.AVG(B2,B2:B7,0)"，按Enter键，得到王伟的销售排名为6，如下图所示。

2 添加绝对符号。若要向下复制公式，则需要为公式中的参数B2:B7添加上绝对符号。双击C2单元格，选中参数B2:B7，按F4键，为其添加上绝对符号，如下图所示。

	A	B	C
		fx	=RANK.AVG(B2,B2:B7,0)
1	销售人员	销售额	销售排名
2	王伟	£ 12,635	6
3	林夏	£ 22,800	
4	方圆媛	£ 23,754	
5	张宇	£ 39,641	
6	韩宗林	£ 22,800	
7	曹飞	£ 18,975	

	A	B	C
		fx	=RANK.AVG(B2,$B$2:$B$7,0)
			RANK.AVG(number, ref, [order])
1	销售人员	销售额	销售排名
2	王伟	£ 12,635	:$2:$B$7,0)
3	林夏	£ 22,800	
4	方圆媛	£ 23,754	
5	张宇	£ 39,641	
6	韩宗林	£ 22,800	
7	曹飞	£ 18,975	

3 向下复制公式。按Enter键，拖动C2单元格右下角控制柄向下复制公式至C7单元格中，得到其他销售员的业绩排名，如右图所示。具有相同业绩的其排位为平均排位，即3.5。

	A	B	C
1	销售人员	销售额	销售排名
2	王伟	£ 12,635	6
3	林夏	£ 22,800	3.5
4	方圆媛	£ 23,754	2
5	张宇	£ 39,641	1
6	韩宗林	£ 22,800	3.5
7	曹飞	£ 18,975	5

提示 ㉒ 在创建公式时避免出现常见的错误

下面向用户汇总了输入公式时最常见的一些错误以及纠正这些错误的方法。

1．所有左括号和右括号匹配

用户在编辑函数时请确保使用函数时所有括号都成对出现。创建公式时，Excel在输入括号时将括号显示为彩色。

2．用冒号表示区域

用户在设置函数引用单元格区域时，请使用冒号（:）分隔对单元格区域中第一个单元格的引用和对最后一个单元格的引用。

3．输入所有必需参数

用户在编辑函数，时有些函数要包含必需的参数，还要确保没有输入过多的参数。

4．将其他工作表名称包含在单引号中

如果公式中引用了其他工作表或工作簿中的值或单元格，并且这些工作簿或工作表的名称中包含非字母字符，那么必须用单引号（'）将其名称引起来。

5．包含外部工作簿的路径

用户在编辑函数请确保每个外部引用都包含工作簿的名称和路径。

6．输入无格式的数字

在公式中输入数字时，不要为数字设置格式。例如，即使要输入的值是￥1,000，也应在公式中输入1000。

❷ RANK.EQ函数

RANK.EQ函数用于返回一个数字在数字列表中的排位。其大小与列表中的其他值相关。如果多个值具有相同的排位，则返回该组数值的最高排位。它的语法为：RANK.EQ(number,ref,[order])。

其中number是需要查找其排位的数字；ref是包含一组数字的数组或引用（其中的非数值型参数将被忽略）；order为一数字，指明排位的方式。如果order为0或省略，则按降序排列的数据清单进行排序，否则按升序排列的数据清单进行排位。

当需要进行销售的统计排名时，也可以使用RANK.EQ函数。

	原始文件	实例文件\第6章\原始文件\RANK.EQ函数.xlsx
	最终文件	实例文件\第6章\最终文件\RANK.EQ函数.xlsx

1 输入公式计算排位。打开"实例文件\第6章\原始文件\RANK.EQ函数.xlsx"工作簿，选中C2单元格，在编辑栏中输入公式"=RANK.EQ(B2,$B$2:$B$7,0)"，按Enter键，得到王伟的销售排名为6，如下图所示。

2 向下复制公式。拖动C2单元格右下角控制柄向下复制公式至C7单元格中，得到其他销售员的业绩排名，如下图所示。具有相同业绩的其排位为最高排位，即第3名。

	fx	=RANK.EQ(B2, $B$2:$B$7, 0)

	A	B	C
1	销售人员	销售额	销售排名
2	王伟	£ 12,635	6
3	林夏	£ 22,800	
4	方圆媛	£ 23,754	
5	张宇	£ 39,641	
6	韩宗林	£ 22,800	
7	曹飞	£ 18,975	

	fx	=RANK.EQ(B2, $B$2:$B$7, 0)

	A	B	C
1	销售人员	销售额	销售排名
2	王伟	£ 12,635	6
3	林夏	£ 22,800	3
4	方圆媛	£ 23,754	2
5	张宇	£ 39,641	1
6	韩宗林	£ 22,800	3
7	曹飞	£ 18,975	5

6.4.8 VLOOKUP函数

VLOOKUP函数用于在表格或数值数组的首列查找指定的数值，并由此返回表格或数组当前行中指定列处的数值，它的语法为"VLOOKUP(lookup_value, table_array, col_index_num, range_lookup)"。

其中Lookup_value为需要在数据表第一列中查找的数值，它可以是数值、引用或文字串；Table_array为需要在其中查找数据的数据表，可以使用对区域或区域名称的引用；Col_index_num为Table_array中待返回的匹配值的列序号，当Col_index_num为1时，返回Table_array第一列中的数值，Col_index_num为2，则返回Table_array第二列中的数值，依此类推；Range_lookup为一逻辑值，指明函数VLOOKUP返回时是精确匹配还是近似匹配，如果为TRUE或省略，则返回近似匹配值，也就是返回小于Lookup_value的最大数值，如果Range_value为FALSE，函数VLOOKUP将返回精确匹配值，如果找不到，则返回错误值#N/A。

使用VLOOKUP函数，可以快速查找编号对应人员的销售业绩。

	原始文件	实例文件\第6章\原始文件\VLOOKUP函数.xlsx
	最终文件	实例文件\第6章\最终文件\VLOOKUP函数.xlsx

1 打开"插入函数"对话框。打开"实例文件\第6章\原始文件\VLOOKUP函数.xlsx"工作簿，选中B11单元格，单击"插入函数"按钮，如下图所示。

2 选择VLOOKUP函数。打开"插入函数"对话框，选择"或选择类别"为"查找与引用"，然后在"选择函数"列表框中双击VLOOKUP函数，如下图所示。

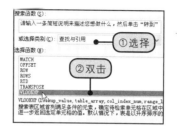

23 使用VLOOKUP 函数的注意事项

用户在编辑VLOOKUP函数时，需要注意以下几个方面。

（1）若 Col index_num 小于 1，则 VLOOKUP 返回错误值 #VALUE!。

（2）若 Col_index_num 大于 Table_array 的列数，则 VLOOKUP 返回错误值 #REF!。

（3）Table_array 第一列中的值必须以升序排序，否则 VLOOKUP 可能无法返回正确的值。

（4）如果 Range_value 为 FALSE，VLOOKUP 将只寻找精确匹配值。在此情况下，Table_array 第一列的值不需要排序。如果 Table_array 第一列有两个或多个值与 Lookup_value 匹配，则使用第一个找到的值；如果找不到精确匹配值，则返回错误值 #N/A。

3 设置函数参数。设置VLOOKUP参数Lookup_value为A11、Table_array 为 "A2:C7"、Col_index_num为3，如下图所示。

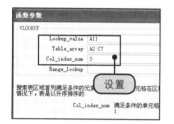

4 返回函数结果。单击"确定"按钮后，B11单元格即返回了编号为S026职员的销售业绩，如下图所示。

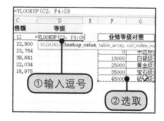

5 在单元格直接输入函数。选中D2单元格，输入"=VLOOKUP("，然后引用C2单元格为参数Lookup_value的值，如下图所示。

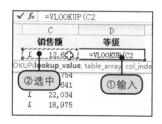

6 选择需要在其中查找数据的数据表。在C2后输入逗号"，"，选取单元格区域F4:G8为需要在其中查找数据的数据表，如下图所示。

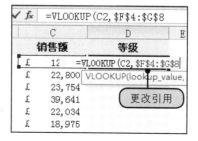

7 将区域更改为绝对引用。由于要复制公式至下方单元格区域，因此这里事先将单元格区域F4:G8更改为绝对引用$F$4:$G$8，如右图所示。

提示 ㉔ HLOOKUP函数和VLOOKUP函数的区别

　　HLOOKUP函数与VLOOKUP函数的区别是，当比较值位于数据表的首行，并且要查找下面给定行中的数据时，使用函数HLOOKUP；当比较值位于要进行数据查找的左边一列时，使用函数VLOOKUP。VLOOKUP函数在首列进行检索，先得到的是行号，然后根据Col_index_num参数指定的列标返回指定的单元格数值；而HLOOKUP函数在首行进行检索，先得到的是列标，然后根据Row_index_num参数指定的行号返回指定的单元格数值。

8 选择近似匹配。设置函数参数Col_index_num为2，表示返回区域中第2列的数值，最后设置Range_lookup为"TRUE-近似匹配"，即双击该选项，如下图所示。

9 返回函数结果。VLOOKUP函数设置完毕后，按Enter键，D2单元格即返回了函数的结果"未达标"，如下图所示。

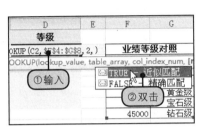

10 复制公式。双击D2单元格右下角填充柄，复制公式，即可返回所有职员的销售等级情况，如下图所示。

	B	C		D
	姓名	销售额		等级
	王伟	£	12,635	未达标
	林夏	£	22,800	白银级
	方圆媛	£	23,754	白银级
	张宇	£	39,641	宝石级
	韩宗林	£	22,034	白银级
	曹飞	£	18,975	白银级

为S026的销售业绩：

销售业绩
23754

提示 ㉕ 使用MATCH函数的注意事项

　　用户在使用MATCH函数的过程中，应该注意下面的问题。

　　MATCH函数返回lookup_array中目标值的位置，而不是数值本身。如果match_type为0且lookup_value为文本，则lookup_value可以包含通配符（"*"和"?"）。

6.4.9 MATCH函数

　　MATCH函数用于返回在指定方式下与指定数值匹配的数组中元素的相应位置。如果需要找出匹配元素的位置而不是匹配元素本身，则应该使用MATCH函数，它的语法为"MATCH(lookup_value, lookup_array, match_type)"。

　　其中Lookup_value为需要在数据表中查找的数值，它可以是数值、数字、文本或逻辑值的单元格引用；Lookup_array是可能包含所要查找的数值的连续单元格区域，它可以是数组或数组引用；Match_type为数字-1、0或1，它说明Excel如何在Lookup_array中查找Lookup_value。如果Match_type为1，则函数MATCH 查找小于或等于Lookup_value的最大数值；如果Match_type为0，则函数MATCH查找等于Lookup_value的第一个数值；如果Match_type为-1，则函数MATCH查找大于或等于Lookup_value的最小数值。

　　若需要根据持有的兑换点数快速查找可以兑换的奖品类别时，可以使用MATCH函数。

	原始文件	实例文件\第6章\原始文件\MATCH函数.xlsx
	最终文件	实例文件\第6章\最终文件\MATCH函数.xlsx

1 选取单元格区域。打开"实例文件\第6章\原始文件\MATCH函数.xlsx"工作簿,选取单元格区域C10:C11,如下图所示。

2 输入函数。在编辑栏输入"=MATCH(A10,$B$3:$B$7,)",之后选择参数Match_type的值为"1-小于",如下图所示。

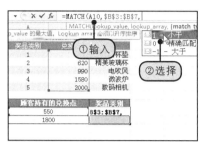

3 返回函数结果。按Ctrl+Enter键后,即可查询到各顾客现有点数可以兑换的奖品类别,如右图所示。

读书笔记

第 7 章
数据的有效保护

 学习要点

- 设置密码
- 保护工作簿结构、窗口
- 隐藏工作表
- 设置允许用户编辑区域
- 添加数字签名
- 取消标签显示
- 保护工作表
- 保护单元格

 本章结构

工作簿的保护		
设置密码保护	使用数字签名保护	执行"保护工作簿"命令

工作表的保护		
取消工作表标签显示	隐藏重要工作表	执行"保护工作表"命令

单元格保护		
设置用户编辑区域	保护部分单元格	隐藏核心数据

1 添加数字签名

	A	B	C	D
1		投资额	利润额	
2	2005	105102410	120051000	
3	2006	124500400	150048000	
4	2007	154200000	194000000	
5	2008	180025000	210045000	
6				
7				
8				
9				
10				

Sheet1 Sheet2 Sheet3

就绪

2 保护工作簿结构和窗口

审阅　视图　加载项

显示/隐藏批注　保护工作表　保护并
显示所有批注　保护工作簿　允许用
显示墨迹　共享工作簿　修订

更改

3 隐藏重要工作表

10		查看代码(V)
11		保护工作表(P)...
12		
13		工作表标签颜色(T) ▶
14		隐藏(H)
15		取消隐藏(U)...
16		
17		选定全部工作表(S)

宣传部

就绪　　　平均值: 100002.5

4 设置允许用户编辑区域

编号	姓名	1季度	2季度	3季度	4季度
	李静	325000	210000	350000	180000

oft Office Excel

您试图更改的单元格或图表受保护,因而是只读的。

若要修改受保护单元格或图表,请先使用"撤消工作表保护"命令(在

确定

	钟世科	125000	98000	150000	150000
	程东	500000	100000	120000	240000
	李铭	90000	120000	100000	250000
	王冬冬	100000	150000	240000	180000
	张家明	155000	240000	125000	180000

数据的有效保护

文秘行政人员在工作中使用Excel 2010编辑文件可以大大提高工作效率，与此同时，编辑文件的安全问题也值得用户关注。怎样才能确保文件的内容不被任意篡改和泄露呢？Excel 2010提供了具有针对性的服务，用户可以在编辑文档时对工作表和表中数据的安全进行设置或对工作簿进行保护。本章着重向用户介绍Excel 2010中工作簿的保护、工作表的保护和单元格的保护。

7.1

工作簿的保护

工作簿安全一直是现代商业竞争中的一个热点话题，保护工作簿安全对于确保公司内部文档的安全显得尤为重要。在Excel 2010中采取的安全策略主要有3种，一是设置密码保护工作簿；二是使用数字签名保护工作簿；三是执行"保护工作簿"命令保护工作簿。通过使用3种方法中的任何一种，都可以限制未授权的用户对文件进行任何操作，以保护文件内容的安全。

提示 ① "常规选项"对话框的其他设置

在"常规选项"对话框中，如果勾选了"生成备份文件"复选框，那么在打开该工作簿文件时将自动生成一个备份文件；如果勾选了"建议只读"复选框，那么在打开该工作簿将提示用户建议以只读的方式打开。

← 在使用密码保护工作簿后，用户打开工作簿时都会弹出"密码"对话框，需要先输入密码才能打开工作簿，如左图所示。

7.1.1 设置密码保护工作簿

用户在创建了工作表后，如果不希望其他用户在没有授权的情况下查看工作表中的数据，则可以为其设置密码，只有授权的用户通过密码才能查看工作簿的内容。

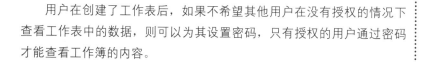

原始文件	实例文件＼第7章＼原始文件＼公司的投资和利润.xlsx
最终文件	实例文件＼第7章＼最终文件＼公司的投资和利润.xlsx

 单击"另存为"命令。打开"实例文件\第7章\原始文件\公司的投资和利润.xlsx"工作簿，单击"文件"按钮，在弹出的菜单中单击"另存为"命令，如右图所示。

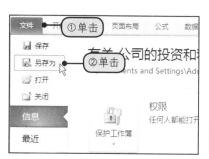

提示 ② 密码的设置

用户在"常规选项"对话框中设置打开权限密码和修改权限密码时，输入的密码可以是一样的，也可以是不一样的，为了工作簿的安全，建议用户设置不同的密码。

2 打开"常规选项"对话框。在弹出的"另存为"对话框中单击"工具"按钮右侧下三角按钮，然后在展开的下拉列表中单击"常规选项"命令，如下图所示，打开"常规选项"对话框。

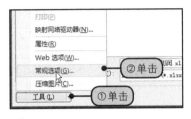

3 设置密码。在"常规选项"对话框"打开权限密码"文本框中输入密码"123"，然后在"修改权限密码"文本框中输入密码"123"，单击"确定"按钮，如下图所示。

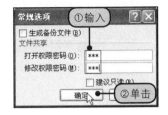

4 输入确认密码。弹出"确认密码"对话框，在"重新输入密码"文本框中再次输入密码"123"，单击"确定"按钮再次弹出"确认密码"对话框，如下图所示。

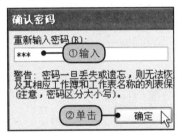

5 输入确认修改权限密码。在"确认密码"对话框的"重新输入修改权限密码"文本框中再次输入密码"123"，单击"确定"按钮完成设置，如下图所示。

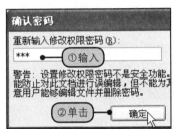

提示 ③ 查看数字签名证书

用户如果要查看数字签名证书，可以按照以下的操作进行。

1 在"签名"对话框中单击"更改"按钮，如下图所示，弹出"选择证书"对话框。

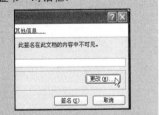

2 在"选择证书"对话框中选择要查看的数字签名，单击"查看证书"按钮，如下图所示。

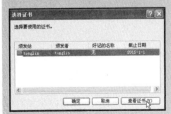

7.1.2 使用数字签名保护工作簿

用户使用数字签名判断文件是否被修改比靠检查文档日期或文档大小更为可靠，所以用户可以通过对工作簿添加数字签名来有效地保护工作簿。下面为用户介绍对工作簿添加数字签名的一般方法。

| 原始文件 | 实例文件\第7章\原始文件\公司的投资和利润.xlsx |
| 最终文件 | 实例文件\第7章\最终文件\公司的投资和利润1.xlsx |

1 单击Microsoft Office命令。在桌面上单击"开始"命令，然后在展开的菜单中单击"所有程序"｜Microsoft Office命令，如下图所示。

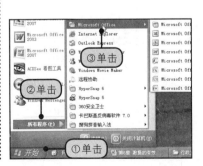

2 打开"创建数字证书"对话框。在展开的子菜单中单击"Microsoft Office 2010工具"｜"VBA工程的数字证书"命令，如下图所示，打开"创建数字证书"对话框。

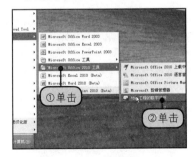

3 输入证书名称。在"创建数字证书"对话框的"您的证书名称"文本框中输入tonglin，单击"确定"按钮完成设置，如下图所示。

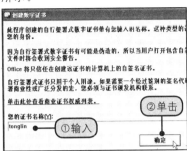

4 提示SelfCert成功。创建证书成功后，系统会自动弹出创建成功提示框，单击"确定"按钮，退出SelfCert成功提示框，如下图所示。

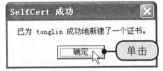

（续上页）

提示 ③ 查看数字签名证书

3 打开证书，样式如下图所示。

5 打开"签名"对话框。打开"实例文件\第7章\原始文件\公司的投资和利润.xlsx"工作簿，单击"文件"按钮，在弹出的菜单中单击"信息"命令，在"信息"选项面板中单击"保护工作簿"按钮，从展开下拉列表中单击"添加数字签名"选项，如右图所示。

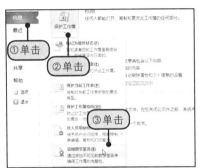

6 确定Microsoft Office Excel提示。如果用户是首次启动数字签名功能，系统就会弹出Microsoft Office Excel提示框，单击"确定"按钮，如下图所示，打开"签名"对话框。

提示 ④ 撤销工作簿的保护

用户在保护工作簿后，还可以撤销对工作簿的保护。

1 在"审阅"选项卡下单击"更改"组中的"保护工作簿"按钮，如下图所示。

7 设置"签名"对话框。在"签名"对话框的"签署此文档的目的"文本框中输入"保护工作簿"，单击"签名"按钮完成设置，如下图所示。

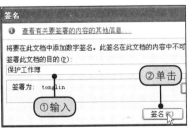

8 查看数字签名的文档。经过以上操作后，即可对工作簿进行数字签名，在工作簿的左下角出现一个红色的签名图标，如下图所示。

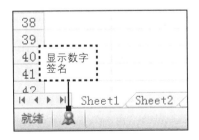

2 在弹出的"撤销工作簿保护"对话框中输入密码，就可以撤销对工作簿的保护了。

7.1.3 执行"保护工作簿"命令保护工作簿

用户执行"保护工作簿"命令可以根据需要保护工作簿的结构或窗口。

提示 ⑤ **保护工作簿中密码设置**

用户在保护工作簿中设置密码是可以选择的。如果不提供密码，则任何用户都可以取消对工作表的保护并更改受保护的元素，但是用户必须确保所选密码易于记忆，因为如果丢失密码，则无法访问工作表上受保护的元素。

❶ 保护工作簿结构

如果用户要保护工作簿的结构不被随意修改，就要勾选"保护结构和窗口"对话框中的"结构"复选框。

原始文件	实例文件\第7章\原始文件\公司的投资和利润.xlsx
最终文件	实例文件\第7章\最终文件\公司的投资和利润2.xlsx

1 打开"保护结构和窗口"对话框。打开"实例文件\第7章\原始文件\公司的投资和利润.xlsx"工作簿，单击"审阅"选项卡下"更改"组中的"保护工作簿"按钮，如下图所示。

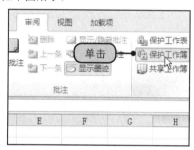

2 设置保护结构。在弹出的"保护结构和窗口"对话框中勾选"结构"复选框，然后在"密码"文本框中输入密码"123"，单击"确定"按钮完成设置，如下图所示。

3 输入确认密码。弹出"确认密码"对话框，在"重新输入密码"文本框中再次输入密码"123"，单击"确定"按钮，如下图所示。

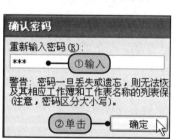

4 显示设置后的效果。经过以上操作后，在工作簿中右击工作表标签时，弹出的菜单中有很多命令将不能使用，如下图所示。

❷ 保护工作簿窗口

用户要使工作簿窗口在每次打开工作簿时大小和位置都相同，就要勾选"保护结构和窗口"对话框中的"窗口"复选框。

原始文件	实例文件\第7章\原始文件\公司的投资和利润.xlsx
最终文件	实例文件\第7章\最终文件\公司的投资和利润3.xlsx

1 打开"保护结构和窗口"对话框。打开"实例文件\第7章\原始文件\公司的投资和利润.xlsx"工作簿，单击"审阅"选项卡下"更改"组中的"保护工作簿"按钮，如右图所示。

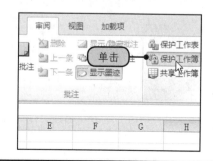

2 设置保护结构。在弹出的"保护结构和窗口"对话框中勾选"窗口"复选框，然后在"密码"下的文本框中输入密码"123"，单击"确定"按钮完成设置，如下图所示。

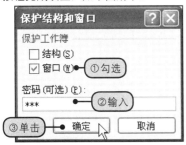

3 输入确认密码。弹出"确认密码"对话框，在"重新输入密码"文本框中再次输入密码"123"，单击"确定"按钮，如下图所示。

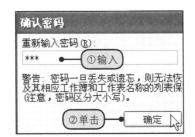

提示 6 打开"保护工作表"对话框的3种方法

用户需要打开"保护工作表"对话框时可以有很多种的选择方式。

1. 右击快捷菜单打开

选中需要保护的工作表并右击标签，在弹出的快捷菜单中单击"保护工作表"命令，如下图所示，即可打开"保护工作表"对话框。

2. 单击"格式"按钮打开

1 在"开始"选项卡下的"单元格"组中单击"格式"按钮，如下图所示。

2 在弹出的下拉列表中选择"保护工作表"选项，如下图所示，即可打开"保护工作表"对话框。

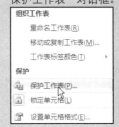

7.2

工作表的保护

本节主要介绍的工作表保护可以分成两点：一是工作表的隐藏，当用户不希望其他用户查看该表格时，就可以将工作表隐藏；二是工作表数据的保护，当用户只希望其他用户查看表格数据，而不希望该表格的数据被其他用户编辑时，就可以对工作表进行数据的保护。

对工作表的隐藏也有两种，一种是可以撤销的隐藏，另一种是不能撤销的隐藏。

如下图所示分别是用两种隐藏方法隐藏工作表后的效果。

使用 VBA 编辑器隐藏后，隐藏效果不可撤销

可撤销的隐藏

3. 单击"保护工作表"按钮打开

单击"审阅"选项卡下"更改"组中的"保护工作表"按钮如下图所示，也可打开"保护工作表"对话框。

7.2.1 取消工作表标签的显示

用户在隐藏工作表时，最简单的方法就是取消工作表的标签显示。

原始文件	实例文件\第7章\原始文件\公司考勤表.xlsx
最终文件	实例文件\第7章\最终文件\公司考勤表.xlsx

1 打开"Excel选项"对话框。打开"实例文件\第7章\原始文件\公司考勤表.xlsx"工作簿，单击"文件"钮，从弹出的菜单中单击"选项"命令，打开"Excel选项"对话框，如右图所示。

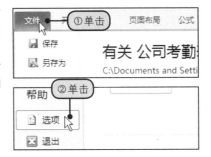

2 取消工作表标签的显示。在打开的"Excel选项"对话框中单击"高级"选项卡，然后在右侧的"此工作簿的显示选项"组中取消勾选"显示工作表标签"复选框，单击"确定"按钮完成设置，如下图所示。

3 显示取消工作表标签后的效果。经过以上操作后，工作表的标签即被隐藏，如下图所示。

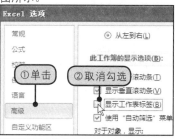

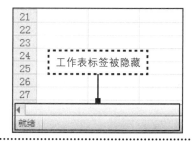

7.2.2 隐藏重要工作表

当工作表很重要，用户不希望他人看见时，就要对工作表进行隐藏。隐藏工作表的方法很多，这里主要介绍两种，一种是可撤销的隐藏，另一种是不可撤销的隐藏。

1 可撤销的隐藏

右击工作表的标签，选择"隐藏"命令，就可以将工作表隐藏，但是这种隐藏是可以撤销的。再次右击工作表的标签，选择"取消隐藏"命令就可以还原工作表。

	原始文件	实例文件\第7章\原始文件\公司考勤表.xlsx
	最终文件	实例文件\第7章\最终文件\公司考勤表1.xlsx

（1）隐藏操作

1 隐藏工作表。打开"实例文件\第7章\原始文件\公司考勤表.xlsx"工作簿，右击"管理部"标签，在弹出的快捷菜单中单击"隐藏"命令，如下图所示。

2 显示隐藏工作表的效果。经过以上操作后，"管理部"工作表即可被隐藏，如下图所示。

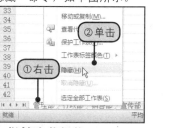

（2）撤销隐藏操作

1 打开"取消隐藏"对话框。右击工作表标签，在弹出的快捷菜单中单击"取消隐藏"命令，如右图所示。

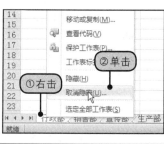

提示 ⑦ 其他的隐藏方法

用户在隐藏工作表时，还有其他的方法可供选择。

1 在"开始"选项卡下的"单元格"组中单击"格式"按钮，如下图所示。

2 在弹出的下拉列表中单击"隐藏和取消隐藏"选项，在展开的子列表中选择相应的隐藏方式，如下图所示，即可完成隐藏。

隐藏行(R)	隐藏和取消隐藏(U)
隐藏列(C)	组织工作表
隐藏工作表(S)	重命名工作表(R)
取消隐藏行(O)	移动或复制工作表(M)
取消隐藏列(L)	工作表标签颜色(T)

2 撤销隐藏工作簿。在打开的"取消隐藏"对话框中单击"取消隐藏工作表"列表框中的"管理部"选项,单击"确定"按钮即可撤销隐藏工作表,如右图所示。

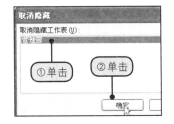

② 不可撤销的彻底隐藏

在Excel 2010中,用户使用VBA编辑器隐藏工作表时,工作表的隐藏是不可撤销的。

原始文件	实例文件\第7章\原始文件\公司考勤表.xlsx
最终文件	实例文件\第7章\最终文件\公司考勤表2.xlsx

1 启动VBA编辑器。打开"实例文件\第7章\原始文件\公司考勤表.xlsx"工作簿,右击"管理部"工作表标签,在弹出的快捷菜单中单击"查看代码"命令,如下图所示,Excel即会启动VBA编辑器。

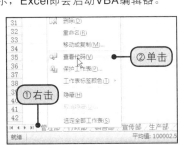

2 选择需要隐藏的工作表。在VBA编辑器中,单击"工程"窗口下的"Sheet1(管理部)"选项,如下图所示。

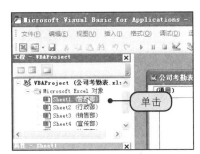

3 隐藏工作表。单击属性窗口最后的项目Visible下拉列表中的2-xlSheetVeryHidden选项,如下图所示。

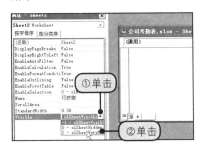

4 显示隐藏工作表的效果。经过以上操作后,"管理部"工作表即被彻底隐藏,工作表标签处将不被显示,如下图所示。

7.2.3 执行"保护工作表"命令保护工作表

如果用户启动"保护工作表"命令对工作表进行设置,那么就可以确保其他用户可以查看工作表数据,但不能对该表格的数据进行编辑。

原始文件	实例文件\第7章\原始文件\公司考勤表.xlsx
最终文件	实例文件\第7章\最终文件\公司考勤表3.xlsx

提示 ⑧ 打开受保护的工作簿

用户在打开受保护的工作簿时,操作步骤如下。

1 打开工作簿时弹出"密码"对话框,先输入密码"123",单击OK按钮,如下图所示。

2 再次弹出"密码"对话框,单击"只读"按钮,如下图所示。

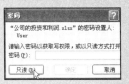

3 这时打开的工作簿显示的权限为"只读",如下图所示。

如果要获取写权限,则必须在"密码"文本框中输入密码"123",单击"确定"按钮完成设置,如下图所示。

用户在打开工作表后，默认情况下都会锁定所有单元格，这意味着设置工作表的保护后，将无法编辑这些单元格。为了能够编辑单元格，同时只将部分单元格锁定，用户应该在保护工作表前先取消锁定单元格，然后只锁定特定的单元格和区域。此外，还可以允许特定用户编辑受保护工作表中的特定区域。

1 打开"保护工作表"对话框。打开"实例文件\第7章\原始文件\公司考勤表.xlsx"工作簿，单击"审阅"选项卡下"更改"组中的"保护工作表"按钮，打开"保护工作表"对话框，如下图所示。

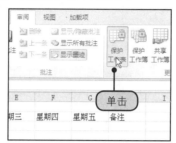

2 设置取消工作表保护时使用的密码。在"取消工作表保护时使用的密码"文本框中输入密码"123"，单击"确定"按钮，如下图所示。

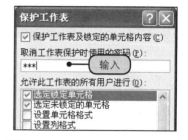

3 输入确认密码。弹出"确认密码"对话框，在"重新输入密码"文本框中再次输入密码"123"，单击"确定"按钮完成设置，如下图所示。

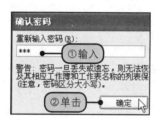

4 显示保护后的效果。双击工作表中的任意单元格，系统将提示所选区域是处于只读保护状态下的单元格，如下图所示。

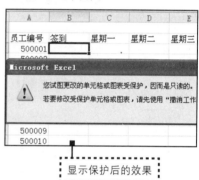

显示保护后的效果

7.3

单元格的保护

单元格的保护主要是用来保护工作表中的部分重要数据不被篡改或任意查看。Excel 2010向用户提供了多种有效的方式来保护单元格和单元格中的数据，本节主要介绍的是对工作表中的元素进行保护：禁止未授权用户对工作表进行修改，允许部分用户对某些区域进行编辑、保护部分单元格数据不被破坏、隐藏部分重要数据不会泄露。

用户对单元格进行保护后，Excel 2010中的许多功能是不能再使用的，因而可以保证单元格数据的安全，如下图所示。

要设置单元格的安全，用户首先要选取要保护的单元格，再进行保护设置，最后设置保护密码，流程大致如下。

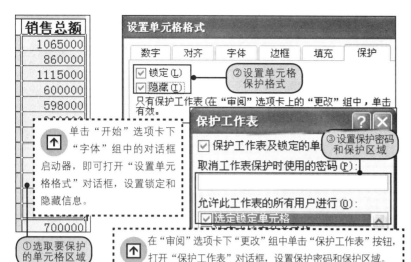

①选取要保护的单元格区域

②设置单元格保护格式

只有保护工作表(在"审阅"选项卡上的"更改"组中,单击有效。

单击"开始"选项卡下"字体"组中的对话框启动器,即可打开"设置单元格格式"对话框,设置锁定和隐藏信息。

③设置保护密码和保护区域

在"审阅"选项卡下"更改"组中单击"保护工作表"按钮,打开"保护工作表"对话框,设置保护密码和保护区域。

7.3.1 设置用户编辑区域

在Excel 2010中用户为了避免发生修订冲突,可以根据工作表不同的区域内容,由不同的用户进行编辑,来设置用户编辑区域。

原始文件	实例文件\第7章\原始文件\公司销售业绩表.xlsx
最终文件	实例文件\第7章\最终文件\公司销售业绩表.xlsx

❶ 用户编辑区域的设置

在Excel 2010中,用户可以设置各用户可编辑区域并对不同的区域进行保护。下面为用户介绍保护工作表中编辑区域的方法。

1 打开"允许用户编辑区域"对话框。打开"实例文件\第7章\原始文件\公司销售业绩表.xlsx"工作簿,在"审阅"选项卡下单击"更改"组中的"允许用户编辑区域"按钮,如下图所示。

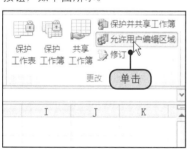

单击

2 设置权限信息。在弹出的"允许用户编辑区域"对话框中勾选"将权限信息粘贴到一个新的工作簿中"复选框,如下图所示。

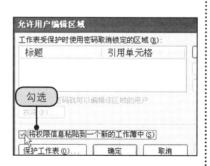

勾选

3 打开"新区域"对话框。单击"允许用户编辑区域"对话框右侧的"新建"按钮,如右图所示,打开"新区域"对话框。

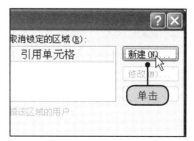

单击

用户在保护工作表后,还可以撤销对工作表的保护。

1 在"审阅"选项卡下单击"更改"组中的"撤销工作表保护"按钮,如下图所示。

2 在弹出的"撤销工作表保护"对话框中输入密码,就可以撤销对工作表的保护了。

提示 ⑪ 添加多个受密码保护的锁定区域

用户在"允许用户编辑区域"对话框中可以设置多个受密码保护的区域，并且在"选择用户或组"对话框中输入不同的对象，就可以实现在不同的区域由不同的用户进行编辑的目的。

提示 ⑫ 对受密码保护的锁定区域的修改和删除

用户在"允许用户编辑区域"对话框中，还可以通过"修改"、"删除"按钮实现对已经设置密码保护的锁定区域的修改和删除，如下图所示。

4 输入标题和选择目标单元格。在弹出的"新区域"对话框"标题"文本框中输入"员工编号"，然后单击"引用单元格"文本框，返回工作表选取单元格区域A3:A27，如下图所示。

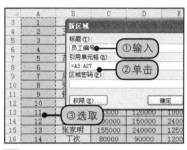

6 输入确认密码。弹出"确认密码"对话框，在"重新输入密码"文本框中再次输入密码"123"，单击"确定"按钮，如下图所示。

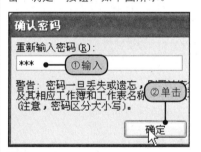

8 打开"选择用户或组"对话框。在弹出的"员工编号的权限"对话框中单击"添加"按钮，如下图所示，打开"选择用户或组"对话框。

10 设置无需密码的编辑区域。在"员工编号的权限"对话框"无需密码的编辑区域"右侧勾选"允许"复选框，然后单击"确定"按钮，如右图所示。

5 输入区域密码。在"新区域"对话框"区域密码"文本框中输入密码"123"，单击"确定"按钮，如下图所示。

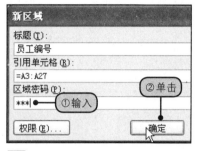

7 打开"员工编号的权限"对话框。返回"允许用户编辑区域"对话框后，单击"权限"按钮，如下图所示。

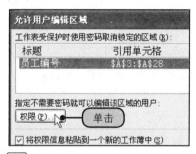

9 输入对象名称。在"选择用户或组"对话框"输入对象名称来选择"文本框中输入Administrator，如下图所示。

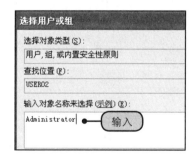

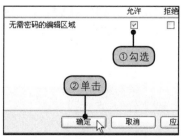

11 打开"保护工作表"对话框。返回"允许用户编辑区域"对话框后，单击"保护工作表"按钮，打开"保护工作表"对话框，如下图所示。

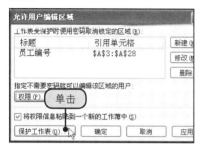

13 输入确认密码。单击"确定"按钮后，弹出"确认密码"对话框，在"重新输入密码"文本框中再次输入密码"123"，单击"确定"按钮完成设置，如右图所示。

12 设置取消工作表保护时使用的密码。在"取消工作表保护时使用的密码"文本框中输入密码"123"，如下图所示。

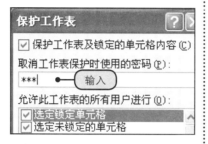

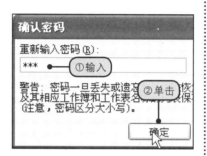

② 显示设置用户编辑区域后的效果

下面是显示设置用户编辑区域后，在使用工作表时Excel 2010的显示效果。

1 系统提示输入密码。回到工作簿窗口，如果现在不是用户Administrator，双击单元格区域A3:A27中的任意单元格，系统弹出"取消锁定区域"对话框，提示需要密码取消锁定区域，如下图所示。

3 可编辑单元格区域。在用户Administrator状态下，双击单元格区域A3:A27中的任意单元格，即可对此区域进行编辑，如右图所示。

2 系统提示单元格区域只读。双击除单元格区域A3:A27外的任意单元格，系统提示所选区域是处于只读保护状态下的单元格，如下图所示。

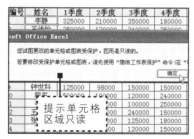

文秘应用
保护工资额计算公式

文秘在工作中，有时会遇到一个计算公式可以决定一个公司的某一个项目计划的情况，既然公式这么重要，就需要使用Excel的隐藏功能，这样可以对工作表中的公式起到有效的保护作用。

| 原始文件 | 实例文件\第7章\原始文件\某公司员工工资表.xlsx |
| 最终文件 | 实例文件\第7章\最终文件\某公司员工工资表.xlsx |

1 打开"实例文件\第7章\原始文件\某公司员工工资表.xlsx"工作簿，选取单元格区域G3:G27，单击"开始"选项卡下"字体"组中的对话框启动器，打开"设置单元格格式"对话框，在"保护"选项卡下勾选"锁定"和"隐藏"复选框，如下图所示。

2 单击"确定"按钮，退出"设置单元格格式"对话框，然后单击"审阅"选项卡下"更改"组中的"保护工作表"按钮，打开"保护工作表"对话框，如下图所示。

3 在"取消工作表保护时使用的密码"文本框中输入密码"123"，单击"确定"按钮，如下图所示。

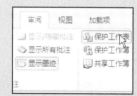

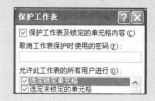

（续上页）

文秘应用

保护工资额计算公式

4 在弹出的"确认密码"对话框的"重新输入密码"文本框中再次输入密码"123"，单击"确定"按钮完成设置，如下图所示。

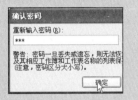

5 工资总额计算公式被隐藏，如下图所示。

7.3.2 保护部分单元格

在数据管理中，用户如果要将该工作表与别人共享，但是又不希望别人随意更改某些单元格的内容，就可以对工作表的部分单元格进行保护。

原始文件	实例文件\第7章\原始文件\公司客户资料表.xlsx
最终文件	实例文件\第7章\最终文件\公司客户资料表.xlsx

1 选中整个工作表。打开"实例文件\第7章\原始文件\公司客户资料表.xlsx"工作簿，然后单击全选按钮选中整个工作表，然后单击"开始"选项卡下"字体"组中的对话框启动器，如下图所示，打开"设置单元格格式"对话框。

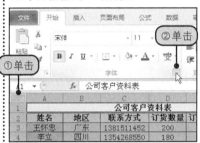

2 取消锁定。打开"设置单元格格式"对话框，切换至"保护"选项卡下，取消勾选"锁定"复选框，如下图所示。完成操作后，单击"确定"按钮退出"设置单元格格式"对话框。

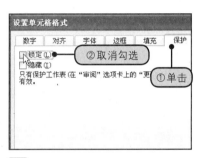

3 选取单元格区域E2:F10。选取单元格区域E2:F10，单击"开始"选项卡下"字体"组中的对话框启动器，即可打开"设置单元格格式"对话框，如下图所示。

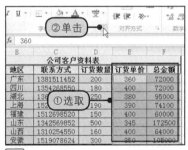

4 设置锁定。打开"设置单元格格式"对话框，切换至"保护"选项卡下，勾选"锁定"复选框，如下图所示。单击"确定"按钮退出"设置单元格格式"对话框。

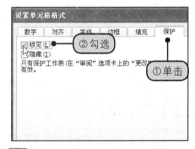

5 打开"保护工作表"对话框。单击"审阅"选项卡下"更改"组中的"保护工作表"按钮，如下图所示，打开"保护工作表"对话框。

6 设置取消工作表保护时使用的密码。在"取消工作表保护时使用的密码"文本框中输入密码"123"，取消勾选"选定锁定单元格"复选框，如下图所示。

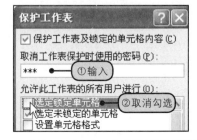

7 输入确认密码。单击"确定"按钮后,弹出"确认密码"对话框,在"重新输入密码"文本框中再次输入密码"123",如右图所示。完成设置后,单元格区域E2:F10即被锁定,且没有密码锁定不能被解除。

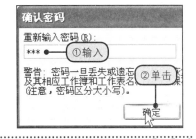

7.3.3 隐藏单元格中的核心数据

用户在与别人共享工作表时,如果不希望对方看到工作表中的某些核心数据,就可以对该单元格的数据进行隐藏。

原始文件	实例文件\第7章\原始文件\公司客户资料表.xlsx
最终文件	实例文件\第7章\最终文件\公司客户资料表1.xlsx

1 打开"设置单元格格式"对话框。打开"实例文件\第7章\原始文件\公司客户资料表.xlsx"工作簿,单击全选按钮选中整个工作表,然后单击"开始"选项卡下"字体"组中的对话框启动器,打开"设置单元格格式"对话框,如下图所示。

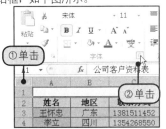

3 设置锁定和隐藏。选取单元格区域E9:F9,再次打开"设置单元格格式"对话框,在"保护"选项卡下,分别勾选"锁定"和"隐藏"复选框,如下图所示。

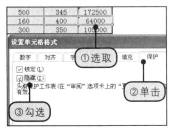

5 设置数字类型。在右侧的"类型"下方的文本框中输入英文输入法状态下的";;;",如右图所示。

2 取消锁定。打开"设置单元格格式"对话框,切换至"保护"选项卡下,取消勾选"锁定"复选框,如下图所示。

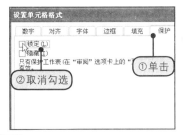

4 设置数字分类。单击"数字"标签,切换至"数字"选项卡下,再单击左侧"分类"列表框中的"自定义"选项,如下图所示。

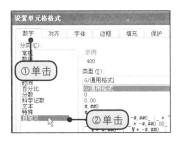

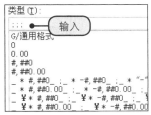

提示 ⑬ 打开"设置单元格格式"对话框的方法

用户需要打开"设置单元格格式"对话框时,既可以用左侧介绍的方法,单击"开始"选项卡下"字体"组中的对话框启动器,也可以使用下面的方法打开。

1. 右击快捷菜单打开

单击"全选"按钮选中整个工作表,右击打开快捷菜单,单击"设置单元格格式"命令,如下图所示,可以打开"设置单元格格式"对话框。

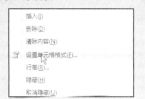

2. 单击"格式"按钮打开

1 在"开始"选项卡下的"单元格"组中单击"格式"按钮,如下图所示。

2 在弹出的下拉列表中单击"设置单元格格式"选项,如下图所示也可打开"设置单元格格式"对话框。

提示 ⑭ 设置数字类型时的注意事项

用户在隐藏单元格中的核心数据时，需要在"设置单元格格式"对话框"数字"选项卡下"类型"下方的文本框中输入分号，1个分号也可以，但是必须是在英文输入法的状态下输入。

用户在设置隐藏单元格中的核心数据时，如果没有设置工作表保护，则单元格的内容虽然在单元格内看不见，但在编辑栏里是可以看见的，如下图所示。

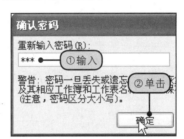

6 打开"保护工作表"对话框。单击"审阅"选项卡下"更改"组中的"保护工作表"按钮，打开"保护工作表"对话框，如下图所示。

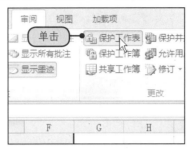

8 输入确认密码。单击"确定"按钮后弹出"确认密码"对话框，在"重新输入密码"文本框中再次输入密码"123"，单击"确定"按钮完成设置，如下图所示。

7 设置取消工作表保护时使用的密码。在"取消工作表保护时使用的密码"文本框中输入密码"123"，取消勾选"选定锁定单元格"复选框，如下图所示。

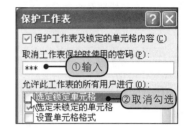

9 显示隐藏后的效果。经过以上操作后，单元格区域E9:F9中的数字即被隐藏，效果如下图所示。由于设置了工作表保护，此时单元格的内容编辑栏里也是看不到的。

订货数量	订货单价	总金额
200	360	72000
180		
250	显示隐藏后的效果	
190	390	74100
150	400	60000
500	345	172500
160		
300	350	105000

读书笔记

第2篇

Excel在文秘与行政中的应用

第 8 章
文秘常用单据的制作

 学习要点

- 调整行高/列宽
- 添加边框
- 设置文字、日期格式
- 计算金额

- 合并单元格
- 打印文档
- 添加货币符号
- 让金额大写显示

本章结构

制作部门借款单

- 建立工作表
- 调整行高和列宽
- 插入行添加制作单位
- 使用"编辑"对话框添加框线

- 输入借款单内容
- 合并单元格
- 设置文字格式
- 设置打印范围与打印票据

制作销售收据

- 快速绘制收据表格
- 设置文字垂直显示
- 为金额添加货币符号
- 计算各项金额
- 插入特殊符号

- 应用文本对齐方式
- 设置单元格日期格式
- 为单元格添加色彩
- 让金额大写显示
- 保存为模板

1 为借款单调整列宽

宽度: 11.00 (93 像素)

	A	B	C	D
1	企业部门借款单			
2	借款人	所属部门		
3	款额	大写		小写
4				
5	支付方式	现金		
6		现金支票		
7		汇票		
8		其他		
9	部门负责人		财务负责人	

2 设置插入行与下方格式相同

	A	B	C
1			企
2			
3	人		所属部门
4	○ 与上面格式相同(A)		大写
5			
6	○ 与下面格式相同(B)		
7	○ 清除格式(C)		

3 使收据中金额以中文大写显示

7	购买日期时间	2010-6-10 2
8	货 号	品 名
9	1000035	办公桌
10	1000042	书柜
11	1000066	资料夹
12	1000083	笔记本
13		
14		
15		
16		
17	找 零	$捌仟壹佰叁拾伍

4 添加邮政编码方框

方圆文化用品有限

地址	邮政编码 □□□□□□
	省 市 区
	销售收据

受票人
购买日期时间　2010-7-2 9:06 AM

货 号	品 名	销售价	数
1000035	办公桌	$320	
1000042	书柜	$1,200	

第8章

文秘常用单据的制作

大多数中小型企业的文秘在日常工作中负责的事务通常都比较杂，例如帮助财会人员做一些简单的账目或报表，或者配合销售部做一些业绩统计。这些工作中，文秘最常接触的就是单据的制作，如制作部门借款单据、采购订单、报价单、销售发票、收据等。本章就来介绍如何使用Excel软件中常用的制表功能制作这些专业的单据。

8.1

部门借款单据设计

各个企业所能提供的流动资金是有限的，为了使企业流动资金处于高效的使用状态，财务部门应制定出部门借款流程，也就是说各个部门由于某些项目或者其他原因需要资金时，需填写部门借款单，并分别交由部门领导、财务领导以及企业的专项负责人签字同意后才能取款。此举可避免流动资金的滥用，提高流动资金的使用效率。

8.1.1 建立工作表

要创建部门借款单，首先需要打开一张工作簿，接着建立"企业部门借款单"工作表，这会使用到本小节要介绍的重命名工作表、设置工作表标签颜色以及删除多余的工作表功能。

> **最终文件** 实例文件\第8章\最终文件\部门借款单据.xlsx

1 使活动工作表标签反白显示。双击工作表标签Sheet1，使其反白显示，如下图所示。

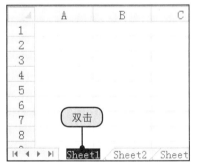

2 重命名工作表。输入"企业部门借款单"字样，如下图所示，重命名工作表。

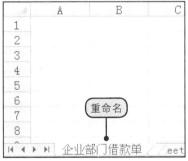

3 设置工作表标签颜色。右击标签，在弹出的快捷菜单中单击"工作表标签颜色"命令，如右图所示。

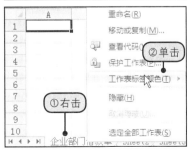

（续上页）

① 新建与保存工作簿

4 设置文件的文件名后，在"保存类型"下拉列表中设置工作簿的保存类型，如下图所示。

5 设置完毕后，单击"保存"按钮即可将工作簿保存，如下图所示。

4 选择颜色。在弹出的子菜单中选择橙色，如下图所示，为标签上色。

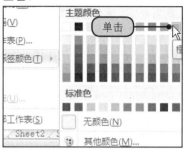

6 删除工作表。在"开始"选项卡下单击"单元格"组中"删除"下三角按钮，在展开的下拉列表中单击"删除工作表"命令，如下图所示。

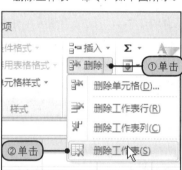

5 选定多张工作表。按住Ctrl键单击工作表标签Sheet2与Sheet3，如下图所示，选定这两张工作表。

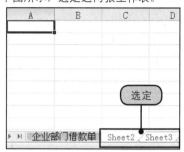

7 查看工作表删除后的效果。经过上述操作后，多余的两张工作表即从工作簿中删除，仅剩下企业部门借款单工作表，如下图所示。

8.1.2 输入借款单内容

首先输入借款单的内容，通常企业借款单包含借款人姓名、所属部门、支付方式、借款金额等内容。

1 选中要输入标题的单元格。选取要输入标题的单元格A1，如下图所示。

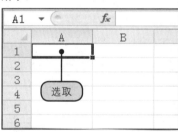

3 确认标题的输入。按Enter键，系统自动选中A2单元格，如右图所示。

2 输入标题。在选中的A1单元格中输入标题"企业部门借款单"，如下图所示。

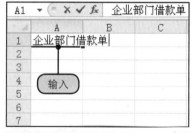

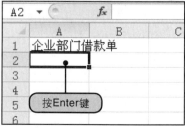

4 输入借款单中其他项目。输入借款单中的其他项目，输入完毕后效果如右图所示。

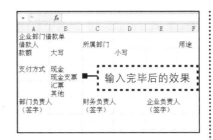

输入完毕后的效果

8.1.3 调整借款单的行高与列宽

为了使借款单更符合实际的使用需求，需要将Excel 工作表中某些单元格的行高或列宽做一些调整。

1 拖动调整列宽。将鼠标指针放置在A列与B列之间，按住鼠标左键不放向右拖动至列宽为"11.00"，如下图所示。

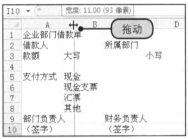

拖动

2 查看更改列宽效果。拖曳至列宽为"11.00"后，释放鼠标左键，此时A9单元格中的内容能完整显示，如下图所示。

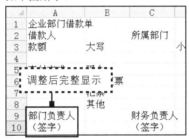

调整后完整显示

3 单击"行高"选项。选取第1行，在"开始"选项卡下单击"格式"按钮，在展开的下拉列表中单击"行高"选项，如下图所示。

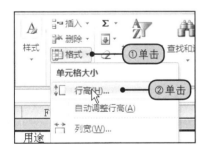

①单击

②单击

4 输入行高数值。弹出"行高"对话框，在"行高"文本框中输入"25"，然后单击"确定"按钮，如下图所示，即可调整第1行的行高为25。

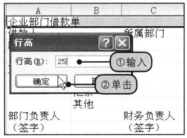

①输入

②单击

5 查看调整完毕后的效果。采用拖动的方法调整C列和E列的列宽值为11，最终得到的借款单效果如右图所示。

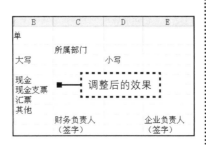

调整后的效果

提示 **②** 复制列宽

在设置工作表格式时，如果只需要复制列宽，而不复制列中的数据，那么可以用选择性粘贴的方法，操作步骤如下。

1 选中列中的任意单元格，单击"复制"按钮，如下图所示。

2 选择需要调整列宽的单元格，单击"粘贴"｜"选择性粘贴"选项，如下图所示。

3 在"选择性粘贴"对话框中单击选中"列宽"单选按钮，如下图所示。

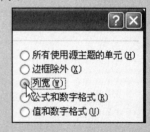

○ 所有使用源主题的单元(H)
○ 边框除外(X)
● 列宽(W)
○ 公式和数字格式(R)
○ 值和数字格式(U)

4 单击"确定"按钮后，即完成了列宽的复制，如下图所示。

提示 ③ 拆分单元格

通过合并单元格功能，能将多个连续的单元格组成一个单元格显示，那么，如何将合并后的单元格拆分还原呢？

选择经过合并的单元格，然后单击"对齐方式"组中的"合并"右侧的下三角按钮，在展开的下拉列表中单击"取消单元格合并"选项，即可完成合并单元格的拆分，如下图所示。

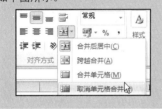

提示 ④ 合并包含多重数值的单元格

若选定要合并的单元格区域包含多重数值，则使用合并功能后，系统将弹出警告框，提示用户合并到一个单元格后，该单元格只能保留最左上角的数据，这时用户需要考虑之后再确定是否执行合并命令。

8.1.4 合并单元格使借款单规范化

合并单元格是办公人员在制作表格时常使用到的功能，它可以将多个单元格合并为一个单元格显示，起到分隔与美化工作表的作用。

1 合并标题行。选取A1:G1单元格区域，在"开始"选项卡下单击"合并"按钮，如下图所示。

2 选取多个要合并区域。按住Ctrl键同时选择A3:A4、A5:A8、B3:C3、B4:C4、D2:E2、D3:E3、D4:E4、B9:B10、D9:D10、F2:G2、F3:G8和F9:G10单元格区域，如下图所示。

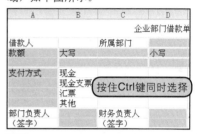

3 合并后居中。选取所有要合并的区域后，在"开始"选项卡下单击"合并"右侧的下三角按钮，在展开的下拉列表中单击"合并后居中"选项，如下图所示。

4 查看合并居中后的效果。经过上述操作后对步骤2中选取的区域都进行了合并，并且文本居中显示，如下图所示。

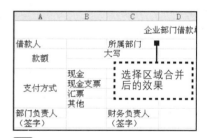

5 跨越合并。选取C5:E8单元格区域，在"开始"选项卡下单击"合并"右侧的下三角按钮，在展开的下拉列表中单击"跨越合并"选项，如下图所示。

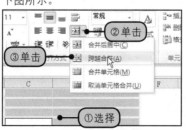

6 查看跨越合并后的效果。此时C5:E8单元格区域中每行单独进行了合并，最终得到的效果如下图所示。

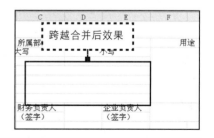

8.1.5 插入行添加借款单制作单位

规范化的单据当然不能少了制作单位。由于之前在工作表中没有预留单位的位置，因此，我们需要在工作表的开始位置处增添新行以插入单位名称。

1 选中工作表中的第2行。单击行号2，选中第2行，如下图所示。

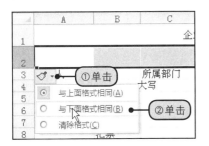

3 设置插入行格式。此时在第2行上方插入一空白行，单击"插入选项"按钮，在展开的下拉列表中选中"与下面格式相同"单选按钮，如下图所示。

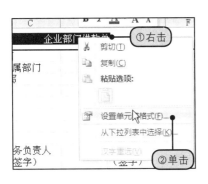

2 插入行。在"开始"选项卡下单击"插入"右侧的下三角按钮，在展开的下拉列表中单击"插入工作表行"选项，如下图所示。

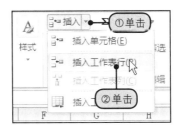

4 输入制作单位。在插入的行中输入制作单位"成化电器集团"，如下图所示。

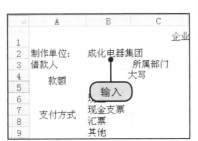

8.1.6 设置单元格文字的格式

设置单元格文字格式包括设置其字体样式、下划线类型、字形、字号等。设置报销单标题文字格式的方法如下。

1 打开"设置单元格格式"对话框。选取标题行中的文字，右击鼠标，在弹出的快捷菜单中单击"设置单元格格式"命令，如下图所示，打开"设置单元格格式"对话框。

2 选择文字的字体与下划线类型。在"字体"列表框内单击"华文细黑"选项，再单击"下划线"下拉列表框右侧的下三角按钮，在展开的下拉列表中单击"单下划线"选项，如下图所示。

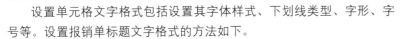

? 常见问题

三联借款单如何使用

Q 公司的借款单是一式三联的，第一联结算回执，第二联结算凭证，第三联付款凭证。员工借款时给员工付款凭证，然后到出纳处取钱，结算凭证记账。那么借款单的三联分别有什么作用呢？

A 一般来讲，付款凭证联是付款后作为支付凭证的附件，而结算凭证和回执联则都记录该款项还款的情况，不同的是结算凭证是公司留底，一般作为最后一次结算该借款凭证的附件，而回执是员工留底作为结算和清账的凭证。

借款时将第三联付款联作为支付凭证的附件。第一联给借款人保存，每次还款时在上面作记录，在清账后可以替代收据。第二联结算联由会计保存，每次还款时由会计在上面作与回执联同样的记录，在最后一次还清时附在清账的凭证后。

提示 **⑤** 内容重排

自动换行与强制换行说的都是一个单元格内的换行，如果我们希望的是，当单元格的内容超过单元格的宽度时，超出的部分转到同列的下一个单元格，这时就需要用到内容重排。

这个功能在Excel 2003或以下的版本中，是在"编辑"菜单的填充项内的，而在Excel 2010里，用户需要自己调出该功能。

接下来就来看看使用内容重排使单元格内容换行的方法。

1 单击"文件"按钮，在弹出的菜单中单击"选项"按钮，如下图所示，打开"Excel选项"对话框。

（续上页）

提示 ⑤ 内容重排

2 单击"快速访问工具栏"选项，在"从下列位置选择命令"列表中单击"开始 选项卡"选项，如下图所示。

3 在下方列表框中选择"内容重排"，并单击"添加"按钮，将其添加到右侧列表框，如下图所示。

4 在A1单元格中任意输入一段文本，然后选取A1:A7单元格区域，如下图所示。

5 单击快速访问工具栏中的"内容重排"按钮，如下图所示。

6 经过以上操作，A1单元格中的内容即被均匀地分布在A1以下的单元格中了，如下图所示。

	A	B
1	Excel	
2	2010的内	
3	容重排功	
4	能是被关	
5	闭的，需	
6	要我们手	
7	动开启	

3 设置文字的字号。在"字号"列表框中选择16，如下图所示，设置文字的大小为16号。

5 选取要设置字体格式的单元格。选取借款单主体中所有含有文字的单元格或单元格区域，如下图所示。

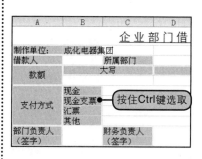

7 设置字号。单击"字号"文本框右侧的下三角按钮，从展开的下拉列表中选择字号为"12"，如下图所示。

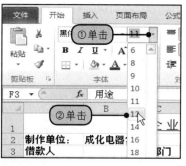

4 显示文字应用格式后的效果。单击"确定"按钮后，将标题文字的每个字间插入一个空格，最终的效果如下图所示。

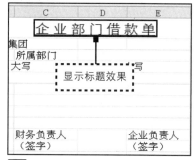

6 选择字体。在"开始"选项卡下单击"字体"文本框右侧的下三角按钮，从展开的下拉列表中选择"黑体"，如下图所示。

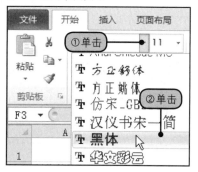

8 字体设置完毕后的效果。经过上述操作后，借款单主体内容的字体最终效果如下图所示。

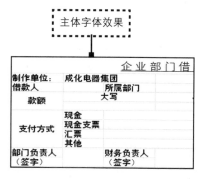

8.1.7 使用"边框"对话框添加框线

美化文字后，就需要为报销单表格添加边框线条了。本小节介绍使用"设置单元格格式"对话框中的"边框"选项卡添加边框线条的方法。

1 打开"设置单元格格式"对话框。选取单元格区域A3:G11，右击鼠标，在弹出的快捷菜单中单击"设置单元格格式"命令，如下图所示，打开"设置单元格格式"对话框。

3 添加外部线条。接着在"样式"列表框中为区域的外边框选择一种线条样式，然后单击"预置"选项组中的"外边框"图标，如下图所示，为区域添加外部边框。

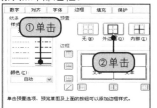

5 调整行高。将第3列到第11列的列宽值设置为"20"，再分别在第一列和第一行左侧与上方分别插入一列和一行，得到的效果如下图所示。

7 设置外边框。弹出"设置单元格格式"对话框，切换至"边框"选项卡下，在"样式"列表框中为区域的外边框选择一种线条样式，从"颜色"下拉列表中选择"绿色"，然后单击"预置"选项组中的"外边框"图标，如下图所示。

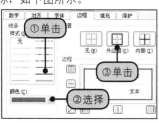

2 添加内部线条。切换到"边框"选项卡，在线条的"样式"列表框中选择一种线条样式，然后单击"预置"选项组中的"内部"图标，如下图所示。

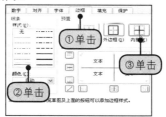

4 显示添加边框后的效果。单击"确定"按钮后，可以看到借款单主体已经应用了设置的边框线条，如下图所示。

6 单击"字体"组对话框启动器。选取A1:I13单元格区域，在"开始"选项卡下单击"字体"组中的对话框启动器，如下图所示。

8 显示添加外侧框线的效果。单击"确定"按钮后，可以看到企业借款单的外侧应用边框样式的效果，如下图所示。

⑥ 快速绘制边框

除了使用"设置单元格格式"对话框中的"边框"选项卡添加边框外，用户还可以直接使用绘笔在工作表中画出框线。

1 单击"开始"选项卡"字体"组中的"边框"下三角按钮，在展开的下拉列表中单击"线条颜色"选项，在子列表中选择浅蓝，如下图所示。

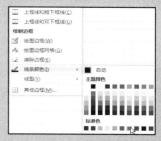

2 此时，鼠标指针变为笔形，拖动鼠标在单元格上绘制线条，如下图所示，即可快速为单元格区域添加外侧边框。

⑦ 预览打印效果

为了更好地打印文件，Excel 2010提供了文件的打印预览功能。用户可以通过该功能查看打印后的实际效果，如页面设置效果等。使用打印预览，若用户不满意工作表的实际打印效果，则可以及时对其进行调整，这样可以避免打印后不能使用而造成浪费。

⑧ 设置打印页面

除了使用打印预览窗口下的"页面设置"按钮调出页面设置功能外，用户还可以在"页面布局"选项卡的"页面设置"组中单击对话框启动器，打开"页面设置"对话框，或直接应用"页面设置"组中的相应功能设置打印页面。这些功能包括设置打印方向、纸张大小、页边距以及打印区域等。

8.1.8 设置打印范围与票据的打印

文件的复印、打印是行政办公人员的常规工作。文件的打印除了需要了解打印机的安装、使用知识外，文件的页面设置与调整也是打印之前要熟知的重要工作。本小节就以企业借款单页面的打印与设置为例，介绍打印Excel文件的主要方法。

1 切换到"打印"选项面板。单击"文件"按钮，在弹出的菜单中单击"打印"命令，如下图所示。

2 预览借款单实际打印效果。切换到"打印"选项面板中，在该选项面板的右侧可以预览到使用打印机打印出来的借款单效果，如下图所示。

3 设置纸张方向。单击"纵向"右侧的下三角按钮，在展开的下拉列表中单击"横向"选项，如下图所示。

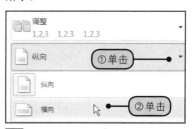

4 预览调整纸张方向后的打印效果。若将打印纸张调整为横向打印，则借款单打印效果如下图所示。

5 单击"页面设置"链接。由于横向打印浪费的空白区域较多，因此单击"页面设置"链接更改纸张方向，如下图所示。

6 更改纸张方向。在弹出的"页面设置"对话框的"页面"选项卡下选中"纵向"单选按钮，如下图所示。

7 调整页边距。切换到"页边距"选项卡，调整"上"、"下"边距为"3.0"，再勾选"水平"、"垂直"复选框，如右图所示。

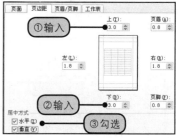

8 预览打印效果。单击"确定"按钮返回到"打印"选项面板中，可以预览到调整页边距后的打印效果，如下图所示。

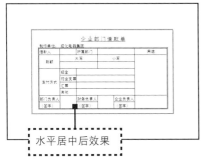

水平居中后效果

9 设置打印份数和打印机名称。从"打印机"下拉列表中选择连接的打印机名称，在"副本"文本框中输入打印的份数"50"，设置完毕后单击"打印"按钮即可开始打印，如下图所示。

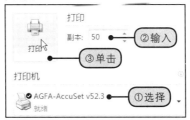

打印
副本： 50 ②输入
打印 ③单击
打印机
AGFA-AccuSet v52.3 ①选择
就绪

提示 ⑨ Excel文件打印须知

相对于Word而言，Excel文件的打印要复杂一些。下面为大家介绍一下打印Excel文件需要注意的问题。

1.使所有数据可见

打印Excel工作表时，一定要使工作表中所有单元格的内容完全显示出来。如果某一单元格的文本或数字超出了列宽，那么打印出来的文本将被截断，打印出来的数字则会显示为#####。因此，打印之前，必须确保工作表中的所有数据可见。

2.关于打印设置

注意，打印Excel工作表时，屏幕显示效果良好的格式不一定有好的打印效果。如果工作表中文字或表格边框设置为彩色，而打印时是用的黑白打印机，那么最好使用对比度较高的颜色，否则打印出来的内容就不够清晰。

此外，也可在"页面设置"对话框的"工作表"选项卡下，勾选"打印"选项组中的"单色打印"复选框，提高彩色打印的清晰度。

8.2
制作销售收据

销售收据主要用于确认顾客对物品或服务的付款情况。在编制这种表格时，用户需要记录一些信息，如"购买的物品名称"、"每种物品的参考数字"、"数量"、"单价"和"总价"。出于安全性和库存记录两个目的，在销售货品时，需要仔细检查顾客领走的物品，使它们和销售收据中列出的清单一致。

8.2.1 使用框线列表快速绘制销售收据表格

在Excel中，用户可以快速选择"字体"组"边框"下拉列表中的线条类型与颜色，然后使用绘笔快速绘制表格。

原始文件	实例文件\第8章\原始文件\销售收据.xlsx
最终文件	实例文件\第8章\最终文件\销售收据.xlsx

1 使用框线下拉列表。打开"实例文件\第8章\原始文件\销售收据.xlsx"工作簿，在"开始"选项卡下单击"字体"组中的"边框"下三角按钮，如下图所示。

2 打开"颜色"对话框。在展开的下拉列表中单击"线条颜色"|"其他颜色"选项，如下图所示，打开"颜色"对话框。

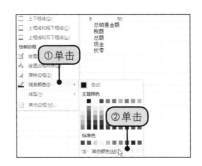

提示 ⑩ 绘图边框与绘图边框网格

在"开始"选项卡的"字体"组中，单击"边框"下三角按钮，在展开的下拉列表中单击"绘图边框"按钮 ，即可在工作表中绘制边框线，该效果等同于本例中步骤7的操作。

在该按钮下方还有一个"绘图边框网格"按钮 ，使用它，用户可以直接在工作表中绘制网格，效果等同于本例中的步骤5。

提示 ⑪ 擦除边框

边框绘制或添加完毕后，如果要删除多余的线条，该如何操作呢？

在"开始"选项卡的"字体"组中单击"边框"下三角按钮，接着在展开的下拉列表中单击"擦除边框"按钮 ，在需要删除的线条处拖动鼠标，即可擦除边框。

注意：直接拖动鼠标擦除的是边框网格，而按住Ctrl键拖动鼠标将只擦除单元格区域的外边框。

3 设置线条颜色。在"颜色"对话框的"标准"选项卡下选择一种线条颜色，然后单击"确定"按钮，如下图所示。

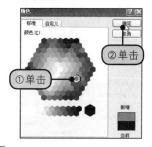

5 绘制边框网格。此时，鼠标指针变为笔形，按住Ctrl键绘制销售收据的边框网格，如下图所示。

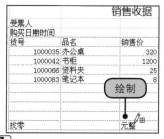

7 绘制外边框。直接沿着销售收据的外边框绘制线条，如右图所示，即能直接将新的线条样式应用于单元格区域的外围。

4 设置线条类型。再次单击"边框"下三角按钮，在展开的下拉列表中单击"线型"选项，并在其子列表中选择一款线型样式，如下图所示。

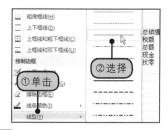

6 设置外边框的线条类型。绘制完成后，单击"边框"下三角按钮，在展开的下拉列表中单击"线型"选项，然后在展开的子列表中另外选择一款线条类型。

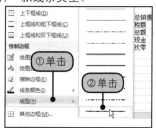

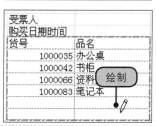

8.2.2 文本对齐方式的应用

文本对齐包括水平对齐与垂直对齐。设置文本对齐方式是为了更好地排列单元格中的内容，使其整齐、规范化。本小节就来介绍如何应用对齐方式排列销售收据中的文字内容。

1 设置标题文字居中对齐。选中B2单元格，在"开始"选项卡下单击"对齐方式"组中的"居中"按钮，如下图所示，设置标题文字居中对齐。

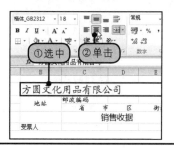

2 打开"设置单元格格式"对话框。选取单元格区域B8:F8，单击"对齐方式"组中的对话框启动器，如下图所示，打开"设置单元格格式"对话框。

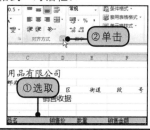

3 设置文本水平对齐方式。在"对齐"选项卡下的"文本对齐方式"选项组中,单击"水平对齐"列表框右侧的下三角按钮,在展开的下拉列表中单击"分散对齐(缩进)"选项,如下图所示,设置文本水平对齐方式。

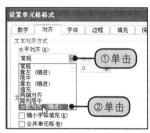

5 显示设置两端分散对齐后的效果。返回工作表中,可以看到所选单元格文字应用两端分散对齐后的效果,如下图所示。

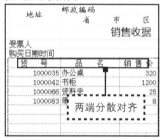

7 设置文本分散对齐。打开"设置单元格格式"对话框,在"对齐"选项卡的"水平对齐"下拉列表中选择"分散对齐(缩进)"选项,如下图所示。

4 选择两端分散对齐。设置文本水平对齐方式后,勾选"两端分散对齐"复选框,如下图所示,让文字前后留出空白,设置完毕后,单击"确定"按钮。

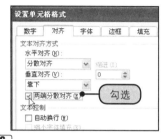

6 选取单元格区域。按住Ctrl键选中B17单元格与E13:E17单元格区域,如下图所示。

8 显示只设置分散对齐后的文本效果。单击"确定"按钮后,可以看到单元格应用分散对齐后的效果,如下图所示。因为没有设置为两端分散对齐,所以文字左右两侧没有留白。

8.2.3 让单元格内文字垂直显示

　　排列单元格内文本除了可以设置它们的水平与垂直对齐方式外,还可以将它们调整为一定角度或直接设置为垂直方向。本小节就来介绍如何让单元格内文字垂直显示。

提示 ⑫ 使用"方向"按钮设置文字方向

在"开始"选项卡下的"对齐方式"组中单击"方向"按钮 ❧，在展开的下拉列表中可以快速设置文字的方向，包括设置文字按逆时针与顺时针角度旋转、向上与向下旋转或者竖直排列，如下图所示。

提示 ⑬ 在"对齐"选项卡中设置文字方向

在"设置单元格格式"对话框的"对齐"选项卡下，也可以设置文字的方向，主要方法为拖动调整指针确定文字方向或在下方文本框中输入旋转度数确定文字方向，如下图所示。

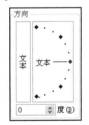

提示 ⑭ 批量转换日期格式

如果用户在Excel中某一列录入的都是常规格式的数字，如A1单元格中的数字为20100402，要想将其批量转换为日期型的格式，该如何操作呢？

这里介绍一种快速的方法，即使用公式，如在C1单元格输入"=DATE(LEFT(A1,4),MID(A1,5,2),RIGHT(A1,2))"，按Enter键后，C1单元格即返回了A1单元格中数字的日期格式，然后向下复制公式即可。

1 选中单元格。选中要设置单元格文字垂直显示的B3单元格，如下图所示。

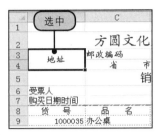

3 显示文字垂直显示的效果。单击"确定"按钮后，可以看到B3单元格中的"地址"垂直排列显示，如右图所示。

2 打开"设置单元格格式"对话框，在"对齐"选项卡下单击右侧"方向"选项组中的"竖排"图标，如下图所示，让单元格内文本垂直显示。

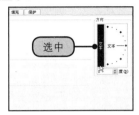

8.2.4 设置单元格日期格式

在"设置单元格格式"对话框的"分类"列表框中，可以详细地定义单元格中日期的格式，使其符合用户的实际需要。本小节将介绍设置日期格式的具体操作方法。

1 合并单元格。选取单元格区域C7:D7，将该区域合并，如下图所示。

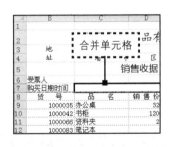

3 设置日期格式。在"数字"选项卡的"分类"列表框中单击"日期"选项，然后在右侧的"类型"列表框中选择相应的日期格式，如下图所示。

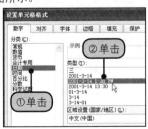

2 打开"设置单元格格式"对话框。单击"开始"选项卡下"数字"组中的对话框启动器，如下图所示，打开"设置单元格格式"对话框。

4 输入NOW函数。返回工作表中，选中C7单元格，输入公式"=NOW()"，如下图所示。

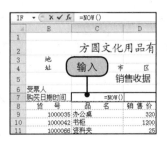

5 显示当前日期时间。按Enter键后，目标单元格即按照设置的日期格式返回当前的日期时间，如右图所示。

返回当前日期时间

⑮ NOW函数解析

NOW函数用于返回当前日期和时间所对应的序列号。

语法：

NOW()

参数：

无

8.2.5 为销售金额添加货币符号

在销售单据中，经常会有金额的统计与计算。为了使单据更加专业化，可以为单价添加上货币符号，如本例中将销售货品的销售价与销售金额都添加上美元符号。

1 选取要设置货币格式的单元格。按住Ctrl键选取单元格区域D9:D12与F9:F17，如下图所示。

2 设置货币格式。打开"设置单元格格式"对话框，在"分类"列表框中单击"货币"选项，如下图所示。

3 添加货币符号与设置数值小数位数。在"小数位数"文本框中输入0，然后单击"货币符号"列表框右侧的下三角按钮，在展开的下拉列表中选择$。

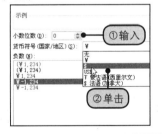

4 应用货币格式后的效果。单击"确定"按钮后，目标单元格区域即应用了相应的货币格式，如下图所示。

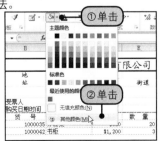

⑯ 快速添加货币符号

用户除了可以使用"设置单元格格式"对话框应用货币格式外，还可以直接使用"数字格式"功能快速添加货币符号。

选中要应用货币符号的单元格或单元格区域后，单击"数字格式"按钮，在展开的下拉列表中单击"货币"选项即可，如下图所示。

默认情况下，"数字格式"下拉列表中的货币符号为人民币符号￥，要更改系统默认设置，需要在"控制面板"窗口的"区域和语言选项"下设置。

8.2.6 为单元格添加色彩

为单元格添加色彩即设置单元格底纹颜色，本例以设置单元格渐变填充底纹为例，介绍为单元格添加颜色的方法。

1 为标题添加背景填充色。选中标题文本所在的B2单元格，单击"字体"组中的"填充颜色"下三角按钮，在展开的下拉列表中单击"其他颜色"选项，如右图所示。

经验分享：
发票和收据的联系与区别

从定义上看，发票是在销售商品或提供劳务后，付款方用来记账或报销用的凭据；而收据只是作为一种证明收过款项或是付过款项的证明。

它们的相同点为发票和收据都是原始凭证，都可以证明收支了某项款项。

它们的不同点有以下两方面。

（1）收据收取的款项只能是往来款项，收据所收支的款项不能作为成本、费用或收入，只能作为收取往来款项的凭证，而发票不但是收支款项的凭证，而且凭发票所收支的款项可以作为成本、费用或收入，也就是说发票是发生的成本、费用或收入的原始凭证。

（2）收据和发票在使用时的区别在于，发票是在涉税事项时使用，收据是在非涉税事项时使用。

在质保上，如果不开票，那么质保从出厂时间算起，若开票则从发票上的购买时间算起。

2 设置颜色。打开"颜色"对话框，在"标准"选项卡中选择一种绿色填充色，然后单击"确定"按钮，如下图所示，将B2单元格的背景色设置为绿色。

4 切换到"填充"选项卡。打开"设置单元格格式"对话框，切换到"填充"选项卡，单击"填充效果"按钮，如下图所示。

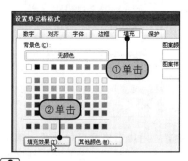

6 选择填充颜色。在"标准"选项卡下选择一种填充颜色，然后单击"确定"按钮，如下图所示。

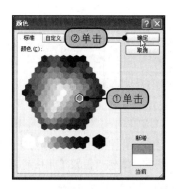

3 选取单元格区域。设置标题单元格的背景颜色后，选取单元格区域B8:F8，如下图所示。

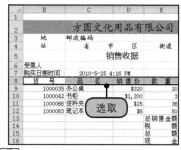

5 设置单元格渐变填充。在打开的"填充效果"对话框中，单击"颜色2"列表框右侧的下三角按钮，在展开的下拉列表中单击"其他颜色"选项，如下图所示。

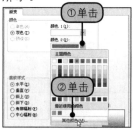

7 选择底纹样式。返回"填充效果"对话框，将"颜色1"设置为边框线条的颜色，然后在"底纹样式"选项组中选中"斜下"单选按钮，并在"变形"选项组选择如下图所示的变形。

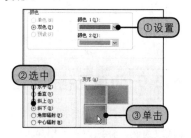

8 显示单元格背景设置渐变填充色的效果。退出"设置单元格格式"对话框后，可以看到目标单元格背景应用渐变填充颜色的效果，如右图所示。

填充后效果

8.2.7 完成销售收据中各项金额的计算

销售收据中涉及的金额计算包括销售总额的计算、税额的计算、客户付现找零的计算等。

1 计算办公桌的销售金额。选中F9单元格，输入"=D9*E9"，如下图所示，计算办公桌的销售金额。

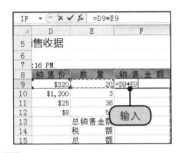

3 复制公式。拖动F9单元格右下角填充柄，向下复制公式至F12单元格，如下图所示。

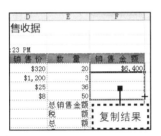

5 使用自动求和计算总销售金额。选中F13单元格，切换到"公式"选项卡下，单击"自动求和"按钮，如下图所示。

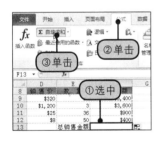

7 计算税额。若税额的计算公式为"税额=总销售金额*5%"，则选中F14单元格，然后输入公式"=F13*5%"，按Enter键即可计算出税额，如右图所示。

2 返回计算结果。按Enter键后，F9单元格即返回计算结果6400，如下图所示。

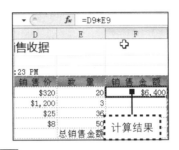

4 返回相对引用结果。经过上述操作后，即计算出了其他办公用品的销售额，如下图所示。

6 显示计算结果。单击"自动求和"按钮后，Excel将自动选取单元格区域F9:F12为求和区域，如果确认，按Enter键，就会返回销售金额的求和结果，如下图所示。

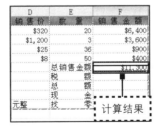

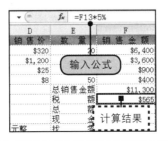

提示 ⑰ 自动求和、平均值与计数

在Excel中有许多非常实用且计算简便的功能，即自动统计总数、平均数与计数的功能。

要实现数据的简单汇总、平均值等的统计，只需使用如下图所示的下拉列表就可以了。

例如，若要计算一列数值的平均值，则在选中显示计算结果的单元格后，单击"自动求和"|"平均值"选项，会出现AVERAGE函数，确定函数的引用区域后，按Enter键即可完成计算。

提示 ⑱ SUM函数解析

SUM函数用于返回某一单元格区域中所有数字之和。

语法：

SUM(number1,number2,...)

参数含义：

"number1，number2，..."为1~30个需要求和的数值（包括逻辑值及文本表达式）区域或引用。

需要注意的是，参数表中的数字、逻辑值及数字的文本表达式可以参与计算，其中逻辑值被转换为1、文本被转换为数字。如果参数为数组或引用，那么只有其中的数字被计算，而数组或引用中的空白单元格、逻辑值、文本或错误值将被忽略。

8 计算总额。总额的计算公式为"总额＝总销售金额＋税额"。根据该公式，选中F15单元格，输入"=SUM(F13,F14)"，按Enter键，计算出总额，如下图所示。

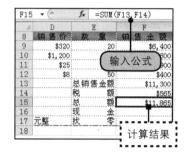

9 计算找零。找零的计算公式为"找零＝现金-总额"，因此要计算找零，需要有现金的金额数，先在F16单元格输入现金金额20000，然后选中F17单元格，输入公式"=F16-F15"。按Enter键后，即可计算出找零的金额数，如下图所示。

8.2.8 自定义单元格格式让金额大写显示

财务工作涉及很多单据，有金额的地方除了要求写明具体的金额数字外，旁边还注明写出大写，这是为什么呢？因为用中文大写写明金额在一定程度上可以减少被随意涂改的可能。

1 使用等号引用单元格数值。选中C17单元格，输入"="，再选中F17单元格，将F17单元格中的数值引用到C17单元格中，如下图所示。

2 返回引用结果。按Enter键后，即可返回引用的结果，如下图所示。经过引用，C17单元格中的数值会随着F17单元格中数值的更改而更改。

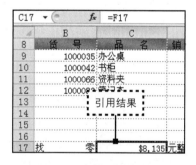

3 设置中文大写格式。选中C17单元格，打开"设置单元格格式"对话框，在"数字"选项卡下的"分类"列表框中单击"特殊"选项，然后在右侧的"类型"列表框中选择"中文大写数字"选项，如右图所示。

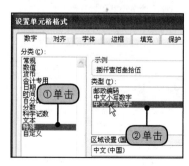

4 显示数字应用中文大写格式后的效果。单击"确定"按钮后，单元格中数字的格式即可更改为中文大写数字的特殊格式，如下图所示。

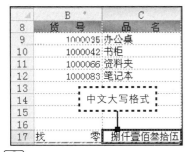

6 显示单元格应用自定义格式后的效果。单击"确定"按钮后，目标单元格的大写金额即变为指定的样式，如右图所示。

5 自定义单元格格式。再次打开"设置单元格格式"对话框，在"分类"列表框中单击"自定义"选项，然后在右侧的"类型"文本框的最前面添加"$"符号，如下图所示。

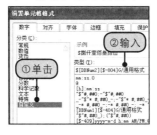

8.2.9 为邮编添加几何图形符号

通过Excel的"符号"对话框，用户能轻松地为6位数的邮编添加方框符号。

1 定位插入点。选中C3单元格，将插入点置于编辑栏"邮政编码"字样后，按空格键，如下图所示。

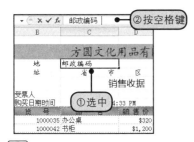

3 选择符号子集。在"符号"选项卡下单击"子集"列表框右侧的下三角按钮，在下拉列表中单击"几何图形符"选项。

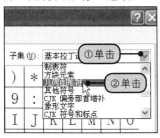

2 打开"符号"对话框。切换到"插入"选项卡，单击"符号"组中的"符号"按钮，如下图所示，打开"符号"对话框。

4 插入符号。之后在下方符号区域中选择需要插入的符号图标，如双击方块图标，即可插入方块，如下图所示。

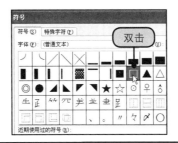

目前，财务上对人民币数字金额大写是有一定要求的，1996年6月17日财政部财会字19号发布的会计基础工作规范就有过详细的规定。

填制会计凭证，字迹必须清晰、工整，并符合下列要求。

（1）阿拉伯数字应当一个一个地写，不得连笔写。阿拉伯金额数字前面应当书写货币币种符号或者货币名称简写和币种符号。币种符号与阿拉伯金额数字之间不得留有空白。凡阿拉伯数字前写有币种符号的，数字后面不再写货币单位。

（2）所有以元为单位（其他货币种类为货币基本单位，下同）的阿拉伯数字，除表示单价等情况外，一律填写到分位；元角分的，角位和分位可写"00"，或者符号"——"；有角无分的，分位应当写"0"，不得用符号"——"代替。

（3）汉字大写数字金额如零、壹、贰、叁、肆、伍、陆、柒、捌、玖、拾、佰、仟、万、亿等，一律用正楷或行书体书写，不得用0、一、二、三、四、五、六、七、八、九、十等简化字代替，不得任意自造简化字。大写金额数字到元或者角为止的，在"元"或者"角"字之后应当写"整"字或者"正"字；有分的，分字后面不写"整"或者"正"字。

经验分享：
发票、收据的管理

为保证公司正常的经济收入，加强财务的监管，各公司都会制定一套符合本公司的发票、收据管理制度。

一般说来，发票、收据的监管离不开以下几方面。

开具发票、收据必须做到按号码顺序填写，填写项目齐全、内容真实、字迹清楚、全份一次复写，全部联次内容一致。发票要加盖单位的财务专用章或发票专用章，收据要统一加盖公司财务专用章。开具发票、收据后，发生退款，则在收回原发票、收据或取得对方有效证明后，方可填开红字发票、收据或收回原发票、收据后重新开具发票、收据。

票据管理员必须保管好未使用的空白发票、收据。在发票、收据未被领用之前，不得预先加盖有关财务章，发现空白发票收据遗失，应及时向财务负责人汇报并查明原因，办理有关挂失手续。

19 移动与复制工作表

要快速移动工作表的位置，只需选中工作表标签，然后将其拖动到需要移动至的位置处，释放鼠标，即可完成工作表的移动。

快速复制工作表时，则需要按住Ctrl键复制。

复制工作表与移动工作表不同，复制工作表是创建一个原工作表的副本，而移动工作表只是改变工作表的位置。

? 常见问题

收据是否都不能入账

Q 单位在日常业务中，除了收到很多发票外，有时还会收到很多收据。这些收据是否都不能入账，或者哪些收据可以入账？

---

5 显示插入的方块效果。经过上步操作后，即可在邮编后插入方块符号，如下图所示。

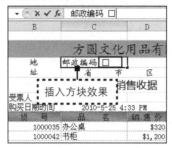

6 插入6位邮编方块。用同样的方法继续插入方块符号，直到数量为6，如下图所示。

8.2.10 将销售收据保存为模板

经过前面小节的操作，一张反映客户购物与付款情况的销售单据便制作完成了。为了将该销售单据应用于之后商品的销售中，可以将其格式保存为模板。接下来就介绍将销售收据保存为模板的方法。

1 选中单元格。选中C6单元格，如下图所示。

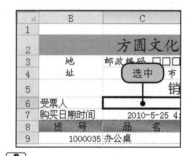

2 添加下框线。单击"边框"下三角按钮，在展开的下拉列表中单击"下框线"选项，如下图所示。

3 复制工作表。按住Ctrl键拖动Sheet1工作表标签至如下图所示的位置处。

5 选取要清除内容的单元格区域。按住Ctrl键选取要清除内容的单元格区域，如右图所示。

4 建立副本。释放鼠标后，即可建立一张Sheet1的副本，如下图所示。

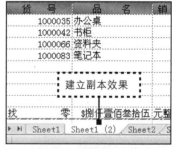

6 清除单元格内容。右击鼠标，在弹出的快捷菜单中单击"清除内容"命令，如下图所示，清除单元格内容。

8 删除多余的工作表。确认无误后，选取多余的工作表标签，右击鼠标，在弹出的快捷菜单中单击"删除"命令，将它们一并删除，如下图所示。

10 重命名工作表。删除其他工作表后，将当前活动的工作表重命名为"销售收据"，如下图所示。

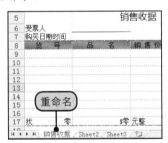

12 设置保存类型。在对话框中设置文件的保存类型为"Excel模板"，如右图所示，单击"保存"按钮后，即可将工作簿保存为模板文件。

7 显示清除内容后的效果。将当前销售收据的填写内容清除后，只保留销售收据的格式，如下图所示。

9 警告用户删除可能出现的问题。此时弹出警告对话框，直接单击"删除"按钮，如下图所示，确认删除工作表。

11 另存文件。单击"文件"按钮，在弹出的菜单中单击"另存为"命令，如下图所示。

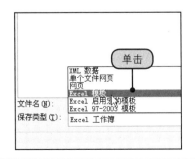

（续上页）

 常见问题

收据是否都不能入账

A 大多数单位的财务人员都知道发票是合法的凭证，可以入账，而对于收据是否能入账，却不是很清楚。个别单位的财务人员以为，除了发票以外的任何收据都是"白条"，都不能作为合法的财务凭据入账。

其实，收据与我们日常所说的"白条"不能画等号，收据也是收付款凭证，它有种类之分。至于能否入账，则要看收据的种类及使用范围。

收据可以分为内部收据和外部收据。外部收据又分为税务部门监制、财政部门监制、部队收据三种。

内部收据是单位内部的自制凭据，用于单位内部发生的业务，如材料内部调拨、收取员工押金、退还多余出差借款等，这时的内部自制收据是合法的凭据，可以作为成本费用入账。

单位之间发生业务往来时，收款方在收款以后不需要纳税的，收款方就可以开具税务部门监制的收据，如收到下属单位归还的借款，因为收到借款不存在纳税义务，所以可以向下属单位开具税务局监制的收据。

行政、事业单位发生的行政事业性收费，可以使用财政部门监制的收据，如防疫站收取防疫费、环保局收取环保费等，都可以使用财政部门监制的收费收据作为合法的费用凭据。

单位与部队之间发生业务往来，按照规定不需纳税的，可以使用部队监制的收据，这种收据也是合法的凭据，可以入账。

除了上述几种收据外，单位或个人在收付款时使用的其他自制收据，就是日常所说的"白条"，是不能作为凭据入账的。

专家点拨：注重办公室桌面环境和心理环境建设

随着现代化进程的加快，人们的办公"硬件"水平逐渐提高，同时对办公环境的要求也越来越高，办公环境对人工作效率的影响也越来越大。整洁、明亮、舒适的工作环境，可以使员工产生积极的情绪，员工就会充满活力，工作效率就会很高。源自日本的5S管理，一定程度上正是来自这种需求。

一、办公室桌面环境

办公室的桌椅及其他办公设施都需要保持干净、整洁、井井有条。心理状态的好坏在一定程度上会从办公桌椅或其他方面体现出来。

从办公桌的状态可以看到当事人的状态，会整理自己桌面的人，工作起来肯定也是干净爽快。他们为了更有效地完成工作，桌面上只摆放目前正在进行的工作资料；在休息前应做好下一项工作的准备；因为用餐或去洗手间暂时离开座位时，应将文件覆盖起来；下班后的桌面上只能摆放计算机，而文件或是资料应该收放在抽屉或文件柜中。

随着办公室改革的推进，有的公司已废弃了个人的专用办公桌，而是用共享的大型办公桌，为了下一个使用者，对共享的办公桌应更加爱惜。

二、办公室心理环境

"硬件"环境的改善仅仅是提高工作效率的一个方面，更为重要的往往是"软件"条件，即办公室工作人员的综合素质，尤其是心理素质。这个观点正在被越来越多的白领们所接受。

在日常工作中，人际关系是否融洽非常重要。互相之间以微笑的表情体现友好热情与温暖，以健康的思维方式考虑问题，就会和谐相处。工作人员在言谈举止、衣着打扮、表情动作的流露中，都可以体现出是否拥有健康的心理素质。

总之，办公室内的软件建设是需要在心理卫生方面下一番工夫的。因为"精神污染"会涣散人们工作的积极性，乃至影响工作效率和工作质量，从某种意义上说，要比大气、水质、噪声的污染更为严重。

在办公室内需要不断提高心理卫生水平，我们建议从以下几个方面试试。

学会选择适当的心理压力调节方式，使其不被"精神污染"。作为单位领导，应主动关心员工，了解员工的情绪周期变化规律，根据工作情况，采取放"情绪假"的办法。工作之余多组织一些文娱体育活动，既丰富了文化生活，又运用积极方式宣泄了不良情绪。有条件的可以建立员工心理档案，并定期组织"心理检查"，这样可以防微杜渐，避免员工严重心理问题的产生等。

读书笔记

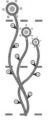

第 9 章

企划书的制作

 学习要点

- 选定全部工作表
- 设置形状格式
- 组合图形
- 插入自选图形
- 插入编辑SmartArt图形
- 将图形复制粘贴为图片

本章结构

1 快速选定企划中全部工作表

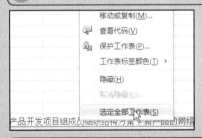

2 快速组合成员组织结构框架图

3 设置网络营销SmartArt图格式

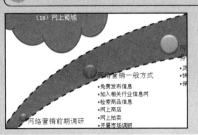

4 将项目进度图形复制为图片

企划书的制作

第 9 章

在公司里，企划书的使用范围是非常广泛的，当公司有新产品准备开发时，当公司准备向银行贷款时，往往都需要使用企划书。文秘行政人员在工作中免不了会需要制作企划书，有时企划书的好坏，往往可以决定交易、申请的成败。如果用户使用Excel 2010来制作企划书，就会发现原来企划书的制作也可以是一件轻松的事情。Excel 2010提供的强大功能可以帮助用户更好地设计企划书的内容并且美化页面，从而获得高质量的企划书。

 经验分享：
企划书的基本构成要素

企划书的种类，因提出的对象与内容不同，而在形式和体裁上有很大的差别。但是，任何一种企划书的构成都必须有5W、2H、1E，共8个基本要素，分别如下。

- What（什么）：企划的目的、内容。
- Who（谁）：企划的相关人员。
- Where（何处）：企划的实施场所。
- When（何时）：企划的时间。
- Why（为什么）：企划的缘由、前景。
- How（如何）：企划的方法和运转实施。
- How much（多少）：企划预算。
- Effect（效果）：预测企划的结果、效果。

任何一种真正意义上的企划书必须具备上述8个基本要素。值得一提的是，要注意How much和Effect对整个企划案的重要意义。如果忽视企划的成本投入，不注意企划书实施效果的预测，那么，这种企划就不是一种成功的企划。只有5W、1H的企划书不能称之为企划书，只能算是计划书。

9.1 创建企划书

用户要制作一份企划书，首先要像写文章时列提纲一样，先锁定企划书的重点，创建相关的文档，设计企划书的总体基调，以保持企划书的内容版式、风格基本是一致的。

本章里的企划书由3张工作表组成，包括"产品开发项目组成员组织结构方案"、"新产品的网络营销方案"和"新产品项目进度方案"。

本节里主要向用户介绍通过选中3张工作表，一次性设置3张工作表样式的方法。

最终文件	实例文件\第9章\最终文件\企划书.xlsx

1 对工作表重命名。新建一张Excel工作簿并将工作表Sheet1重命名为"产品开发项目组成员组织结构方案"，将Sheet2重命名为"新产品的网络营销方案"，将Sheet3重命名为"新产品项目进度方案"，如下图所示。

2 选定全部工作表。右击"产品开发项目组成员组织结构方案"标签，在弹出的快捷菜单中单击"选定全部工作表"命令，如下图所示，选中3张工作表。

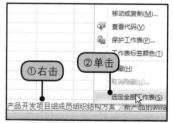

3 输入表头内容。在单元格A1中输入文字"新产品项目企划书"，在单元格A2中输入文字"企划书名称"，在单元格I2中输入文字"第页"，如右图所示。

4 合并后居中单元格。选取单元格区域A1:I1，在"开始"选项卡下，单击"对齐方式"组中的"合并后居中"按钮，如下图所示。

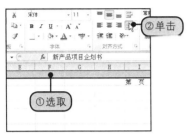

5 显示合并后居中效果。重复上面的操作，合并后居中单元格区域B2:H2，操作后的效果如下图所示。

6 合并单元格。选取单元格区域A3:I53，单击"合并后居中"下三角按钮，在展开的下拉列表中单击"合并单元格"选项，如下图所示。

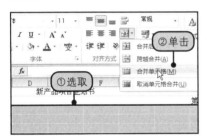

7 绘制边框。选取单元格区域A1:I53，单击"字体"组中的"边框"下三角按钮，在展开的下拉列表中单击"所有框线"选项，如下图所示。

8 改变边框样式。选中单元格A1，单击"字体"组中的"边框"下三角按钮，在展开的下拉列表中单击"粗匣框线"选项，如下图所示。

9 设置字体样式。选中单元格A1，单击"字体"组中"字体"右侧的下三角按钮，在打开的下拉列表中单击"方正舒体"选项，在"字体"右侧设置字号为24，再单击"加粗"按钮，如下图所示。

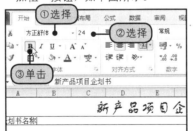

10 设置填充颜色。单击"填充颜色"下三角按钮，在展开的下拉列表中选择茶色，如右图所示。

提示 ① 绘制边框

Excel 2010为用户提供了一种在单元格周围和之间添加边框的新方法，边框样式除了可以选择外，还可以进行手工绘制。使用"绘图边框"绘制边框时，在单元格区域上拖动鼠标，则只在经过的区域绘制上边框。

用户可以在"字体"组中的"边框"下拉列表中选择"绘图边框"选项，进行手工绘制，如下图所示。

经验分享：企划书的一般格式

用户在创作企划书时，通常按照以下的格式来操作。

1．企划书名称

企划书的名称必须写得具体清楚。

2．企划者的姓名

企划者的姓名、工作单位、职务均应一一写明。如果是集体企划，则所有相关人员的姓名、工作单位、职务均应写出。

3．企划书完成时间

依照企划书完成的年月日据实填写。如果企划书经过修正之后才定案，则除了填写"某年某月某日完成"之外，还要加上"某年某月某日修正定案。"

4．企划目标

企划的目标要具体明确。

11 设置字体颜色。单击"字体颜色"下三角按钮，在展开的下拉列表中选择黑色，如下图所示。

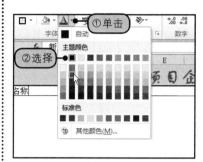

12 显示设置后的效果。按照上面的方法，设置单元格区域A2:I2，设置完成后显示3张工作表的效果，如下图所示。

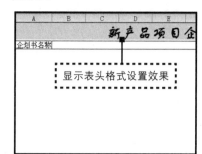

9.2
制作产品开发项目组成员组织结构方案

无论任何形式的企划书，工作组相关人员都是企划书的基本构成要素之一，本节通过制作组织结构图向用户介绍企划的相关人员设计方案。

9.2.1 用形状制作组织结构图

用户在设计组织结构图时一般有两种方法：一种是通过SmartArt图形来制作，二是通过添加形状来实现。在本小节里，主要向用户介绍通过添加形状来制作组织结构图的方法。

① 设置形状样式

用户通过添加形状制作组织结构图的第一步是设计单个的形状样式，然后将形状复制后排列成组织结构图的样式，再输入文字。

1 添加形状。打开"产品开发项目组成员组织结构方案"工作表，单击"插入"选项卡下"插图"组中的"形状"下三角按钮，在展开的下拉列表中单击"矩形"图标，如下图所示。

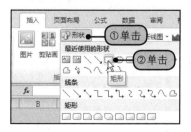

2 调整形状大小。拖动鼠标在工作表中绘制形状，单击"绘图工具"|"格式"标签，切换至"格式"选项卡下，在"大小"组里调整形状大小高为"1.6厘米"、宽为"2.4厘米"，如下图所示。

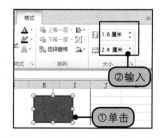

3 设置形状颜色。单击"格式"选项卡下"形状样式"组中的"形状填充"下三角按钮,在展开的下拉列表中选择紫色,如下图所示。

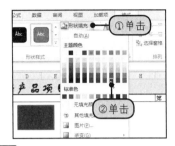

5 打开"设置形状格式"对话框。设置形状渐变填充色后,单击"格式"选项卡下"形状样式"组中的对话框启动器,打开"设置形状格式"对话框,如下图所示。

7 设置材料效果。单击"表面效果"选项组中"材料"右侧的下三角按钮,在展开的样式库中,选择"标准"选项组的"暖色粗糙"样式,如下图所示。

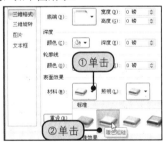

9 设置三维旋转样式。单击"三维旋转"选项,切换至"三维旋转"选项卡下,然后单击"预设"右侧的下三角按钮,在展开的样式库中,选择"倾斜"选项组中的"倾斜右上"样式,如右图所示。

4 设置渐变颜色。再次单击"形状填充"按钮,在"形状填充"下拉列表中单击"渐变"选项,然后在展开的子列表中选择"浅色变体"库中的"线性向下"样式,如下图所示。

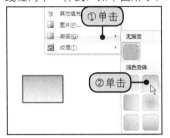

6 设置三维格式。在"设置形状格式"对话框中单击"三维格式"选项,切换至"三维格式"选项卡下,设置"棱台"选项组中"顶端"的"高度"为"25磅",如下图所示。

8 设置照明效果。单击"表面效果"组中"照明"右侧的下三角按钮,在展开的样式库中,选择"特殊格式"选项组中的"两点"样式,如下图所示。

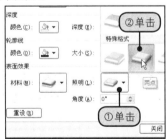

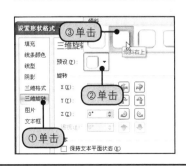

（续上页）

5.企划的内容

这是企划书中最重要的部分,包括企划缘由、前景资料、问题点、创意关键等方面内容。具体内容因企划种类的不同而有所变化,但必须以让读者一目了然为原则,切忌过分详尽、拉杂,否则会令读者感到枯燥无味。此外,还要注意避免强词夺理的内容。

6.预算表和进度表

企划是一项复杂的系统工程,需要花一定的人力、物力和财力,因此,必须进行周密的预算,最好绘出表格,列出总目和分目的支出内容,既方便核算,又便于以后查对。

7.企划实施所需场地

在企划案实施过程中,需要提供哪些场地、何种场地,需提供何种方式的协助等,均要加以说明。

8.预测效果

根据掌握的情报,预测企划案实施后的效果。一个好的企划案,其效果是可期待、可预测的,而且结果经常与事先预测的效果相当接近。

9.参考的文献资料

有助于完成本企划案的各种参考文献资料,包括报纸、杂志、书籍、演讲稿、企业内部资料、政府统计表、调查报告等,均应一一列出。一是表明企划者负责的态度,二是可增加企划案的可信度。

10.其他注意事项

为使本企划顺利进行,其他重要的注意事项应附在企划案上,诸如执行本企划案应具备的条件;必须取得其他部门的支持协作;希望企业领导向全体员工说明本案的重要意义,借以达成共识,通力使用。

10 显示形状效果。经过以上操作后，形状效果如下图所示。

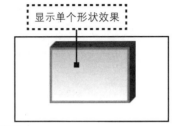

显示单个形状效果

12 选中所有的形状。按住Ctrl键不放，单击所有的形状，如下图所示，选中所有形状。

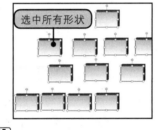

选中所有形状

14 编辑文字。右击单个形状，在弹出的快捷菜单中单击"编辑文字"命令，可以输入文字，如下图所示。

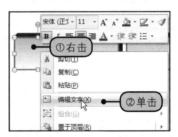

①右击
②单击

16 显示完成后的效果。重复以上操作，将所有形状中都添加文字后，效果如右图所示。

显示全部形状编辑文字后的效果

11 复制形状布局。选中形状，按Ctrl键复制成若干个，拖动形状进行布局，如下图所示。

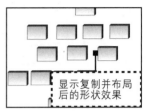

显示复制并布局后的形状效果

13 选择文字样式。在"绘图工具"|"格式"选项卡下，单击"艺术字样式"组左侧的快翻按钮，在展开的样式库中选择新的样式，如下图所示。

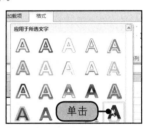

单击

15 显示编辑文字后的效果。在形状内输入文字后的效果如下图所示。

显示编辑文字后的效果

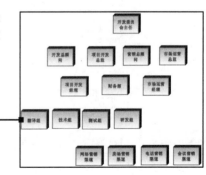

② 使用"大小和属性"对话框编辑形状

提示

用户在编辑形状时，还可以通过"大小和属性"对话框调整形状的大小和属性。

1 选中形状，右击弹出快捷菜单，单击"大小和属性"命令，如下图所示。

2 弹出"大小和属性"对话框，在该对话框中可以进行形状的配置。

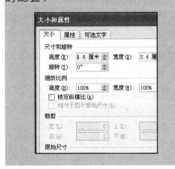

❷ 制作形状连接符

形状设置完成后，用户就要对形状的连接符进行设置。用连接符连接形状后就成了组织结构图。

1 选择连接符。单击"插入"选项卡下"插图"组中的"形状"下三角按钮,在展开的下拉列表中单击"线条"选项组中的"肘形连接符"图标,如下图所示。

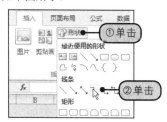

2 添加连接符。将连接符指向形状"开发委员会主任"下方中间的位置,单击后拖动鼠标至形状"开发总顾问"上方的合适位置释放鼠标,完成后的效果如下图所示。

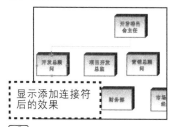

3 连接全部形状。重复以上的操作,将全部形状用连接符连接,调整连接符位置后的效果如下图所示。

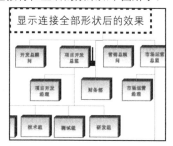

4 选中所有的连接符。按住Ctrl键不放,单击所有的连接符,选中所有连接符后的效果如下图所示。

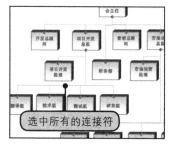

5 组合所有连接符。选中所有的连接符后,右击鼠标,在弹出的快捷菜单中单击"组合"|"组合"命令,如下图所示。

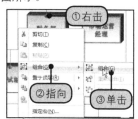

6 选择连接符样式。在"绘图工具"|"格式"选项卡下,单击"形状样式"组左侧的快翻按钮,在展开的样式库中选中新的样式,如下图所示。

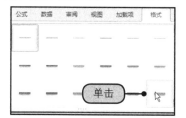

7 显示设置完成后的效果。经过以上操作后,即制作完成了组织结构图,效果如右图所示。

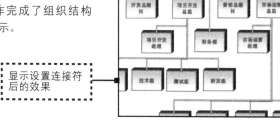

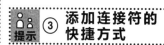

提示 ③ 添加连接符的快捷方式

用户在添加形状或连接符后,可以在"绘图工具"|"格式"选项卡下,单击"插入形状"组中的图标来快速设置添加更多的形状或连接符,如下图所示。

9.2.2 设置单元格背景

在Excel 2010中,可以通过设置单元格格式来设置单元格的双色渐变色背景。

1 打开"设置单元格格式"对话框。选中单元格A3，单击"开始"选项卡下"字体"组中的对话框启动器，即可打开"设置单元格格式"对话框，如下图所示。

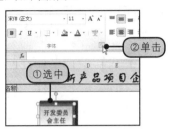

2 打开"填充效果"对话框。在"设置单元格格式"对话框中，切换至"填充"选项卡下，单击"填充效果"按钮，如下图所示，打开"填充效果"对话框。

3 设置渐变颜色。单击"颜色2"下方的下三角按钮，在展开的下拉列表中选择绿色，如下图所示。

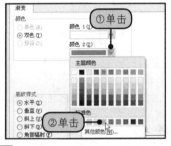

4 设置渐变样式。在"底纹样式"选项组中选中"水平"单选按钮，然后在"变形"选项组中选择绿色在上的样式，单击"确定"按钮完成设置，如下图所示。

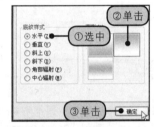

5 显示制作完成后的效果。经过以上操作后，将企划书名称和页数填写完整，则产品开发项目组成员组织结构方案工作表即制作完成，效果如右图所示。

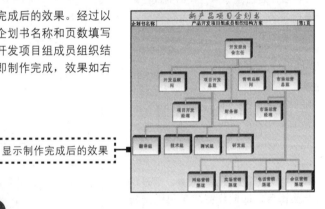

显示制作完成后的效果

④ 更改形状的样式

用户在形状设置中，形状的样式是可以更改的。

1 选中一个形状，如下图所示。

2 在"绘图工具"|"格式"选项卡下，单击"插入形状"组中"编辑形状"右侧的下三角按钮，在其下拉列表中选择"更改形状"选项，然后在其子列表中单击"平行四边形"图标，如下图所示。

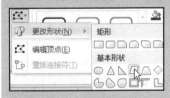

3 更改形状样式后的效果如下图所示。

9.3

制作新产品的网络营销方案

公司的新产品要进行销售，就要制定相对应的营销方案。营销的渠道有很多种，本节主要向用户介绍网络营销方案的制作过程。

9.3.1 插入SmartArt图形

在Excel 2010中，有些图形是可以通过专门的制作功能快速实现的，例如本小节涉及的SmartArt图形。

1 打开"插入SmartArt图形"对话框。切换至新产品的网络营销方案工作表，单击"插入"标签，切换至"插入"选项卡，再单击"插图"组中的SmartArt按钮，如下图所示。

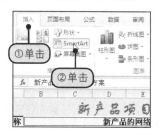

3 显示生成SmartArt图形的效果。经过以上操作后，Excel即自动创建了一个关系图形，效果如下图所示。

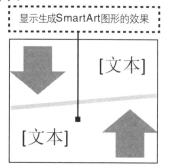

5 显示添加项目符号后的效果。经过以上操作后，即可在第1级文本下添加一个2级文本，效果如下图所示。

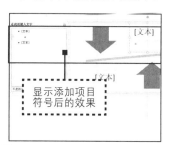

7 输入文本。在[文本]占位符处输入文本，效果如下图所示。

2 选择图形。在弹出的"选择SmartArt图形"对话框中单击"关系"选项，然后在右侧子集中单击"平衡箭头"图标，再单击"确认"按钮，如下图所示。

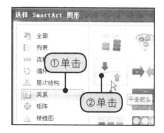

4 添加项目符号。将插入点移到左侧"在此处键入文字"窗格第1级文本处，然后在"SmartArt工具"|"设计"选项卡，单击"创建图形"组中的"添加项目符号"按钮，如下图所示。

6 多次添加项目符号。重复以上的操作，多次添加项目符号，效果如下图所示。

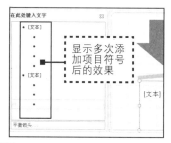

8 形成SmartArt图形文本。在图形中能看到形状添加文本后的效果，如下图所示。

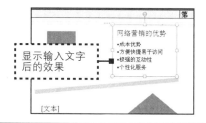

 常见问题

营销企划书应该怎么写

Q 一份完整的营销企划应该包括哪些内容？

A 一份完整的营销企划书的构造分为两大部分，一是市场状况分析，二是企划书正文。

1.市场状况分析

要了解整个市场规模的大小以及敌我对比的情况，市场状况分析必须包含下列12项内容。

（1）整个产品市场的规模。

（2）各竞争品牌的销售量与销售额的比较分析。

（3）各竞争品牌市场占有率的比较分析。

（4）消费者年龄、性别、职业、学历、收入、家庭结构之分析。

（5）各竞争品牌产品优缺点的比较分析。

（6）各竞争品牌市场区域与产品定位的比较分析。

（7）各竞争品牌广告费用与广告表现的比较分析。

（8）各竞争品牌促销活动的比较分析。

（9）各竞争品牌公关活动的比较分析。

（10）各竞争品牌订价策略的比较分析。

（11）各竞争品牌销售渠道的比较分析。

（12）公司过去5年的损益分析。

2.企划书正文

营销企划书正文由以下6大项构成。

（1）公司的主要政策。

（2）销售目标。

（3）推广计划。

企划者拟定推广计划的目的，就是要协助实现销售目标。推广计划包括目标、策略和细部计划三大部分。

（4）市场调查计划。

（5）销售管理计划。

（6）损益预估。

9 显示添加文本完成后的效果。重复以上的操作，完成所有文本的添加，添加完成后，效果如下图所示。

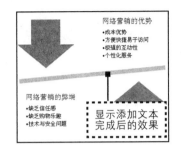

10 打开"插入SmartArt图形"对话框。单击"插入"选项卡，在"插图"组中单击SmartArt按钮，如下图所示。

11 选择图形。在弹出的"选择SmartArt图形"对话框中，单击"流程"选项，然后在右侧子集中单击"向上箭头"图标，再单击"确认"按钮，如下图所示。

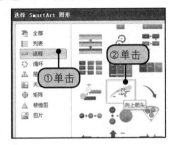

12 显示生成SmartArt图形的效果。经过以上操作后，Excel即自动创建了一个流程图形，效果如下图所示。

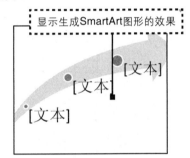

13 添加文本。按照上面介绍的方法添加文本内容，添加完成后的效果如右图所示。

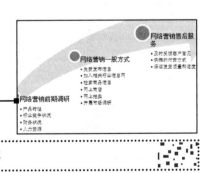

9.3.2 插入形状及内容

本小节向用户介绍通过插入云形图来补充说明网络营销主要策略的方法。

1 选择添加形状。单击"插入"选项卡下"插图"组中的"形状"下三角按钮，在展开的下拉列表中单击"基本形状"组中的"云形"图标，如右图所示。

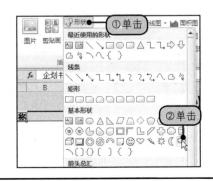

2 添加形状。拖动鼠标在工作表中绘制一个云形,调整其大小后的效果如下图所示。

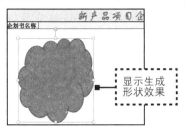

显示生成形状效果

4 输入文字。在形状中输入文字,效果如下图所示。

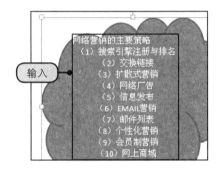

输入

网络营销的主要策略
(1)搜索引擎注册与排名
(2)交换链接
(3)扩散式营销
(4)网络广告
(5)信息发布
(6)EMAIL营销
(7)邮件列表
(8)个性化营销
(9)会员制营销
(10)网上商城

3 编辑文字。右击单个形状,在弹出的快捷菜单中单击"编辑文字"命令,可以输入文字,如下图所示。

①右击
②单击

5 调整布局。将文本设置完成后,通过拖动图形的边框调整3个图形的总体布局,使工作表的布局更加饱满,完成后的效果如下图所示。

显示调整布局后的效果

9.3.3 设置文档效果

刚刚设计出来的图形形状都是系统默认的样式,并不能满足用户的需要。用户可以通过Excel 2010提供的各种设计功能对工作表的内容进行美化。

① 设置SmartArt图形

首先向用户介绍的是通过SmartArt工具对SmartArt图形的美化。

1 设置箭头颜色。在流程图形中选中箭头形状,单击"格式"选项卡下"形状样式"组中的"形状填充"下三角按钮,在展开的下拉列表中选择绿色,如下图所示。

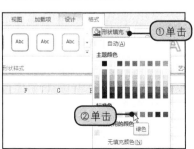

①单击
②单击

2 打开"设置形状格式"对话框。单击"格式"选项卡下"形状样式"组中的对话框启动器,即可打开"设置形状格式"对话框,如下图所示。

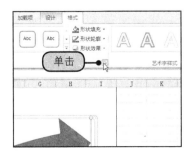

单击

提示 **⑤** **设置SmartArt图形可见性**

用户在编辑SmartArt图形时,可以对工作表中的单个对象进行选择,并可以更改其顺序和可见性。

1 选中一个形状或SmartArt图形,在"绘图工具"或"SmartArt工具"|"格式"选项卡下,单击"排列"组中的"选择窗格"按钮,如下图所示。

2 弹出"选择和可见性"窗格,在窗格中可以对工作表中SmartArt图形的可见性进行设置,如下图所示。

经验分享：
商业企划书

商业企划书是创业家（或是企业主）与潜在投资者之间一种最有效的沟通工具。

经验丰富的企业主以及专业经理人都知道，商业企划书也是一种不可或缺的管理工具，他们都发现，在企划过程中，强迫自己遵循完成商业企划书的每一个步骤，是养成逻辑思考程序的好方法。经过完善准备的商业企划书，可以帮助公司大大改进持续达成各种营运目标的能力，这对公司的企业主、股东、员工和投资者而言，都是最有利的做法。

商业企划书的表现形式可以非常多样，但是本质上，商业企划书是一种说明公司的长期目标/总目标（Goals）、阶段目标/次目标（Objectives）、商业策略（Strategies）以及战术（Tactics）的文书，简单地说，商业企划书的目的是要说明公司未来要往哪里去，它要如何到达目的地，以及目标达成后的景象如何。

常见问题

商业企划书的用途是什么

Q 大家都知道商业企划书的重要性，那么它一般用在哪些方面呢？也就是说，何时我们需要撰写商业企划书呢？

A 商业企划书是很重要而有价值的管理工具，通常有以下几种管理功能。

（1）为公司的绩效设定长期目标与阶段目标。

（2）为评估和管控公司营运绩效提供一个重要的基础。

（3）作为公司向内部的中阶主管以及向外部的顾问、股东、潜在投资者，说明公司讯息的沟通工具。

3 设置线条颜色。在"设置形状格式"对话框中，单击"线条颜色"选项，切换至"线条颜色"选项卡下，选中"实线"单选按钮，再单击"颜色"右侧的下三角按钮，在展开的下拉列表中选择黑色，如下图所示。

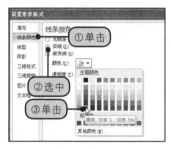

5 选择设置圆形形状。关闭对话框后，在SmartArt图形中选中需要更改的圆形形状，如下图所示。

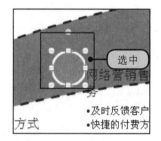

7 更改形状颜色后的效果。更改图形形状样式后，Excel自动显示新的圆形形状颜色效果，如下图所示。

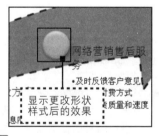

9 选择设置文本框形状。在SmartArt图形中选中需要更改的文本框，如下图所示。

4 设置线型。切换至"线型"选项卡下，在"宽度"后面的文本框中输入"2.5磅"，单击"短划线类型"后的下三角按钮，在展开的下拉列表中选择"短划线"类型，如下图所示。

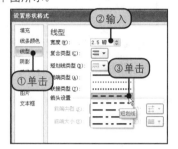

6 更改图形形状颜色。在"SmartArt工具"|"格式"选项卡下，单击"形状样式"组左侧的快翻按钮，在展开的样式库中选中新的样式，如下图所示。

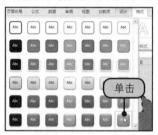

8 显示设置后的效果。将另外两个圆形形状按以上的方法进行设置，总体效果如下图所示。

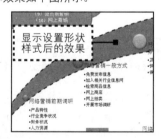

10 设置背景颜色。单击"格式"选项卡下"形状样式"组中的"形状填充"下三角按钮，在展开的下拉列表中选择茶色，如下图所示。

11 设置文本格式。在"开始"选项卡下的"字体"组中单击"加粗"按钮,然后在"对齐方式"组中单击"文本左对齐"按钮,再选择"垂直居中",如下图所示。

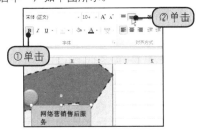

13 设置字体颜色。单击"格式"选项卡下"艺术字样式"组中的"文本填充"下三角按钮,在其下拉列表中选择红色,如下图所示。

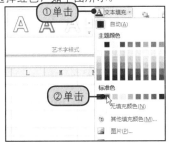

15 显示设置完成后的效果。经过以上操作后,"网络营销售后服务"字样的效果如下图所示。

17 设置关系图的形状。选中关系图形中要设计的箭头形状,在"SmartArt工具"|"格式"选项卡下,单击"形状样式"组左侧的快翻按钮,在展开的样式库中选中新的样式,如下图所示。

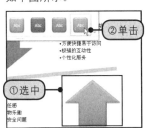

12 选择设置文字。在文本框中选择要设置的文字"网络营销售后服务",如下图所示。

14 设置文本效果。单击"文本效果"下三角按钮,在展开的下拉列表中单击"发光"选项,然后在展开的样式库中选择"发光变体"选项组中的样式,如下图所示。

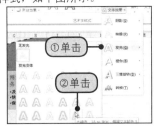

16 设置完成流程图。将另外两个文本框按照以上的步骤进行设置,设置完成后的效果如下图所示。

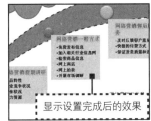

18 设置其他图形形状。按照同样的方法,设置关系图形中的其他图形形状,效果如下图所示。

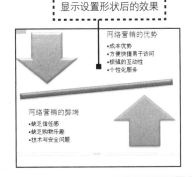

提示 ⑥ **在不同的选项卡下设置文字**

用户在对文字进行设置时就会发现,在Excel 2010中既可以在"开始"选项卡下的"字体"组中设置文字,也可以在"格式"选项卡下的"艺术字样式"组中设置文字,但两处的设计内容是不同的。

在"开始"选项卡下"字体"组中设计的是文字的最基本格式,如下图所示。

但是在"格式"选项卡下"艺术字样式"组中设置的是文字的艺术效果,如下图所示。

用户在对文字进行设置时,把两种功能结合起来,会使设置的文字更富有变化。

提示 ⑦ 打开或关闭文本窗格

用户在编辑SmartArt图形文本时，可以根据需要选择打开或关闭文本窗格。

用户在创建SmartArt图形时，文本窗格"在此处键入文字"是打开的。如果用户要关闭此文本窗格，就要在"SmartArt工具"|"设计"选项卡下单击"创建图形"组中的"文本窗格"按钮，关闭窗格，如下图所示。

19 选中要设置的文本形状。在SmartArt图形中选中需要更改的文本框，如下图所示。

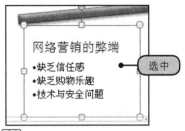

21 选择设置文字。在文本框中选择要设置的文字"网络营销的弊端"，如下图所示。

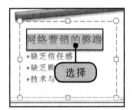

23 显示设置完成后的效果。经过以上操作后，文本框中的字样所设置的效果如下图所示。

20 设置文字样式。在"SmartArt工具"|"格式"选项卡下，单击"艺术字样式"组左侧的快翻按钮，在展开的样式库中选中新的样式，如下图所示。

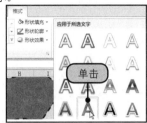

22 设置文字样式。在"SmartArt工具"|"格式"选项卡下，单击"艺术字样式"左侧适合的样式，如下图所示。

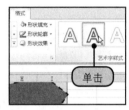

24 设置完成关系图。将"网络营销的优势"字样按照以上的步骤进行设置，设置完成后的效果如下图所示。

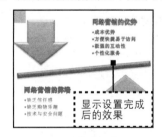

❷ 设置形状效果

形状效果的设置主要是通过"绘图工具"来实现的，它的设置内容和SmartArt图形的设置内容基本一致。

1 选中形状。在工作表中选中需要设置的"云形"形状，如下图所示。

2 设置形状样式。在"绘图工具"|"格式"选项卡下，单击"形状样式"组左侧的快翻按钮，在展开的样式库中选中新的样式，如下图所示。

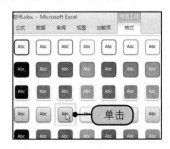

3 设置形状阴影效果。单击 "形状样式"组中的"形状效果"下三角按钮,在展开的下拉列表中单击"阴影"选项,然后在展开的子列表中选择"外部"选项组中的样式,如下图所示。

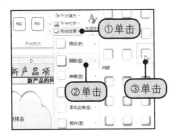

5 设置形状后的效果。经过以上设置后,形状的效果如下图所示。

7 设置文本格式。在"开始"选项卡下"对齐方式"组中单击"顶端对齐"按钮,再单击"文本左对齐"按钮,如下图所示。

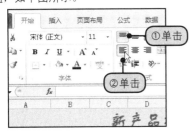

9 设置单元格颜色。选中单元格A3,单击"填充颜色"下三角按钮,在展开的下拉列表中选择紫色,如下图所示。

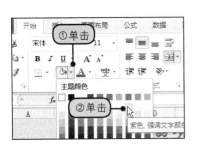

4 设置形状映像效果。单击"形状样式"组中的"形状效果"下三角按钮,在展开的下拉列表中单击"映像"选项,然后在展开的子列表中选择"映像变体"选项组中的样式,如下图所示。

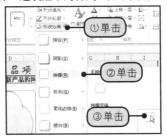

6 选择设置文字。选中云形形状中的所有文字,如下图所示。

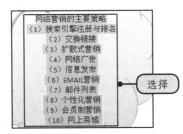

8 显示云形形状效果。经过以上操作后,云形形状中的文字设置后的效果如下图所示。

10 显示制作完成后的效果。经过以上操作后,将企划书名称和页数填写完整,则新产品的网络营销方案工作表就制作完成了,效果如下图所示。

提示 ⑧ 特殊符号的添加

用户在输入文本的过程中,有时需要使用一些特殊的符号。在Excel 2010中,有专门的对话框可供用户选择这些符号。

1 在"插入"选项卡下,单击"符号"组中的"符号"按钮,如下图所示。

2 弹出"符号"对话框,选择所需的符号,如下图所示。

对图片的设置

用户将几个单个的形状组合并转换成一张图片后，单击图片，就会出现"图片工具"|"格式"选项卡，在这里还可以对图片进行设置，如下图所示。

在"图片工具"|"格式"选项卡下，用户可设置的内容包括：调整图片、设置图片样式、对图片进行排序组合、调整图片的大小等。

将Excel表格粘贴为图片

如果想把Excel表格变为图片插入到Word文档中，可以进行如下操作。

1 选中要粘贴的Excel单元格区域，单击"复制"按钮将其存入剪贴板。

2 切换至Word文档，单击"粘贴"|"选择性粘贴"命令，在弹出的对话框中选择"图片（增强型图元文件）"选项，单击"确定"按钮，即可将Excel表格以图片形式插入到当前Word文档中。

9.4
制作新产品项目进度方案

本节主要向用户介绍通过组合图形形状编辑成图片来实现防止形状被修改，保证形状的相对位置不改变的方法。

1 设计新产品项目进度方案。按照前面的方法，将新产品项目进度方案工作表设计为如下图所示的样式。

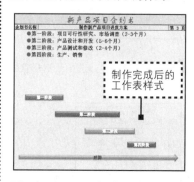

2 组合所有形状。按住Ctrl键不放单击所有形状，右击鼠标，在弹出的快捷菜单中单击"组合"|"组合"命令，如下图所示。

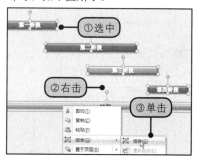

3 选择粘贴。在"开始"选项卡下单击"复制"下三角按钮，从展开的下拉列表中单击"复制为图片"选项，如下图所示。

4 设置"复制图片"对话框。在打开的"复制图片"对话框中选中"如屏幕所示"和"图片"单选按钮，再单击"确定"按钮，如下图所示。

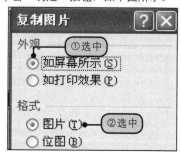

5 单击"选择性粘贴"选项。在"开始"选项卡下单击"粘贴"下三角按钮，从展开的下拉列表中单击"选择性粘贴"选项，如下图所示。

6 粘贴图片。弹出"选择性粘贴"对话框，在"方式"列表框中单击"图片（增强型图元文件）"选项，如下图所示。

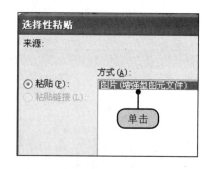

7 设置完成后的效果。经过以上操作后，在原形状处所有的形状将形成一张图片，删除原形状调整图片位置后，效果如右图所示。

设置成图片
后的效果

专家点拨：商务用餐礼仪

身为行政或秘书人员，一些商务性的工作餐是避免不了的。然而，怎样礼仪正确地吃顿工作餐，却并不为很多人所知晓。一些大公司、大客户，甚至通过工作餐，很容易地对某人的教育程度和社会地位迅速作出判断，而且在某些餐厅必须遵守一些最严格的规定，因此在这方面您应该具备一些简单的知识，有正确的举止和饮食方式，以免出丑或使客人尴尬。

一、衣着

晚餐可以是商务性质也可以是社交性质。不管是哪一种，都有正式、非正式之分。如果你应邀参加晚餐，但不知道是否是正式的，你应当直接问清楚。如果最后仍无法得知，那你就要以参加正式宴会的形式来着装，以免引起任何不愉快和惊讶的意外。

二、邀请和受邀

邀请异性就餐，最好是午餐而不是晚餐。如果口头邀请你，你应给予口头答复。如果正式向你发出请帖，你应书面答复。谢绝商务性的邀请，应以业务的理由予以婉拒（如工作太忙、有另一个工作餐等）。不要以私人事务为由予以谢绝，因为这样会使人认为你的活动受私生活的约束而无法将时间倾注在工作上。

三、餐馆的选择

要避免选择罗曼蒂克的餐馆，最好在适宜商务会谈的餐馆定位。

除了重要的菜系餐馆（如粤菜、沪菜或西菜）外，你还应预先选定2~3家你特别喜爱的餐馆，这样，领班很快就会了解你的习惯，为你预留最好的席位；即使在你没空预定时，也会为你找到一张桌子，你的客人会因为领班对你的服务而留下深刻印象。而且由于餐馆的人跟你熟悉，你可以让他们为消费开发票而无需当面付清账单。

四、座位

根据礼仪，最舒服的位子总是留给最重要的人。如果桌子位于角落里，你的客人的座位应当背墙，以便他能看到整个大厅或者看到最好的景色。

五、饮酒

如果在你的餐巾前有四个杯子，你应按十分明确的规矩用大杯盛水，中杯盛红葡萄酒，小杯盛白葡萄酒，而高脚杯盛香槟酒。如果是你做东或者由你斟酒，那你应先斟自己的酒杯（仅倒满杯底）尝一尝。如果你认为酒味的确不佳（有瓶塞味或明显的醋味），那你应该要求换一瓶同一产地的酒（常常很难做到）。如果酒好，那你就按地位重要的顺序为你的客人斟酒。喝了酒后要用餐巾抹一下嘴唇，即使你认为不需要。

（续上页）

专家点拨：商务用餐礼仪

六、吃饭

在某些餐馆，餐桌上摆有好几副餐具：用于吃鱼的、吃肉的、吃色拉的和吃甜食的。如果你不知道要选用哪种，那么你只要记住首先要用靠最外边的餐具（吃色拉），最后用最近的（吃甜食）。

左手拿叉，右手拿刀，食指稍微按在刀背上；不要用刀切面包而要用手掰面包；不要用刀而要用叉来切色拉。

尝菜时，不要去选你想吃的，而要取离你最近的菜，除非你要拿最小的一块。别人还没吃完盘中的菜时，你不要再去取菜。

七、不同的态度

与东方人的习惯相反，在西方，饭后极少使用牙签。因此如果你与外国人一道就餐，你要暂时忘掉这个习惯。

切记不要让你的客人看到或者猜到账单的金额；绝不要议论价格和对账单提出异议，最好的办法是吃完饭后你最后起身以便结账。

读书笔记

第10章

公司会议安排与会议室使用管理

 学习要点

- 使用模板
- 按颜色筛选
- 应用"分列"
- 制作甘特图
- 同时填充多个单元格
- 按文字或格式查找
- 自定义单元格格式
- 按字母顺序排列

本章结构

- **会议室使用预约**
  - 导入会议室使用预约表模板
  - 筛选会议室可用时段
  - 用颜色标出会议室预约情况
  - 查询某部门会议安排

- **跟踪会议准备工作**
  - 建立会议前期工作执行检查表
  - 使用甘特图分析任务执行情况

- **会议签到**
  - 制作会议签到表
  - 使用数据有效性勾划列席人员
  - 将成员名字按英文字母顺序排列
  - 统计会议成员出席情况

1 筛选会议室可用时段

3	时间	1（一）	2（二）
10	9:00	销售总监 王伟	
14	11:00	销售总监 王伟	
15	11:30		
16	12:00		
17	12:30		
18	13:00		
23	15:30		

2 创建会议任务执行甘特图

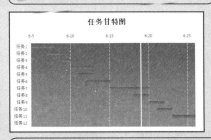

3 为会议签到表添加斜线表头

4 编辑公式计算会议出席率

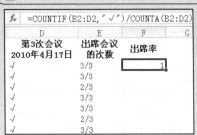

第10章 公司会议安排与会议室使用管理

公司会议室的使用安排以及整个会议流程的部署与监控是行政部职员的主要工作。公司所有会议均须及时通知行政部，这样才能便于安排会议室，若有部门间的会议冲突，还能便于协调。除此之外，行政人员需负责的其他会议事项还包括会议前做好会议准备、进度跟踪、做好会场布置与设备调试，会议过程做好会议记录，会议结束后派人清理会场、查收设备等。本章介绍如何利用Excel软件有效安排会议室的使用以及如何使用甘特图检查会议前期工作执行情况等知识。

提示 ① 如何创建Excel模板

用户为了使用方便，可以将常用的工作表创建成工作表模板。下面向用户介绍如何将普通表格导入模板。

1 创建完成Excel工作表后，单击"文件"按钮，在弹出的菜单中单击"另存为"命令，如下图所示。

2 打开"另存为"对话框，在"另存为"对话框中的"保存类型"下拉列表中单击"Excel模板（*.xltx）"选项，如下图所示。单击"保存"按钮完成设置。

3 设置完成后，在新的工作簿中打开"新建工作簿"对话框，使用"个人模板"功能，在"新建"对话框中就添加了"会议室使用预约表"模板，效果如下图所示。

10.1 会议室使用预约

会议室的使用预约与安排属于行政部办公室日常事务，由各部门告知行政部相关会议室使用需求，再由行政部统一调配会议室使用状况，可以使会议安排更加有序、合理化。

10.1.1 导入会议室使用预约表模板

要利用Excel对会议室的使用进行管理，首先需要一张会议室使用预约表，行政人员可以自己创建该表格，也可以导入已有的工作表模板。本小节以后者为例，介绍如何利用"我的模板"导入已有的工作表模板。

原始文件	实例文件\第10章\原始文件\会议室使用预约表.xlt
最终文件	实例文件\第10章\最终文件\会议室使用预约表.xlsx

1 打开"新建工作簿"对话框。打开一个工作簿，单击"文件"按钮，在弹出的菜单中单击"新建"命令，如下图所示，切换至"新建"选项面板中。

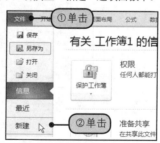

2 使用我的模板。在左侧"可用模板"选项组下单击"我的模板"选项，如下图所示，使用我的模板。

3 打开"会议室使用预约表"模板。在"个人模板"选项卡下双击"会议室使用预约表"模板，如右图所示。

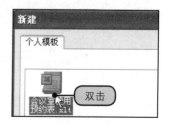

4 保存文件。经过以上操作后，在另一个工作簿中即可打开"会议室使用预约表"，单击快速访问工具栏中的"保存"按钮保存文件，如下图所示。

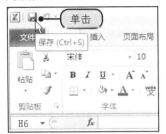

6 保存文件。进入文件夹后，再单击"保存"按钮即可将工作簿保存，如右图所示。

5 选择文件的保存位置。打开"另存为"对话框，单击"保存位置"列表框右侧的下三角按钮，在展开的下拉列表中选择文件的保存位置，如下图所示。

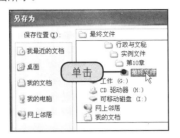

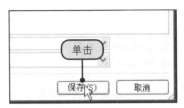

10.1.2 用颜色标出会议室预约情况

在Excel中，我们可以利用色彩对单元格进行分析。要使用好色彩的分析功能，首先需要用颜色标记单元格，如本例中为便于后期分析，将不同部门的会议安排用不同颜色表示。

1 选取单元格。按住Ctrl键选取单元格区域B10:B14与C11:C13，如下图所示。

3 自定义颜色。切换到"自定义"选项卡，在"绿色"文本框中输入100，在"蓝色"文本框中输入70，然后单击"确定"按钮，如右图所示。

2 打开"颜色"对话框。在"开始"选项卡下单击"字体"组中的"填充颜色"按钮，然后在展开的下拉列表中单击"其他颜色"选项，如下图所示。

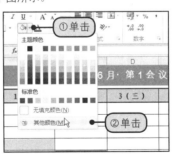

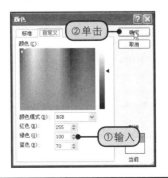

提示 ② 设置快速访问工具栏

用户在编辑工作表时，可以根据需要为工作簿添加快速访问工具栏内容，提高用户编辑效率。

1 单击"文件"按钮，如下图所示。

2 在弹出的菜单中单击"选项"命令，如下图所示，打开"Excel 选项"对话框。

3 在打开的"Excel 选项"对话框中，切换至"自定义"选项卡下，在"从下列位置选择命令"列表中单击"不在功能区中的命令"选项，如下图所示。

4 在其下方的列表框中单击"帮助"选项，如下图所示。

（续上页）

提示② 设置快速访问工具栏

5 单击"添加"按钮后，在右侧的"自定义快速访问工具栏"列表框中即可添加"帮助"选项，如下图所示。单击"确定"按钮完成操作。

6 经过以上操作后，即可在快速访问工具栏上添加"帮助"命令，如下图所示。

4 显示单元格区域应用自定义颜色后的效果。返回工作表中，可以看到所选单元格区域已经应用了设置的颜色，如下图所示。

3	时间段	1（一）	2（二）
8	8:00		
9	8:30		
10	9:00		
11	9:30		
12	10:00		
13	10:30		
14	11:00		
15	11:30		
16	12:00		
17	12:30		

6 快速填充所有单元格。按Ctrl+Enter键后，目标单元格区域均同时填充上了输入的文字内容，如下图所示。

时间段	1（一）	2（二）
8:30		
9:00	销售总监 王伟	
9:30	销售总监 王伟	销售总监 王伟
10:00	销售总监 王伟	销售总监 王伟
10:30	销售总监 王伟	销售总监 王伟
11:00	销售总监 王伟	
11:30		
12:00		

5 输入预约会议室使用的部门与负责人。设置单元格颜色后，直接输入"销售总监 王伟"字样，如下图所示。

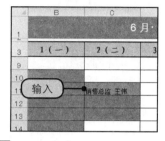

7 用同样的方法还可设置会议室的其他预约情况，文秘人员可对不同部门设置不同的填充颜色，以方便查找和筛选，如下图所示。

10.1.3 筛选会议室可用时段

将已安排有会议的时段添加上颜色后，就可以使用Excel 2010提供的单元格颜色筛选功能筛选出还可安排会议的时段。仅需设置筛选条件为无填充色的单元格，会议室可用时段就一目了然了。

1 启动筛选。选中会议室使用预约表中日期所在行中的某一单元格，切换到"数据"选项卡，单击"筛选"按钮，如下图所示，启动筛选。

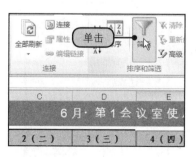

2 筛选星期二会议室可用时段。单击C3单元格右侧的下三角按钮，在展开的下拉列表中单击"按颜色筛选"选项，然后在展开的子列表中单击"无填充"选项，如下图所示。

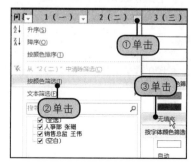

3 显示星期二会议室可用时段。经过筛选，星期二会议室已被预约的时段即可隐藏，剩余的时段即为星期二还可选择的会议室使用时段，如右图所示。

10.1.4 查询某部门会议安排

使用查找内容功能，可以快速查询出某部门的会议安排情况，由于本实例之前还为不同部门的会议安排应用了不同的单元格颜色，因此，我们也可借助查找格式功能实现部门会议的查询。

1 打开"查找和替换"对话框。在"开始"选项卡下单击"编辑"组中的"查找和选择"按钮，然后在展开的下拉列表中单击"查找"选项，如下图所示。

2 查找销售部本周会议安排。打开"查找和替换"对话框，在"查找"选项卡下的"查找内容"文本框中输入"销售"，然后单击"查找全部"按钮，如下图所示。

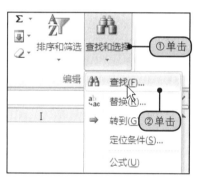

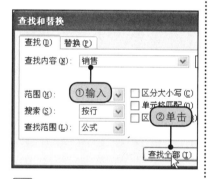

3 显示查找结果。单击"查找全部"按钮后，在"查找和替换"对话框的下方即可延展出一个区域显示出对当前工作表的查找结果，如下图所示，显示工作表中包含销售字样的所有单元格。

4 选择任意查找结果。在下方区域中选择任意查找结果，如选择第4个查找结果值，如下图所示。

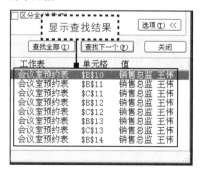

提示 **③ 使用查找颜色功能快速查找**

前面介绍为了使用查找功能，将不同部门的会议用不同颜色的单元格来区分，因此也可以使用查找颜色功能快速查找各部门的会议安排。

常见问题

准备会议的工作有哪些

Q 要使会议更有效，在开会前的准备工作是不可少的，那如何安排会议准备工作呢？

A 要使会议高效，用户在会议开始前就要对会议做出充分的准备，一般的会议准备工作包括以下几个方面。

（1）拟定会议工作方案，一般包括会议记录简报工作、会议经费预算、食宿安排、保卫和保密工作等。

（2）选定、安排议题。会议讨论的问题、决策的对象，就是议题。日常会议的议题，有的由分管某项工作的领导提出，有的由下级机关或者根据领导指示准备议题，然后将收集到的议题进行筛选，加以修改、讨论、充实，报请有关领导审查后，按周、月或季统筹安排。

（3）拟定会议议程、日程和程序。

（4）准备会议文件、报告。日常工作会议的文件、报告，主要由各职能部门起草准备。会议秘书部门应于会前通知有关部门报送会议文件，对文件内容和质量进行初审，并向领导提出所报送的文件能否提交会议讨论的意见。

（5）提出与会人员名单。

（6）编排分组。

（7）选定、布置会场。

（8）制发会议证件。会议证件是表明与会议直接有关人员身份权利和义务的证据。会议证件可分为两类：一类是会议正式证件，包括代表证、出席证、列席证、签到证、旁听证、来宾证、入场证、请柬等；另一类是工作证件，包括工作证、记者证、出入证、汽车证等。各种证件的内容栏目，大致包括会议名称、使用者单位、

5 定位到相关单元格。此时，工作表中对应的B12单元格即被选中，如下图所示，可以看到销售总监王伟已经预约了在星期一的9:00~11:00这个时段使用第1会议室。

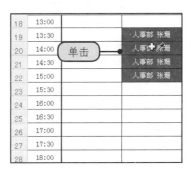

7 从单元格选择格式。单击"从单元格选择格式"选项后，鼠标指针变为吸管形状，在需要查找的格式上单击鼠标，如下图所示。

9 显示查找结果。经过查找，所有符合该格式的单元格均显示在下方的查找结果区域中，如右图所示，即查找出了人事部本周第1会议室的会议情况。

6 单击"从单元格选择格式"选项。在"查找"选项卡下单击"格式"右侧的下三角按钮，然后在展开的下拉列表中单击"从单元格选择格式"选项，如下图所示。

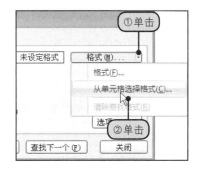

8 格式被添加到了预览区域。此时，被选中单元格的格式即快速添加到了查找内容右侧的"未设定格式"中，如下图所示，单击"查找全部"按钮开始查找。

10.2
跟踪会议准备工作

除了需要安排会议室的合理使用，行政人员还需负责公司行政会议、年度会议的准备工作，如负责督促、检查会务工作，即时跟进与了解会议各项任务的执行情况并反馈信息。

10.2.1 建立会议前期工作执行检查表

本小节将主要介绍如何利用甘特图检查任务的执行情况，在制作甘特图前，首先需要准备图表所需的源数据，我们将其制作为表格的形式，并以此介绍如何使用Excel的分列功能。

最终文件	实例文件\第10章\最终文件\会议前期工作执行表.xlsx

（续上页）

 常见问题

准备会议的工作有哪些

姓名、性别、职务、发证日期、证件号码等。有些重要证件还应贴一寸免冠半身照片，加盖钢印，以防伪造。

（9）发布会议通知，一般分书面通知和口头通知两种。书面通知态度庄重严肃，备忘性好，参加人数较多或比较庄重的会议宜发书面通知；口头通知特别是电话通知，应拟一个电话通知稿，以便简明、扼要、完整地进行通知。

（10）制定会议须知。会议须知的内容主要包括会议保密纪律、请假制度、会客制度、安全要求、作息时间和其他注意事项。

（11）负责会议报到。

（12）会议秘书工作机构的设置和工作人员的调配。

1 新建工作表。打开一个工作簿，重命名标签为"会议前期工作执行"，在工作表中输入会议前期准备工作内容，然后删除其他两个工作表，如下图所示。

2 添加边框。选取单元格区域A1:C13，在"开始"选项卡下单击"字体"组中的"边框"按钮，然后在展开的下拉列表中单击"所有框线"选项，如下图所示。

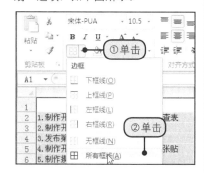

3 插入新列。单击列标B，选中B列，右击鼠标，在弹出的快捷菜单中单击"插入"命令，如下图所示，在B列的左侧新插入一列。

4 设置新列的格式。插入新列后，单击新列右侧的"插入选项"按钮，在弹出的菜单中选中"与左边格式相同"单选按钮，如下图所示。

5 选取一定范围。选中A2单元格，按快捷键Ctrl+Shift+↓，直接选取A2:A13单元格区域，如右图所示。

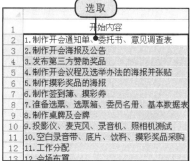

提示 ④ 拆分单元格前要先插入单元格

用户在使用"文本分列向导"将简单的单元格内容拆分到不同的列中时，根据用户的数据，可以基于分隔符（如空格或逗号）或基于数据中的特定分栏符位置拆分单元格内容。

但是单元格在拆分后，拆分出来的数据会自动放置在其右侧的单元格中，将原有的数据覆盖。所以用户在拆分单元格前，要先在需要拆分的单元格右侧根据需要插入新的列，放置拆分出的数据。

6 使用"分列"。切换到"数据"选项卡，单击"数据工具"组中的"分列"按钮，如下图所示，打开"文本分列向导"对话框。

8 设置分列数据包含的分隔符。在"分隔符号"选项组中勾选"其他"复选框，然后在后面的文本框中输入"."，如下图所示。

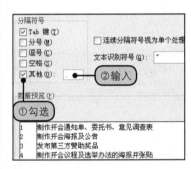

10 替换目标单元格内容。单击"完成"按钮后，弹出Excel警告框，提示当前操作会替换目标单元格的内容，单击"确定"按钮，如下图所示。

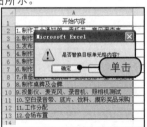

12 合并单元格。调整A列列宽后，再使用合并单元格功能将A1、B1两个单元格合并，如右图所示。

7 选择文件类型。在对话框中选中"分隔符号"单选按钮，然后单击"下一步"按钮，如下图所示。

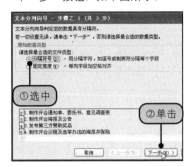

9 完成分列向导的设置。单击"下一步"按钮后，进入列数据格式的设置界面。保持默认的格式不变，如下图所示，直接单击"完成"按钮。

11 自动匹配列宽。完成A列的分列显示后，双击列标A与B分界处，自动调整A列的列宽，如下图所示。

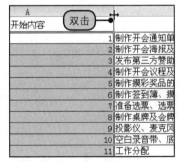

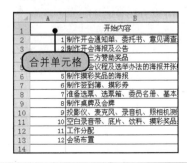

13 选取要自定义格式的单元格区域。选取单元格区域A2:A13，如下图所示。

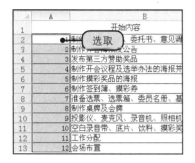

14 打开"设置单元格格式"对话框。在"开始"选项卡下单击"数字"组中的对话框启动器，如下图所示，打开"设置单元格格式"对话框。

用户在参加会议的过程中，有很多地方是需要注意的，总结起来包括以下10条：

（1）发言时不可长篇大论，滔滔不绝(原则上以3分钟为限)。

（2）不可从头到尾沉默到底。

（3）不可取用不正确的资料。

（4）不要尽谈些期待性的预测。

（5）不可做人身攻击。

（6）不可打断他人的发言。

（7）不可不懂装懂，胡言乱语。

（8）不要谈到抽象论或观念论。

（9）不可对发言者吹毛求疵。

（10）不要中途离席。

15 自定义数字格式。在"数字"选项卡下的"分类"列表框中单击"自定义"选项，然后在右侧"类型"文本框"G/通用格式"前输入"任务"，如下图所示。

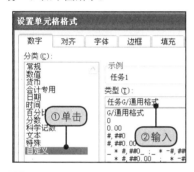

16 显示自定义数字格式后的效果。单击"确定"按钮后，单元格区域均应用了设置的自定义格式，如下图所示，所有编号前均添加上了任务字样。

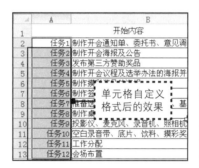

17 美化表格。为了使表格看上去更加美观，用户可以用前面章节介绍的方法为表格添加边框和底纹，美化表格后，效果如右图所示。

10.2.2 使用甘特图分析任务执行情况

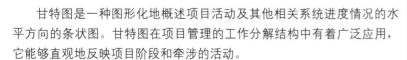

甘特图是一种图形化地概述项目活动及其他相关系统进度情况的水平方向的条状图。甘特图在项目管理的工作分解结构中有着广泛应用，它能够直观地反映项目阶段和牵涉的活动。

一幅完整的甘特图由横轴和纵轴两部分组成，横轴表示项目的总时间跨度，并以月、周或日为时间单位；纵轴表示各项目涉及的各项活动；长短不一的条状图则表示在项目周期内单项活动的完成情况及时间跨度。

提示 ⑤创建甘特图

用户在使用Microsoft Office Excel 2010时会发现，Excel 2010图表中没有甘特图模型，但是用户还是可以模拟甘特图，方法是对堆积条形图类型进行自定义，使之显示任务、任务工期和层次结构。

简单的甘特图可以由手工绘制，复杂的甘特图可以通过专业软件来完成，如微软的MS Project、Excel等。下面的例子中将介绍如何使用Excel制作会议工作任务的甘特图。

① 制作简单的甘特图

这里定义的简单甘特图是相对于后面介绍的添加有"今日线"的复杂甘特图而言的。制作简单甘特图的方法如下。

原始文件	实例文件\第10章\最终文件\会议前期工作执行表.xlsx
最终文件	实例文件\第10章\最终文件\甘特图分析.xlsx

1 创建堆积条形图。打开"实例文件\第10章\最终文件\会议前期工作执行表.xlsx"工作簿，按住Ctrl键选取单元格区域A2:A13与C1:D13，切换到"插入"选项卡，单击"条形图"按钮，在展开的下拉列表中单击"堆积条形图"图标，如下图所示，创建堆积条形图。

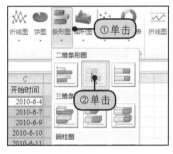

2 打开"选择数据源"对话框。创建图表后，选中图表，在"图表工具"|"设计"选项卡下单击"选择数据"按钮，如下图所示，打开"选择数据源"对话框。

3 删除系列。在"系列"列表框中选中"系列1"，然后单击"删除"按钮，如下图所示，删除系列1。

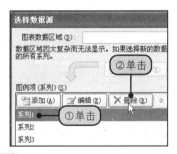

4 打开"编辑数据系列"对话框。选中"系列2"，再单击"编辑"按钮，如下图所示，打开"编辑数据系列"对话框。

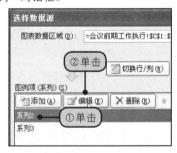

5 编辑系列2。在"系列名称"文本框中输入"开始时间"，然后单击"系列值"右侧的折叠按钮，选取单元格区域C2:C13为系列值的区域，设置完毕后，单击"确定"按钮，如右图所示。

提示 ⑥ 将甘特图保存为图表模板

如果用户要快速创建其他甘特图，可以将已创建的甘特图保存为模板，以用作其他类似甘特图的基础。

值得注意的是，除非用户指定一个不同的文件夹，否则创建的模板文件都将保存在"图表"文件夹中，并且用户可以在"插入图表"对话框和"更改图表类型"对话框中的"模板"下找到该模板。

下面向用户介绍将甘特图设置为模板的方法。

1 单击创建好的甘特图，在"图表工具"|"设计"选项卡下单击"另存为模板"按钮，如下图所示。

2 在打开的"保存图表模板"对话框中"文件名"右侧的文本框中，输入模板名称为"甘特图"，如下图所示，单击"保存"按钮完成设置。

6 打开"编辑数据系列"对话框。返回"选择数据源"对话框,在"系列"列表框中选中系列3,然后单击"编辑"按钮,如下图所示,打开"编辑数据系列"对话框。

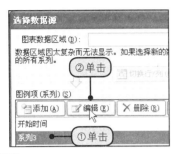

8 编辑水平分类轴标签。返回"选择数据源"对话框,单击"水平轴标签"下的"编辑"按钮,如下图所示,编辑水平分类轴标签。

10 完成数据源的选择。设置水平轴区域后,返回"选择数据源"对话框,单击"确定"按钮退出,如下图所示。

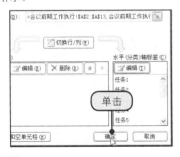

12 取消填充色。切换到"图表工具"|"格式"选项卡,单击"形状样式"组中的"形状填充"按钮,在展开的下拉列表中单击"无填充颜色"选项,如右图所示。

7 编辑系列3。在"系列名称"文本框中输入"工期",然后单击"系列值"右侧的折叠按钮,选取单元格区域D2:D13为系列值的区域,设置完毕后,单击"确定"按钮,如下图所示。

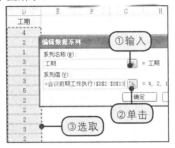

9 选择轴标签区域。在弹出的"轴标签"对话框中引用单元格区域A2:A13,然后单击"确定"按钮,如下图所示。

11 选中系列"开始时间"。经过上述操作后,可以看到编辑的堆积条形图效果,然后选中图表中的"开始时间"系列,如下图所示。

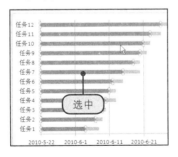

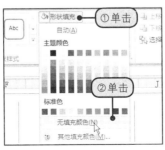

(续上页)

提示 **⑥ 将甘特图保存为图表模板**

3 设置完成后,单击"插入"选项卡下"图表"组中的对话框启动器,如下图所示。

4 在打开的"插入图表"对话框中,单击左侧的"模板"标签,在右侧"模板"选项卡下将显示甘特图的模板,如下图所示。

经验分享:制作会议邀请函

会议邀请函是专门用于邀请特定单位或人士参加会议,具有礼仪和告知双重作用的会议文书。

1.会议邀请函的基本内容

会议邀请函的基本内容与会议通知一致,包括会议的背景、目的和名称;主办单位和组织机构;会议内容和形式;参加对象;会议的时间和地点、联络方式以及其他需要说明的事项。

2.会议邀请函的结构与写法

(1)标题。由会议名称和"邀请函(书)"组成,一般可不写主办机关名称和"关于举办"的字样,如《亚太城市信息化高级论坛邀请函》。"邀请函"三字是完整的文种名称,与公文中的"函"是两种不同的文种,因此不宜拆开写成"关于邀请出席××会议的函"。

（续上页）

（2）称呼。邀请函的发送对象有以下3类情况。

①发送到单位的邀请函，应当写单位名称。由于邀请函是一种礼仪性文书，所以称呼中要用单称的写法，不宜用泛称（统称），以示礼貌和尊重。

②邀请函直接发给个人的，应当写个人姓名，前冠"尊敬的"敬语词，后缀"先生"、"女士"、"同志"等。

③网上或报刊上公开发布的邀请函，由于对象不确定，可省略称呼，或以"敬启者"统称。

（3）正文。正文应逐项载明具体内容。开头部分写明举办会议的背景和目的，用"特邀请您出席（列席）"照应称呼，再用过渡句转入下文；主体部分可采用序号加小标题的形式写明具体事项；最后写明联系联络信息和联络方式；结尾处也可写"此致"，再换行顶格写"敬礼"，亦可省略。

（4）落款。因邀请函的标题一般不标注主办单位名称，因此落款处应当署主办单位名称并盖章。

（5）成文时间。写明具体的年、月、日。

13 显示甘特图的初始效果。取消系列"开始时间"的填充颜色后，就形成了甘特图的初始效果，如下图所示。

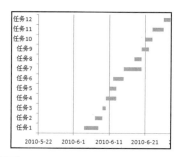

15 设置坐标轴选项。切换到"坐标轴选项"选项卡，在最小值右侧选中"固定"单选按钮，固定最小值为40334，然后用同样的方法固定最大值为40354，如下图所示。

17 显示设置的横坐标轴效果。关闭对话框后，可以看到设置的横坐标轴效果，如下图所示。

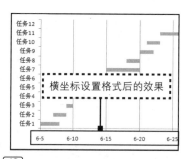

19 逆序类别。打开"设置坐标轴格式"对话框，在"坐标轴选项"选项卡下勾选"逆序类别"复选框，如右图所示。

14 设置横坐标轴格式。在图表中右击横坐标轴，然后在弹出的快捷菜单中单击"设置坐标轴格式"命令，如下图所示，打开"设置坐标轴格式"对话框。

16 设置数字类别。切换到"数字"选项卡，在"类别"列表框中选择"日期"，接着在右侧"类型"文本框中选择"3-14"，如下图所示。

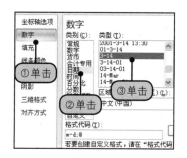

18 设置纵坐标轴。右击纵坐标轴，并在弹出的快捷菜单中单击"设置坐标轴格式"命令，如下图所示，设置纵坐标轴。

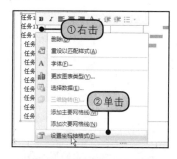

20 显示设置逆序类别后的效果。返回工作表，可以看到图表设置逆序类别后的效果，如下图所示。

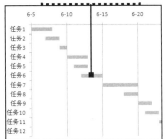

22 编辑标题。编辑标题的文本内容为"任务甘特图"，然后设置标题的字体为Arial Unicode MS、大小为18号，如下图所示。

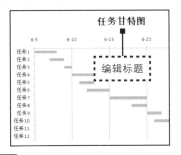

24 打开"设置数据系列格式"对话框。右击图表中的数据系列，在弹出的快捷菜单中单击"设置数据系列格式"命令，如下图所示。

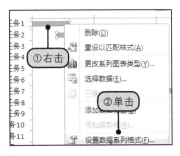

26 设置光圈1的填充颜色。选择第一个渐变光圈，之后单击"颜色"按钮，在展开的下拉列表中单击"其他颜色"选项，如右图所示。

21 在图表上方添加标题。选中图表，在"图表工具"|"布局"选项卡下单击"图表标题"按钮，在展开的下拉列表中单击"图表上方"选项，如下图所示。

23 隐藏图例。为图表添加标题后，单击"图例"按钮，在展开的下拉列表中单击"无"选项，隐藏图例，如下图所示。

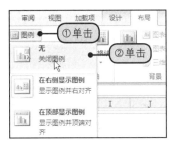

25 设置系列填充颜色。打开"设置数据系列格式"对话框，在"填充"选项卡下选中"渐变填充"单选按钮，如下图所示。

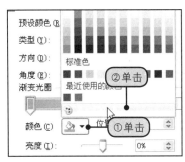

提示⑦ 快速选择需要设置的元素

用户在设置图表的各个元素时，为了更好地定位元素的位置，可以在"图表工具"|"格式"选项卡下的"当前所选内容"组中快速选中需要设置的元素，如下图所示。

27 自定义颜色。打开"颜色"对话框，切换到"自定义"选项卡，自定义填充颜色，在"绿色"文本框中输入19，在"蓝色"文本框中输入137，然后单击"确定"按钮，如下图所示。

28 设置光圈2。选择第二个渐变光圈，单击"颜色"按钮，在展开的下拉列表中单击"其他颜色"选项，如下图所示。

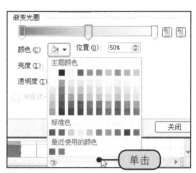

⑧移动图表

用户在编辑图表时，还可以通过"移动图表"按钮，将图表转移到新的工作表。

1 选中整个图表，在"图表工具"|"设计"选项卡下单击"移动图表"按钮，如下图所示。

2 在弹出的"移动图表"对话框中"对象位于"下拉列表框中选择新的工作表，如下图所示，即可将图表移至新的工作表中了。

另外，用户还可以选中"新工作表"单选按钮，在其右侧的文本框中输入新工作表名称为"任务甘特图"，如下图所示，完成图表的转移。此时，移动后的图表将占据整个工作表的全部内容。

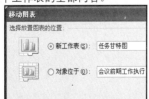

29 选择填充颜色。在"自定义"选项卡下自定义光圈2的填充颜色，分别设置红色为169、绿色为13、蓝色为91，设置完毕后单击"确定"按钮，如下图所示。

30 删除光圈3。返回"设置数据系列格式"对话框，选择第3个渐变光圈，然后单击"删除渐变光圈"按钮，如下图所示，将光圈3删除并将第2个光圈的位置设置为100%。

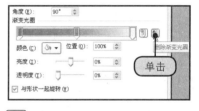

31 选择渐变光圈的方向。完成渐变光圈的填充颜色设置后，单击"方向"按钮，在展开的下拉列表中单击"线性向上"选项，如下图所示，设置渐变光圈的方向。

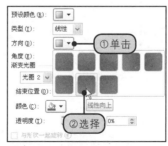

32 显示数据系列设置渐变填充后的效果。关闭对话框后，在图表中可以看到将数据系列设置为渐变填充色的效果，如下图所示。

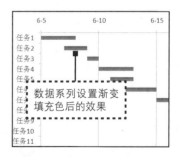

数据系列设置渐变填充色后的效果

33 选择绘图区。选中图表，切换到"图表工具"|"格式"选项卡，单击"当前所选内容"组中"图表元素"按钮，在展开的下拉列表中单击"绘图区"选项，如右图所示。

34 选择渐变填充。单击"形状样式"组中的"形状填充"按钮，在展开的下拉列表中单击"渐变"选项，如下图所示，选择渐变填充。

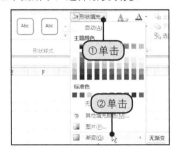

35 选择填充方向。然后在展开的子列表中单击"深色变体"选项组中的"线性向下"选项，如下图所示。

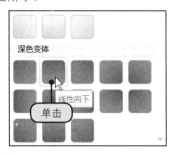

36 显示绘图区应用渐变填充色的效果。经过上述操作后，图表中的绘图区也设置了渐变填充的效果，如下图所示。

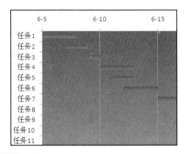

37 打开"设置主要网格线格式"对话框。在图表中选中网格线，右击鼠标，在弹出的快捷菜单中单击"设置网格线格式"命令，如下图所示，打开"设置主要网格线格式"对话框。

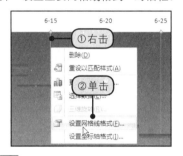

38 设置线条颜色。切换到"线条颜色"选项卡，选中"实线"单选按钮，然后单击"颜色"按钮，在展开的下拉列表中选择水绿色，如下图所示。

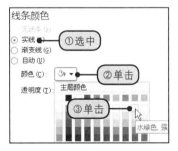

39 设置线型。切换到"线型"选项卡，单击"短划线类型"按钮，在展开的下拉列表中单击"长划线"选项，如下图所示。

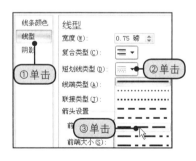

40 显示网格线应用所设格式后的效果。关闭对话框后，可以看到网格线应用所设格式后的效果，如右图所示。

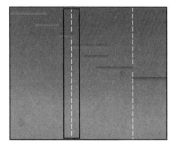

提示 ⑨ 重命名图表

用户在创建图表时，Microsoft Office Excel会使用以下命名约定为每个图表指定一个默认名称：图表1、图表2、……，依此类推。但是，用户也可以更改每个图表的名称，使其更有意义。

1 单击要重命名的图表，在"图表工具"|"布局"选项卡下的"属性"组中，选取"图表名称"文本框中的文本，如下图所示。

2 接着在文本框中输入新的图表名称，如下图所示，即可完成图表的重命名。

41 更改边框颜色。选中整个图表，然后在"图表工具"|"格式"选项卡下更改边框线条颜色，就完成了任务甘特图的制作。制作完成的最终效果如右图所示。

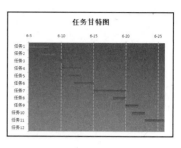

② 制作有"今日线"的甘特图

今日线是一条垂直的直线，它能表示项目进行的当前阶段。在Excel的甘特图中如何绘制动态的今日线呢？我们需要添加另一个系列，并通过更改图表类型为带直线的散点图来实现。

1 输入今日时间。在A15单元格输入"今日"，在B15单元格输入"2010-6-13"，再设置两个单元格的底纹颜色，如下图所示。

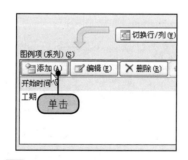

2 打开"选择数据源"对话框。选中之前创建完成的任务甘特图，然后在"图表工具"|"设计"选项卡下单击"选择数据"按钮，如下图所示。

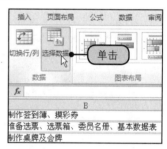

3 添加系列。打开"选择数据源"对话框，在"系列"选项下单击"添加"按钮，如下图所示，添加系列。

4 编辑系列名称。在"系列名称"文本框中输入系列名称为"今日线"，然后单击"确定"按钮，如下图所示。

5 更改图表类型。右击图表中添加的系列，在弹出的快捷菜单中单击"更改系列图表类型"命令，如右图所示。

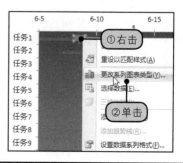

6 选择图表类型。打开"更改图表类型"对话框,选择"XY(散点图)"选项,并单击"带直线的散点图"图标,如下图所示。

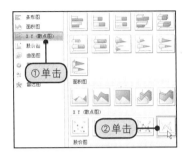

8 设置坐标轴选项。切换到"坐标轴选项"选项卡,在最大值右侧选中"固定"单选按钮,然后在文本框中输入12,如下图所示。

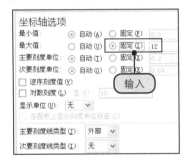

10 编辑数据系列。设置"X轴系列值"为"=(会议前期工作执行!$B$15,会议前期工作执行!$B$15)";设置"Y轴系列值"为"={12,0}",单击"确定"按钮,如下图所示。

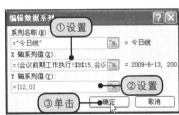

12 查看今日线系列。经过上述操作后,在任务甘特图中即可看到添加的今日线效果,如右图所示。

添加的今日线效果

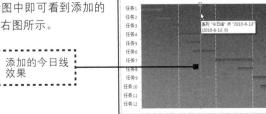

7 打开"设置坐标轴格式"对话框。返回到工作表后,右击图表中生成的次要纵坐标轴,在弹出的快捷菜单中单击"设置坐标轴格式"命令,如下图所示。

9 选择今日线系列。再次打开"选择数据源"对话框,在"系列"列表框中选中"今日线"系列,并单击"编辑"按钮,如下图所示。

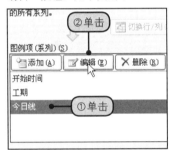

11 完成系列编辑。单击"确定"按钮后,返回到"选择数据源"对话框,再单击"确定"按钮完成设置,如下图所示。

提示⑫ 在图表中显示隐藏数据和空单元格

默认情况下,在图表中不显示隐藏在工作表的行和列中的数据,空单元格显示为空距。不过,用户可以显示隐藏数据并更改空单元格的显示方式,可以将空单元格显示为零值,也可以跨越行空距,而不是显示空距。

1 选中图表,然后在"图表工具"|"设计"选项卡下单击"选择数据"按钮,打开"选择数据源"对话框,单击"隐藏的单元格和空单元格"按钮,如下图所示。

2 如果要定义在图表中如何显示空单元格,则选中"空距"、"零值"或"用直线连接数据点"单选按钮。如果要在图表中显示隐藏单元格,则勾选"显示隐藏行列中的数据"复选框,如下图所示。

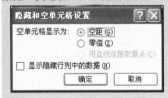

怎样做好会议室管理工作

Q 会议室的合理使用和安排是文秘行政人员的主要工作职责，如何做好会议室的管理，有什么技巧呢？

A 会议室是一个单位进行集体决策、问题讨论等工作的重要场所，也是文秘行政人员日常事务工作的一个组成部分。做好会议室的管理工作，让有限的会议室资源在组织运行中发挥出最大的效用，可以从以下几个方面着手。

1.会议室的管理权限和使用范围

（1）管理权限

一般来讲，一个组织的会议室的使用由一个部门统一管理、调配。

（2）使用范围

在会议室的日常管理和调配中，对于不同类型的会议室，应该有一个相对清晰明确的使用范围。

①由组织的决策层主持的会议原则上安排在哪些会议室。

②由部门领导主持的会议原则上安排在哪些会议室。

③接待客人时原则上安排在哪些会议室。

④什么类型的会议可以申请使用会议室，什么类型的会议不能申请使用会议室。

2.会议室的管理办法

（1）预约办法

①提前预约。凡召开会议的部门（单位）至少要提前一天向管理部门提交会议室使用预约登记表，并在预约登记表上注明要求，包括是否需要使用投影仪，是否需要准备茶水等，由办公室做好服务准备工作，需使用音响、视频设备的，由办公室提前

13 打开"设置数据系列格式"对话框。右击图表中的今日线系列，在弹出的快捷菜单中单击"设置数据系列格式"命令，如下图所示，打开"设置数据系列格式"对话框。

15 显示系列设置格式后的效果。经过以上操作后，系列即可应用设置的格式，如下图所示。

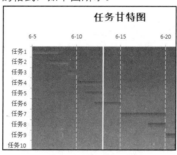

17 显示今日线效果。调整今日的日期后，可以看到图表中的今日线也随之进行了动态的移动，如下图所示。

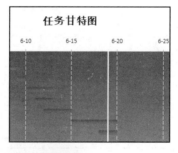

14 设置线条颜色。切换到"线条颜色"选项卡，选中"实线"单选按钮，再单击"颜色"按钮，在展开的下拉列表中选择橄榄色，如下图所示。

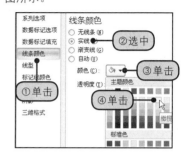

16 将日期调整为2010年6月19日。更改B15单元格中的日期为2010-6-19，如下图所示。

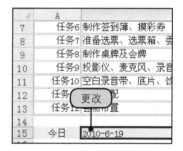

18 删除次要纵坐标轴。为了使甘特图更加美观，可以右击次要纵坐标轴，然后在弹出的快捷菜单中单击"删除"命令，如下图所示，即可删除次要纵坐标轴。至此，增强版的甘特图就制作完成了。

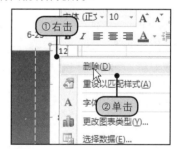

10.3

会议签到

小型商务会议签到相对简单，仅仅是名录登记；若是大型的会议或展览，整个签到就会和住宿安排在一起。本节的实例针对的仅是小型会议的签到，即登记列席会议人员名单。

进行会议签到不仅有利于管理人员更有效地掌握参会人员出入、出席会议的情况，而且有利于会后数据的采集和列席人员的统计与查询。

10.3.1 制作会议签到表

表格制作功能是Excel软件最基本的功能，它在行政文秘工作中使用非常广泛。接下来就制作一张会议签到表。木小节以在"边框"选项卡下为单元格添加斜线为例，介绍会议签到表中斜线表头的制作方法。

| 原始文件 | 实例文件\第10章\原始文件\会议签到表.xlsx |
| 最终文件 | 实例文件\第10章\最终文件\会议签到表.xlsx |

1 选中要添加斜线表头的单元格。打开"实例文件\第10章\原始文件\会议签到表.xlsx"工作簿，选中A1单元格，在"开始"选项卡下单击"边框"按钮，如下图所示。

2 打开"设置单元格格式"对话框。在展开的下拉列表中单击"其他边框"选项，如下图所示，打开"设置单元格格式"对话框。

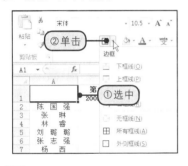

3 选择边框线条。在"边框"选项卡下的"边框"选项组中单击"斜线"按钮，如下图所示，为单元格添加斜线。

4 显示单元格应用斜线后的效果。目标单元格应用斜线后，效果如下图所示。

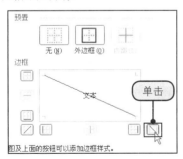

5 使用强制换行功能。选中A1单元格，输入"会议"，然后按Alt+Enter组合键强制换行，如右图所示。

（续上页）

 常见问题

怎样做好会议室管理工作

通知技术部门。

②冲突处理。如遇到多个部门同时申请使用同一个会议室的情况，管理部门有权要求申请部门更换使用时间或地点。

③变更预约。申请部门在预约时间内使用会议室，如有变更或需延长使用，应及时通知管理部门，以便进行相应的安排。

（2）临时使用

因紧急情况需要临时性使用会议室时，必须经管理部门主管同意，并填写《会议室使用登记表》。

（3）使用纪律

①会议室内应保持安静，禁止大声喧哗。

②使用会议室的单位和部门，要爱护会议室的设施，如造成室内设施、物品损坏丢失的，一律按价赔偿。

③会议室禁止吸烟；不准乱扔纸屑、果皮等杂物。

（4）使用登记

会议室使用结束后，使用部门应按要求填写好《会议室使用登记表》，并请责任人签字确认。

提示 ⑬ 添加表头的其他方法

用户在为表格添加表头时，也可以使用添加形状的方式来完成。使用这种方法，用户可以快速制作三栏，甚至多栏表头。

1 单击"插入"选项卡下"插图"组中的"形状"下三角按钮，在展开的下拉列表中单击"直线"图标，如下图所示。

2 将鼠标放在A1单元格左上角，拖动鼠标绘制直线，绘制完成后的效果如下图所示。

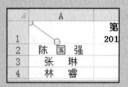

3 重复上面的操作，用户可以添加多条斜线，从而制作多栏表头，如下图所示。

6 输入表格列标题。在插入点后强行换行，然后在新的一行输入"姓名"，如下图所示。

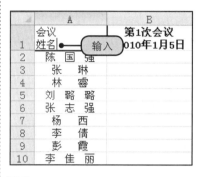

8 多次按空格键移动上表头。将插入点置于"会议"前，多次按空格键，移动"会议"字样的位置，如下图所示。

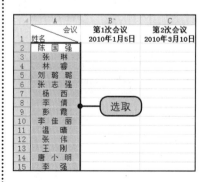

7 完成表头内容的输入。之后单击该单元格外任意位置处，完成单元格中表头内容的输入，如下图所示。

9 完成斜线表头的制作。直到调整到用户满意的位置为止，单击该单元格外任意位置，就完成了整个斜线表头的制作，如下图所示。

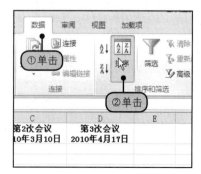

10.3.2 将成员名字按英文字母顺序排列

在国际上，比较通用的姓名排列方式为按姓氏的英文字母排序。那么在Excel中该如何实现按成员姓氏的英文字母排序呢？下面将借助本实例予以介绍。

1 选取单元格区域。选取单元格区域A2:A18，如下图所示。

2 使用排序。切换到"数据"选项卡，单击"排序和筛选"组中的"排序"按钮，如下图所示。

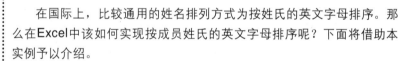

3 选择排序依据。打开"排序提醒"对话框，选中"以当前选定区域排序"单选按钮，然后单击"排序"按钮，如下图所示。

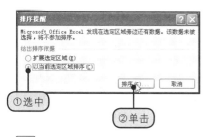

5 设置按字母顺序排列。打开"排序选项"对话框，在"方法"选项组中选中"字母排序"单选按钮，然后单击"确定"按钮，如下图所示。

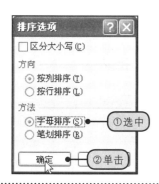

4 打开"排序选项"对话框。单击"排序"按钮后，打开"排序"对话框，在对话框中单击"选项"按钮，如下图所示。

6 返回排序结果。返回工作表，可以看到A列单元格区域已经按照所设置的排序方式将参会成员姓名按照英文字母的顺序进行了排列，如下图所示。

14 将成员名字按笔画顺序排列

用户在对数据进行排序时，可以选择对文字按照笔画顺序进行排序，这种方式用在姓名的排序时很有效。以左侧的实例来说明。

1 重复左侧步骤1~步骤4的操作，在打开的"排序选项"对话框中选中"方法"选项组中的"笔画排序"单选按钮，如下图所示。

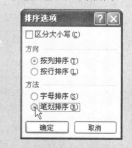

2 单击"确定"按钮后，成员名字将按照姓氏的笔画进行排序，效果如下图所示。

2	王　刚
3	刘璐璐
4	孙艺珍
5	张　伟
6	张志强
7	张　琳
8	李佳丽
9	李　倩
10	李　强
11	杨　西

10.3.3 使用数据有效性为列席人员画钩

数据有效性中制作下拉列表功能的使用，能快速实现参会成员出席缺席情况的编辑工作。

1 选取单元格区域。选取单元格区域B2:D18，如下图所示。

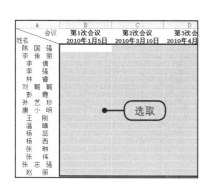

2 使用"数据有效性"。首先打开"符号"对话框，将"√"符号插入到任意空白单元格中，然后选中插入了"√"的单元格，按Ctrl+C快捷键复制。接着切换到"数据"选项卡下，单击"数据有效性"按钮，如下图所示，打开"数据有效性"对话框。

⑮什么是数据有效性

数据有效性是一种全新的Excel功能，用于定义可以在单元格中输入或应该在单元格中输入的数据。用户可以配置数据有效性以防止用户输入无效数据。

如果愿意，用户还可以设置用户在输入无效数据时，系统会向其发出警告。此外，用户还可以提供一些消息，以定义其期望在单元格中输入的内容，以及帮助用户更正错误的说明。

3 设置数据有效性条件。在"设置"选项卡下的"有效性条件"选项组中，单击"允许"列表框右侧的下三角按钮，在展开的下拉列表中单击"序列"选项，之后单击"来源"文本框，如下图所示。

4 插入"√"符号。按Ctrl+V快捷键，将"√"符号粘贴到"来源"对话框中，然后在其后面输入半角状态下的逗号，如下图所示。

5 完成"√"符号的插入。单击"确定"按钮，关闭"数据有效性"对话框，按照插入"√"符号的方法，同样先在空白单元格中插入"×"符号，然后再次打开"数据有效性"对话框，将"×"符号插入到"来源"文本框中，如下图所示。

6 完成数据有效性的设置。设置完毕后，单击"确定"按钮，退出"数据有效性"对话框，如下图所示。

7 统计会议出席情况。选中B2单元格，单击右侧出现的下三角按钮，在展开的下拉列表中选择√，如下图所示，为出席会议的成员画钩。

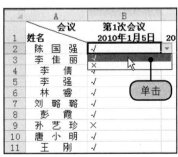

8 完成整个出席记录表格。用同样的方法快速完成整个会议出席记录表格，最终的效果如下图所示。

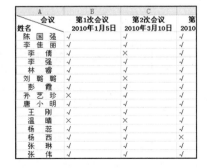

10.3.4 统计会议成员出席情况

会议成员出席情况的统计包括总共出席会议的次数与出席率的统计，对二者的统计可以使用COUNTIF函数来实现。此外，套用Excel 2010表格格式功能后，还可直接利用"表"中的筛选对数据进行分析。

1 输入文本。选中E1单元格，输入文本"出席会议的次数"，如下图所示。

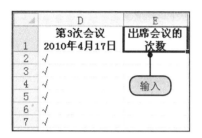

2 输入计算公式。选中E2单元格，输入"=COUNTIF(B2:D2,"√")&"/"&COUNTA(B2:D2)"，然后按Enter键，如下图所示，计算第1个成员出席会议的次数。

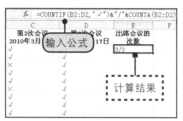

3 复制公式。计算完毕后，拖动E2单元格右下角填充柄，向下填充公式至E18单元格，统计其他成员出席会议的次数，如下图所示。

4 计算出席率。在F1单元格输入"出席率"，然后选中F2单元格，输入"=COUNTIF(B2:D2,"√")/COUNTA(B2:D2)"，之后按Enter键，计算第1个成员的出席率，如下图所示。

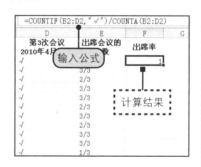

5 选取单元格区域。选取单元格区域F2:F18，如下图所示。

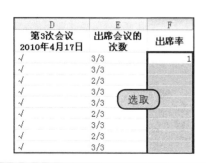

6 使用向下填充。在"开始"选项卡单击"编辑"组中的"填充"按钮，然后在展开的下拉列表中单击"向下"选项，如下图所示，向下填充公式。

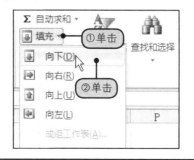

经验分享:
会议组织者在会议中的
注意事项

会议组织者在会议进行过程中应该保持良好的会议环境，注意以下几个方面。

（1）会务人员提前1个小时到达会场，反复检查会场准备情况。

（2）搞好会议签到、材料分发。

（3）落实主席台领导、发言人是否到齐。会务人员应做好主持人或发言人不能到会的准备。主持人不能到会，可由合适的同志代为主持；发言人不能到会，可视情况寻找替代人或取消其发言。

（4）按预定方案组织与会人员由前向后依次就座。

（5）维持好会场秩序。会议前5分钟，关闭会场大门，与会人员入座就绪，无关人员离开会场；会间关闭手机或调到振动，一般不允许找人，无关人员不准进入会场。

（6）安排专人做好话筒的摆放、倒水等服务工作。

（7）会务人员须随时观察并领会主席台领导的示意，做好临时安排的各项工作。

（8）由秘书组做好录音、摄影、摄像及会议记录等工作。

（9）如有必要，为与会人员预定车票、机票等。

7 返回公式填充结果。使用向下填充公式后，就统计出了所有成员的会议出席率结果，如下图所示。

第3次会议 2010年4月17日	出席会议的次数	出席率
√	3/3	1
√	3/3	1
√	2/3	0.6666667
√		1
√		0.6666667
√		1
	2/3	0.6666667
	3/3	1
√	3/3	1

统计所有成员会议出席率

8 将数值转换为百分比。为了将出席率以百分比的形式表示，用户可单击"数字"组中的"数字格式"按钮，然后在展开的下拉列表中单击"百分比"选项，如下图所示。

① 单击
② 单击

9 显示出席率的百分比结果。经过以上操作后，以小数形式表示的出席率瞬间即转换为百分比的显示形式，如下图所示。

第3次会议 2010年4月17日	出席会议的次数	出席率
√	3/3	100.00%
√	3/3	100.00%
√	2/3	66.67%
√	3/3	100.00%
√		100.00%
√		66.67%
	3/3	100.00%
	2/3	66.67%
√	3/3	100.00%
√	3/3	100.00%

百分比格式显示

10 减少小数位数。直接单击两次"数字"组中的"减少小数位数"按钮，四舍五入小数位数为0，如下图所示。

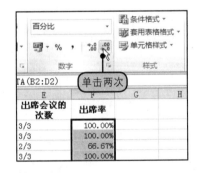

单击两次

出席会议的次数	出席率
3/3	100.00%
3/3	100.00%
2/3	66.67%
3/3	100.00%

11 套用表格格式。选取整个表格，单击"样式"组中的"套用表格格式"按钮，如下图所示。

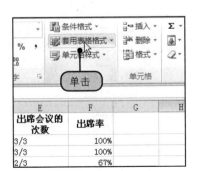

单击

出席会议的次数	出席率		
3/3	100%		
3/3	100%		
2/3	67%		

12 选择格式。在展开的表格样式库中选择"表样式中等深浅7"样式，如下图所示。

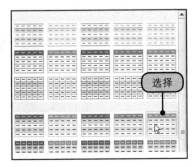

选择

13 选择表格式应用范围。打开"套用表格式"对话框，保留默认设置，直接单击"确定"按钮，如下图所示。

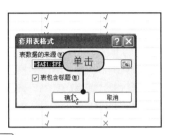

14 显示表格套用格式后的效果。表格套用内置表格格式后，效果如下图所示，可以看到，标题行的所有单元格右侧均添加上了筛选按钮。

15 筛选3次会议均列席的成员。单击"出席率"字段右侧下三角按钮，在展开的下拉列表中取消勾选除100%外的复选框，如下图所示。

16 显示会议出席率为100%的成员。单击"确定"按钮后，会议出席率为100%的所有成员即被筛选出来，如下图所示。

17 清除筛选。若要清除筛选，则可单击"出席率"右侧的筛选按钮，然后在展开的下拉列表中单击"从'出席率'中清除筛选"选项，如下图所示。

18 将表转换为区域。若要取消表的统计功能，可选中表，然后在"表工具 - 设计"选项卡下单击"工具"组中的"转换为区域"按钮，如下图所示。

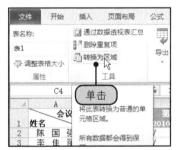

19 确认将表转换为普通区域。此时会弹出Excel信息提示框，询问用户是否采取该操作，单击"是"按钮，如下图所示。

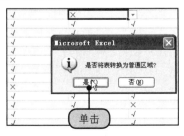

20 显示表转换为普通区域后的效果。单击"是"按钮后，表即转换为带有格式的普通区域，如下图所示，标题行的筛选功能取消。

经验分享：

会议组织者在会议结束时需注意的问题

会议除了要有好的开始，也要有好的结束，会议组织者在会议结束后应该注意以下几个方面。

（1）会议结束后，要检查会场，带回剩余材料、席签等物品。

（2）组织送站。根据与会人员离会时间，提前安排车辆、送站人员等。

（3）做好会议文件的清退、收集、归档工作。会议若需形成会议纪要印发的，组织单位要拟好文稿，送公司办按公文处理办法印发。

（4）为严肃会纪会风，对会议迟到、无故不参加会议的单位与会人员进行通报。

（5）做好会议报道工作。

专家点拨：文秘协调人际关系的方法和技巧

人际交往是一种社会行为，是一个复杂的人与人之间的联系过程，是人与人之间通过联系往来，相互联系相互作用和影响而建立的人际关系的活动。在人际交往中彼此相互了解取长补短从而增加友谊，加强合作，促进事业的成功，或者彼此满足相互间的精神慰藉，实现自我价值，增强群体的凝聚力。据上所述，人际关系在秘书工作中占有一定的地位。秘书良好的人际关系有利于营造良好愉悦的工作气氛，使公司充满活力与生机，不仅提高了工作效率，而且可以让工作中的人心情舒畅，这样的结果是管理者和员工都希望看到的，所以需要处理好人际关系。下面向大家介绍的是文秘协调人际关系的方法和技巧。

一、感情投资法

感情投资是替代领导工作的重要方法之一，也是秘书处理人际关系的有效方法之一。作为年轻秘书，进入一个新单位，要别人从心理上、感情上接纳你，最有效的方法还是加强感情投资，从感情上打动别人。作为单位的"小字辈"，"三人同行，小的受苦"，秘书处理人际关系时应以情感人，多做奉献，吃苦在前，享受在后，甘于坐冷板凳。有一位秘书从大学中文系毕业后，被分配到某局机关办公室从事文秘工作，办公室的几位同事都是中年人，大都是没有受过正规的大专学习，论资排辈的心理非常严重，对这位科班出身的小同志横挑鼻子竖挑眼。这位秘书没有介意，而是热情跟他们打招呼，主动承担办公室的日常勤务，还谦虚地向办公室主任请教，将单位的一些工作写成报道，用大家的名义发表，没多久，这位同志就跟同事打成了一片，关系十分融洽。

二、入乡随俗法

入乡随俗，既是现实的一种客观存在，又是一种思想方法。在人与人之间的关系中，不管是作为性格特征还是作为思想意识，秘书人员在进行人际交往时，首先必须正视差异的存在，并容忍差异的存在，这样才能既不随意屈人，又不强加于人。在方向、原则一致的前提下，允许个性、兴趣、方法、方式的差异，这样既坚持了原则，又建立了关系。作为年轻秘书，要与各级领导搞好关系，在保持自己独立性的同时，要"入乡随俗"，与同事的日常交往中，要随大流、合大众，培养共同爱好，积极参与一些业余群体活动。

三、情绪调节法

有的年轻秘书参加工作没几年，就变得老气横秋，精神萎靡不振，情绪低落。这时，要使用情绪调节法，乐观、积极地看待和面对周围的环境。在每一天以及每一次活动前，要调节自己的情绪，鼓足信心，以积极的姿态参与人际交往。某单位秘书小刘从事秘书工作几年了，有一天几个同学来访，发现小刘像是换了一个人，显得十分疲惫，行为举止十分拘谨，没有学校里的活泼好动，也失去了往日的幽默随和，谈话时从不主动插话，像是受了什么打击。在同学的耐心开导下，他决定改头换面，经过一番情绪调节，几天后，终于一改消极萎靡的形象，以新的精神面貌出现在众人面前。他发现，原来生活可以更美好。

四、换位思考法

换位思考，即与对象交换位置，站在对方的立场上去思考问题，这是理解他人、全面认识问题的良好思想方法之一，也是秘书处理人际关系的良好处世方法之一。在人际交往中，由于每个人的个性差异和社会角色差异，看问题难免存在片面性。秘书人员与交往对象由于角色差异或思想层次差异看问题不一致，或有较大争执时，不要急于否定对方，而应换位思考，站在对方的立场上观察事物、思考问题，将心比心，寻找与对方沟通的最佳方法。这样，就比较容易理解对方、化解矛盾、改善人际关系。某单

（续上页）

专家点拨：文秘协调人际关系的方法和技巧

位小彭毕业后从事秘书工作，由于他功底深厚，精力充沛，办公室的绝大部分工作从材料撰写、编发简报，到工作督查都是他一人承担。小彭有点飘飘然，办事开始我行我素，听不进别人劝告。办公室主任是一个四十多岁的中年人，对他要求十分严格，小彭写好的文章，他有时修改得面目全非，还常常对小彭的作法进行指教。小彭觉得主任能力不如他，对主任的这种作法感到十分不平衡。经过长期交往，小彭发现主任虽然没上过正规院校，但经验丰富，经他修改过的文章，更贴近实际，作为上司，对下属要求严格，也是理所当然的。这样一换位思考，小彭渐渐就心平气和了。

读书笔记

第11章

公司车辆使用管理

学习要点

- 数据有效性
- 自定义筛选高级筛选
- 分类汇总与嵌套
- 制作对比条形图
- 选择性粘贴
- 使用SUMIFS函数
- 定义与应用名称
- 数据的保护

本章结构

公司员工用车状况分析
- 创建员工用车情况表
- 筛选私事用车耗费较高的员工
- 用对比条形图比较因私与因公用车状况
- 筛选某部门用车情况
- 分类汇总各部门用车耗费

车辆财产清查与折旧评估
- 自定义单元格格式快速录入数据
- 数据的保护
- 计算本期与累计折旧额

1 用数据有效性制作用车事由

C	D	E	F
部门	事由	用车时间	耗费

请选择公事或私事

2 嵌套分类汇总各部门用车耗费

性别	部门	事由	用车时间	耗费
女	行政部	私事	09-3-3	￥39.20
男	行政部	私事	09-3-12	￥15.00
女	行政部	私事	09-3-15	￥29.00
		私事 汇总		￥83.20
女	行政部	公事	09-3-13	￥23.00
		公事 汇总		￥23.00
	行政部 汇总			￥106.20
男	销售部	私事	09-3-5	￥12.00
男	销售部	私事	09-3-11	￥20.00
		私事 汇总		￥32.00
男	销售部	公事	09-3-2	￥25.60
男	销售部	公事	09-3-4	￥28.00

3 制作各部门用车对比条形图

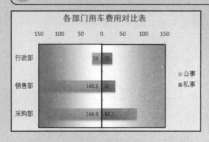

4 计算车辆使用残值

除负责基本的办公室日常事务外，行政的工作通常还包括公司车辆的使用管理，如组织公务车辆的管理调配、维护修养，负责车辆的年审和建档，将不同分公司不同车号注册登记等。合理规范地管理公司用车，能大大节约公司公务用车费用开支，提高公务用车效率，同时，也能有效防止某些员工以处理公务事宜为借口私用公车的现象。

11.1 公司员工用车状况分析

借助Excel办公软件，行政人员能更有效地分析公司员工的用车状况，如筛选某部门的用车状况；或者筛选出因私事用车且费用超出一定金额的典型员工；或者快速汇总出各部门总的用车费用；又或者通过统计图表将不同部门的用车情况做一对比。

11.1.1 创建公司员工用车情况表

作为一名行政工作人员经常会用Excel做什么工作呢，很多人的回答都应该是制作表格。制作表格很容易，如在首行依次填写性别、部门等字样就可以了，但是若要让你在下方重复输入男、女或销售部这样的信息，操作多次你可能就不耐烦了，这时，Excel的数据有效性其实能帮你不少忙。本小节就以创建员工用车情况表为例，介绍Excel中数据有效性的应用以及单元格格式的设置方法。

| 原始文件 | 实例文件\第11章\原始文件\员工用车情况表.xlsx |
| 最终文件 | 实例文件\第11章\最终文件\员工用车情况表.xlsx |

1 冻结首行。打开"实例文件\第11章\原始文件\员工用车情况表.xlsx"工作簿，切换到"视图"选项卡，单击"冻结窗格"按钮，在展开的下拉列表中单击"冻结首行"选项，如下图所示。

2 显示冻结首行后的效果。冻结首行后，标题行的下方出现一条黑色的细线，同时，滚动鼠标滑轮，可以看出标题行已被固定，如下图所示。

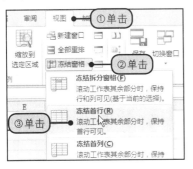

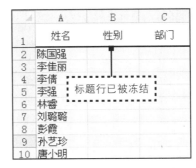

经验分享：轻松拟定车辆使用和管理规定

为了更好地管理公司车辆，一般需要制定一份公司的车辆使用管理规定，下面为读者介绍车辆使用管理规定的一般格式。

1. 总则

总则说明制定本制度的原由。比如，为进一步完善公司的用车管理工作，提高公车使用效率，确保公车使用的合理，特制定本制度。

2. 使用原则及办法

第二部分为车辆使用管理规定的主体，一般介绍车辆使用的原则及办法，可分为如下几种情况。

（1）下级服从上级、近地服从远地、缓事服从急事及重要事、小事服从大事的原则。

（2）不出借原则：单位车辆一般不可向外单位出借，若遇特殊情况，需经副总经理批准后方可安排。

（3）相对固定原则：各经营部对公车的使用相对固定到有驾驶证人员驾驶。

（4）派车办法：公司业务上的工作；重要客户的接送；因采购、调配等事项，需运送较大数量的公司物品；因公务路途较远，或任务比较紧急、重要；职工因重病急诊、工伤等其他特殊情况须用车的，经副总经理批准可以使用。

3. 车辆使用规定

第三部分可以介绍公司的车辆使用规定。

（续上页）

经验分享:
轻松拟定车辆使用和
管理规定

4.车辆维护管理

第四部分介绍车辆维护管理，维护管理一般有以下几种情况。

（1）车辆用油，行政人事部按每月核定出车公里数购买油卡，油卡由各经营部经理负责保管，驾驶员加油时需要登记后领取油卡。不得无卡加油，遇到特殊情况须通知行政人事部后方可加油，回公司后应及时提交部门审核及报销。

（2）车辆一般性的日常保养或更换小零配件等费用在xxx元（包含）以下的，由行政人事部直接负责安排维修和保养；费用在xxx元以上的，须报总经理审批，否则不予报销费用。

5.违规与事故处理

在下列情形之一的情况下，违反交通规则或发生事故，由驾驶人负担，公司将给予一定的经济处罚，并予以记过或免职处分。

（1）无照驾驶。

（2）未经许可将车借予他人使用。

（3）违反交通规则，其罚款由驾驶人负担。

（4）各种车辆如在公务途中遇不可抗拒之车祸发生，应先急救伤残人员，向附近警察机关报案，并即与商务部及主管联络协助处理。如属小事故，可自行处理后向商务部报告。

（5）意外事故造成车辆损坏，在扣除保险金额后再视实际情况由驾驶人与公司共同负担。

（6）发生交通事故后，如需向受害当事人赔偿损失，经扣除保险金额后，其差额由驾驶人与公司各负担一半。

6.其他

（1）各经营部以每月月初1日及时将出车登记单交由行政人事部；由行政人事部负责每月车辆的费用核算工作，并严格做好行车里程的检查工作。

（2）本规定办法自xxxx年xx月xx日起开始执行，有关未尽事宜，由行政人事部负责解释。

3 选中单元格。选中B2单元格，如下图所示。

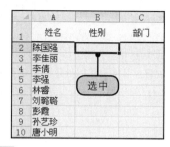

5 设置有效性条件。打开"数据有效性"对话框，设置有效性条件为允许"序列"，接着在"来源"文本框中输入"男,女"，如下图所示。

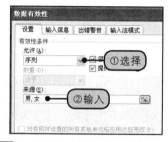

7 选取单元格区域。选取单元格区域B2:B18，如下图所示。

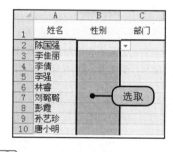

9 应用当前数据有效性。此时，弹出Excel信息提示框，询问用户是否将数据有效性应用到当前单元格区域，单击"是"按钮，如下图所示。

4 打开"数据有效性"对话框。在"数据"选项卡下单击"数据有效性"按钮，如下图所示。

6 查看添加的有效性下拉列表。单击"确定"按钮后，返回工作表，此时，B2单元格右侧已出现一个下三角按钮，单击此按钮，在展开的列表中即可选择相应的性别，如下图所示。

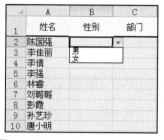

8 应用"数据有效性"。切换到"数据"选项卡，单击"数据有效性"按钮，如下图所示。

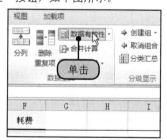

10 打开"数据有效性"对话框。弹出"数据有效性"对话框，单击"确定"按钮，如下图所示，完成B列表格区域有效性的设置。

11 选中单元格。选中"部门"下方的C2单元格，如下图所示。

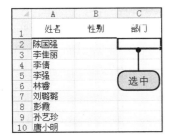

12 设置有效性条件。打开"数据有效性"对话框，设置有效性条件为允许"序列"，在"来源"文本框中输入"销售部,采购部,行政部"，如下图所示。

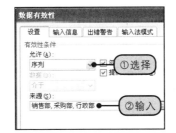

13 打开"选择性粘贴"对话框。设置C2单元格数据有效性后，复制C2单元格，然后选取单元格区域C3:C18，单击"剪贴板"组中的"粘贴"下三角按钮，在展开的下拉列表中单击"选择性粘贴"选项，如下图所示。

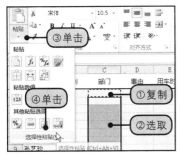

14 粘贴有效性验证。打开"选择性粘贴"对话框，选中"有效性验证"单选按钮，然后单击"确定"按钮，如下图所示，将C2单元格的有效性复制到单元格区域C3:C18中。

15 选取单元格区域。选取"事由"下方的单元格区域D2:D18，如下图所示。

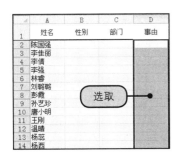

16 设置有效性条件。打开"数据有效性"对话框，设置有效性条件为允许"序列"，在"来源"文本框中输入"公事,私事"，如下图所示。

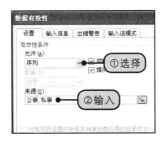

17 设置选定单元格时显示的消息。切换到"输入信息"选项卡，在"输入信息"文本框中输入"请选择公事或私事"，如右图所示，设定当用户选定单元格时，显示的消息提示。

① 数据有效性的用法

用户在设置了数据有效性条件后，如果录入的数据不符合有效性条件的规定，默认情况下，会弹出"停止"样式的出错警告，阻止用户进一步操作。

比如本例在设置性别有效性条件为"男，女"后，当用户录入除这两者信息之外的所有数据时，都将出现出错警告，如下图所示。

需要注意的是，使用序列有效性条件时，用户除了可以从下拉列表中选择，也可以自定义输入下拉列表中的数据，这两种方式都不会弹出错误警告，但是，若输入下拉列表之外的数据时，数据有效校验就会生效。

② 设置出错警告的标题和文本

如果用户没有设置出错警告标题或文本，则系统默认弹出的出错警告标题为字符串"Microsoft Excel"，并显示消息为"输入值非法。其他用户已经限定了可以输入该单元格的数值。"如下图所示。

（续上页）

（续上页）

提示 ② 设置出错警告的标题和文本

如果用户设置了出错警告标题和文本效果，例如，在"标题"文本框中输入"输入错误！"，在"错误信息"文本框中输入"请从下拉列表中选择！"，如下图所示。

设置后弹出的出错警告标题为字符串"输入错误！"，并显示如下消息"请从下拉列表中选择！"，如下图所示。

经验分享：公司车辆使用规定的十项内容

公司在对车辆使用进行管理时，一般规定如下。

（1）公司所有公车均由行政人事部统一负责调度管理，行政人事部必须合理安排和调度好车辆，以保证各经营部门因日常工作需要的用车。

（2）根据公司目前各部门的用车需要，xxxx 车由 xxx 部经理负责保管和使用；xxx 车由 xxx 部经理负责保管和使用；如有临时安排，需调动车辆的，则由行政人事部负责统一调派。

（3）各部门用车均实行出车登记制，由驾驶员登记，注明出车时间、目的地、用车原因及起至里程数等，并请用车人签字确认。

（4）各部门因公用车，需事前向各经营部经理申请调派，在征得同意后方可使用，违者按公车私用论处。

18 设置出错警告。切换到"出错警告"选项卡，设置警告样式为"停止"，在"标题"文本框中输入"输入错误！"，在"错误信息"文本框中输入"请从下拉列表中选择！"，单击"确定"按钮，如下图所示。

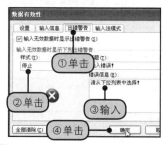

20 使用有效性完成表格区域的数据录入。完成B2:D18单元格区域的有效性设置后，用从下拉列表中选择的方法快速添加信息，完成后的效果如下图所示。

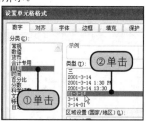

22 选择日期类型。在"数字"选项卡的"分类"列表框中选中"日期"选项，然后在右侧"类型"文本框中选中"01-3-14"选项，如下图所示。

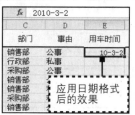

24 完成日期的输入。此时，E2单元格中的日期即以设置的日期格式显示，如下图所示。

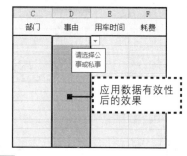

19 显示区域应用有效性消息后的效果。返回工作表中，可以看到D列单元格区域添加有效性消息后的效果，如下图所示。

21 打开"设置单元格格式"对话框。选取单元格区域E2:E18，在"开始"选项卡下单击"数字"组中的对话框启动器，如下图所示。

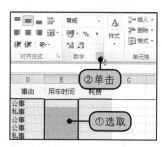

23 输入日期。选中E2单元格，在编辑栏中输入日期"2010/3/2"，完成后，单击"输入"按钮，如下图所示。

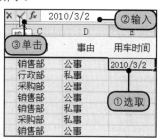

25 输入用车日期与耗费。完成表格中所有员工用车时间与耗费金额的录入后，效果如下图所示。

26 为用车耗费应用货币格式。选取单元格区域F2:F18，单击"数字"组中的"数字格式"按钮，在展开的下拉列表中单击"货币"选项，如下图所示。

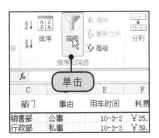

27 完成员工用车情况表的创建。为数值区域应用货币格式后，单击增加小数位数按钮，效果如下图所示，至此，便完成了员工用车情况表的创建。

部门	事由	用车时间	耗费
销售部	公事	10-3-2	￥25.60
行政部	私事	10-3-3	￥39.20
采购部	公事	10-3-3	￥40.00
销售部	公事	10-3-4	￥20.00
销售部		10-3-5	￥12.00
采购部		10-3-7	￥15.00
销售部		10-3-9	￥33.70
采购部		10-3-9	￥21.00
销售部	私事	10-3-11	￥20.00
采购部		10-3-12	￥25.10
行政部	私事	10-3-12	￥15.00
行政部	公事	10-3-13	￥23.00

套用货币格式效果

11.1.2 筛选某部门的用车情况

面对一张巨大的数据清单，要快速查询出某一部门的用车情况该怎么办呢？可以借助Excel的自动筛选功能。继续使用11.1.1小节的员工用车情况表，我们来查看"销售部"的用车情况。

1 启动筛选。在"数据"选项卡下单击"排序和筛选"组中的"筛选"按钮，如下图所示，启动筛选。

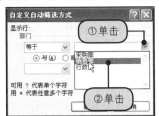

2 设置文本筛选项。单击"部门"字段右侧的下三角按钮，在展开的下拉列表中单击"文本筛选"|"等于"选项，如下图所示。

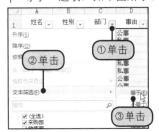

3 选择筛选内容。打开"自定义自动筛选方式"对话框，单击"等于"右侧文本框的下三角按钮，在展开的下拉列表中单击"销售部"选项，如下图所示，设置销售部的所有记录。

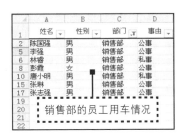

4 显示筛选结果。单击"确定"按钮后，销售部的员工用车情况即被筛选出来，如下图所示。

5 筛选销售部因私事用车的情况。将销售部的用车情况筛选出来后，再单击"事由"字段右侧下三角按钮，在展开的下拉列表中取消勾选除"私事"外的复选框，如右图所示。

（续上页）

 经验分享：
公司车辆使用规定的十项内容

（5）严禁将车辆交给无证、酒后人员驾驶或练习驾车，如有发现必将严肃处理，且由此引起的一切后果由驾驶者本人承担，交车领导负领导责任。

（6）任何人不得利用单位车辆跑私车，否则按行车里程所需油费两倍罚款，并做记过处分。

（7）驾驶人员在出车前应认真检查车况，并核对出车登记表上的里程数是否与车辆里程表相符，如发现不符、损坏或其他不良情况，应及时反映至所在经营部的经理处，并在用车表上注明。

（8）各经营部经理应切实安排好人员，做好车辆的检查工作，车辆外观异常或行驶异常（故障），应立即向行政人事部反映。其异常情况依据行车记录待查清事实后，追究相关责任人之责任。

（9）车辆在下班后或节假日必须停放公司院内或车间，并采取必要的防盗措施。

（10）行政人事部需每季度或半年向全体员工公布车辆使用费用情况。

6 显示二次筛选结果。单击"确定"按钮后，即可进一步筛选出销售部因为私事用车的员工记录，如下图所示。

7 取消筛选。要取消当前所有筛选，并退出筛选状态，可再次单击"筛选"按钮，如下图所示。

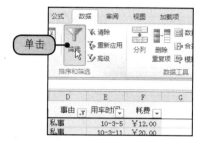

提示 ③ **使用高级筛选功能时的注意事项**

用户如果要将筛选所得的数据复制到其他位置，可以指定要复制的位置。用户在筛选前，可以将所需数据的列标签复制到计划粘贴筛选数据区域的首行。而当筛选时，应在"复制到"框中输入对被复制列标签的引用。这样，复制的行中将只包含已复制过标签的列。

另外，值得注意的是Excel在默认状态下，筛选文本数据时是不区分大小写的。

11.1.3 筛选私事用车且耗费较高的员工

若公司不仅要核查销售部人员的用车情况，还需要核查行政部人员的用车情况，且这种核查均是以私用公车为条件，并且是查出费用大于一定比例的典型人员，这样又该如何操作呢？答案是直接使用Excel的"高级"筛选功能。本例中就来介绍如何使用高级筛选将销售部因私用车且费用高于20元以及行政部因私用车且费用高于25元的员工筛选出来。

1 设置筛选条件。在H2:J3单元格区域设置筛选条件，如下图所示。

2 使用高级筛选。设定条件后，单击"排序和筛选"组中的"高级"按钮，如下图所示。

3 选择列表区域。打开"高级筛选"对话框，在"列表区域"显示要进行筛选的源数据区域，保持默认设置，之后单击"条件区域"右侧的折叠按钮，如下图所示。

4 选择条件区域。选取条件区域的范围为单元格区域H1:J3，如下图所示，选取区域后，单击展开按钮。

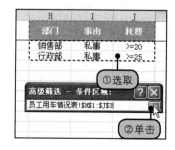

5 设置筛选结果复制到的目标位置。选中"将筛选结果复制到其他位置"单选按钮，然后选中工作表中的H5单元格，单击"确定"按钮，如下图所示。

6 显示筛选结果。经过上述操作后，销售部与行政部因为"私事"用车的，并且耗费大于一定金额的员工均被筛选了出来，如下图所示。

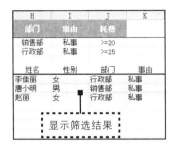

11.1.4 分类汇总各部门用车耗费

用分类汇总的方式可以快速统计出各部门总的用车费用。如果用户设置汇总方式为平均值，那么还可快速查看各部门平均用车费用。本例中将以分类汇总不同部门用车费用总额的方式介绍一级分类汇总与二级分类汇总的使用方法。

1 对部门使用降序排列。选中数据清单中C列的任意单元格，如选中C1单元格，在"数据"选项卡下单击"排序和筛选"组中的"降序"按钮，如下图所示。

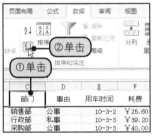

2 显示数据清单按部门降序排列后的效果。经过降序排列后，数据清单中相同的部门排列在了一块，如下图所示。

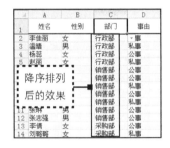

3 打开"分类汇总"对话框。将部门归类后，单击"分级显示"组中的"分类汇总"按钮，如下图所示，打开"分类汇总"对话框。

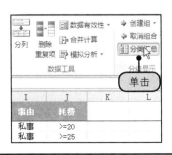

4 设置分类汇总选项。选择"分类字段"为"部门"，设置"汇总方式"为"求和"，然后勾选"耗费"复选框，如下图所示。

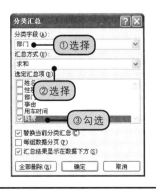

提示 ④ "分类汇总"对话框中各项内容含义

在"分类字段"下拉列表中，单击选择要计算分类汇总的列。如，在左侧的示例中，应当选择"部门"选项。

在"汇总方式"下拉列表中，单击选择要用来计算分类汇总的汇总函数。如，在左侧的示例中，应当选择"求和"。

在"选定汇总项"列表框中，对于包含要计算分类汇总的值的每个列，勾选其复选框。如，在左侧的示例中，应当选择"耗费"。

如果用户需要按每个分类汇总自动分页，则勾选"每组数据分页"复选框。

若要指定汇总行位于明细行的上面，则取消勾选"汇总结果显示在数据下方"复选框。若要指定汇总行位于明细行的下面，则勾选"汇总结果显示在数据下方"复选框。

通过重复分类汇总操作步骤，可以再次使用"分类汇总"命令，以便使用不同汇总函数添加更多分类汇总。若要避免覆盖现有分类汇总，需要用户取消勾选"替换当前分类汇总"复选框。

提示 ⑤ 查看汇总内容的方式

用户若要只显示分类汇总和总计的汇总，可以单击行编号旁边的分级按钮 1 2 3。

另外也可以使用 ➕ 和 ➖ 显示或隐藏单个分类汇总的明细行。具体操作步骤如下。

1 单击工作表左侧的 ➕ 按钮，如下图所示。

2 工作表显示单个分类汇总的明细行，如下图所示。

5 显示分类汇总效果。单击"确定"按钮后，可以看到按部门分类汇总用车耗费的最终效果，如下图所示。

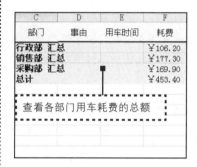

7 显示分类汇总项。经过以上操作后，用户就可以更清楚地查看汇总结果了，如下图所示。

查看各部门用车耗费的总额

9 删除当前分类汇总。打开"分类汇总"对话框，直接单击"全部删除"按钮，如下图所示。

提示 ⑥ 删除分类汇总

用户在使用完成分类汇总功能后，也可以对分类汇总进行删除操作。但是，值得注意的是，用户在删除分类汇总时，系统还将删除与分类汇总一起插入列表中的分级显示和任何分页符。

6 查看汇总项。若用户仅希望查看各部门用车耗费的总额，可单击分级按钮2，如下图所示。

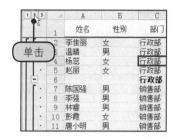

8 打开"分类汇总"对话框。若用户还想更清楚各部门因私与因公用车的耗费情况，可使用嵌套分类汇总。这里先清除当前汇总，单击"分类汇总"按钮，如下图所示。

10 打开"排序"对话框。在使用分类汇总前，需要对第2个分类字段，即"事由"字段进行排序。单击"排序"按钮，如下图所示。

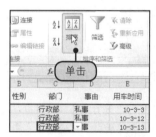

11 添加次要排序条件。打开"排序"对话框，单击"添加条件"按钮，如下图所示，添加次要关键字。

12 设置次要关键字。单击"次要关键字"列表框右侧的下三角按钮，在展开的下拉列表中单击"事由"选项，如下图所示。

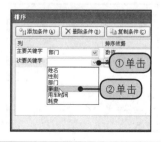

13 设置排序次序。单击"次序"列表框右侧的下三角按钮，在展开的下拉列表中单击"降序"选项，如下图所示。

14 显示排序后的效果。经过排序优先级的设置后，数据清单即将部门与事由均进行了归类，如下图所示。

	A	B	C	D
1	姓名	性别	部门	事由
2	李佳丽	女	行政部	私事
3	温晴	男	行政部	私事
4	赵丽	女	行政部	私事
5	杨蕊	女	行政部	公事
6	林睿	男	销售部	私事
7	唐小明	男	销售部	私事
8	陈国强	男	销售部	公事
9	李强	男	销售部	公事
10	彭霞	女	销售部	公事
11	张琳	女	销售部	公事
12	张志强	男	销售部	公事
13	刘赂赂	女	采购部	公事
14	李倩	女	采购部	公事
15	孙芳玲	女	采购部	公事

15 设置一级分类汇总。打开"分类汇总"对话框，设置"分类字段"为"部门"，"汇总方式"为"求和"，"选定汇总项"为"耗费"，单击"确定"按钮，如下图所示。

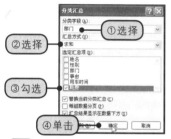

16 显示一级分类汇总结果。单击"确定"按钮后，即得到了按部门汇总用车耗费的一级分类汇总，如下图所示。这一过程与前面介绍的方法一致。

性别	部门	事由	用车时间
女	行政部	私事	09-3-3
男	行政部	私事	09-3-12
女	行政部	私事	09-3-15
女	行政部	公事	09-3-13
	行政部 汇总		
男	销售部	私事	09-3-5
男	销售部	私事	09-3-11
男	销售部	公事	09-3-2
男	销售部	公事	09-3-4
女	销售部	公事	09-3-9
男	销售部	公事	09-3-13
男	销售部	公事	09-3-14
	销售部 汇总		

提示 ⑦ 什么是分级显示

分级显示是指在工作表中对数据中的明细数据行或列进行了分组，以便能够创建汇总报表。分级显示可汇总整个工作表或其中的一部分。

17 设置二级分类汇总。再次打开"分类汇总"对话框，这次设置"分类字段"为"事由"、"汇总方式"为"求和""选定汇总项"为"耗费"，不同的是要取消勾选"替换当前分类汇总"复选框，再单击"确定"按钮，如下图所示。

18 显示二级分类汇总效果。经过二级嵌套分类汇总的设置后，在一级按部门分类汇总下，还能看到按私事与公事的汇总结果值，如下图所示。

性别	部门	事由	用车时间	耗费
女	行政部	私事	09-3-3	￥39.20
男	行政部	私事	09-3-12	￥15.00
女	行政部	私事	09-3-15	￥29.00
		私事 汇总		￥83.20
女	行政部	公事	09-3-13	￥23.00
		公事 汇总		￥23.00
	行政部 汇总			￥106.20
男	销售部	私事	09-3-5	￥12.00
男	销售部	私事	09-3-11	￥20.00
		私事 汇总		￥32.00
男	销售部	公事	09-3-2	￥25.60
男	销售部	公事	09-3-4	￥28.00
女	销售部	公事	09-3-9	￥33.70
男	销售部	公事	09-3-13	￥32.00
男	销售部	公事	09-3-14	￥26.00
		公事 汇总		￥145.30
	销售部 汇总			￥177.30

19 隐藏明细项。此时，单击分级按钮3，可隐藏3级以上的明细项目，如下图所示。

20 显示隐藏明细项后的效果。单击分级按钮3后，明细项被隐藏起来，效果如下图所示。

C	D	E	F
部门	事由	用车时间	耗费
	私事 汇总		￥83.20
	公事 汇总		￥23.00
行政部 汇总			￥106.20
	私事 汇总		￥32.00
	公事 汇总		￥145.30
销售部 汇总			￥177.30
	私事 汇总		￥25.00
	公事 汇总		￥144.90
采购部 汇总			￥169.90
总计			￥453.40

常见问题

司机的职责是什么

Q 在公司车辆使用中，司机的作用最为重要。作为一名合格的司机，他的工作范围应该有哪些？

A 司机应负责公司车辆的专职驾驶、日常维护保养及送修，应努力做到低消耗、高效率，并严格遵守以下操作规程。

1.出车前检查

（1）检查燃料、润滑油、冷却液、电液是否足够，掣动器、离合器总泵油是否合乎要求。

（2）检查轮胎气压是否合乎标准，轮胎螺丝是否紧固。

（3）检查手、脚掣动器性能是否良好，各连接管道是否漏油。

（4）方向机、转向器、传动轴及转向横直拉杆是否紧固、有效。

（5）检查喇叭、灯光、雨刮器是否正常，电瓶搭线是否牢固清洁。

（6）检查行车日志、票证是否齐全，随车工具是否齐备。

（7）核对行车日志记录的里程公里、里程表公里数字是否相符。

（8）按照自己所保管的车辆技术规程启动车辆，并察听声音是否正常。

（9）车辆发动后，各种仪表、指示灯工作必须正常（如发现有故障，应马上熄车并向行政主管汇报）。

（10）驾驶员自检本车确认技术性能良好，方可出车。

2.出车时注意事项

（1）凭领导签批之用车申请单或行政人事部负责人指令执行出车任务。不得交给他人驾驶，不得进行公司任务以外的活动。

（2）严守交通规则，严格控制速度，宁停三分，不抢一秒。

（3）行驶中发现车况异常，

11.1.5 用对比条形图比较因私与因公用车状况

在统计分析中，经常有以下几种情况需要借助对比条形图来表现，如一项市场调查中，男性和女性、赞同和反对、满意和不满意两方面的对比研究。在分别分析两者的情况下，又能表现他们之间的关系，这时用对比条形图，就比较形象。

❶ 创建各部门用车情况对比表格

要制作对比条形图，首先需要将图表需要的数据用表格的方式来呈现。本要点主要用到Excel中绘图边框的功能，以及介绍如何利用上下标的格式设置方法制作斜线表头。

1 插入工作表。在"开始"选项卡下单击"单元格"组中"插入"按钮，在展开的下拉列表中单击"插入工作表"选项，如下图所示。

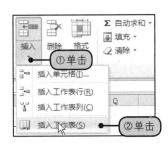

2 制作各部门用车情况对比表。重命名工作表为"部门用车情况分析"，之后在A1:C5单元格区域创建如下图所示的表格，并设置表格格式。

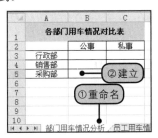

3 调整多行行高。选取第2～5行，将鼠标指针置于任意两行的分界线处，待指针变为 ✛ 时，拖动鼠标调整行高，将行高度调整为25.50，如下图所示。

4 单击"边框"按钮。调整表格行高后，单击"字体"组中的"边框"按钮，如下图所示。

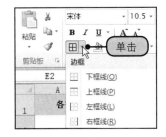

5 使用"绘图边框"功能。在展开的下拉列表中单击"绘图边框"选项，如下图所示。

6 绘制表头。之后在A2单元格的对角线处绘制斜线，如下图所示，制作斜线表头。

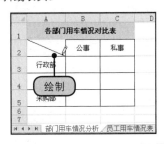

7 添加表头内容。为表头添加斜线后，选中A2单元格，输入文本"部门事由"，如下图所示。

8 打开"设置单元格格式"对话框。接着选中单元格中的"部门"字样，右击鼠标，在弹出的快捷菜单中单击"设置单元格格式"命令，如下图所示。

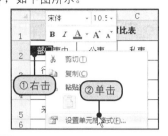

（续上页）

9 应用下标样式。在"特殊效果"选项组中勾选"下标"复选框，如下图所示，设置完毕后，单击"确定"按钮。

10 打开"设置单元格格式"对话框。右击单元格中的"事由"字样，在弹出的快捷菜单中单击"设置单元格格式"命令，如下图所示。

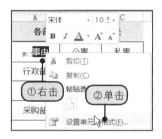

11 应用上标样式。这次在"特殊效果"选项组中勾选"上标"复选框，如下图所示，设置完毕后，单击"确定"按钮。

12 调整字体大小。将文本应用上下标样式后，为了增大文本显示，还需调整文本的字号，如设置字号为16，如下图所示。

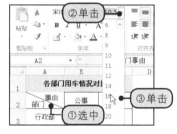

2 用SUMIFS函数统计各部门不同事由下的用车耗费

SUMIFS函数为多条件求和函数。当用户指定的条件为两个或两个以上，且需要统计满足多个条件的单元格区域之和时，就会用到它。下面介绍如何利用SUMIFS函数统计各部门不同事由下的用车耗费。

1 打开"插入函数"对话框。选中B3单元格，单击编辑栏左侧的"插入函数"按钮，如右图所示，打开"插入函数"对话框。

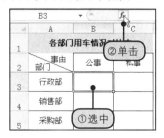

⑨ **选取不相邻的单元格或单元格区域**

用户选取不相邻的单元格或单元格区域，要先选取第一个单元格或单元格区域，然后在按住Ctrl键的同时选择其他单元格或区域。

用户也可以先选取第一个单元格或单元格区域，然后按Shift+F8组合键将其他不相邻的单元格或区域添加到选定区域中。要停止向选定区域中添加单元格或区域，则再次按Shift+F8组合键。

⑩ **SUMIFS函数解析**

SUMIFS函数用于对区域中满足多个条件的单元格的求和。

语法：

SUMIFS (sum_range,criteria_range1,criteria1,[criteria_range2,criteria2],…)

参数含义：

sum_range为对一个或多个单元格求和，包括数值或包含数值的名称、区域或单元格引用，忽略空白和文本值。sum_range中包含TRUE的单元格计算为1，包含FALSE的单元格计算为0（零）；

criteria_range1为在其中计算关联条件的第一个区域；

criteria1条件的形式为数字、表达式、单元格引用或文本，可用来定义将对criteria_range1参数中的哪些单元格求和；

"criteria_range2,criteria2,…"为附加的区域及其关联条件，最多允许127个区域/条件对。

2 选择函数。在"或选择类别"下拉列表中选择"数学与三角函数"选项，然后在"选择函数"列表框中双击SUMIFS函数，如下图所示。

4 指定Criteria_range1参数。单击Criteria_range1文本框，然后在员工用车情况表中选取单元格区域C2:C27作为条件区域，如下图所示。

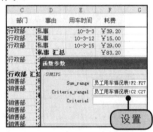

6 对A3单元格使用相对引用。选中参数A3，然后按F4键，直到切换到相对引用$A3，如下图所示。

8 返回函数结果。SUMIFS函数的参数设置完毕后，单击"确定"按钮，则B3单元格返回了最终的函数结果值23，如下图所示。

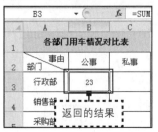

3 指定Sum_range参数。打开"函数参数"对话框，单击Sum_range文本框，然后在员工用车情况表中选取F2:F27作为求和区域，如下图所示。

5 指定Criteria1参数。单击Criteria1文本框，然后选中部门用车情况分析工作表中的A3单元格为给定条件，如下图所示。

7 指定第2组求和条件。用同样的方法指定第2组求和条件，指定参数Criteria_range2为员工用车情况表中D2:D27单元格区域；指定Criteria2的值为B$2，如下图所示。

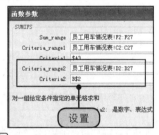

9 编辑公式。双击B3单元格，分别编辑公式中的单元格区域F2:F27、C2:C27、D2:D27为绝对引用，如下图所示。

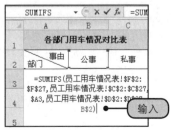

10 复制公式。按Enter键后，拖动B3单元格右下角填充柄，向右与向下复制公式，统计出各部门的用车情况，如右图所示。

	A	B	C
1	各部门用车情况对比表		
2	事由 部门	公事	私事
3	行政部	23	83.2
4		145.3	32
5	采购部	144.9	25
6			

（复制公式）

❸ 用对比条形图分析各部门用车情况

各部门用车情况对比表制作完成后，就可以制作对比条形图了。制作这种图表的方法有两种，一种是添加辅助列的方式，将其中一列数据转换为负数，使之出现在分类轴的左边，同时使用自定义数据格式将负值显示为正数；而另一种是我们本要点要介绍的将其中一个系列绘制在次坐标轴，并逆序刻度值与类别的方式。

1 选取单元格区域。继续上面的操作，选取单元格区域A3:C5，如下图所示。

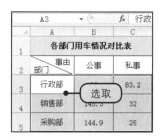

2 插入条形图。切换到"插入"选项卡，单击"条形图"按钮，在展开的下拉列表中单击"簇状条形图"图标，如下图所示。

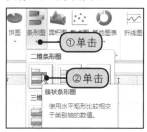

3 生成簇状条形图表。经过上述操作后，即可在工作表中自动生成一张条形图，如下图所示。

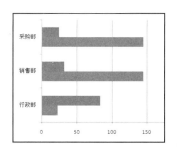

4 打开"设置数据系列格式"对话框。在图表中选中系列2，右击鼠标，在弹出的快捷菜单中单击"设置数据系列格式"命令，如下图所示。

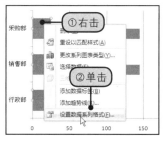

5 选择系列绘制位置。打开"设置数据系列格式"对话框，在"系列选项"选项卡下选中"次坐标轴"单选按钮，如右图所示。

（续上页）

提示 **10** SUMIFS函数解析

需要注意的是，使用SUMIFS函数，仅在sum_range参数中的单元格满足所有相应的指定条件时，才能对该单元格求和。例如，假设一个公式中包含两个criteria_range参数，如果criteria_range1的第一个单元格满足criteria1，而criteria_range2的第一个单元格满足criteria2，则sum_range的第一个单元格计入总和中。对于指定区域中的其余单元格，依此类推。

与SUMIFS函数中的区域和条件参数不同，SUMIFS函数中每个criteria_range参数包含的行数和列数必须与sum_range参数相同。

提示 ⑪ 创建条形图应该满足的条件

用户在创建图表时，如果选择绘制条形图，应该满足以下条件。

（1）要绘制的数据系列是一个或多个。

（2）数据中包含正值、负值和零（0）值。

（3）要比较多个类别的数据。

（4）轴标签很长。

提示 ⑫ 条形图的类型

用户在创建条形图时，会发现系统提供的条形图分成了很多类型，下面就对各种类型的条形图进行分析说明。

1. 簇状条形图和三维簇状条形图

簇状条形图可用于比较多个类别的值。在簇状条形图中，通常沿纵坐标轴组织类别，沿横坐标轴组织值。

三维簇状条形图使用三维格式显示水平矩形，这种图表不使用三条坐标轴显示数据。

2. 堆积条形图和三维堆积条形图

堆积条形图和三维堆积条形图用来显示单个项目与总体的关系。

3. 百分比堆积条形图和三维百分比堆积条形图

此类图表跨类别比较每个值占总体的百分比。

4. 水平圆柱图、圆锥图和棱锥图

为矩形条形图提供的簇状、堆积和百分比堆积图表类型也可以使用圆柱图、圆锥图和棱锥图，且它们显示和比较数据的方式完全相同，唯一的差别在于这些图表类型将显示圆柱、圆锥和棱锥，而不是水平矩形。

6 打开"设置坐标轴格式"对话框。关闭对话框后，再右击图表上方的次要水平坐标轴，在弹出的快捷菜单中单击"设置坐标轴格式"命令，如下图所示。

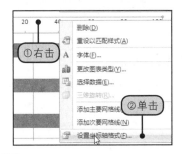

8 打开"设置坐标轴格式"对话框。关闭对话框后，再右击图表下方的主要水平坐标轴，在弹出的快捷菜单中单击"设置坐标轴格式"命令，如下图所示。

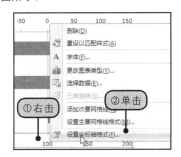

10 显示图表设置坐标轴格式后的效果。返回工作表中，可以看到图表设置坐标轴格式后的效果，如下图所示。

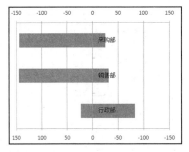

12 打开"设置坐标轴格式"对话框。接着在展开的子列表中单击"其他主要纵坐标轴选项"选项，如右图所示，打开"设置坐标轴格式"对话框。

7 设置次要坐标轴选项。打开"设置坐标轴格式"对话框，在"坐标轴选项"选项卡下，指定"最小值"为-150、"最大值"为150、"主要刻度单位"为50，如下图所示。

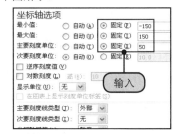

9 设置主要坐标轴选项。在"坐标轴选项"选项卡下同样指定坐标轴的"最小值"、"最大值"以及"主要刻度单位"依次为-150、150、50，设置完毕后，勾选"逆序刻度值"复选框，如下图所示。

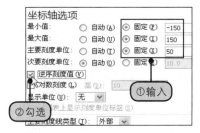

11 设置主要纵坐标轴。选中图表，在"图表工具"|"布局"选项卡下单击"坐标轴"按钮，然后在展开的下拉列表中单击"主要纵坐标轴"选项，如下图所示。

13 逆序纵坐标轴类别。在"坐标轴选项"选项卡下勾选"逆序类别"复选框，如下图所示，逆序纵坐标轴类别。

15 显示图表效果。删除次要水平轴后，对比条形图的效果如下图所示。

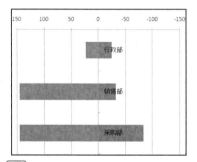

17 显示坐标轴应用自定义格式后的效果。返回工作表中，可以看到水平轴应用自定义数字格式后的效果，如下图所示。

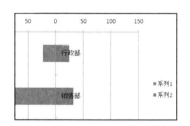

19 编辑标题。在图表上方添加标题后，编辑标题文字为"各部门用车费用对比表"，然后设置文字的字体为"华文细黑"、大小为16号，如下图所示。

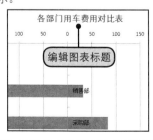

14 删除次要水平轴。关闭对话框后，右击次要水平坐标轴，在弹出的快捷菜单中单击"删除"命令，如下图所示。

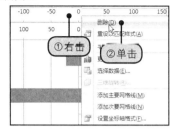

16 更改坐标轴数字格式。右击水平轴，再次打开"设置坐标轴格式"对话框，切换到"数字"选项卡，自定义数字格式为"0;0"，如下图所示。

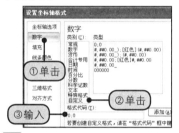

18 插入标题。选中图表，并切换到"图表工具"|"布局"选项卡，单击"图表标题"按钮，在展开的下拉列表中单击"图表上方"选项，如下图所示。

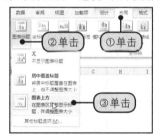

20 编辑图例。右击图例，在弹出的快捷菜单中单击"选择数据"命令，如下图所示，打开"选择数据源"对话框。

 ⑬ 坐标轴的设置

用户在进行坐标轴的格式设置时，有几点是值得注意的。

（1）大多数图表都在垂直轴上显示数值，在水平轴上显示分类，而条形图在水平轴上显示数值，在垂直轴上显示分类。

（2）若用户选中"设置坐标轴格式"对话框中的"自动"单选按钮，则使用由 Excel 确定的默认主要刻度单位设置。

（3）若用户选中"自动"单选按钮，则系统允许用户更改默认主要刻度单位设置。单击此选项，在"主要刻度单位"框中输入一个不同的数值，然后在列表框中设置所需的基本单位，可以调整坐标轴的刻度。

坐标轴选项			
最小值:	○ 自动(A)	⦿ 固定(F)	-150.0
最大值:	○ 自动(U)	⦿ 固定(I)	150.0
主要刻度单位:	○ 自动(T)	⦿ 固定(X)	50.0
次要刻度单位:	⦿ 自动(O)	○ 固定(F)	10.0

⑭ 选择窗格

用户如果在一个工作表中设置了多个图形，为了更好地对其进行管理，可以通过"选择窗格"按钮来显示、隐藏或对图形进行重新排序。

1 单击"图表工具"|"格式"选项卡下"排列"组中的"选择窗格"按钮，如下图所示。

2 弹出"选择和可见性"窗格，可以对图形进行显示、隐藏或重新排序的操作，如下图所示。

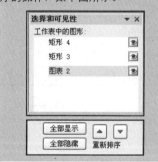

21 编辑图例项系列1。在"图例项"列表框中选中"系列1"，然后单击"编辑"按钮，如下图所示，打开"编辑数据系列"对话框。

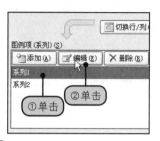

23 显示更改系列名称后效果。返回"选择数据源"对话框，此时，系列1的名称已更改为"公事"，如下图所示。

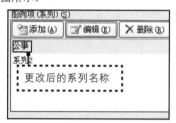

25 显示图例项编辑完成后的最终效果。完成图例项的编辑后，退出"选择数据源"对话框，在图表中可以看到图例项修改名称后的最终效果，如下图所示。

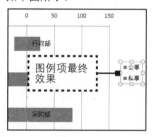

27 打开"设置坐标轴格式"对话框。之后单击"设置所选内容格式"按钮，如下图所示，打开"设置坐标轴格式"对话框。

22 编辑系列名称。指定"系列名称"为"部门用车情况分析"工作表中的B2单元格，单击"确定"按钮，如下图所示。

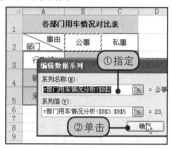

24 编辑系列2。用同样的方法编辑系列2的名称为"私事"，编辑完成后，效果如下图所示。

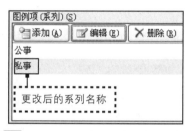

26 选择图表元素。切换到"图表工具"|"格式"选项卡，单击"图表元素"文本框右侧的下三角按钮，在展开的下拉列表中单击"垂直（类别）轴"选项，如下图所示。

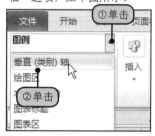

28 设置坐标轴标签显示位置。在"坐标轴选项"选项卡下单击"坐标轴标签"右侧的下三角按钮，然后在展开的下拉列表中选择"高"选项，如下图所示。

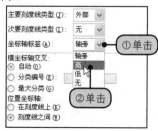

29 显示设置垂直轴标签位置后的效果。更改垂直类别轴标签的显示位置后，效果如下图所示。

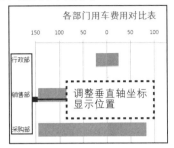

各部门用车费用对比表

调整垂直轴坐标显示位置

31 选中"公事"系列。在轴内侧添加上数据标签后，在图表中选中左侧的"公事"系列，如下图所示。

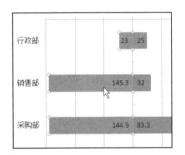

33 为"私事"系列应用快速样式。更改"公事"系列的样式后，接着用同样的方法再设置"私事"系列的样式，完成后的效果如下图所示。

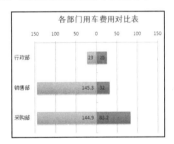

各部门用车费用对比表

35 隐藏主要纵网格线。在"图表工具"|"布局"选项卡下单击"网格线"按钮，然后在展开的下拉列表中单击"主要纵网格线"|"无"选项，如下图所示，隐藏主要纵网格线。

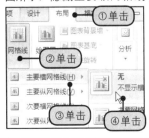

30 添加数据标签。切换到"图表工具"|"布局"选项卡，单击"数据标签"按钮，在展开的下拉列表中单击"轴内侧"选项，如下图所示。

32 应用快速样式。在"图表工具"|"格式"选项卡下单击"形状样式"组中的快翻按钮，然后在展开的样式库中选择绿色的中等效果样式，如下图所示。

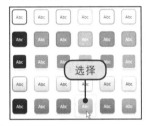

34 设置图表区填充颜色。选中整个图表，然后单击"形状填充"按钮，在展开的下拉列表中选择"黄色"，如下图所示，将图表区的背景色设置为黄色。

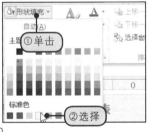

36 插入矩形形状。切换到"插入"选项卡，单击"形状"按钮，在展开的下拉列表中单击"矩形"图标，如下图所示。

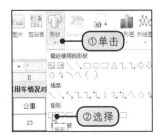

提示 ⑮ **编辑形状为任意多边形**

用户在对形状进行编辑的过程中，可以根据需要将系统提供的规则形状转换成任意的多边形，操作方法如下。

1 选中形状后，单击"绘图工具"|"格式"选项卡下"插入形状"组中的"编辑形状"按钮，如下图所示。

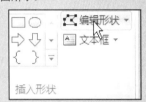

2 在其展开的下拉列表中单击"编辑顶点"选项，如下图所示。

3 此时，要改变的形状周围出现了4个可移动的控制点，将鼠标移至要编辑形状的顶点处，如下图所示。

4 按住鼠标左键不放，拖动顶点到满意的位置，如下图所示，可以将形状调整为任意多边形。

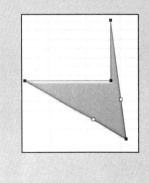

37 绘制矩形。在图表上如下图所示的位置处绘制矩形，绘制完成后，释放鼠标。

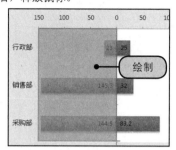

38 打开"设置形状格式"对话框。选中矩形，在"绘图工具"|"格式"选项卡下单击"形状样式"组中的对话框启动器，如下图所示。

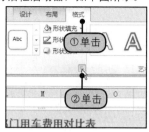

39 删除渐变光圈3。在"填充"选项卡下选中"渐变填充"单选按钮，然后选择第3个"渐变光圈"，然后单击右侧的"删除渐变光圈"按钮，如下图所示。

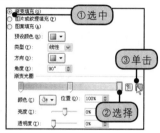

40 设置光圈2。选择第2个渐变光圈，然后在"位置"文本框中输入"100%"，接着从"颜色"下拉列表中选择光圈2的颜色为"绿色"，如下图所示。

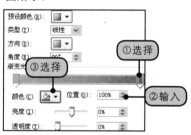

41 设置光圈1。选择第1个光圈，拖动"透明度"右侧的缩放滑块，调整光圈1的"透明度"为100%，如下图所示。

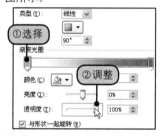

42 设置光圈方向。单击"方向"按钮，在展开的下拉列表中单击"线性向左"选项，如下图所示。

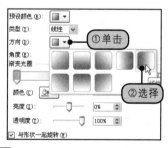

43 设置线条颜色。切换到"线条颜色"选项卡，选中"实线"单选按钮，然后单击"颜色"按钮，在展开的下拉列表中选择"黑色"，如下图所示。

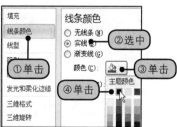

44 调整线条宽度。再切换到"线型"选项卡，调整线型的"宽度"为"1.25磅"，如下图所示。

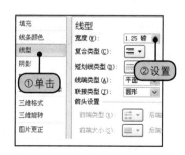

45 显示形状应用格式设置后的效果。返回工作表中，可以看到矩形形状应用所设置形状格式后的效果，如下图所示。

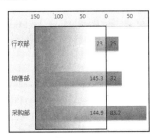

46 插入另一矩形作为绘图区背景。用同样的方法再插入另一矩形，并设置形状格式。对比条形图制作完成后的最终效果如下图所示。

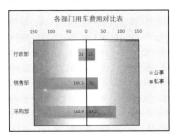

11.2

公司车辆的财产清查与折旧评估

公司车辆属于固定资产，按使用年限与它的行驶里程计算，一定时间后需要提取折旧金额。本节就介绍公司车辆财产评估表的编制以及本期折旧与累计折旧公式的输入与计算方法。

11.2.1 使用自定义单元格格式快速录入数据

要在工作表的某一区域快速录入数据，可以使用自定义单元格格式的方法。如定义单元格格式为"@分公司"，则在单元格输入任何数据后都将自动添加"分公司"字样。

原始文件	实例文件\第11章\原始文件\车辆财产清查与评估.xlsx
最终文件	实例文件\第11章\最终文件\车辆财产清查与评估.xlsx

1 选取单元格区域。打开"实例文件\第11章\原始文件\车辆财产清查与评估.xlsx"工作簿，选取单元格区域B5:B24，如下图所示。

2 打开"设置单元格格式"对话框。在"开始"选项卡下单击"数字"组中的对话框启动器，如下图所示，打开"设置单元格格式"对话框。

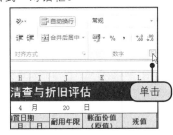

3 自定义单元格格式。在"数字"选项卡的"分类"列表框中选中"自定义"选项，在右侧"类型"文本框中输入"@分公司"，如右图所示。

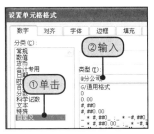

常见问题

车辆折旧应该如何计算

Q 车辆折旧与一般的固定资产折旧相同吗？是否应该套用一般固定资产折旧法计算？还是有其特定的折旧方法？

A 车辆属于投资比较大的耐用消费品，可以参照固定资产的折旧方法，有所不同的是，固定资产的折旧计算中往往需要考虑对象的原价、使用期限、报废时的残值和清理费用，而汽车的折旧一般不考虑残值和清理费用。

按照目前我国财务法规，允许采用4种折旧算法。这些方法分为两类，一类是采用平均计算的方法，包含"平均年限法"和"工作量法"；另一类是加速折旧法，包含"双倍余额递减法"和"年数总和法"。

第一类方法认为汽车在使用过程中损耗量是平均发生的；第二类方法认为除了使用中发生的有形损耗外，由于技术进步引起的市场同类商品的价格下降、技术含量的增加、款式功能的改进等因素折射的影响，应该在前期提取较多的折旧额。

1.工作量法

按照行驶的里程计算折旧，折旧额=原值（已经行驶的里程/预计使用里程）。

例如，10万元的汽车预计行驶里程为10万公里，则每行驶1公里提取1元的折旧。也就是说，在行驶1万公里后，汽车的价值是9万元；在行驶两万公里后，汽车的价值是8万元，依此类推。

2.双倍余额递减法

计算公式：折旧的百分比=2/预计使用年限；

每年的折旧额=年初时的价值（折旧的百分比）。

在预计使用年限的最后两年平均分摊剩余的价值。

（续上页）

 常见问题

车辆折旧应该如何计算

3.年数总和法

计算公式：折旧额＝原值（还可以使用的年限/使用年限总和）。

当然，这只是考虑了年限后得出的数据。前面说了，汽车的折旧率非常高，所以，在计算成新率时使用更多的是"成新率"＝1-折旧率，而折旧率就需要通过加权计算以下几项：年限折旧率、里程折旧率、故障折旧率、油耗及排污折旧率的综合数值。

经验分享：
国家标准汽车折旧表

根据国经贸经[1997]456号《关于发布＜汽车报废标准＞的通知和国经贸经[1998] 407号《关于调整轻型载货汽车报废标准的通知》中有关规定制定本折旧表，在计算保险车辆实际价值时使用。

时间满1年微型载货汽车、带拖挂的载货汽车、矿山作业专用车、各类出租汽车（规定使用年限8年）折旧率；其他车辆（规定使用年限10年）折旧分别如下。

- 满1年 12.5%、10%
- 满2年 25%、20%
- 满3年 37.5%、30%
- 满4年 50%、40%
- 满5年 62.5%、50%
- 满6年 75%、60%
- 满7年 87.5%、70%
- 满8年 报废、80%
- 满9年 报废、80%
- 满10年 报废、报废

需要注意以下几点问题。

（1）折旧率＝已使用年限÷规定使用年限×100%。

（2）实际价值＝新车购置价×（1－折旧率）。

（3）已使用年限不足1年的不折旧。

---

4 在多个单元格中输入相同内容。单击"确定"按钮后，选取单元格区域B5:B7，并输入"成都"，如下图所示。

5 显示单元格内容。按Ctrl+Enter键后，在B5:B7单元格区域即显示了具体的内容，如下图所示。

6 添加其他分公司。用同样的方法继续添加其他分公司名称，完成后的效果如下图所示。

7 选取单元格区域。选取车辆牌号所在列中C5:C7单元格区域，如下图所示。

8 自定义单元格格式。打开"设置单元格格式"对话框，单击"自定义"选项，在"类型"文本框中"G/通用格式"前输入"川A"，如下图所示。

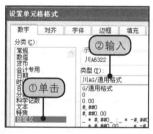

9 显示单元格应用自定义格式后的效果。单击"确定"按钮后，C5:C7单元格区域中车辆牌号前将自动添加了地区代码，如下图所示。

10 编辑其他车辆牌号。重复操作，用同样的方法继续编辑其他分公司的车辆牌号，完成后的效果如右图所示。

11.2.2 计算本期与累计提取的折旧金额

计算本期与累计提取的折旧额均需要用到诸如资产购置日期、结算日期、资产原值、残值、耐用年限这些资料。先将这些资料定义名称，然后在公式中直接引用它们，就能快速完成折旧的计算。

1 打开"新建名称"对话框。选取单元格区域J5:J24，切换到"公式"选项卡，单击"定义名称"|"定义名称"选项，如下图所示。

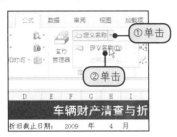

3 选取账面价值数值区域。选取单元格区域K5:K24，如下图所示。

5 计算残值。选取单元格区域L5:L24，并输入公式"=IF(耐用年限="","",ROUND(原值/(耐用年限+1),0))"，如下图所示。

7 打开"名称管理器"对话框。在"公式"选项卡下单击"名称管理器"按钮，如下图所示，打开"名称管理器"对话框。

2 定义名称。打开"新建名称"对话框，在"名称"文本框中输入"耐用年限"，然后单击"确定"按钮，如下图所示。

4 定义名称。在名称框中输入"原值"，然后按Enter键，如下图所示，定义单元格区域的名称为原值。

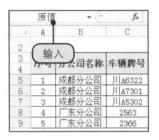

6 返回各种车辆的预留残值。按Ctrl+Enter键后，即可计算出各种车辆的预留残值，如下图所示。

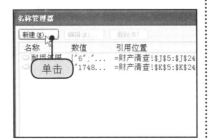

8 打开"新建名称"对话框。在对话框中单击"新建"按钮，如下图所示，打开"新建名称"对话框。

（续上页）

经验分享：
国家标准汽车折旧表

（4）折旧率超过80%，按80%折旧率计算实际价值。

（5）实际价值确定的保险金额保留至千元，千元以下四舍五入。

提示 ⑯ ROUND函数解析

ROUND函数可以用于将某个数字四舍五入为指定的位数。

语法：
ROUND(number,num_digits)
参数含义：

number为要四舍五入的数字。

num_digits为位数，按此位数对number参数进行四舍五入。如果num_digits大于0（零），则将数字四舍五入到指定的小数位；如果num_digits等于0，则将数字四舍五入到最接近的整数；如果num_digits小于0，则在小数点左侧进行四舍五入。

若要始终进行向上舍入（远离0），则使用ROUNDUP函数；若要始终进行向下舍入（朝向0），则使用ROUNDDOWN函数；若要将某个数字四舍五入为指定的倍数，则使用MROUND函数。

提示 ⑰ Ctrl+Enter键的作用

在Excel 2010中，使用Ctrl+Enter键可以快速在多个单元格区域中同时填充相同的内容或复制公式。

9 新建名称。在"名称"文本框中输入"结算年"，然后设置引用位置为工作表中的F2单元格，设置完毕后，单击"确定"按钮，如下图所示。

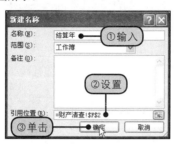

11 计算本期提取的折旧值。选取单元格区域M5:M24，直接输入如下图所示的本期折旧计算公式。

13 计算截止到本期提取的累计折旧值。选取单元格区域N5:N24，直接输入如下图所示的累计折旧计算公式。

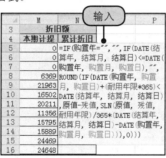

10 完成所有名称的定义。返回"名称管理器"对话框，再单击"新建"按钮，可继续定义其他名称，直到定义完如下图所示的所有名称后，关闭对话框。

12 返回计算结果。按Ctrl+Ener键后，可计算出所有分公司的所有车辆本期提取的折旧金额，如下图所示。

J	K	L	M	
耐用年限	账面价值（原值）	残值	折旧额	
			本期计提	累
6	174800	24971	0	
6	174000	24857	0	
6	175000	25000	0	
9	394000	39400	6369	
8	43333	21963	计算结果	
8		16502		
8	42889	20211		
6	239800	34257	11356	
6	238800	34114	15795	
6	238800	34114	15889	
6	229000	32714	24469	
6	229000	32714	24648	
6	228000	32571	31501	
7	279600	34950	4596	

14 返回计算结果。按Ctrl+Ener键后，可计算出所有分公司的所有车辆截至本期提取的累计折旧额，如下图所示。

K	L	M	N
账面价值（原值）	残值	折旧额	
		本期计提	累计折旧
174800	24971	0	149829
174000	24857	0	149143
175000	25000	0	150000
394000	39400	6369	242013
390000	43333	21963	251215
390000	43333	16502	256676
386000	42889	20211	207277
239800	34257	11356	170347
238800	34114	15795	165151
238800	34114	15889	165057
229000	32714	24469	116248
229000	32714	24648	116069
228000	32571	31501	108601

11.2.3 数据的保护

创建完毕工作簿后，为了防止陌生人对工作表的内容进行查看或更改，首先可以对工作簿设置密码，然后为工作表中含有公式的单元格隐藏其公式，最后还可以为某些重要的区域设定权限保护。这样多层的保护使工作表中的数据更加安全。

① 使用密码保护工作簿

为车辆财产评估表设置密码是最简单也是最直接的保护方法，陌生用户在没有得知正确密码的情况下是无法查看工作表内容的。

1 切换到"信息"选项面板。单击"文件"按钮，在弹出的菜单中单击"信息"命令，如下图所示，即可切换到"信息"选项面板中。

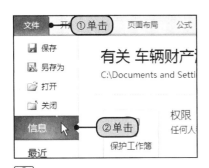

3 输入密码。弹出"加密文档"对话框，在"密码"文本框中输入设置的密码"123"，输入完毕后单击"确定"按钮，如下图所示。

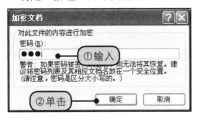

2 单击"用密码进行加密"选项。在"信息"选项面板中单击"保护工作簿"按钮，在展开的下拉列表中单击"用密码进行加密"选项，如下图所示。

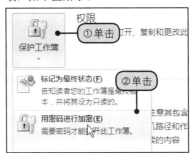

4 确认密码。弹出"确认密码"对话框，在"重新输入密码"文本框中再次输入设置的密码"123"，最后单击"确定"按钮，如下图所示。

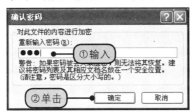

5 输入密码方可打开工作簿。保存好工作簿后，若要再次打开该工作簿，则此时将弹出如右图所示的提示框，只有输入正确的密码后方能打开。

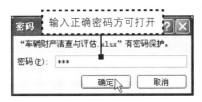

② 隐藏单元格中的公式

若陌生人知道了密码打开工作簿后，为了更进一步的保护车辆财产评估表，可以将工作表中的公式进行隐藏，以达到保护含有公式单元格的目的。

1 选择含有公式单元格。选择财产评估表中含有公式的单元格区域L5:N24，如右图所示。

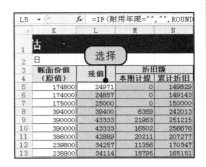

？ 常见问题

固定资产净残值应如何计算

Q 企业固定资产的净残值应如何计算，是按多少百分比核算的？

A 根据《中华人民共和国企业所得税法实施条例第56条第3款规定：企业应当根据固定资产的性质和使用情况，合理确定固定资产的预计净残值。固定资产的预计净残值一经确定，不得变更。

因此，固定资产净残值由企业自行确定，一般在5%以内。每年的折旧额=年初时的价值（折旧的百分比）

提示 ⑱ 设置"允许用户编辑的区域"之前撤销工作表保护

由于在设置允许用户编辑的区域范围时同样需要设置工作表的密码，所以在进行"设置允许用户编辑区域"之前首先按照如下操作取消工作表保护。

1 要撤销工作表保护，首先需要切换至"审阅"选项卡下，然后单击"撤销工作表保护"按钮，如下图所示。

2 弹出"撤销工作表保护"对话框，在"密码"文本框中输入设置的保护工作表密码"1234"，再单击"确定"按钮即可，如下图所示。

2 单击"字体"组对话框启动器。在"开始"选项卡下单击"字体"组对话框启动器，如下图所示。

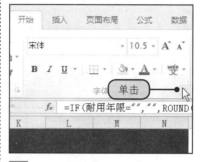

4 单击"保护工作表"按钮。单击"确定"按钮返回工作表中，在"审阅"选项卡下单击"保护工作表"按钮，如下图所示。

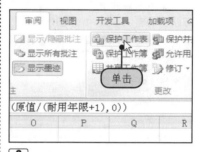

6 确认密码。单击"确定"按钮弹出"确认密码"对话框，在"重新输入密码"文本框中再次输入设置的密码"1234"，输入完毕后单击"确定"按钮，如下图所示。

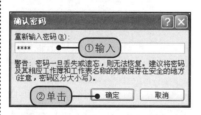

3 勾选"隐藏"复选框。弹出"设置单元格格式"对话框，切换至"保护"选项卡下，勾选"隐藏"复选框，如下图所示。

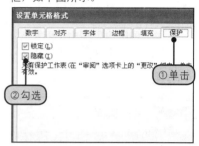

5 输入保护工作表密码。弹出"保护工作表"对话框，勾选"保护工作表及锁定的单元格内容"复选框，在"取消工作表保护时使用的密码"文本框中输入设置的密码"1234"，如下图所示。

7 公式被隐藏。返回工作表中，再次选择L5:N24单元格区域，此时编辑栏中不再显示其对应的公式，如下图所示，即公式被隐藏了。

❸ 设置允许用户编辑的区域范围

通过设置允许用户编辑的区域范围，可以对工作表中的某些区域设定权限保护，使得某部分单元格可编辑，而另一部分区域被保护为不可更改。下面将对车辆财产评估表进行保护，使得用户只能编辑基本资料以及年限与资产成本区域，而包括计算公式在内的其他区域则不可更改。

1 打开"允许用户编辑区域"对话框。切换到"审阅"选项卡，单击"更改"组中的"允许用户编辑区域"按钮，如下图所示，打开"允许用户编辑区域"对话框。

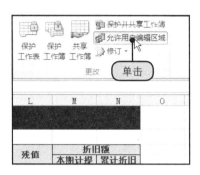

3 编辑新区域。打开"新区域"对话框，在"标题"文本框中输入"基本资料"，在"引用单元格"文本框中输入"=A:E"，然后单击"权限"按钮，如下图所示。

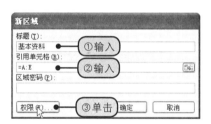

5 选择用户或组。在打开的"选择用户或组"对话框中的"输入对象名称来选择"文本框中输入Everyone，然后单击"确定"按钮，如下图所示。

2 新建区域。在对话框中单击"新建"按钮，如下图所示，新建区域。

4 添加组或用户名称。打开"区域1的权限"对话框，在"组或用户名称"列表框下单击"添加"按钮，如下图所示。

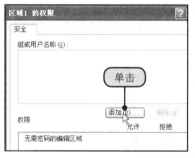

6 完成区域1权限的设置。将对象名添加到上方列表框后，在"无需密码的编辑区域"右侧勾选"允许"下方的复选框，然后单击"确定"按钮，如下图所示。

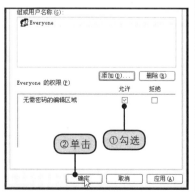

提示 ⑲ 添加多个受密码保护的锁定区域

用户在"允许用户编辑区域"对话框中可以设置多个受密码保护的区域，并且对不同的区域在"选择用户或组"对话框中输入不同的对象，就可以实现在不同的区域由不同的用户进行编辑的目的。

提示 ⑳ 保护工作表前应该先解除工作表中的锁定

用户在打开工作表后，默认情况下都会锁定所有单元格，这意味着设置工作表的保护后将无法编辑这些单元格。为了能够编辑单元格，同时只将部分单元格锁定，用户应该在保护工作表之前先取消锁定单元格，然后只锁定特定的单元格和区域。此外，还可以允许特定用户编辑受保护工作表中的特定区域。

7 完成区域1的编辑。返回"新区域"对话框，单击"确定"按钮完成区域1的编辑，如下图所示。

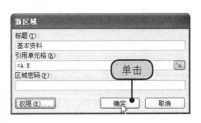

8 新建区域2。返回"允许用户编辑区域"对话框，单击"新建"按钮，如下图所示，新建区域2。

9 编辑区域2。打开"新区域"对话框，在"标题"文本框中输入"年限与成本"，在"引用单元格"文本框中输入"=G:K"，然后单击"确定"按钮，如下图所示。

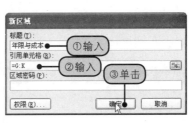

10 设置区域2的权限。返回"允许用户编辑区域"对话框，直接单击"权限"按钮，如下图所示。

11 添加组或用户名。在打开的"年限与成本的权限"对话框中单击"添加"按钮，如右图所示。

12 选择用户。打开"选择用户或组"对话框，在"输入对象名称来选择"文本框中输入Everyone，然后单击"确定"按钮，如下图所示。

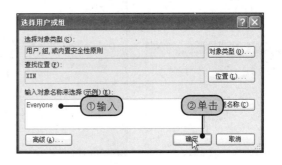

13 完成区域2权限的设置。将对象名称添加到上方的列表框后，在"无需密码的编辑区域"右侧勾选"允许"下方的复选框，然后单击"确定"按钮，如下图所示。

14 打开"保护工作表"对话框。返回"允许用户编辑区域"对话框，单击"保护工作表"按钮，如下图所示，打开"保护工作表"对话框。

15 设置工作表保护。在"允许此工作表的所有用户进行"列表框中勾选所有的复选框，然后在"取消工作表保护时使用的密码"文本框中输入密码"1234"，最后单击"确定"按钮，如下图所示。

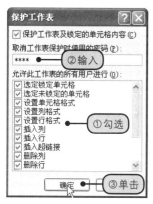

16 重新输入确认密码。此时，会弹出"确认密码"对话框，如下图所示，重新输入一遍密码"1234"，然后单击"确定"按钮，如下图所示。

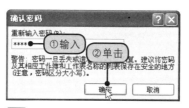

17 删除C6单元格中的数据。选中C6单元格，然后按Delete键，如下图所示，直接删除该单元格中的数值。

	A	B	C
3	序号	分公司名称	车辆牌号
4			
5	1	成都分公司	川A6322
6	2	成都分公司	
7	3	成都分公司	川A6302
8	4	广东分公司	粤AD563
9	5	广东分公司	
10	6	广东分公司	粤B5101
11	7	广东分公司	粤B5329
12	8	绵阳分公司	川B6218

按Delete键删除

18 选中L8单元格。选中L8单元格，如下图所示。

	L	M	N
3	残值	折旧额	
4		本期计提	累计折旧
5	24971	0	149829
6	24857	0	149143
7	25000	0	150000
8	39400	6369	242013
9	43333	21963	251215
10	43333	16502	256676
11	889	20211	207277
12	34257	11356	170347
13	34114	15795	165151

选择

（续上页）

常见问题

如何管理公司车辆

4.费用结算

（1）用车费用的结算采取用车人签单、按月按部门分摊的方式进行结算。

（2）用车人在每次用车前应要求司机将小表复零，用车后对里程数、过路过桥费、停车费等进行核实，并在《单车行车台账》上签字确认。所有费用一律由司机先行垫付，至下月初至财务部统一结算。

（3）当两个或两个以上部门合用一辆车时，司机需在用车结束前按单程、双程及人头数进行费用分摊，并分别由用车人签字认可。

（4）各部门用车费用需由司机在下月初汇总后交各部门负责人签字认可，否则不予结账。

（5）各部门的用车费用一律纳入部门成本。

（6）对非因公用车，除规定免费使用的情况，一律采取用车人签单、在用车人下月工资中扣除的方式进行费用结算，但司机需在《单车行车台账》上注明"私用"。

（7）用车结算价以《单车结算价目表》为准。

19 弹出警告框。按Delete键后，会弹出如下图所示的警告框，提示用户该单元格已经受到了保护，要更改单元格数值，必须先取消保护，单击"确定"按钮，如下图所示。

Microsoft Office Excel

⚠ 您试图更改的单元格或图表受保护，因而是只读的。

⚠ 若要修改受保护单元格或图表，请先使用"撤消工作表保护"命令（在"审阅"选项卡的"更改"组中）来取消保护。可能会提示您输入密码。

确定

专家点拨：如何成为上司重用的秘书

秘书工作的本质就是充分发挥参谋、助手、综合协调、反馈沟通等职能，为企业管理者服务。当前不断变化的形势从工作环境、工作方式、工作内容上都对秘书工作提出了新的要求。新时代的秘书只有做好以下方面，才能更好地发挥作用，成为上司重用的得力助手。

一、要有平常心

秘书这个职位很特殊，虽然不属于企业的高级管理层，但因为工作直接对管理者负责，所以常常给人"一人之下"的感觉。正因如此，秘书才要时刻保持一颗平常心：我只是公司的一名普通职员，我服务于我的工作。不能认为自己是领导的秘书就高人一等，和同事说话办事时要谦虚谨慎，不要带"官腔"。

保持平常心对秘书的意义还表现在，很多时候秘书的工作是默默无闻的，功劳往往属于上司，甚至有时秘书还会替上司承担一些责任。也许你会遭遇不公，但上司会因此对你刮目相看，所以一定要用平常心去对待。

二、强化工作能力

秘书要爱岗敬业，脚踏实地，对自己负责的事情精益求精，在实践中不断提升自己的工作能力和职业素养。要时刻牢记秘书的天职是做好后勤工作，成为上司的得力助手。

三、端庄大方，举止得体

秘书作为企业对外的"窗口"，其一举一动都代表着企业的整体形象。秘书的职业着装要注意风格淡雅、扬长避短，不可穿奇装异服。仪容仪表方面，要注意做好个人卫生，保持发型整洁、面孔清爽，女秘书可以适度化淡妆，千万不可浓妆艳抹。待人接物时举止要大方得体，说话一定要把握分寸、注重措词。

四、服从而不盲从

秘书协助上司工作时，应做到"参与而不干预、协助而不越权、服从而不盲从"。一丝不苟地执行上司的工作指示固然是必须坚守的基本原则，但对于明显的疏漏，秘书也要以适当的方式对上司进行提醒，有时还要随机应变，做好圆场和补台工作。

五、口风要严

因为工作性质的关系，秘书的资讯比较灵通，对上司的公事私事会知道很多。秘书应做到"不该问的事不问，不该说的话不说"，当不得不知道时，只能守口如瓶。不要向同事卖弄你的消息灵通，也不要把同事的秘密告诉上司。

六、有亲和力

形象要自己树立，人缘要自己去结交。秘书要想发挥好综合协调的职能，就要首先让大家接

（续上页）

专家点拨：如何成为上司重用的秘书

受你、喜欢你。成功的秘书要给人如沐春风的感觉：开朗乐观，严以律己，宽以待人，善解人意，乐于助人。人性基本上是相通的，要记住"己所不欲，勿施于人"，你喜欢别人怎样待你，你就应该怎样待人。

七、善于人际沟通

秘书最重要的职能之一是上传下达。因为各种条件和因素的限制，管理者和员工之间往往不能很好地沟通和了解，有时候一点小误会也会严重影响团队之间的关系甚至企业的运作。这时秘书应该及时沟通，动之以情，晓之以理，不让误会影响团队的士气。

读书笔记

第 12 章

客户信息管理

学习要点

- 使用超链接
- 拆分冻结窗格
- 创建数据透视表
- 使用批注
- IF、VLOOKUP函数嵌套
- 插入数据透视图

本章结构

编辑客户资料表
- 在客户资料表中使用超链接
- 在客户资料表中使用批注

制作客户订单
- 拆分冻结窗格
- 编辑客户订单表内容
- 编辑客户订单表格中公式

制作订单数据透视表
- 创建数据透视表
- 创建数据透视图

编辑客户折扣管理表
- 编辑公式
- 自动计算出客户应缴订单额

---

1 创建客户介绍超链接

	A	B
1	客户编号	所在公司名称
2	1	远方公司
3	2	通金实业公司
4	3	郭氏有限责任公司
5	4	加保集团
6	5	木易实业公司

2 插入联系人职位的批注信息

	C	D	E
1	联系人	公司性质	联系方式
2	王鼎同	User: 公司系的科科长	01
3	李铭		02
4	贺小美		03
5	张秀华	外资	004-000004
6	何力	国营	005-000005

3 客户订单数据透视表效果

1	客户名称	(全部)	
2			
3		值	
4	行标签	求和项:订单额	求和项:产品数量
5	ACR001	12008000	1580
6	ACR002	1988000	710
7	ACR003	5586000	1330
8	ACR004	11316000	1640
9	ACR005	7105000	1450
10	BAR001	4640000	1450
11	BAR002	3080000	770
12	BAR003	8400000	1400

4 根据客户编号自动生成客户名

	A	B	C
1	客户编号	客户名称	客户订单
2	1	=IF(A2="","",VLOOKUP(A2,客户资料表!$A$2:$B$11,2))	
3	2		
4	3		
5	4		
6	5		
7	6		

客户信息管理

客户是企业的资源，是企业最重要的财富，无论是开发新客户还是维护老客户，客户信息的管理都是最基础、最重要的工作，很多公司已经把客户信息看成公司的核心资产来管理和维护。优秀的文秘行政人员更要知道如何利用客户信息，发掘关键和有价值的客户。本章，主要以客户资料表、客户订单表和客户折扣管理表为例，向用户介绍使用Excel 2010管理客户信息的方法。

12.1

编辑客户资料表

建立客户资料表是管理客户信息的基础。在客户资料表中可以反映出客户的基本信息，如联系人、公司性质、联系方式等，方便文秘人员进行客户的查询与维护。本节将借助对客户资料表的编辑，介绍在Excel工作表中插入超链接以及使用批注的方法。

原始文件	实例文件\第12章\原始文件\客户管理.xlsx、远方公司.docx
最终文件	实例文件\第12章\最终文件\客户管理.xlsx

12.1.1 在客户资料表中使用超链接

客户资料表是用于管理企业所有客户信息资料的表格，因而在这张表格中，单个企业的介绍资料不可能反映地很详尽。要快速获取每个企业的详细信息，可以为各企业名称建立文字超链接，使得单击任意企业的名称，均可在新打开的文档中查看到企业的详细介绍。在客户资料表中插入超链接的具体操作如下。

1 打开"插入超链接"对话框。打开"实例文件\第12章\原始文件\客户管理.xlsx"工作簿，切换至"客户资料表"工作表，选中B2单元格，在"插入"选项卡下单击"超链接"按钮，如下图所示。

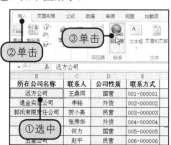

2 设置查找范围。在打开的"插入超链接"对话框中，单击"查找范围"右侧的下拉列表，在列表中选择插入的超链接文件所在的文件夹"实例文件\第12章\原始文件"，如下图所示。

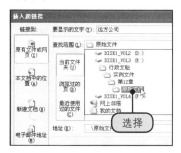

提示 ① 关于超链接

超链接是指带有颜色和下划线的文字或图形，单击这样的文字或图形后，可以转向万维网中的文件、文件的位置或网页，或是Internet上的网页。超链接还可以转到新闻组或Gopher、Telnet和FTP站点。

用户为了快速访问到另一个文件中或网页上的相关信息，可以在工作表单元格中插入超链接，还可以在特定的图表元素中插入超链接。

②删除超链接

用户在设置了超链接后，也可以快速删除超链接。要删除超链接，用户可以按照下列操作进行。

1.方法一：删除超链接以及表示超链接的文字

右击包含超链接的单元格，然后在弹出的快捷菜单中单击"清除内容"命令，如下图所示。

2.方法二：删除超链接以及表示超链接的图形

按下Ctrl键并单击图形，然后按Delete键。

3.方法三：禁用超链接

右击需要禁用的超链接，然后在弹出的快捷菜单上单击"取消超链接"命令，如下图所示。

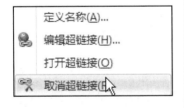

3 选择插入超链接的文件。在当前文件夹右侧的列表框中选中要插入的文件名称"远方公司"，如下图所示，单击"确定"按钮完成设置。

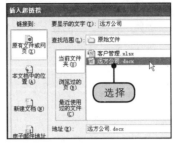

5 打开超链接的文件。单击添加有超链接的文本"远方公司"后，Excel工作簿将自动打开链接到的文件，如右图所示。

4 打开超链接。返回"客户资料表"工作表中，单击单元格B2中的超链接文本"远方公司"，如下图所示。

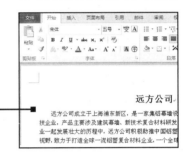

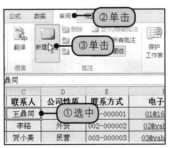

12.1.2 在客户资料表中使用批注

为了方便文秘人员了解联系人的相关职位或个人信息，可以对联系人所在单元格添加批注。在Excel 2010中，用户在为工作表添加批注后，还可以根据需要设置显示或隐藏批注的内容。在客户资料表中使用批注建立提示的操作方法如下。

1 新建批注。选中C2单元格，单击"审阅"选项卡"批注"组中的"新建批注"按钮，如下图所示。

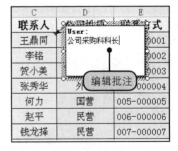

2 编辑批注内容。在新建的批注中编辑批注的内容为"公司采购科科长"，如下图所示。

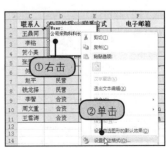

3 打开"设置批注格式"对话框。输入批注内容后，选中整个批注，右击批注，在弹出的快捷菜单中单击"设置批注格式"命令，如右图所示。

4 设置字体格式。在打开"设置批注格式"对话框中，切换至"字体"选项卡，在"字体"列表框中单击"方正舒体"选项，然后在"字形"列表框中单击"加粗"选项，选择"字号"为10号，如下图所示。

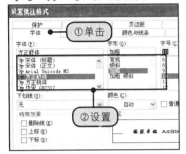

5 设置颜色与线条。切换至"颜色与线条"选项卡，在"填充"选项组中选择填充颜色为白色，在"线条"选项组中选择颜色为黑色，在"粗细"右侧的文本框中输入"2.25磅"，如下图所示。

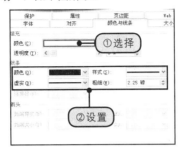

6 显示设置后的效果。经过以上操作后，批注格式被修改，效果如下图所示。

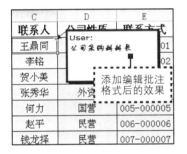

7 复制单元格。选中单元格C2，切换至"开始"选项卡，在"剪贴板"组中单击"复制"按钮，如下图所示。

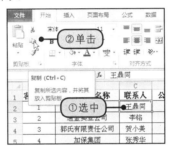

8 打开"选择性粘贴"对话框。选中单元格C3，单击"粘贴"下三角按钮，在展开的下拉列表中单击"选择性粘贴"选项，如下图所示。

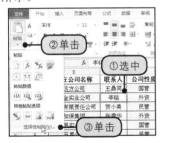

9 粘贴批注。在打开的"选择性粘贴"对话框中选中"粘贴"选项组中的"批注"单选按钮，如下图所示，单击"确定"按钮完成设置。

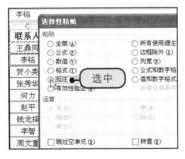

10 启动编辑批注功能。将批注粘贴到C3单元格后，选中C3单元格，再单击"审阅"选项卡下"批注"组中的"编辑批注"按钮，如右图所示。

常见问题

企业如何有效地保护客户信息

Q 无法有效地保护客户信息，使客户信息泄露，会给公司的声誉带来不良影响，严重时还会影响公司的运营。该怎么做才能有效保护客户信息不被泄露呢？

A 对于有效地保护客户信息，我们的建议有以下几方面。

（1）法律方面，应根据行业特点，在员工入职时签订保密协议，保密协议中应明确员工对于公司客户信息保密的法律义务。

（2）管理方面，应建立公司层面的内控体系，将对客户信息的保护纳入整个公司的内控体系范围内；梳理客户信息从登记、流转、分发到使用的数据流向及其对应的业务流程，建立相应的控制措施，明确每个环节数据保护的责任人，如果确定信息从某个环节泄露，应对该责任人进行问责；根据客户资金量，将客户信息进行分类，对于不同类型的客户信息进行分级授权，授权原则依据"知必所需"的最小化原则，这样能够看到高价值客户信息的人的范围就会缩小到最小。由公司的审计部门或者聘请外部第三方专业机构定期对公司以及营业部的内控情况进行检查，发现漏洞及时弥补。

（3）技术方面，对业务人员通过技术手段限制对于客户信息的批量查询，限制客户信息的导出，同时禁止复制；通过终端安全系统禁用U盘、移动硬盘等移动存储设备，限制工作电脑安装某些工具软件类型；同时利用技术手段，将办公网和业务网物理隔离，确保业务数据只保留在业务操作用的电脑上，而不会被员工带走。对IT人员，特别是对负责维护含有客户信息的数据库的IT人员的后台系统和数据库的权限进行严格控制，对其操作进

（续上页）

11 编辑批注。在批注文本框中修改批注文本内容为"公司销售部经理"，如下图所示。

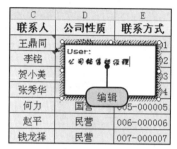

13 显示所有批注。经过以上操作后，工作表中添加的所有批注均显示出来，效果如右图所示。

12 设置显示所有批注。按照上面的方法，同样设置其他联系人的批注，设置完成后单击"显示所有批注"按钮，如下图所示。

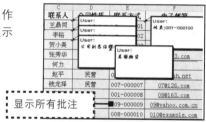

12.2

制作客户订单

在公司的经营活动中，订单是企业和客户之间的业务联系纽带。公司通过客户订单管理，可以方便地查阅客户购买产品的情况，能够帮助公司对客户订货特点进行分析，制订合理的营销策略，以更好地管理客户。

12.2.1 拆分冻结窗格

用户在使用Excel 2010时，可以通过冻结或拆分窗格来查看工作表的两个区域和锁定一个区域中的行或列。当冻结窗格时，用户在滚动工作表时仍可看见特定的行或列。

1 选择拆分窗格。切换至"客户订单"工作表，选中单元格D2，如下图所示。

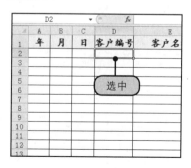

2 拆分窗格。单击"视图"选项卡下"窗口"组中的"拆分"按钮，如下图所示。

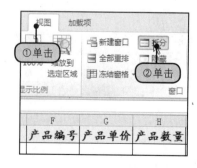

3 显示拆分后的效果。以D2单元格为中心拆分后，效果如下图所示。

5 显示冻结窗格后的效果。将拆分的窗格冻结后，效果如右图所示。此时，A~C列与第一行的区域都将冻结，拖动垂直滚动条与水平滚动条可以查看冻结的效果。

4 冻结窗格。单击"视图"选项卡下的"冻结窗格"按钮，在展开的下拉列表中单击"冻结拆分窗格"选项，如下图所示。

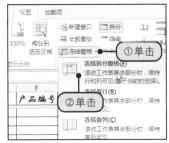

12.2.2 编辑客户订单表格中的公式

文秘行政人员在录入公司客户订单数据时，常常会发现数据很多，录入过程很繁琐。为了使数据录入更轻松，用户在录入数据前可以使用公式函数和数据有效性对表格进行设置。

1 选择设置IF函数。选中单元格E2，单击"公式"选项卡下"函数库"组中的"逻辑"下三角按钮，在其下拉列表中单击IF选项，如下图所示。

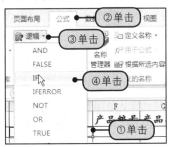

2 设置参数Logical_test。打开"函数参数"对话框，在Logical_test文本框中输入数据"D2="""，如下图所示。

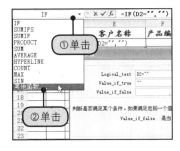

3 打开"插入函数"对话框。在Value_if_true文本框中指定参数为""""，接着单击Value_if_false文本框，在"名称框"下拉列表中单击"其他函数"选项，如右图所示。

（续上页）

常见问题

如何建立客户忠诚度

的重要程度。满意度评估应该包括这些属性的等级（同竞争对手相比）；让中间商告诉你他们需要什么样的资源，你怎样才能帮助他们销售并对其客户进行营销。

（3）发现抱怨：因为多数抱怨并没有登记，对公司而言，在引起客户不满和客户流失之前就应该发现这些抱怨，这样对公司是有利的。

（4）丢失客户访谈：确定客户为什么会流失？是否有办法可以挽回？可以发现客户转向了哪家竞争对手吗？他们的服务与你公司相比如何？

（5）感谢电话：对你最有价值的客户表示感谢，并征求他们的意见，还可以为他们做什么等。

2.客户关系流程

（1）最终用户：分析所有的客户接触点和机会，以增加互动。让客户教你怎样去迎合他们的要求，怎样服务客户并与他们沟通，给他们多种选择。跟踪客户的选择和行为方式，以避免使客户两次回答同样的问题；整合所有的媒介关系，包括销售人员、电话服务中心、邮寄及互联网。

（2）中间商：寻求增值服务，使分销商更有效率、利润更高，或者对客户更有价值。对最终用户的服务可以减少分销商的工作量。

3.客户评估分析

那些对忠诚度和流失率很感兴趣的企业应该计算客户持有率和流失率。他们还应该计算并评估客户终生价值或客户终生利润率，而客户占有率表明了公司的业务构成。一旦确定了基准线，就能够确定现阶段客户忠诚度和客户保留努力的结果。

提示 ③IF函数解析

IF函数用于根据对指定的条件计算结果，为TRUE或FALSE返回不同的结果。

语法：

IF(logical_test,value_if_true,value_if_false)

参数含义：

logical_test表示计算结果为TRUE或FALSE的任意值或表达式。可使用任何比较运算符。

value_if_true是logical_test 为TRUE时返回的值。value_if_true可以是其他公式。

value_if_false是logical_test 为FALSE时返回的值。value_if_false可以是其他公式。

注意：

最多可以使用64个IF函数作为value_if_true和value_if_false参数进行嵌套，以构造更详尽的测试。此外，若要检测多个条件，请考虑使用LOOKUP、VLOOKUP或HLOOKUP函数。

如果函数IF的参数包含数组，则在执行IF语句时，数组中的每一个元素都将计算。

4 选择函数类别。在打开的"插入函数"对话框中，单击"或选择类别"右侧的下三角按钮，在展开的下拉列表中单击"查找与引用"选项，如下图所示。

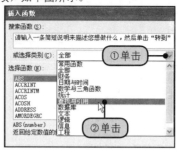

6 设置参数Lookup_value。在打开的"函数参数"对话框中单击Lookup_value文本框，再返回工作表中选中单元格D2，如下图所示。

8 设置绝对引用。在设置参数Table_array后，按F4键将单元格区域更改为绝对引用状态，如下图所示。

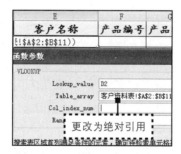

10 复制函数公式。单击"确定"按钮后，将鼠标置于单元格右下角，拖动填充柄向下填充公式至E58单元格，如右图所示。

5 插入VLOOKUP函数。在"选择函数"列表框中选择插入VLOOKUP函数，然后单击"确定"按钮，如下图所示。

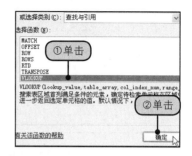

7 设置参数Table_array。接着单击Table_array文本框，再返回工作表，单击"客户资料表"标签，切换至"客户资料表"，选取单元格区域A2：B11，如下图所示。

9 设置参数Col_index_num。接着在Col_index_num文本框中输入2，如下图所示，完成参数设置后，单击"确定"按钮。

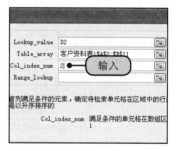

11 使用函数自动生成产品单价。选中G2单元格，输入公式"=IF(F2="","",VLOOKUP(F2,商品单价!A2:B10,2))"，如下图所示。

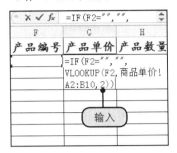

13 选取F列。单击F列列标，选取第F列，如下图所示。

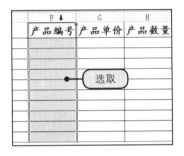

15 制作下拉列表。在"设置"选项卡下设置有效性条件的允许条件为"序列"，在"来源"文本框中输入产品编号"ACR001,ACR002,ACR003,ACR004,ACR005,BAR001,BAR002,BAR003,BAR004"，然后单击"确定"按钮，如下图所示。

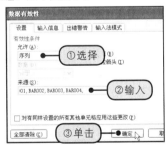

17 使用IF函数。选中单元格I2，在单元格I2中输入公式"=IF(H2=0,"",G2*H2)"，如右图所示。

12 复制函数公式。按Enter键后，将鼠标置于单元格右下角，拖动填充柄向下填充公式至G58单元格，如下图所示。

14 打开"数据有效性"对话框。切换至"数据"选项卡，单击"数据有效性"|"数据有效性"选项，如下图所示，打开"数据有效性"对话框。

16 显示设置后的效果。单击"确定"按钮后，返回工作表中，单击F2单元格右侧的下三角按钮，在展开的下拉列表中可选择产品的编号，如下图所示。

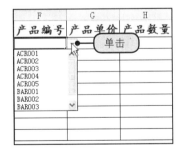

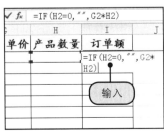

④ VLOOKUP函数解析

VLOOKUP()函数用于在表格数组的首列查找指定的值，并由此返回表格数组当前行中其他列的值。

语法：

VLOOKUP(lookup_value,table_array,col_index_num,range_lookup)

参数含义：

lookup_value为需要在表格数组第一列中查找的数值。

table_array为两列或多列数据，使用对区域或区域名称的引用。

col_index_num为table_array中待返回的匹配值的列序号。col_index_num为1时，返回table_array第一列中的数值；col_index_num为2时，返回table_array第二列中的数值，依此类推。

range_lookup为逻辑值，指定希望VLOOKUP查找精确的匹配值还是近似匹配值。

注意：

在table_array第一列中搜索文本值时，请确保table_array第一列中的数据没有前导空格、尾部空格、直引号（'或"）与弯引号（'或"）不一致或非打印字符的情况。否则，VLOOKUP可能返回不正确或意外的值。

在搜索数字或日期值时，请确保table_array第一列中的数据未存储为文本值。否则，VLOOKUP可能返回不正确或意外的值。

如果range_lookup为FALSE且lookup_value为文本，则可以在lookup_value中使用通配符问号（?）和星号（*）。问号匹配任意单个字符；星号匹配任意字符序列。如果要查找实际的问号或星号，则在该字符前输入波形符（~）。

提示 ⑤ 何为数据有效性

数据有效性是一种Excel功能，用于定义可以在单元格中输入或应该在单元格中输入哪些数据。用户可以配置数据有效性以防止用户输入无效数据。如果愿意，可以允许用户输入无效数据，但当用户尝试在单元格中输入无效数据时会向其发出警告。此外，用户还可以提供一些消息，以定义期望在单元格中输入的内容以及帮助用户更正错误的说明。

18 复制函数公式。按Enter键后，拖动I2单元格右下角的填充柄向下填充公式至I58单元格，如右图所示。

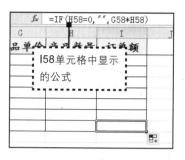

12.2.3 编辑客户订单表内容

用户在为表格设置了函数和数据有效性后，就可以轻松地录入客户订单表的内容了。用户在录入客户订单表内容时，还可以通过一些小技巧实现高效办公的目的。

1 输入数据。选中单元格A2，在单元格中输入数据"'09"，如下图所示。

2 按Enter键后，09显示在单元格中，效果如下图所示。

3 输入客户编号。在B2单元格输入数字10，在C2单元格输入数字01，在D2单元格中输入客户编号2，如下图所示。

4 显示客户名称。按Enter键后，E2单元格即自动显示相对应的客户名称，如下图所示。

5 选择产品编号。单击F2单元格右侧的下三角按钮，在展开的下拉列表中选择产品编号"ACR003"，如右图所示。

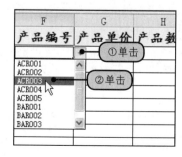

6 显示产品单价。选择产品编号后，G2单元格即自动显示相对应的产品单价，如下图所示。

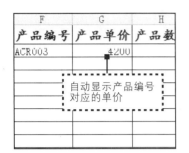

7 显示订单额。在H2单元格输入产品数量为150，按Enter键后，I2单元格即自动计算出相对应的订单额，如下图所示。

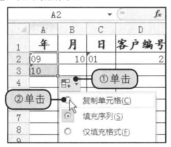

8 填充数据。选中单元格A2，将鼠标置于单元格右下角，拖动填充柄向下填充至单元格A3，如下图所示。

9 设置填充格式。单击"自动填充选项"下三角按钮，在展开的下拉列表中选中"复制单元格"单选按钮，如下图所示。

10 显示设置后的效果。经过上一步操作，单元格A2中的值将自动复制到单元格A3，如下图所示。

11 填写完成客户订单表。重复上面的步骤，填写整张客户订单表，如下图所示。

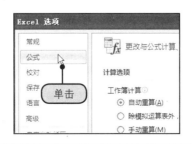

12 选择设置错误规则。填写完毕后，单击 ◇ 后的下三角按钮，在展开的下拉列表中单击"错误检查选项"选项，如下图所示。

13 打开"公式"选项卡。在打开的"Excel选项"对话框中，单击"公式"标签，切换至"公式"选项卡，如下图所示。

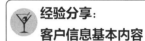

经验分享：
客户信息基本内容

公司要了解一家客户的基本情况，要查看的资料很多，主要包括以下内容。

企业概况、注册信息（包括基本注册信息、股份结构及历史沿革等）、经营信息（包括主营业务信息、销售、采购及进出口信息等）、财务信息（包括财务报表、主要财务数据及财务指标等）、银行信息、诉讼信息、供应商评价、关联公司信息、公共信息、行业分析、SinoRating综述、企业评级等。

14 设置错误检查规则。在"公式"选项卡的"错误检查规则"选项组中取消勾选"文本格式的数字或者前面有撇号的数字"复选框，如下图所示。

错误检查

☑ 允许后台错误检查(B)

使用此颜色标识错误(E)：　　重新设置忽略

错误检查规则

☑ 所含公式导致错误的单元格(L) ⓘ　☑

☐ 表中⋯⋯⋯⋯⋯⋯⋯⋯ⓘ　☑

☐ 包含以两位数表示的年份的单元格(Y) ⓘ　☐

☑ 文本格式的数字或者前面有撇号的数字(H) ⓘ　☑

☑ 与区域中的其他公式不一致的公式(N) ⓘ

（取消勾选）

15 显示设置后的效果。单击"确定"按钮后，则工作表中所有以文本形式存储的数字格式均正常显示，如下图所示。

	A	B	C	D
1	年	月	日	客户编
2	09	10	01	
3	09	10	01	
4	09	10	02	
5	09	10	05	
6	09	10	12	
7	09	10	15	
8	09	10	15	
9	09	10	18	

12.3

制作订单数据透视表和数据透视图

文秘行政人员在对大量订单数据进行分析时，常常会为数据的凌乱而头痛。但是如果使用数据透视表和数据透视图来分析数据，则会发现原来再多的数据分析也可以轻松搞定。

使用数据透视表可以汇总、分析、浏览数据，使用数据透视图可以显示在数据透视表中的汇总数据，并且可以方便地查看、比较模式和趋势。数据透视表和数据透视图报表都能为用户做出有关公司中关键数据的可靠决策。

12.3.1 创建数据透视表

数据透视表是一种可以快速汇总大量数据的交互式表格。使用数据透视表可以深入分析数值数据，并且可以解决一些预料不到的数据问题。创建数据透视表的具体操作如下。

提示⑥ 数据透视表使用的情况

用户如果要分析相关的汇总值，尤其是在要统计或分析数据量较大的列表并对每个数字进行多种比较时，可以使用数据透视表。

由于数据透视表是交互式的，因此，用户可以更改数据的视图以查看更多明细数据或计算不同的汇总额，如计数、平均值等。

1 打开"创建数据透视表"对话框。在"客户订单"工作表中，单击"全选"按钮选中整个工作表，然后在"插入"选项卡下单击"数据透视表"|"数据透视表"选项，如下图所示。

2 创建数据透视表。打开"创建数据透视表"对话框后，此时默认的分析区域为整个客户订单表，选中"新工作表"单选按钮，再单击"确定"按钮，如下图所示。

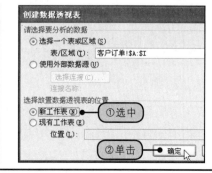

3 完成创建数据透视表。经过以上操作后，生成一张新的工作表，并创建出数据透视表的基本框架，将工作表重命名为"订单数据透视表"，如下图所示。

重命名

5 显示添加字段的效果。经过以上操作后，"客户名称"字段即添加到报表框架中的报表筛选内，如下图所示。

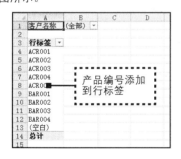

添加到页字段

7 显示添加字段的效果。经过以上操作后，"产品编号"字段即添加到报表框架中的行标签内，如下图所示。

产品编号添加到行标签

9 移动字段。按住鼠标左键不放，将字段"产品数量"拖动到下方"数值"区域内，如右图所示。

4 用右键菜单添加字段。在"数据透视表字段列表"窗格中右击要添加的字段"客户名称"，然后在弹出的菜单中单击"添加到报表筛选"命令，如下图所示。

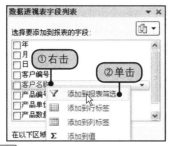

①右击　②单击

6 用复选框添加字段。在"数据透视表字段列表"窗格中勾选要添加的字段"产品编号"复选框，如下图所示。

勾选

8 选中字段名称。在"数据透视表字段列表"窗格中选中要添加的字段名称"产品数量"，如下图所示。

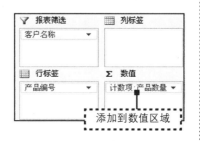

选中

添加到数值区域

提示 ⑦ **将字段移动到报表区域的指导原则**

以下是将"值"、"名称"字段从字段部分移动到布局部分中4个区域的指导原则。

1. 值字段

如果用户只是为数值字段选中一个复选框，则它移动到的默认区域是"列标签"。

2. 行和列字段

如果某个字段已经在"行标签"、"列标签"或"报表筛选"区域中，并且再次将它添加到这些区域之一，那么，它在被移动到相同区域时，就会更改位置，在被移动到不同区域时，就会更改方向。

提示 ⑧ 添加字段的方法

用户要将字段添加到报表，可以执行下列一项或多项操作。

在字段部分中选中各字段名称旁边的复选框。字段放置在布局部分的默认区域中，但用户可在需要时重新排列这些字段。默认情况下，非数值字段会被添加到"行标签"区域，数值字段会被添加到"值"区域，而OLAP日期和时间层次会被添加到"列标签"区域。

右击字段名称，然后选择相应的命令"添加到报表筛选"、"添加到列标签"、"添加到行标签"和"添加到值"，可以将该字段放置在布局部分中的某个特定区域中。

用户也可以单击并按住某个字段名，然后在字段部分与布局部分中的某个区域之间拖动该字段。如果要多次添加某个字段，则重复该操作。

10 显示添加字段的效果。释放鼠标后，字段"产品数量"即添加到报表中的数值区域，效果如下图所示，这里的产品数量其实为各产品的订购次数。

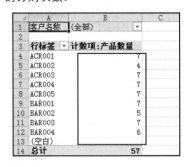

12 设置值字段。在"值字段设置"对话框的"汇总方式"选项卡下单击"值字段汇总方式"列表框中的"求和"选项，再单击"确定"按钮，如下图所示。

14 添加值字段"订单额"。用上面介绍的方法添加值字段"订单额"，效果如下图所示。

16 筛选数据。在展开的下拉列表中，取消勾选"空白"复选框，再单击"确定"按钮完成筛选，如右图所示。

11 打开"值字段设置"对话框。在"数据透视表字段列表"窗格的"数值"区域单击"产品数量"字段的下三角按钮，然后在弹出的菜单中单击"值字段设置"命令，如下图所示。

13 显示设置后的效果。经过以上操作后，在数据透视表中即可查看到各产品的订购总量，如下图所示。

15 选择筛选行标签。单击"行标签"后的筛选按钮，展开下拉列表，如下图所示。

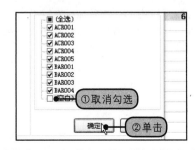

17 显示筛选结果。经过筛选操作后，行标签即可显示所有订购产品的名称，如下图所示。

19 设置数据透视表样式。接着单击"数据透视表样式"组下方的快翻按钮，在展开的样式库中选择"数据透视表样式浅色21"样式，如下图所示。

21 筛选报表。单击报表筛选中"客户名称"后的筛选按钮，在展开的下拉列表中单击"键是宝有限责任公司"选项，再单击"确定"按钮，如下图所示。

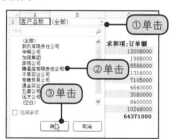

23 设置一次筛选多家公司。再次单击"客户名称"后的筛选按钮，在展开的下拉列表中勾选"选择多项"复选框，如右图所示。勾选"选择多项"复选框后，则列表框中所有客户名前均出现一个复选框。

18 设置数据透视表样式选项。选中数据透视表中的任意单元格，在"数据透视表工具"|"设计"选项卡下，勾选"数据透视表样式选项"组中的"行标题"和"列标题"、"镶边行"复选框，如下图所示。

20 显示设置数据透视表样式后的效果。经过以上操作后，数据透视表生成新的样式效果，如下图所示。

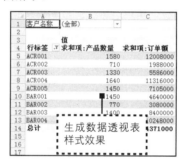

22 显示筛选后的效果。经过以上操作后，报表中仅筛选出键是宝有限责任公司购买的产品、产品数量和订单额，如下图所示。

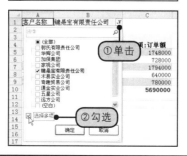

 提示 ⑨ 更改数据透视表字段列表视图

数据透视表字段列表有5种不同视图，这些视图是为不同类型的数据透视表任务而设计并优化的。

要更改视图，用户可以单击数据透视表字段列表顶部的"视图"下三角按钮，如下图所示。

然后选择下列选项之一。

（1）字段节和区域节层叠：这是默认视图，是为少量字段而设计的。

（2）字段节和区域节并排：此视图是为当用户在各区域中有4个以上字段时添加和删除字段而设计的。

（3）仅字段节：此视图是为添加和删除多个字段而设计的。

（4）仅2×2区域节：此视图只是为重新排列多字段而设计的。

（5）仅1×4区域节：此视图只是为重新排列多个字段而设计的。

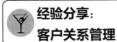

提示 ⑩ 显示数据透视表字段列表窗格

如果用户看不到"数据透视表字段列表"窗格，则一定要单击数据透视表或数据透视图中的任意单元格。

如果用户还是看不到数据透视表字段列表，那么对于数据透视表来说，在"数据透视表工具"|"选项"选项卡的"显示/隐藏"组中没有单击"字段列表"按钮，单击该按钮即可查看。

如果用户在字段列表中看不到自己要使用的字段，那么可以刷新数据透视表或数据透视图，以显示自上次操作以来用户所添加的新的字段、计算字段、度量、计算度量或维数。

经验分享：客户关系管理

CRM（客户关系管理）概念引入中国已有数年，其字面意思是客户关系管理，但其深层的内涵却有许多。

（1）CRM 是一项营商策略，通过选择和管理客户达到最大的长期价值。CRM 需要用以客户为中心的营商哲学和文化来支持有效的市场推广、营销和服务过程。企业只要具备了合适的领导、策略和文化，应用 CRM 即可促成具有效益的客户关系管理。

（2）CRM 是关于发展和推广营商策略和支持科技以填补企业在获取、增长和保留客户方面目前和潜在表现的缺口。它可为企业做什么呢？CRM 可改善资产回报，在此，资产是指客户和潜在客户基础。

（3）CRM 是信息行业用语，指有助于企业有组织性地管理客户关系的方法、软件以及互联网设施。

（4）CRM 是一种基于 Internet 的应用系统。它通过对企业业务流程的重组来整合用户信息资源，以更有效的方法来管理客户关系，在

24 勾选需要筛选的公司。分别勾选"郭氏有限责任公司"、"华辉公司"和"加保集团"前的复选框，保持勾选"键是宝有限责任公司"复选框，再单击"确定"按钮，如下图所示。

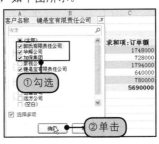

25 显示筛选后的效果。经过以上操作后，数据透视报表中将仅统计出这4家公司购买的产品、产品数量和订单额，如下图所示。

	A	B	C
1	客户名称	(多项)	
2			
3		值	
4	行标签	求和项:产品数量	求和项:订单额
5	ACR001	940	7144000
6	ACR002	520	1456000
7	ACR003	370	1554000
8	ACR004	520	3588000
9	ACR005	580	2842000
10	BAR001	410	1312000
11	BAR002	160	640000
12	BAR003	630	3780000
13	BAR004	410	3444000
14	总计	4540	25760000
15			
16			

12.3.2 创建数据透视图

数据透视图可以用来以图表形式表达数据透视表中的数据。用户使用数据透视图可以更直观地了解数据透视表的数据信息。像数据透视表一样，用户也可以选择更改数据透视图的布局和显示的数据。

1 选中数据透视表中的任意单元格，在"数据透视表工具"|"选项"选项卡下，单击"工具"组中的"数据透视图"按钮，如下图所示。

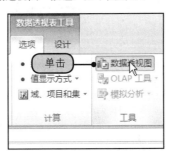

2 选择图表类型。在弹出的"插入图表"对话框中单击左侧的"饼图"选项，然后在右侧的"饼图"子集中选择"分散型饼图"图标，如下图所示

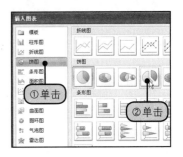

3 显示生成的数据透视图。经过以上操作后，将自动生成一个饼图样式的数据透视图，效果如下图所示。

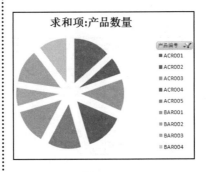

4 设置报表筛选。选中整个数据透视图，单击数据透视图筛选窗格"报表筛选"下方的下三角按钮，在展开的下拉列表中只勾选"郭氏有限责任公司"复选框，如下图所示。

5 显示郭氏有限责任公司购买产品的数量比例。经过以上操作后，数据透视图中即显示出郭氏有限责任公司购买产品的数量比例，效果如下图所示。

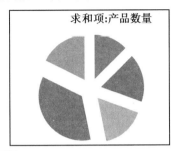

7 显示郭氏有限责任公司购买产品的金额比例。经过以上操作后，数据透视图中即显示出郭氏有限责任公司购买产品的金额比例，效果如下图所示。

9 添加数据标签。切换至"数据透视图工具"|"布局"选项卡，单击"数据标签"下三角按钮，在展开的下拉列表中单击"数据标签外"选项，如下图所示。

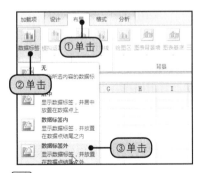

11 设置形状轮廓。接着单击"形状样式"组中的"形状轮廓"下三角按钮，在展开的下拉列表中选中"黑色"，如右图所示，设置轮廓颜色为黑色。

6 调整字段显示顺序。在"数值"区域单击"求和项：订单额"字段下三角按钮，然后在弹出的菜单中单击"上移"命令，如下图所示。

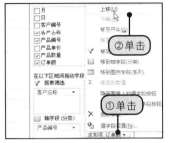

8 设置图表布局。切换至"数据透视图工具"|"设计"选项卡，单击"图表布局"组下方的快翻按钮，在展开的样式库中选择"布局2"样式，如下图所示。

10 选择设置系列"求和项：订单额"。在"数据透视图工具"|"格式"选项卡下，单击"当前所选内容"组中"图表元素"文本框右侧的下三角按钮，在展开的下拉列表中单击"系列'求和项：订单额'选项"，如下图所示。

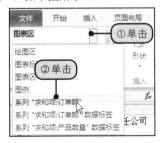

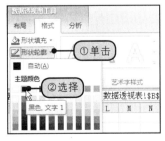

（续上页）

 经验分享：客户关系管理

企业内部实现信息和资源的共享，从而降低企业运营成本，为客户提供更经济、快捷、周到的产品和服务，保持和吸引更多的客户，以求最终达到企业利润最大化的目的。

（5）CRM 是一项综合的 IT 技术，也是一种新的运作模式，它源于"以客户为中心"的新型商业模式，是一种旨在改善企业与客户关系的新型管理机制，是一项企业经营战略，企业据此赢得客户，并且留住客户，让客户满意。通过技术手段增强客户关系，并进而创造价值，最终提高利润增长的上限和底线，是客户关系管理的焦点问题。

（6）客户关系管理是企业为提高核心竞争力，树立客户为中心的发展战略，并在此基础上展开的包括判断、选择、争取、发展和保持客户所需的全部商业过程；是企业以客户关系为重点，通过优化企业组织体系和业务流程，提高客户满意度和忠诚度，提高企业效率和利润水平的工作实践；也是企业在不断改进客户关系的全部业务流程。

（7）CRM 的主要含义就是通过对客户详细资料的深入分析，来提高客户满意程度，从而提高企业竞争力的一种手段。客户关系是指围绕客户生命周期发生、发展的信息归集。客户关系管理的核心是客户价值管理，通过"一对一"营销原则，满足不同价值客户的个性化需求，提高客户忠诚度和保有率，实现客户价值持续贡献，从而全面提升企业盈利能力。

提示 ⑪ SUMIF 函数解析

使用SUMIF函数可以对区域中符合指定条件的值求和。

语法：

SUMIF(range,criteria,[sum_range])

参数：

range用于条件计算的单元格区域。每个区域中的单元格都必须是数字、名称、数组、包含数字的引用。空值和文本值将被忽略。

criteria用于确定对哪些单元格求和的条件，其形式可以为数字、表达式、单元格引用、文本或函数。

sum_range是要求和的实际单元格（如果要对未在range参数中指定的单元格求和）。如果sum_range参数被省略，则Excel会对在range参数中指定的单元格（即应用条件的单元格）求和。

需要注意的是，sum_range参数可以与range参数的大小和形状不同。求和的实际单元格通过以下方法确定：使用sum_range参数中左上角的单元格作为起始单元格，然后包括与range参数大小和形状相对应的单元格。

可以在criteria参数中使用通配符（包括问号(?)和星号(*)）。

12 设置阴影效果。再单击"形状效果"下三角按钮，在展开的下拉列表中用鼠标指向"阴影"选项，如下图所示。

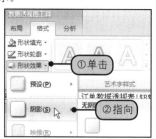

14 选择数据透视图背景颜色。最后选中整个数据透视图，并单击"格式"选项卡下"形状样式"组中的"形状填充"下三角按钮，在展开的下拉列表中选中适合的颜色，如下图所示。

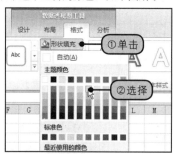

13 设计形状效果。在展开的子列表中选择"内部"选项组中的"内部右上角"样式，如下图所示。

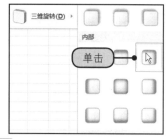

15 显示设置完成后的效果。经过以上操作后，便制作完成了客户"郭氏有限责任公司"购买产品的金额比例数据透视图，效果如下图所示。

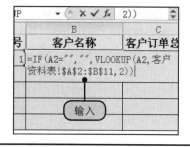

12.4

编辑客户折扣管理表

客户折扣管理是公司根据客户购买产品的订单额，对客户购买公司产品打折的行为。其目的是扩大公司销售规模，吸引客户，让客户成为公司的长期合作伙伴，为公司的持续发展打基础，并且还可以尽快回收资金。编辑客户折扣管理表的具体操作如下。

1 录入客户编号。切换至"客户折扣管理"工作表，在A2单元格中输入客户编号1，如下图所示。

2 使用函数自动生成客户名称。选中B2单元格，在单元格中输入公式"=IF(A2="","",VLOOKUP(A2,客户资料表!$A$2:$B$11,2))"，如下图所示。

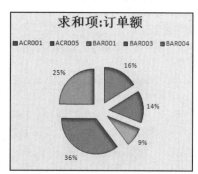

3 显示客户名称。按Enter键后，B2单元格中将返回客户编号相对应的客户名称，如下图所示。

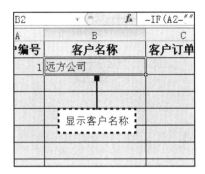

显示客户名称

4 使用函数自动生成客户订单总额。选中C2单元格，在单元格中输入公式"=IF(B2="","",SUMIF(客户订单!$D:$D,A2,客户订单!$I:$I))"，如下图所示。

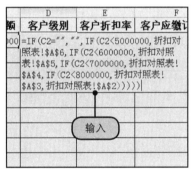

输入

5 显示客户订单总额。按Enter键后，C2单元格即可计算出相应的客户订单总额，如下图所示。

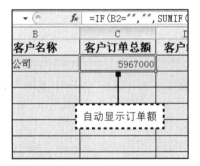

自动显示订单额

6 使用函数自动计算客户级别。选中单元格D2，在单元格D2中输入如下图所示的公式。

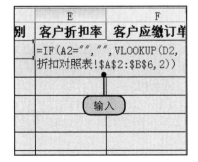

输入

7 计算客户级别。按Enter键后，D2单元格将根据当前客户的订单总额返回客户所在级别，如下图所示。

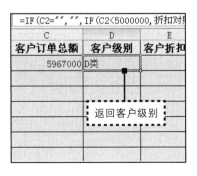

返回客户级别

8 使用函数自动生成客户折扣率。选中E2单元格，在单元格中输入公式"=IF(A2="","",VLOOKUP(D2,折扣对照表!$A$2:$B$6,2))"，如下图所示。

输入

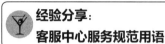

提示 ⑫ 计算客户级别的函数

在左侧步骤6自动计算客户级别时用的IF函数公式如下所示。

=IF(C2="","",IF(C2<5000000,折扣对照表!$A$6,IF(C2<6000000,折扣对照表!$A$5,IF(C2<7000000,折扣对照表!$A$4,IF(C2<8000000,折扣对照表!$A$3,折扣对照表!$A$2)))))

经验分享：客服中心服务规范用语

下面介绍几种常见情况下的客服中心服务规范用语。

1.开头语以及问候语

（1）问候语："您好，欢迎致电XX客户服务热线，客服代表YYY很高兴为您服务，请问有什么可以帮助您！"

（2）当已经了解了客户姓名时候，客户代表应在以下的通话过程中，用客户的姓加上"先生／小姐"保持礼貌回应："某先生／小姐，请问有什么可以帮助您？"

（3）遇到无声电话时，客户代表："您好！请问有什么可以帮助您？"稍停5秒还是无声，"您好，请问有什么可以帮助您？"稍停5秒，对方无反应，则说："对不起，您的电话没有声音，请您换一部电话再次打来，好吗？再见！"再稍停5秒，挂机。

2.无法听清对方的语言

（1）因用户使用免提而无法听清楚时，客户代表："对不起，您的声音太小，请您拿起话筒说话好吗？"

（2）遇到客户声音小听不清楚时，客户代表保持自己的音量不变的情况下："对不起！请您大声一点好吗？"若仍听不清楚，客户代表："对不起！您的电话声音太小，请您换一部电话打来，好吗？"，然后过5秒挂机。

（3）遇到电话杂音太大听不清

（续上页）

经验分享：
客服中心服务规范用语

楚时，客户代表："对不起，您的电话杂音太大，听不清，请您换一部电话再次打来好吗？再见！"稍停5秒，挂机。

9 显示客户折扣率。按Enter键后，E2单元格将返回该客户的折扣率，如下图所示。

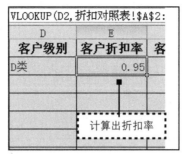

11 显示客户应缴订单额。按Enter键后，F2单元格将显示出该客户应缴订单额，如下图所示。

13 录入客户编号。在A3单元格中输入客户编号2，如下图所示。

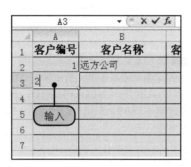

15 显示编辑客户折扣管理表后的效果。依次在客户编号列中录入客户编号，最终完成客户折扣管理表的制作，如右图所示。

10 使用函数自动生成客户应缴订单额。选中单元格F2，在单元格F2中输入公式"=IF(A2="","",C2*E2)"如下图所示。

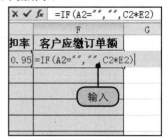

12 复制函数公式。选取单元格区域B2:F2，将鼠标置于单元格区域右下角，拖动填充柄向下填充至单元格F11，如下图所示，复制公式。

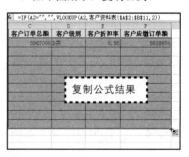

14 显示客户信息。按Enter键后，单元格区域B3:F3将自动显示相应数据，如下图所示。

号	客户名称	客户订单总额	客
1	远方公司	5950000	D类
2	通金实业公司	3736000	E类

根据公式自动显示

	A	B	C	
1	客户编号	客户名称	客户订单总额	客
2	1	远方公司	5967000	D类
3	2	通金实业公司	3325000	E类
4	3	郭氏有限责任公司	8429000	A类
5	4	加保集团	7327000	B类
6	5	木易实业公司	7847000	B类
7	6	五星公司	5988000	D类
8	7	奇趣贸易公司	6676000	C类
9	8	键是宝有限责任公司	5690000	D类
10	9	华辉公司	4314000	E类
11	10	家视公司	8808000	A类
12				
13				

专家点拨：电子邮件使用礼仪

现实环境中，我们在待人处事之间，常会根据对方的言行谈吐、用字遣词来衡量评估，并推敲其所要传达给我们的信息。相对地，也会因不同的场合、对象来表现自己的意见与想法。

在使用E-mail时，基本上也是如此，唯一的不同就是只能透过文字来传达感受，我们无法看到对方的肢体语言、声调、表情，因此在文字上的表达就显得更重要。

文秘在日常办公中，常常需要对客户的邮件做一些处理，除了接收，当然还有回复或撰写。写信是一门艺术，特别是商务信函而类似电子邮件这类的商务信函，在撰写寄发时，还有几点是需要特别注意的。

一、内容应简单明了

大多数人在看邮件时，都不太有耐心，而且也没有太多的时间，所以所要表达的内容尽量简明扼要、条理清晰，避免长篇大论。并要善用邮件主旨（Subject），将主题与主旨简要说明，最好不要超过15个字，让对方一目了然。

二、语意清楚

所谓戏法人人会变，只是各有巧妙不同。无论如何，字句要段落分明、语意要清楚连贯，避免跳跃性的思考，以免对方产生误解或摸不着头绪。

三、避免情绪化用词

建议在情绪不好时不要给客户发送邮件，此时的语意表达上会较激烈，会对双方关系造成伤害。建议等心情较平静时，再来写信，可能会比较好些。另外，因为每个人的背景不同，对于文字表达上的认知也会有所不同，所以在文字的使用上，需要小心斟酌。

四、适当的引言

在信件往返之间，保留适当的引言，有助于提醒收信人上一次双方谈话的内容。但若引言太多太长，则可能会造成对方的困扰。

五、记得署名

对不同的收信对象，可能会有不同的署名。但无论如何，在信件最后署名，以表示对对方的尊重。

六、语法/错别字检查

在邮件寄出前，最好自己从头到尾先检查一遍有没有语法错误、语意不通或是错别字的地方。尤其是写给上司和客户的邮件，更要特别注意。

读书笔记

第13章

员工资料库与人事管理

学习要点

- IF嵌套MOD、LEN函数
- DATE、DATEDIF函数
- ROUNDUP、INDEX
- 描述统计

- CHOOSE、WEEKDAY函数
- 条件格式
- 排位与百分比排位分析
- 控件、动态图的制作

本章结构

分析员工基本资料表
· 输入员工身份证号码 · 从身份证号码中提取生日性别信息
· 应用DATEDIF函数计算员工工龄

管理公司员工考勤信息
· 制作公司动态考勤记录表 · 统计员工迟到早退和请假情况
· 统计员工加班的时间并计算加班工资

核算员工工资
· 利用函数统计员工工资 · 统计员工缴纳社保情况
· 制作工资明细表 · 根据工资明细表制作工资条

分析员工工资
· 创建员工工资分析表 · 利用条件格式分析工资数据
· 使用数据分析工具分析工资领取 · 创建带下拉列表的员工工资统计图

---

1 使用函数自动计算员工工龄

| | fx | =DATEDIF(F2,TODAY(),"Y") |
	I	J	K
	联系方式	**工龄**	
	120	=DATEDIF(F2,TODAY(),"Y")	
	1201254681		
	1201254682		
	1201254683		
	1201254685		

2 建立员工信息自动查询表

3 使用函数自动生成工资条

| VLO... | fx | ,COLUMN()))) |
	A	B	C	D
1				
2	=IF(MOD(ROW()+2,3)=0,"",IF(MOD(			
3	ROW()+2,3)=1,工资明细表!A$2,INDEX(			
4	工资明细表!$A:$M,INT((ROW()+4)/3+			
5	1),COLUMN()))))			
6				
7				
8				

4 各部门工资动态图的制作

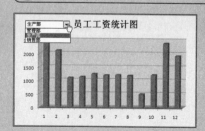

员工资料库与人事管理

目前很多中小型企业的员工资料信息与工资记录情况都是由文秘或行政人员负责的。文秘或行政人员在工作中使用Excel 2010对员工资料库与工资进行管理，可以实现对发放的员工工资的信息化、电子化，方便相关信息的管理、查询和分析。本章主要向用户介绍员工基本资料表、考勤及考勤统计系统、社保及工资系统、工资条的制作和编辑方法以及对工资数据进行分析的几种方式。

13.1

编辑员工基本资料表

通常在公司里，员工的资料由人事部或行政部负责管理，而员工基本资料表则一般由行政或文秘制作。本节将介绍如何利用Excel快速编辑一份电子化的员工基本资料表。

| 原始文件 | 实例文件\第13章\原始文件\员工资料库与人事管理.xlsx |
| 最终文件 | 实例文件\第13章\最终文件\员工资料库与人事管理.xlsx |

13.1.1 输入员工身份证编码

用户在使用Excel 2010输入员工身份证时会发现，一般默认情况下，Excel中每个单元格所能显示的数字为11位，超过11位的数字就会用科学计数法显示。如何才能输入15或18位的身份证编码呢？下面就向用户介绍输入员工身份证编码的方法。

1 打开"设置单元格格式"对话框。打开"实例文件\第13章\原始文件\员工资料库与人事管理.xlsx"工作簿，切换至"员工基本资料表"工作表，选取单元格区域C2:C26，单击"开始"选项卡下"字体"组中的对话框启动器，如下图所示。

2 设置数字类型。在打开的"设置单元格格式"对话框中，切换至"数字"选项卡下，单击"分类"列表框中的"自定义"选项，在右侧"类型"下方的列表框中单击@选项，如下图所示。然后单击"确定"按钮完成设置。

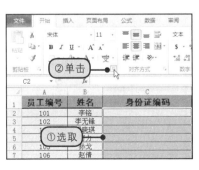

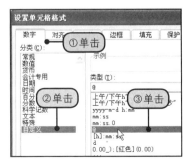

在Excel 2010中，用户除了用左侧的方法输入员工身份证编码外，还可以通过其他方法输入。

1 选中要输入身份证编码的单元格，在打开的"设置单元格格式"对话框中切换至"数字"选项卡下，单击"分类"列表框中的"文本"选项，如下图所示。

2 单击"确定"按钮返回工作表后，输入身份证编码，如下图所示。

提示 ② TEXT函数解析

TEXT函数用于将数值转换为文本，并可使用户通过使用特殊格式字符串来指定显示格式。

语法：

TEXT(value,format_text)

参数含义：

value指数值、计算结果为数值的公式，或对包含数值的单元格的引用。

format_text是使用双引号括起来作为文本字符串的数字格式。注意，format_text 参数不能包含星号（*）。

使用TEXT函数将数值转换为带格式的文本后，此时无法将结果当作数字来执行计算。若要设置某个单元格的格式以使得其值仍保持为数字，则右键单击该单元格，选择"设置单元格格式命令"，然后在弹出的"设置单元格格式"对话框的"数字"选项卡下设置所需的格式选项。要查看使用"设置单元格格式"对话框的详细信息，则单击对话框右上角的帮助按钮（？）。

3 输入身份证编码。设置单元格数字格式后，就可以在单元格中输入身份证编码了，如右图所示。

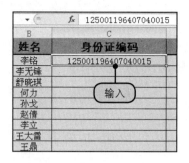

13.1.2 从员工身份证中提取出生日期、性别等有效信息

身份证可以为用户提供非常丰富的个人资料信息。在工作中，文秘人员还能利用Excel 2010的函数功能快速从员工身份证中提取有用的员工信息。从身份证中快速提取生日及性别的具体操作如下。

1 使用函数从身份证中提取性别。选中单元格D2，在单元格中输入公式"=IF(C2="","",IF(MOD(IF(LEN(C2)=15,MID(C2,15,1),MID(C2,17,1)),2)=1,"男","女"))"，如下图所示。

2 显示提取后的性别信息。按Enter键后，D2单元格将自动返回员工性别，如下图所示，接着选中D2单元格。

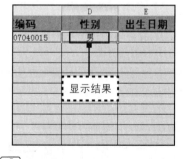

3 复制函数公式。然后将鼠标置于D2单元格右下角，拖动填充柄向下填充公式至D26单元格，复制公式后的效果如下图所示。

4 使用函数从身份证中提取出生日期。选中 E2 单元格，在单元格中输入公式"=TEXT(MID(C2,7,6+(LEN(C2)=18)*2),"#-00-00")，如下图所示。

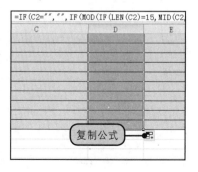

5 显示提取后的出生日期信息。按Enter键后，E2将自动显示相对应的员工出生日期，如下图所示。

fx	=TEXT(MID(C2,7,6+(LEN(C2)=18)*2),	
D	E	F
性别	出生日期	入职时间
男	1964-07-04	2005-1-12
		2006-12-3
		2008-1-1
		2001-6-30
		2008-4-1
		2004-5-6
	显示结果	2007-3-4
		1999-1-1
		2003-11-2
		2008-2-5

7 显示输入所有员工身份证编码后的效果。在单元格区域C3：C26中输入所有员工的身份证编码，然后在单元格区域D3：E26中就会自动生成相应的员工性别和出生日期信息，输入完成后的效果如右图所示。

6 复制函数公式。选中E2单元格，拖动填充柄向下填充公式至E26单元格，复制公式后的效果如下图所示。

复制公式

身份证编码	性别	出生日期
125001196407040015	男	1964-07-04
221456198012045533	男	1980-12-04
446121198604080062	女	1986-04-08
320519720807024	女	72-08-07
42211976811003	男	76-10-11
422128195610110042	女	1956-10-11
198600197904080015	男	1979-04-08
5479	男	1969-05-09
134 显示结果	男	1978-12-26
184	女	1988-04-09
44439	女	1987-09-08
198647198506150059	男	1985-06-15
467894198309231135	男	1983-09-23
123419830506057	男	83-05-06

13.1.3 应用DATEDIF函数计算员工工龄

在工作中，有时会遇到需要通过参加工作的时间计算员工工龄的情况，用户可以通过编辑DATEDIF公式的方法来自动计算员工工龄。

1 选取需要应用函数的单元格区域。选取单元格区域J2:J26，如下图所示。

H	I	J	K
职位	联系方式	工龄	
副总经理	1201254678		
文员	选取 1		
文员	2		
客户服务	1201254683		
会计	1201254685		
出纳	1201254686		
库管	1201254687		
部长	1201254688		
工程师	1201254691		
工人	1201254696		
工人	1201254697		
工人	1201254698		

3 自动生成员工工龄。按Ctrl+Enter键后，在选取的单元格区域内将自动复制公式计算员工工龄，如右图所示。

2 使用DATEDIF函数计算员工工龄。在单元格J2中输入公式"=DATEDIF(F2,TODAY(),"Y")"，如下图所示。

	fx	=DATEDIF(F2,TODAY(),"Y")	
I		J	K
联系方式	工龄	
120	=DATEDIF(F2,TODAY(),"Y")	
1201254681		
1201254682		
1201254683	输入公式	
1201254685		
1201254686		
1201254687		
1201254688		
1201254691		

	fx	=DATEDIF(F2,TODAY(),"Y")	
I		J	K
联系方式	工龄	
1201254678	5	
1201254681	3	
1201254682	2	
1201254683	8	
1201254685	2	
1201254686	6 显示结果	
1201254687	3	
1201254688	11	

提示 ③ 计算工龄精确到月

如果用户要计算工龄精确到月，则可以使用以下函数。

1 在单元格B1中输入公式"=DATEDIF(A1,TODAY(),"y")&"年"&DATEDIF(A1,TODAY(),"ym")&"个月""，如下图所示。

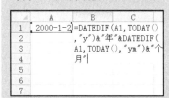

2 按Enter键后，B1单元格将自动显示相应员工的工龄，如下图所示。

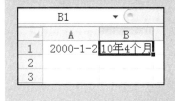

13.2

管理公司员工考勤信息

考勤就是通过某种方式获得员工在特定场所及特定时间段内的出勤情况，包括上下班、迟到、早退、病假、休息等，公司一般需要通过对员工进行考勤来管理员工的工作情况，并且员工的考勤状况一般和员工的工资状况相连。

13.2.1 制作公司动态考勤记录表

制作动态的员工考勤记录表，是指制作出的表中的日期和星期值可以随着需要记录的考勤月份时间的不同而自动更新数值的显示结果。

1 打开公司考勤记录表。单击"考勤记录表"标签，切换至"考勤记录表"工作表，在单元格B1中输入数字1，再选中单元格C2，如下图所示。

2 设置日期函数。在单元格C2中输入公式"=DATE(2010,B1,1)"，如下图所示。

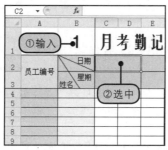

3 打开"设置单元格格式"对话框。按Enter键后，C2单元格将自动显示相对应的日期，然后单击"开始"选项卡下"字体"组中的对话框启动器，如下图所示。

4 设置日期格式。在打开的"设置单元格格式"对话框中的"数字"选项卡下，单击"分类"列表框中的"自定义"选项，然后在右侧"类型"下方的文本框中输入表示日期的字母d，如下图所示，再单击"确定"按钮。

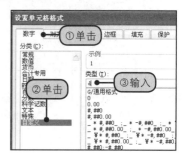

5 设置单元格日期。选中单元格E2，在单元格E2中输入公式"=C2+1"，如下图所示。

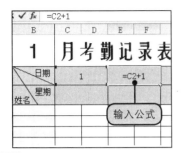

输入公式

7 使用函数设置单元格星期格式。选中单元格C3，在单元格C3中输入公式"=IF(C2="","",CHOOSE(WEEKDAY(C2,2),"一","二","三","四","五","六","日"))"，如下图所示。

输入公式

9 突出显示单元格。选取单元格区域C3:BL13，单击"开始"选项卡下"样式"组中的"条件格式"下三角按钮，在展开的下拉列表中单击"突出显示单元格规则"|"文本包含"选项，如下图所示。

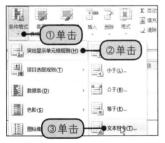

①单击
②单击
③单击

11 设置"日"单元格规则。按照同样的方法，设置包含文本"日"的单元格规则为"绿填充色深绿色文本"，如右图所示。

6 复制函数公式。按Enter键后，再次选中单元格E2，拖动填充柄向右填充至单元格BL2，复制公式后的效果如下图所示。

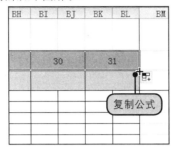

复制公式

8 复制函数公式。按Enter键后，选中单元格C3，拖动填充柄向右填充至单元格BL3，复制公式后的效果如下图所示。

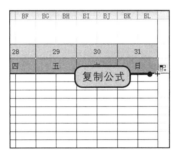

复制公式

10 设置单元格规则。在打开的"文本中包含"对话框左侧的文本框中输入需要设置格式的文本为"六"，然后在"设置为"右侧的下拉列表中单击"绿填充色深绿色文本"选项，如下图所示，再单击"确定"按钮。

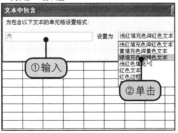

①输入
②单击

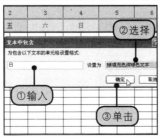

②选择
①输入
③单击

提示 **⑤ CHOOSE函数解析**

使用CHOOSE函数可以根据索引号从最多254个数值中选择一个。

语法：
CHOOSE(index_num,value1,value2,...)

参数含义：

Index_num可以指定所选定的值参数，它必须为1~254之间的数值，或者是包含数值1~254的公式或单元格引用。

"value1,value2,..."为1~254个数值参数，函数 CHOOSE 基于index_num，从中选择一个数值或一项要执行的操作。参数可以为数字、单元格引用、定义名称、公式、函数或文本。

如果index_num为一个数组，则在计算函数 CHOOSE 时，将计算每一个值。

函数CHOOSE的数值参数不仅可以为单个数值，也可以为区域引用。

提示⑥ 设置突出显示单元格规则

用户在使用突出显示单元格规则设置单元格规则时，可以设置的规则种类很多，主要有大于、小于、介于、文本包含、重复值等，如下图所示。

提示⑦ 自定义单元格格式

用户在设置单元格规则时，还可以通过自定义来设置规则的格式。

1 在设置规则的对话框中，单击"设置为"右侧下拉列表中的"自定义格式"选项，如下图所示。

2 在打开的"设置单元格格式"对话框中设置规则下的单元格格式，如下图所示。

12 显示设置后的考勤表效果。经过以上操作后，考勤表列标题的效果如下图所示。

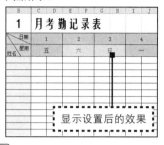

显示设置后的效果

14 选取需要应用函数的单元格区域。选取单元格区域B4:B28，如下图所示。

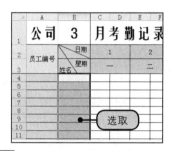

选取

16 复制公式。按Ctrl+Enter键后，单元格区域内将自动复制公式。在单元格A4中输入员工编号101，则单元格B4中将自动显示员工姓名，如下图所示。

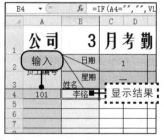

输入 显示结果

18 录入员工考勤信息。在单元格区域C4:BL28中输入员工的考勤时间信息，如下图所示。

输入

13 制作公司3月考勤。更改单元格B1中数字为3，表列标题也随之改变，如下图所示。

输入

15 使用函数自动显示员工姓名。在单元格B4中输入公式"=IF(A4="",",VLOOKUP(A4,员工基本资料表!$A$2:$B$26,2))"，如下图所示。

输入公式

17 输入所有员工编号后的效果。在单元格区域A5:A28中输入所有的员工编码，然后在单元格区域B5:B28中就会自动生成其相应的员工姓名，输入完成后，效果如下图所示。

	A	B	C	D	E
	公司	3	月考勤记		
1			日期		
2	员工编号		星期		
3			姓名		
4	101	李铭			
5	102	李无锋			
6	103	舒晓琪			
7	104	何力			
8	105	孙戈			
9	106	赵倩			
10	107	李立			

输入编号后的效果

19 隐藏列。选取星期六和星期日所在列的列标，右击鼠标，在弹出的快捷菜单中单击"隐藏"命令，如下图所示。

①选取

②单击

20 显示隐藏列后的效果。隐藏工作表列后，效果如右图所示。

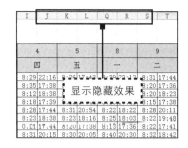

显示隐藏效果

13.2.2 统计员工迟到、早退和请假情况

在工作中，员工的迟到、早退和请假情况直接和员工的工资挂钩，所以统计员工的迟到、早退和请假情况是文秘行政人员必不可少的工作。但是要从数量很多的数据中计算出相关数据，靠口算显然是不可能的，所以用户需要使用函数进行快速统计。

1 打开公司考勤统计表。单击"考勤统计表"标签，切换至"考勤统计表"工作表，在单元格A2中输入员工编号101，再选中单元格B2，如下图所示。

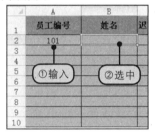

①输入 ②选中

2 使用函数自动显示员工姓名。在单元格B2中输入公式"=IF(A2="","",VLOOKUP(A2,考勤记录表!A4:B28,2))"，如下图所示。

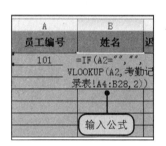

输入公式

3 自动显示员工姓名。按Enter键后，B2单元格将自动显示相对应的员工姓名，如下图所示。

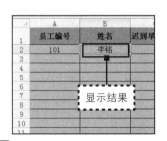

显示结果

4 复制函数公式。选中单元格B2，将鼠标置于单元格右下角，拖动填充柄向下填充至单元格B26，复制公式后的效果如下图所示。

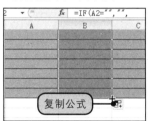

复制公式

5 使用函数计算迟到早退次数。在单元格C2中输入公式"=IF(B2="","",COUNTIF(考勤记录表!4:4,">8:30")-COUNTIF(考勤记录表!4:4,">17:30"))"，如右图所示。

输入公式

提示 ⑧ 取消隐藏

用户如果要取消被隐藏的行或列，可以按以下方法进行操作。

1 单击"全选"按钮选中整个工作表，如下图所示。

2 单击"开始"选项卡下"单元格"组中的"格式"按钮，在展开的下拉列表中单击"隐藏和取消隐藏"|"取消隐藏列"选项，如下图所示。

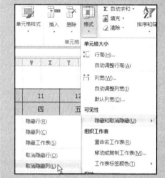

3 经过以上操作后，被隐藏的列即可显示出来，如下图所示。

提示 ⑨ COUNTIF函数解析

COUNTIF函数用于计算区域中满足给定条件的单元格的个数。

语法：

COUNTIF(range,criteria)

参数含义：

range是一个或多个要计数的单元格，其中包括数字或名称、数组或包含数字的引用，空值和文本值将被忽略。

criteria为确定哪些单元格将被计算在内的条件，其形式可以为数字、表达式、单元格引用或文本。

6 复制函数公式。按Enter键后，选中单元格C2，拖动填充柄向下填充至单元格C26，如下图所示。

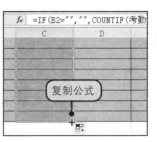

复制公式

8 显示设置后的效果。按Enter键后，D2单元格将自动计算相对应的员工迟到罚款，如下图所示。然后将鼠标置于单元格右下角，拖动填充柄向下填充至单元格D26，复制公式。

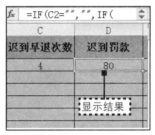

显示结果

10 使用函数计算请假天数。在单元格G2中输入公式"=COUNTBLANK(考勤记录表!E4:BL4)/2-8"，如下图所示。

输入公式

12 显示设置后的请假天数。经过以上操作后，即可在单元格G2中输出请假天数为1，如下图所示。

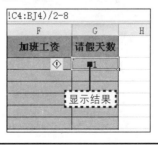

显示结果

7 自动计算迟到罚款。在单元格D2中输入公式"=IF(C2="","",IF(C2<=3,0,IF(C2<=6,C2*20,C2*30)))"，如下图所示。

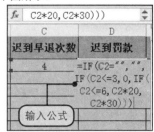

输入公式

9 显示所有员工编号的迟到信息。在单元格区域A3:A26中输入所有的员工编号，则单元格区域B3:D26中就会自动生成其相应的员工信息，输入完成后，效果如下图所示。

输入

11 更改数字格式。按Enter键后，再次选中单元格G2，单击"开始"选项卡下"数字"组中"数字格式"右侧的下三角按钮，在展开的下拉列表中单击"常规"选项，如下图所示。

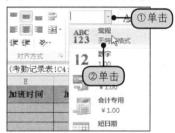

①单击

②单击

13 复制函数公式。拖动填充柄向下填充至单元格G26，复制公式后的效果如下图所示。

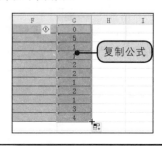

复制公式

提示 ⑩ COUNTBLANK 函数解析

COUNTBLANK函数用于计算指定单元格区域中空白单元格的个数。

语法：

COUNTBLANK(range)

参数含义：

range为需要计算其中空白单元格个数的区域。

即使单元格中含有返回值为空文本（""）的公式，该单元格也会计算在内，但包含零值的单元格不计算在内。

第13章 员工资料库与人事管理

13.2.3 统计员工加班时间并计算加班工资

公司为了奖励辛勤工作的员工，就需要通过考勤表统计员工加班时间并计算加班工资。下面向用户介绍通过函数统计加班时间并计算加班工资的一种方法。

1 输入统计员工加班时间公式。切换至"考勤记录表"工作表，在单元格E30中输入公式"=IF(E4>$B$34,E4-$B$34,0)"，如下图所示。

2 显示计算员工加班时间结果。按Enter键后，E30单元格将自动计算相应的员工迟到罚款，如下图所示。

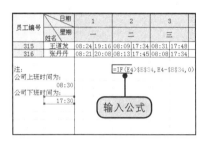

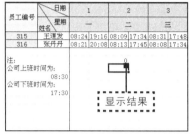

3 打开"设置单元格格式"对话框。选中单元格E30，单击"开始"选项卡下"字体"组中的对话框启动器，如下图所示。

4 设置数字类型。在打开的"设置单元格格式"对话框中的"数字"选项卡下，单击"分类"列表框中的"自定义"选项，然后在"类型"下方的列表框中单击"hh:mm"选项，如下图所示，再单击"确定"按钮完成数字类型的转换。

提示 **⑪ hh和mm的含义**

用户在自定义单元格时间格式时，会发现定义的类型中包含hh、mm、ss等，它们的含义分别如下。

h是英文小时hour的首位字母，hh在这里代表小时。

mm表示minute、min，是分钟的意思。

在左侧设置时间格式为hh:mm，表示设置的时间格式为小时和分钟的样式。

ss表示秒，代表英文second。

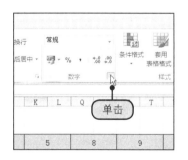

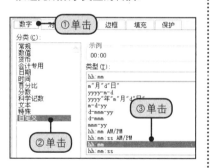

5 复制函数公式。复制E30数据到C30、D30，再拖动填充柄向右填充至单元格BL30，复制公式后的效果如下图所示。

6 自动求和。选取单元格区域C30:BL30，单击"开始"选项卡下"编辑"组中的"自动求和"按钮，如下图所示。

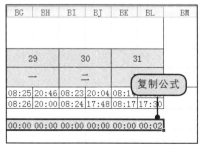

常见问题

如何编写公司考勤管理制度

Q 为规范员工纪律，一般公司都会制定符合本公司需要的考勤管理制度，公司的考勤管理制度应该如何编写呢？

A 考勤制度是为加强员工考勤工作，确保单位进行有秩序的经营管理而设置的，考勤制度究竟该如何制定？下面为读者提供一份公司考勤管理制度的样板。

第一条、为了公司管理规范化、制度化，加强劳动纪律和工作秩序，结合公司实际情况，特制定本制度。

第二条、公司所有员工都要考勤。

第三条、冬季上班时间是XX，夏季上班时间是XX，具体以公司通知为准。

第四条、上下班实行签到制，办公室人员在综合部签到，市场部人员和项目人员在现场签到，签到由本人自签，代签视为无效，各部门必须认真管好签到记录，综合部监督检查签到情况。

第五条、上班时间不按时到岗位的为迟到，提前离开工作岗位的为早退，工作日不上班又没有请假的为旷工，考勤以签到簿签到时间为准，迟到早退半小时以上为事假。

第六条、负责考勤管理的人员要严肃考勤纪律，实事求是、认真负责，不得徇私舞弊、弄虚作假。

第七条、职工请事假，须至少提前一天向部长报请，五天以内由部长批准，五天以上由经理审批。

第八条、迟到十分钟以内扣五元，三十分钟以内扣二十元。

第九条、职工因工负伤需要休息者，部门在五天内出据工伤事故报告报公司备案，由经理审批，享受工伤待遇。

7 显示自动求和后的效果。经过以上操作后，单元格BM中即可生成加班的总时间，如下图所示。

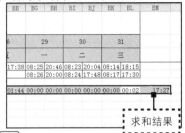

求和结果

9 复制单元格区域。选取单元格区域BM30:BM54，右击鼠标，在弹出的快捷菜单中单击"复制"命令，如下图所示。

①选取

②单击

11 显示粘贴后的效果。经过以上操作后，在单元格区域E2:E26中即可显示加班的时间，如下图所示。

显示粘贴后的效果

13 设置隐藏单元格区域。在打开的"设置单元格格式"对话框中的"数字"选项卡下，单击"分类"列表框中的"自定义"选项，然后在"类型"下方的文本框中输入英文状态下的";;;"，如下图所示。

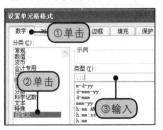

①单击

②单击

③输入

8 复制函数公式。拖动填充柄向下填充至单元格BM54，复制公式后的效果如下图所示。

复制公式

10 粘贴链接。切换至"考勤统计表"工作表，选中单元格E2，单击"开始"选项卡下的"粘贴"下三角按钮，在下拉列表中单击"粘贴链接"选项，如下图所示。

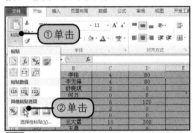

①单击

②单击

12 隐藏单元格。切换至"考勤记录表"工作表，选取单元格区域C30:BM54，单击"开始"选项卡下"数字"组中的对话框启动器，如下图所示。

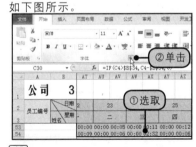

②单击

①选取

14 隐藏单元格区域。单击"确定"按钮后，单元格区域C30:BM54中的数字即被隐藏，如下图所示。

隐藏单元格区域

15 使用函数自动计算员工加班工资。选取单元格区域F2:F26，在单元格F2中输入"=HOUR(ROUNDUP(E2*24/0.5,)*0.5/24)*30"，如下图所示。

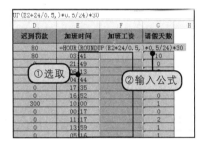

16 设置数字格式。按Ctrl+Enter键后，在选取的单元格区域内自动复制公式，然后单击"开始"选项卡下"数字"组中"数字格式"右侧的下三角按钮，在展开的下拉列表中单击"数字"选项，如下图所示。

17 显示自动计算后员工的加班工资。通过以上操作后，即可自动计算出员工的加班工资，并显示为数字效果，如右图所示。

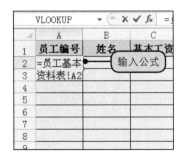

13.3
统计员工工资

文秘行政人员在统计员工工资时，需要进行统计的项目很多，包括员工的工资奖金、社保福利、罚款扣款等，最后还需要设计一张工资条。

13.3.1 利用函数统计员工工资表

员工的工资组成包括基本工资、奖金、加班补贴、罚款扣款等，为了方便用户统计这些复杂的数据，文秘行政人员可以通过函数来计算相关的数据。

1 自动生成员工编号。切换至"工资表"工作表，在单元格A2中输入公式"=员工基本资料表!A2"，如右图所示。

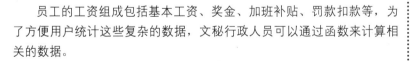

（续上页）

 常见问题

如何编写公司考勤管理制度

第十条、凡因婚、丧、探亲、生育及其他特殊原因需要离开岗位的，必须事先按规定办理请假手续，经批准后，方可办理工作交接手续离岗位，否则视为旷工。

第十一条、职工休假期满及时到部门销假，开始正常工作，如有特殊原因不能按时返回工作的，应事先办理请假手续，不履行请假手续的视为旷工。

第十二条、部门月底汇总当月考勤，将考勤结果上报出纳，不得徇私舞弊、弄虚作假，公司于每月5日发给员工上一个月的工资，并按规定代扣个人所得税。

第十三条、职工享受国家法定节假日，国家法定节假日薪资及津贴照付，法定节日加班的工资计算遵守劳动法规定。

第十四条、公司原则上不安排加班，因生产和工作上任务紧需要加班的，一般安排补休，不能补休的按单日工资补发。

第十五条、本制度自宣布之日起执行。

 经验分享:
工资的相关概念

工资是指用人单位依据国家有关规定和劳动关系双方的约定，以货币形式支付给员工的劳动报酬。如月薪酬、季度奖、半年奖、年终奖等。

但是依据法律、法规、规章的规定由用人单位承担或者支付给员工的下列费用不属于工资。

（1）社会保险费。

（2）劳动保护费。

（3）福利费。

（续上页）

经验分享：
工资的相关概念

（4）用人单位与员工解除劳动关系时支付的一次性补偿费。

（5）计划生育费用。

（6）其他不属于工资的费用。

提示 ⑫ 使用插入函数功能

Excel提供的函数很多，有时用户需要使用函数时，不知道应该使用哪个才好，这时就可以使用搜索函数功能选择适合的函数。

1 单击"公式"选项卡下的"插入函数"按钮，打开"插入函数"对话框，如下图所示。

2 单击"公式"选项卡"插入函数"按钮，打开"插入函数"对话框，如下图所示。

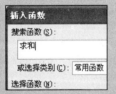

3 系统在"选择函数"列表框中会显示相关的函数供用户选择，单击其中任意函数后，文本框的下方就会出现对选中函数功能的描述，如下图所示。

2 显示员工编号。按Enter键后，A2单元格将自动显示员工编号，然后选中单元格B2，如下图所示。

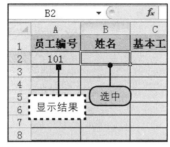

4 显示员工姓名。按Enter键后，B2单元格将自动显示员工姓名，然后选中单元格C2，如下图所示。

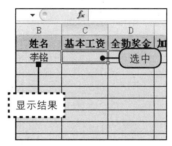

6 自动计算员工基本工资。按Enter键后，C2单元格将自动显示员工基本工资，然后选中单元格D2，如下图所示。

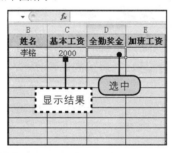

8 自动计算员工全勤奖金。按Enter键后，D2单元格将自动显示员工全勤奖金，然后选中单元格E2，如下图所示。

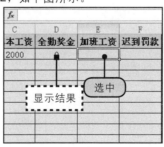

3 使用函数自动生成员工姓名。在单元格B2中输入公式"=VLOOKUP(A2,员工基本资料表!\$A\$2:\$B\$26,2)"，如下图所示。

5 使用函数计算员工基本工资。在单元格C2中输入公式"=1000+员工基本资料表!J2*200"，如下图所示。

7 使用函数计算员工全勤奖金。在单元格D2中输入公式"=IF(AND(考勤统计表!C2=0,考勤统计表!G2=0),400,0)"，如下图所示。

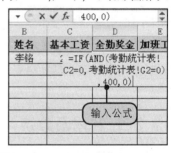

9 使用函数自动导入员工加班工资。在单元格E2中输入公式"=考勤统计表!F2"，如下图所示。

10 导入员工加班工资。按Enter键后，E2单元格将自动导入员工加班工资，然后选中单元格F2，如下图所示。

D	E	F	G
全勤奖金	加班工资	迟到罚款	请假扣款
0	510		

选中

显示结果

11 使用函数自动导入员工迟到罚款。在单元格F2中输入公式"=考勤统计表!D2"，如下图所示。

✕ ✔ fx =考勤统计表!D2

E	F	G
加班工资	迟到罚款	请假扣款
	=考勤统计表!D2	

输入公式

12 导入员工迟到罚款。按Enter键后，F2单元格将自动导入员工迟到罚款，然后选中单元格G2，如下图所示。

E	F	G	H
加班工资	迟到罚款	请假扣款	工资合计
510	80		

选中

显示结果

13 使用函数计算员工请假扣款。在单元格G2中输入 "=IF(考勤统计表!G2<5,考勤统计表!G2*150,800)"，如下图所示。

资	迟到罚款	请假扣款	工资合计
	=IF(考勤统计表!G2<5,考勤统计表!G2*150,800)		

输入公式

14 自动计算员工请假扣款。按Enter键后，G2单元格将自动显示员工请假扣款，然后选中单元格H2，如下图所示。

F	G	H
资	迟到罚款	请假扣款	工资合计
	80	150	

选中

显示结果

15 使用函数计算员工工资合计。在单元格H2中输入公式"=C2+D2+E2-F2-G2"，如下图所示。

F	G	H
迟到罚款	请假扣款	工资合计
80		=C2+D2+E2-F2-G2

输入公式

16 填充完成整张表。按Enter键后，H2单元格将自动显示合计工资，再选取单元格区域A2:H2，拖动填充柄向下填充至单元格H26，复制公式后的效果如右图所示。

F	G	H	I
0	150	3160	
0	300	2590	
0	300	2750	
0	150	2140	
0	300	1990	
0	150	2440	
240	450	1280	
0	600	1660	

复制公式

13.3.2 统计员工缴纳的社保情况

据国家规定，公司应为员工购买社会保险，并且由公司承担大部分的费用，另一部分由员工自行承担，由员工自行承担的部分通常从员工每月的工资中扣除。使用Excel统计员工缴纳社保的操作如下。

1 自动生成员工编号。切换至"社保"工作表，选中单元格A3，在单元格A3中输入公式"=工资表!A2"，如下图所示。

3 使用函数自动生成员工姓名。在单元格B3中输入公式"=IF(A3="","",VLOOKUP(A3,工资表!$A$2:$B$26,2))"，如下图所示。

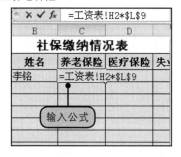

5 使用函数计算员工养老保险。在单元格C3中输入公式"=工资表!H2*$L$9"，如下图所示，按Enter键后，C3单元格将自动显示员工养老保险。

7 使用函数计算员工失业保险。选中单元格E3，在单元格E3中输入公式"=工资表!H2*$L$11"，如右图所示，按Enter键后，E3单元格将自动显示员工失业保险。

2 显示员工编号。按Enter键后，A3单元格将自动显示员工编号，然后选中单元格B3，如下图所示。

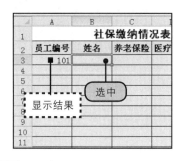

4 显示员工姓名。按Enter键后，B3单元格将自动显示员工姓名，然后选中单元格C3，如下图所示。

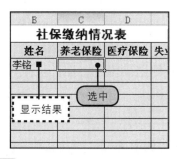

6 使用函数计算员工医疗保险。选中单元格D3，在单元格D3中输入公式"=工资表!H2*$L$10"，如下图所示，按Enter键后，D3单元格将自动显示员工医疗保险。

8 使用函数计算员工社保总额。选中单元格F3，在单元格F3中输入公式"=C3+D3+E3"，如下图所示。

9 显示设置完成后的效果。按Enter键后，F3单元格将自动计算员工社保总额，计算结果如下图所示。

10 填充完成整张表。选取单元格区域A2:F2，拖动填充柄向下填充至单元格F26，复制公式后的效果如右图所示。

13.3.3 制作工资明细表

在制作完成工资的基本表格后，通常要将所有的工资项目数据汇总到一张表上，详细记录员工的工资状况，并计算员工应缴纳的个人所得税和实发工资情况。

1 自动生成员工编号。切换至"工资明细表"工作表，选中单元格B3，在单元格B3中输入公式"=IF(员工基本资料表!A2="","",员工基本资料表!A2)"，如下图所示。

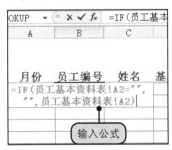

2 显示员工编号。按Enter键后，B3单元格将自动显示员工编号，然后选中单元格A3，如下图所示。

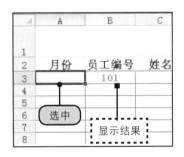

3 自动显示工资月份。在单元格A3中输入公式"=IF(B3<>"",考勤记录表!$B$1&"月","")"，如右图所示，按Enter键后，A3单元格将自动显示工资月份。

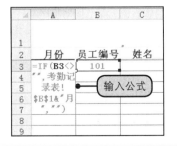

经验分享：办理养老保险的相关手续

关事各类企业（含国有企业、集体所有制企业、股份制企业、股份合作制企业、外商投资企业、私营企业等）、企业化管理（职工工资及退休待遇按企业标准执行）的事业单位，均应按属地管理的原则，到纳税地（非纳税单位按单位地址区域）所管辖的社会保险经办机构办理社会养老保险登记手续。新成立的单位应在单位批准成立之日起1个月内办理登记手续。参保单位必须为与其发生事实劳动关系的所有人员（聘用的退休人员除外）办理社会保险手续。

1.需填报的表格及附报资料

（1）在所管辖社会保险经办机构领取社会保险登记表及在职职工增减异动明细表（一式两份）。

相关证件如下。

①企业营业执照（副本）或其他核准执业或成立证件。

②中华人民共和国组织机构代码证。

③地税登记证。

④私营企业如相关证件无法清楚地认定其单位性质，应补报能证明其私营性质的相关资料（如工商部门的证明、国税登记证、验资报告等）。

⑤事业单位应附有关事业单位成立的文件批复。

⑥驻外办事处应附总公司或总机构的授权书。

（2）附报资料：新参保职工身份证复印件（户口不在本市的职工还需提供户口或者暂住证复印件）。

以上证件同时需要原件及复印件，到所在社保经办机构办理。

（续上页）

经验分享：
办理养老保险的相关手续

2. 社会保险登记表填报说明

税号：税务登记证中"税字如123123号"栏号码。

工商登记执照信息：需经工商登记、领取工商执照的单位（如各类企业）填写此栏，不填"批准成立信息"栏。

批准成立信息：不经工商登记设立的单位（如机关、事业、社会团体等）填写此栏，不填"工商登记执照信息"栏。

缴费单位专管员：填写参加社会保险单位具体负责该项工作的联系人及其所在部门和联系电话。

单位类型、隶属关系：根据参保单位的单位类型及隶属关系，对照表下方"说明"中所对应的代码填报。

开户银行：须填报开户银行清算行号。

4 使用函数自动生成员工姓名。选中单元格C3，在单元格C3中输入公式"=IF(B3="","", VLOOKUP(B3,员工基本资料表!$A$2:$B$26,2))"，如下图所示。

5 显示员工姓名。按Enter键后，C3单元格将自动显示员工姓名，然后选中单元格D3，如下图所示。

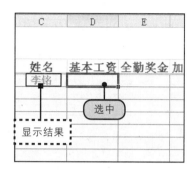

6 使用函数自动生成员工基本工资。选中单元格D3，在单元格D3中输入公式"=IF(B3="","",VLOOKUP(B3,工资表!$A$2:$C$26,3))"，如下图所示，再按Enter键完成设置。

7 使用函数自动生成员工全勤奖金。选中单元格E3，在单元格E3中输入公式"=IF(B3="","",VLOOKUP(B3,工资表!$A$1:$G$26,4))"，如下图所示，再按Enter键完成设置。

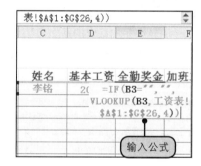

8 使用函数自动生成员工加班工资。选中单元格F3，在单元格F3中输入公式"=IF(B3="","",VLOOKUP(B3,工资表!$A$1:$G$26,5))"，如下图所示，再按Enter键完成设置。

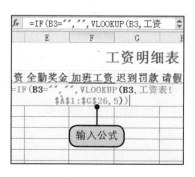

9 使用函数自动生成员工迟到罚款。选中单元格G3，在单元格G3中输入公式"=IF(B3="","",VLOOKUP(B3,工资表!$A$1:$G$26,6))"，如下图所示，再按Enter键完成设置。

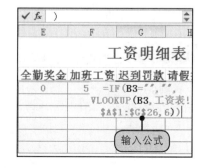

10 使用函数自动生成员工请假扣款。选中单元格H3，在单元格H3中输入公式 "=IF(B3="","",VLOOKUP(B3,工资表!$A$1:$G$26,7))"，如下图所示，再按Enter键完成设置。

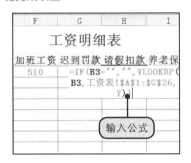

输入公式

11 使用函数自动生成员工养老保险。选中单元格I3，在单元格I3中输入公式 "=IF(B3="","",VLOOKUP(B3,社保!$A$3:$E$27,3))"，如下图所示，再按Enter键完成设置。

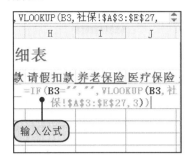

输入公式

12 使用函数自动生成员工医疗保险。选中单元格J3，在单元格J3中输入公式 "=IF(B3="","",VLOOKUP(B3,社保!$A$3:$E$27,4))"，如下图所示，再按Enter键完成设置。

输入公式

13 使用函数自动生成员工失业保险。选中单元格K3，在单元格K3中输入公式 "=IF(B3="","",VLOOKUP(B3,社保!$A$3:$E$27,5))"，如下图所示，再按Enter键完成设置。

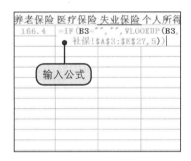

输入公式

14 使用函数计算员工个人所得税。选中单元格L3，在单元格L3中输入公式 "=MAX((SUM(D3:F3)-2000)*0.05*{1,2,3,4,5,6,7,8,9}-25*{0,1,5,15,55,135,255,415,615}, 0)"，如下图所示.

输入公式

15 自动计算员工个人所得税。按Enter键后，L2单元格将自动显示员工个人所得税，再选中单元格M2，如下图所示。

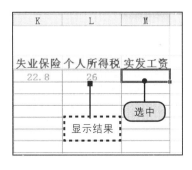

选中

显示结果

养老保险缴费数额的计算方法

Q 养老保险缴费数额的计算方法与缴费的比例如何确定？

A 养老保险是社会保障制度的重要组成部分，是社会保险五大险种中最重要的险种之一。所谓养老保险，是国家和社会根据一定法律和法规，为解决劳动者在达到国家规定的解除劳动义务的劳动年龄界限，或因年老丧失劳动能力退出劳动岗位后的基本生活而建立的一种社会保险制度。

1.养老保险缴费数额的计算方法

（1）企业缴费额 = 核定的企业职工工资总额 ×20%；职工个人缴费额 = 核定缴费基数 ×7%（目前为 7%）。

（2）个体劳动者缴费额 = 核定缴费基数 ×18%。例如，2003 年 4 月份河北省公布的 2002 年度省社平工资为每月 747 元，因此缴费基数可以在 747~2241 元之间自主选择。全年缴费金额最少为 747×18%×12=1613.5 元，最多为 2241×18%×12=4840.6 元。

2.基本养老保险缴费的比例

缴费比例分作以企业参保和以个体劳动者参保两类。

（1）各类企业按职工缴费工资总额的 20% 缴费，职工按个人缴费基数的 7% 缴费（2003 年为 7%，两年提高一个百分点，最终到 8%），职工应缴部分由企业代扣代缴。

（2）个体劳动者包括个体工商户和自由职业者，按缴费基数的 18% 缴费，全部由自己负担。

3.养老保险缴费基数的确定

核定缴费基数以河北省上年度职工社会平均工资（简称省社平工资）为基准。

（续上页）

? 常见问题

养老保险缴费数额的计算方法

（1）企业职工凡工资收入低于省社平工资60%的，按60%核定缴费基数；高于省社平工资60%的，按实际工资收入核定缴费基数，但是最高不得高于省社平工资的300%。

（2）个体劳动者可以在省社平工资以上至300%的范围内，自主确定缴费基数。

⑬ 制作工资条的公式

用户要制作如右侧所示的工资条，就要输入以下的公式：

=IF(MOD(ROW()+2,3)=0,"",IF(MOD(ROW()+2,3)=1,工资明细表!A$2,INDEX(工资明细表!$A:$M,INT((ROW()+4)/3+1),COLUMN())))

在上面的公式中，对工作表的行进行了定义。当单元格的行标签显示的数字为1+3n时，单元格为空；当单元格行标签为2+3n时，单元格显示"工资明细表"的表头，当单元格行标签为3+3n时，按行显示的是工资明细表中的各组数据。

16 使用函数计算员工实发工资。在单元格M2中输入公式"=SUM(D3:F3)-SUM(G3:L3)"，如下图所示，再按Enter键完成设置。

17 填充完成整张表。选取单元格区域A3：M3，拖动填充柄向下填充至单元格M27，复制公式后的效果如下图所示。

13.3.4 根据员工工资明细表制作工资条

通常公司在发工资给员工时会附带一个工资条，工资条中详细记录了该员工的该月工资情况，所以文秘行政人员通常需要制作工资条。使用Excel快速制作工资条的过程如下。

1 使用函数制作工资条。新建一张工作表，重命名为"工资条"，在"工资条"工作表中选中单元格A2，然后在单元格A2中输入如下图所示的公式。

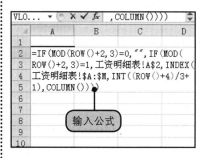

2 显示工资条内容。按Enter键后，A2单元格将自动显示相对应的工资条内容，如下图所示。

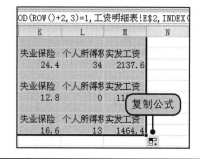

3 复制函数公式。拖动填充柄向右填充至单元格M2，复制公式后的效果如下图所示。

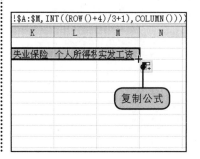

4 制作完成工资条。选取单元格区域A2：M2，拖动填充柄向下填充至单元格M76，制作完成工资条，如下图所示。

13.4
为每个员工建立信息查询表

为了方便查找每个员工的所有信息，有时行政人员需要为员工设计一张具有查询功能的表格，使自己或别人可以通过表格查询某位员工的详细信息资料。

1 创建员工信息查询表。新建一张工作表，重命名为"员工资料查询表"，在"员工资料查询表"工作表中创建员工信息查询表格，如下图所示。

	员工编号		部门
1			
3	姓名		性别
4	身份证编号		
5	入职时间		工龄
6	月份		
7	基本工资		加班时间
8	全勤奖金		创建的表格

2 定义单元格区域。切换至"员工基本资料表"工作表，选取单元格区域A2:A26，在名称框中输入定义名称"编号"，再按Enter键，如下图所示。

②输入 | 101

	A	姓名	身份
1	员工编号		
2	①选取	李铭	1250011
3	102	李无锋	2214561
4	103	舒晓琪	4461211
5	104	何力	320519
6	105	孙戈	422119
7	106	赵倩	4221281
8	107	李立	1986001
9	201	王大雷	5478121
10	202	王鼎	1341971
11	203	刘晨	1849751

3 输入员工编号。切换至"员工资料查询表"工作表，在单元格B1中输入员工编号101，如下图所示。

B1			101
	A	B	C
1	员工编号	101	部门
2			
3	姓名	输入	性别
4	身份证编号		
5	入职时间		工龄
6	月份		
7	基本工资		加班时间

4 使用函数查询员工所在的部门。选中单元格D1，在单元格D1中输入公式"=IF(B1="","",OFFSET(员工基本资料表!$H$1,MATCH($B$1,编号,),-1))"，如下图所示。

MATCH($B$1,编号,),-1))

B	C	D	E
101	=IF(B1="","",OFFSET(员工基本资料表!$H$1,MATCH($B$1,编号,),-1))		
	性别		
			联系方式
	工龄	输入公式	

5 显示查询员工所在的部门结果。按Enter键后，D1单元格将自动显示编号为101的员工所在的部门，如下图所示。

	=IF(B1="","",OFFSET(员
	C	D
101	部门	管理部
	性别	出生
		显示结果	联系
	工龄	

6 查询员工职位。选中单元格F1，在单元格F1中输入公式"=IF(B1="","",OFFSET(员工基本资料表!$H$1,MATCH($B$1,编号,),0))"，如下图所示。

="","",OFFSET(员工基本资料表!

E	F	G
1	=IF(B1="","",OFFSET(员工基本资料表!$H$1,MATCH($B$1,编号,),0))	
出生		
联系方式	输入公式	

提示 ⑭ **OFFSET函数解析**

OFFSET函数以指定的引用为参照系，通过给定偏移量得到新的引用。返回的引用可以为一个单元格或单元格区域，并可以指定返回的行数或列数。

语法：

OFFSET(reference,rows,cols,height,width)

参数含义：

reference作为偏移量参照系的引用区域。

rows为相对于偏移量参照系的左上角单元格上（下）偏移的行数。

cols为相对于偏移量参照系的左上角单元格，左（右）偏移的列数。

height为高度，即所要返回的引用区域的行数，它必须为正数。

Width为宽度，即所要返回的引用区域的列数，它必须为正数。

注意：

（1）如果行数和列数偏移量超出工作表边缘，则函数OFFSET返回错误值 #REF!。

（2）如果省略 height 或 width，则假设其高度或宽度与 reference 相同。

（3）函数OFFSET实际上并不移动任何单元格或更改选定区域，它只是返回一个引用。函数OFFSET可用于任何需要将引用作为参数的函数。

7 显示查询员工职位结果。按Enter键后，F1单元格将自动显示编号为101的员工职位，如下图所示。

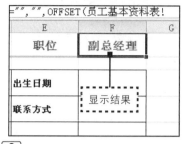

8 使用函数查询员工姓名。选中单元格B3，输入公式"=IF(B1="","",VLOOKUP(B1,员工基本资料表!\$A\$1:\$J\$26,2,0))"，如下图所示。

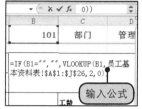

提示 ⑮ 查询员工基本信息的函数公式

右侧使用函数查询员工的身份证编码、联系方式、入职时间和工龄的函数公式具体如下。

（1）身份证编码
=IF(B1="","",VLOOKUP(B1,员工基本资料表!\$A\$1:\$J\$26,3,0))。

（2）联系方式
=IF(B1="","",VLOOKUP(B1,员工基本资料表!\$A\$1:\$J\$26,9,0))。

（3）入职时间
=IF(B1="","",VLOOKUP(B1,员工基本资料表!\$A\$1:\$J\$26,6,0))。

（4）工龄
=IF(B1="","",VLOOKUP(B1,员工基本资料表!\$A\$1:\$J\$2610,0))。

9 显示对应的员工姓名。按Enter键后，B3单元格将自动显示编号为101对应的员工姓名，如下图所示。

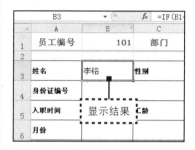

10 使用函数查询员工性别。选中单元格D3，输入公式"=IF(B1="","",VLOOKUP(B1,员工基本资料表!\$A\$1:\$J\$26,4,0))"，按Enter键后即可显示对应的员工性别，如下图所示。

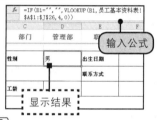

11 使用函数查询员工出生日期。选中单元格F3，输入公式"=IF(B1="","",VLOOKUP(B1,员工基本资料表!\$A\$1:\$J\$26,5,0))"，按Enter键后即可显示对应的员工出生日期，如下图所示。

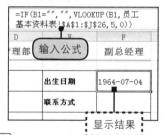

12 查询员工基本信息。按照以上的方法，使用函数查询员工的身份证编码、联系方式、入职时间和工龄，效果如下图所示。

13 使用函数设置查询员工工资的月份。选中单元格B6，输入公式"=IF(B5<>"",考勤记录表!\$B\$1&"月","")"，按Enter键后即可显示查询员工工资的月份，如下图所示。

14 使用函数查询员工基本工资。选中单元格B7，输入公式"=IF(B6="","",VLOOKUP(B1,工资表!\$A\$1:\$G\$26,3))，如下图所示。

15 显示查询员工基本工资结果。按Enter键后，B7单元格将自动显示编号为101的员工对应的基本工资，如下图所示。

17 显示查询员工加班时间结果。按Enter键后，D7单元格将自动显示编号为101的员工对应的加班时间，如下图所示。

16 使用函数查询员工加班时间。选中单元格D7，输入公式"=IF(B6=" "," ",VLOOKUP(B1,考勤统计表!$A$1:$G$26,5))"，如下图所示。

18 显示查询员工其他基本信息。按照以上的方法，使用函数查询员工的其他信息，如下图所示。

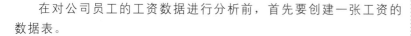

13.5

分析员工工资情况

分析员工的工资情况，可以帮助公司更好地了解员工的工作状况，根据实际情况调整工资发放规则，提高员工的工作热情，建立更完善合理的工资发放制度，促进公司的发展。下面就向用户介绍几种常用的工资数据分析方法。

13.5.1 创建员工工资分析表

在对公司员工的工资数据进行分析前，首先要创建一张工资的数据表。

1 创建"工资分析"工作表。新建一张工作表，重命名为"工资分析"，在"工资分析"工作表中创建员工工资表格，如下图所示。

2 自动生成员工编号。选中单元格B2，在单元格B2中输入公式"=工资明细表!B3"，按Enter键显示对应的员工编号，如下图所示。

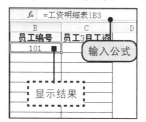

提示 **16 显示查询员工其他基本信息的公式**

左侧使用函数查询员工的其他基本信息的公式如下。

（1）加班工资
=IF(B6="","",VLOOKUP(B1,考勤统计表!$A$1:$G$26,6))。

（2）全勤奖金
=IF(B6="","",VLOOKUP(B1,工资明细表!$B$3:$M$27,4))。

（3）迟到早退次数
=IF(B6="","",VLOOKUP(B1,考勤统计表!$A$1:$G$26,3))。

（4）迟到罚款
=IF(B6="","",VLOOKUP(B1,考勤统计表!$A$1:$G$26,4))。

（5）请假扣款
=IF(B6="","",VLOOKUP(B1,工资明细表!$B$3:$M$27,7))。

（6）请假天数
=IF(B6="","",VLOOKUP(B1,考勤统计表!$A$1:$G$26,7))。

（7）养老保险
=IF(B6="","",VLOOKUP(B1,工资明细表!$B$3:$M$278))。

（8）医疗保险
=IF(B6="","",VLOOKUP(B1,工资明细表!$B$3:$M$27,9))。

（9）失业保险
=IF(B6="","",VLOOKUP(B1,工资明细表!$B$3:$M$27,10))。

（10）个人所得税
=IF(B6="","",VLOOKUP(B1,工资明细表!$B$3:$M$27,11))。

（11）实发工资
=IF(B6="","",VLOOKUP(B1,工资明细表!$B$3:$M$27,12))。

提示 **17 数据分析的方法**

在Excel 2010中，用户可以用多种方法达到分析数据的目的，除了左侧介绍的使用条件格式、"数据分析"按钮和动态图表来分析数据外，还可以使用其他方法来分析数据。

例如，可以用假设分析工具来分析工具数据。

（续上页）

提示 ⑰ 数据分析的方法

假设分析工具可以在一个或多个公式中使用不同的几组值来分析所有不同的结果。

另外，还可以用数据透视表和数据透视图来分析数据。

使用数据透视表可以汇总、分析、浏览和提供汇总数据。使用数据透视图除了可以显示在数据透视表中的汇总数据，并且可以方便地查看、比较模式和趋势。数据透视表和数据透视图都能为用户做出有关企业中关键数据的可靠决策。

提示 ⑱ 管理规则

用户在对工作表使用条件格式设置规则后，还可以通过系统查看和管理这些规则。

1 单击"全选"按钮选中整个工作表，如下图所示。

2 单击"开始"选项卡下"单元格"组中的"条件格式"按钮，在展开的下拉列表中单击"管理规则"选项，如下图所示。

3 打开"条件格式规则管理器"对话框，在其中可以进行查看、新建、编辑或删除规则的操作，如下图所示。

3 使用函数自动生成员工姓名。选中单元格A2，输入公式"=IF(B2="","",VLOOKUP(B2,员工基本资料表!$A$1:$J$26,7,0))"，如下图所示,然后按Enter键完成设置。

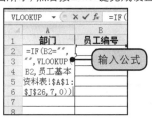

5 填充完成整张表格。选取单元格区域A2:C2，拖动填充柄向下填充至单元格C26，复制公式后的效果如右图所示。

4 使用函数自动生成员工3月工资。选中单元格C2，输入公式"=VLOOKUP(B2,工资明细表!$B$3:$M$27,12)"，如下图所示,然后按Enter键完成设置。

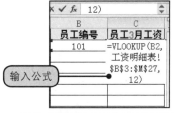

13.5.2 利用条件格式分析工资数据

文秘人员可以应用条件格式来分析数据，诸如使用条件格式中的突出显示功能突出自己所关注的单元格或单元格区域、强调异常值，或使用数据条、色阶和图标集来直观地显示数据。

1 打开"10%最小的值"对话框。选取单元格区域C2：C26，单击"开始"选项卡下的"条件格式"按钮，在展开的下拉列表中单击"项目选取规则"|"值最大的10%项"选项，如下图所示。

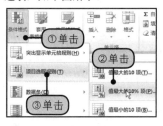

2 设置单元格规则。在打开的"10%最小的值"对话框的文本框中输入需要设置的值20%，然后在右侧下拉列表中单击"浅红填充色深红色文本"选项，如下图所示，单击"确定"按钮。

3 显示设置后的效果。经过以上操作后，3月员工工资最多的20%的单元格将显示浅红填充色深红色文本效果，如右图所示。

部门	员工编号	员工3月工资
管理部	101	2003.2
管理部	102	747.6
管理部	103	1830.4
管理部	104	2020.7
管理部	105	1272.7
管理部	106	2256.1
管理部	107	2207.9
生产部	201	2589.5
		2279
		1272.7
		1308.3

显示设置后的效果

4 打开"小于"对话框。选取单元格区域C2:C26，单击"开始"选项卡下的"条件格式"下三角按钮，在展开的下拉列表中单击"突出显示单元格规则"|"小于"选项，如下图所示。

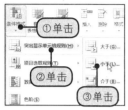

6 显示设置后的效果。经过以上操作后，3月员工工资小于1000的单元格即可显示绿填充色深绿色文本效果，如右图所示。

显示设置后的结果

5 设置单元格规则。在打开的"小于"对话框左侧的文本框中输入需要设置的格式1000，然后在"设置为"右侧的下拉列表中单击"绿填充色深绿色文本"选项，如下图所示，再单击"确定"按钮。

部门	员工编号	员工3月工资
管理部	101	2003.2
管理部	102	747.6
管理部	103	1830.4
管理部	104	2178.7
管理部	105	1272.7
管理部	106	2256.1
管理部	107	2207.9
生产部	201	2589.5
生产部	202	2279
生产部	203	1272.7
生产部	204	1308.3

13.5.3 使用数据分析工具分析工资领取状况

使用数据分析工具中的"排位与百分比排位"分析工具分析数据时，可以产生一个数据表，其中包含数据集中各个数值的顺序排位和百分比排位。该工具用来分析数据集中各数值间的相对位置关系。

数据分析工具中的"描述统计"分析工具，主要用于生成数据源区域中数据的单变量统计分析报表，提供有关数据趋中性和易变性的信息。

下面将介绍如何利用这两种数据分析工具分析员工工资领取情况。具体操作如下。

1 打开"数据分析"对话框。单击"数据"选项卡下"分析"组中的"数据分析"按钮，打开"数据分析"对话框，如下图所示。

3 设置"排位与百分比排位"对话框。单击"输入区域"右侧的折叠按钮返回工作表中选取单元格区域C2:C26，然后选中"列"单选按钮，取消勾选"标志位于第一行"复选框，再选中"输出区域"单选按钮，返回工作表选中单元格D1，如右图所示。

2 打开"排位与百分比排位"对话框。在弹出的"数据分析"对话框中选择"排位与百分比排位"选项，如下图所示。然后单击"确定"按钮，打开"排位与百分比排位"对话框。

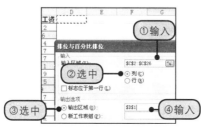

提示 ⑲ 数据分析工具中其他工具的使用

下面向用户介绍几种常用数据分析工具的适用范围。

1．"指数平滑"分析工具

基于前期预测值导出相应的新预测值，并修正前期预测值的误差。此工具将使用平滑常数a，其大小决定了本次预测对前期预测误差的修正程度。

2．"移动平均"分析工具

可以基于特定的过去某段时期中变量的平均值，对未来值进行预测。移动平均值提供了由所有历史数据的简单平均值所代表的趋势信息。使用此工具可以预测销售量、库存或其他趋势。

3．"直方图"分析工具

可以用于计算数据单元格区域和数据接收区间的单个和累积频率。此工具可用于统计数据集中某个数值出现的次数。

4．"抽样"分析工具

用于以数据源区域为总体，从而为其创建一个样本。当总体太大而不能进行处理或绘制时，可以选用具有代表性的样本。如果确认数据源区域中的数据是周期性的，还可以仅对一个周期中特定时间段中的数值进行采样。

5．"回归"分析工具

用于通过对一组观察值使用"最小二乘法"直线拟合来执行线性回归分析。本工具可用来分析单个因变量是如何受一个或几个自变量的值影响的。

6．"随机数发生器"分析工具

用于几个分布之一产生的独立随机数来填充某个区域。可以通过概率分布来表示总体中的主体特征。

7．"傅立叶分析"分析工具

用来解决线性系统问题，并能通过快速傅立叶变换（FFT）进行数据变换来分析周期性的数据。此工具也支持逆变换，即通过对变换后数据的逆变换返回初始数据。

4 显示分析数据结果。经过以上操作后，在单元格区域D1:G26中即可显示数据排位与百分比排位，如下图所示。

D	E	F	G
点	列1	排位	百分比
8	2589.5	1	100.00%
18	2548.4	2	95.80%
9	2279	3	91.60%
6	2256.1	4	87.50%
20	2209.5	5	83.30%
7	2207.9	6	79.10%
19	2083.1	7	75.00%
4	2020.7	8	70.80%
			66.60%
			62.50%
			58.30%

显示数据分析结果

6 设置"排序"对话框。在打开的"排序"对话框中选择"主要关键字"为"点"，如下图所示，再单击"确定"按钮。

选择

8 打开"删除"对话框。选取单元格区域D1:E1，右击鼠标，在弹出的快捷菜单中单击"删除"命令，如下图所示

①选取

②单击

在右侧的例子中，使用了"排位与百分比排位"和"描述统计"两种数据分析工具对员工的3月份工资进行了分析。

通过"排位与百分比排位"分析数据，用户可以看出每个员工所获得的工资额在全体员工中的相对位置和与工资额最高的员工相比的工资百分比。

通过"描述统计"分析数据，用户可以看出对工资收入的统计信息，例如公司员工的平均工资、工资中的最大值和最小值、它们之间的差距等。

10 显示设置后的效果。经过以上操作后，删除两列的效果如下图所示。

C	D	E
员工3月工资	排位	百分比
2003.2	9	66.60%
747.6	24	4.10%
1830.4	12	54.10%
2020.7	8	70.80%
1272.7	21	12.50%
2256.1	0	87.50%
2207.9	6	79.10%
		100.00%
		91.60%

显示设置后的效果

5 对数据进行排序。选取单元格区域D1:G26，单击"数据"选项卡下"排序和筛选"组中的"排序"按钮，如下图所示。

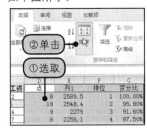

②单击

①选取

	D	E	F	G
工资	点	列1	排位	百分比
	8	2589.5	1	100.00%
	18	2548.4	2	95.80%
	9	2279	3	91.60%
	6	2256.1	4	87.50%

7 显示排序后的效果。经过以上排序操作后，即可对单元格区域D1:G26中的数据按"点"列进行排序，效果如下图所示。

D	E	F	G
点	列1	排位	百分比
1	2003.2	9	66.60%
2	747.6	24	4.10%
3	1830.4	12	54.10%
4	2020.7	8	70.80%
5	1272.7	21	12.50%
6	2256.1	4	87.50%
7	2207.9	6	79.10%
8	2589.5	1	100.00%
			91.60%
			12.50%
			25.00%
12	1424	14	45.80%

显示排序后的效果

9 设置删除整列。在弹出的"删除"对话框中选中"整列"单选按钮，再单击"确定"按钮，如下图所示。

删除

①选中

②单击

整行(R)
整列(C)

确定

11 设置填充单元格格式。选中单元格C1，拖动填充柄向右填充至单元格E1，然后单击"自动填充选项"下三角按钮，在展开的下拉列表中选中"仅填充格式"单选按钮，如下图所示。

①复制

②单击

③选中

C	D	E	F	G
员工3月工资	4月工资	3月工资		
2003.2	9	66.60%		
747.6	24	4.10%		
1830.4	12	54.10%		
2020.7	8	70.80%		
1272.7	21	12.50%		
2256.1	0	87.50%		
2207.9	6	79.10%		
2589.5	1	100.00%		
2279	3	91.60%		
1272.7	21	12.50%		
1308.3	19	25.00%		
1424	14	45.80%		
1379.5	16	37.50%		
1388.4	15	41.60%		
1361.7	17	29.10%		
676.4	25	0.00%		
1361.7	17	29.10%		

12 显示设置填充后的效果。经过以上操作后，单元格区域D1:E1即填充了单元格格式，如下图所示。

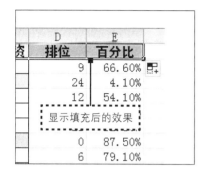

显示填充后的效果

14 设置"描述统计"对话框。单击"输入区域"右侧的文本框，返回工作表中选取单元格区域C2:C26，然后选中"逐列"单选按钮，取消勾选"标志位于第一行"复选框，再选中"输出区域"单选按钮，返回工作表中选中单元格A28，最后勾选"汇总统计"复选框，如下图所示。

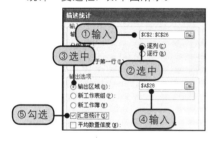

13 打开"描述统计"对话框。单击"数据"选项卡下"分析"组中的"数据分析"按钮，打开"数据分析"对话框，单击"描述统计"选项，如下图所示，打开"描述统计"对话框。

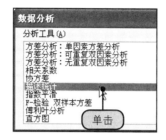

15 显示分析数据结果。经过以上操作后，在单元格区域A28:B42中即可显示数据描述统计情况，如下图所示。

显示数据分析结果

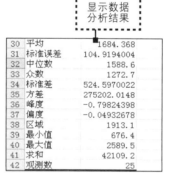

30	平均	1684.368
31	标准误差	104.9194004
32	中位数	1588.6
33	众数	1272.7
34	标准差	524.5970022
35	方差	275202.0148
36	峰度	-0.79824398
37	偏度	-0.04932678
38	区域	1913.1
39	最小值	676.4
40	最大值	2589.5
41	求和	42109.2
42	观测数	25

13.5.4 创建带下拉列表的员工工资统计图

有时用户需要为不同部门的员工绘制工资图表，但是一次绘制多个表就会显得很繁琐。这时用户就可以选择创建带有下拉列表的图表，通过选择不同的选项来显示对应部门的员工工资情况。创建带下拉列表的员工工资统计图的具体操作如下。

1 输入要建立动态图表的数据。在单元格区域G1:S4中输入要建立动态图表的数据，如下图所示。

输入

2 输入公式。在单元格G7中输入数值1，然后在单元格H7中输入公式"=INDEX(H2:H4,$G$7)"，如下图所示。

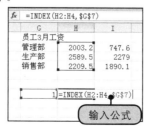

输入公式

提示 ㉑ 使用控件创建动态图表

用户使用控件创建动态图表，除了可以创建左侧例子中介绍的带下拉列表的图表外，最常见的动态图表还包括创建带单选按钮的动态图表。

单击"开发工具"选项卡中的"插入"下三角按钮，在展开的下拉列表中单击"单选按钮"图标，如下图所示，即可在图表中插入单选按钮了。

除此之外，常用的还有带复选框的动态图表，用户也可以通过"表单控件"选项组中的"复选框"图标来绘制。

提示 ㉒ 设置"设置控件格式"对话框

用户在设置"设置控件格式"对话框时，除了可以设置"控制"选项卡中的内容，还可以根据需要调整绘制的控件的大小，重新设置控件的高度和长度、设置保护等操作，如下图所示。

提示 ㉓ 使用动态图表

用户在创建了组合框式的动态图表后，可以选择下拉列表中的不同数据名称，图表就会根据用户的选择显示相对应的数据值，方便用户使用。

3 显示对应的数值。按Enter键后，H7单元格将自动显示对应的数值，如下图所示。

5 创建图表。选中单元格H7，单击"插入"选项卡下"图表"组中的"柱形图"下三角按钮，在展开的下拉列表中选择"三维簇状柱形图"图标，如下图所示。

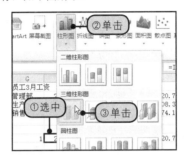

7 美化图表。为了使图表更美观，可以对图表进行美化，效果如下图所示。

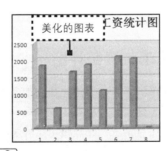

9 显示绘制的组合框效果。在图表中绘制一个组合框，如下图所示。

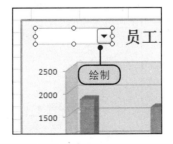

4 复制函数公式。拖动填充柄向右填充至单元格S7，复制公式后的效果如下图所示。

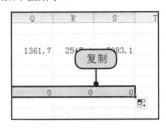

6 显示生成的图表。经过以上操作后，Excel即自动创建了一个三维簇状柱形图，效果如下图所示。

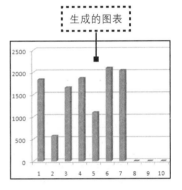

8 绘制控件。单击"开发工具"选项卡中的"插入"按钮，在展开的下拉列表中单击"组合框"图标，如下图所示。

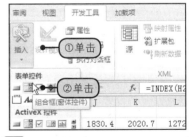

10 打开"设置对象格式"对话框。右击绘制的组合框，在弹出的快捷菜单中单击"设置控件格式"命令，如下图所示。

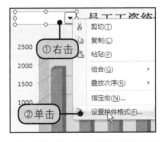

11 设置数据源区域。单击"数据源区域"右侧的折叠按钮返回工作表中选取单元格区域G2:G4，如下图所示。

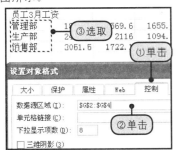

12 设置单元格链接。单击"单元格链接"右侧的折叠按钮返回工作表中选取单元格区域G7:S7，如下图所示。

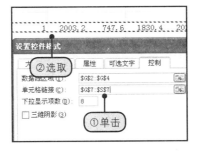

13 设置下拉显示项数和三维阴影。在"下拉显示项数"右侧的文本框中输入数字3，然后勾选"三维阴影"复选框，如下图所示。

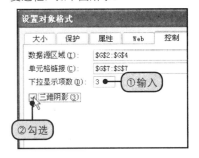

14 显示带下拉列表的员工工资统计图。经过以上操作后，即可设置完成动态的员工工资统计图，如下图所示。

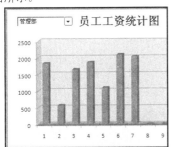

15 重新图表中的数据。单击组合框的下三角按钮，在展开的下拉列表中单击"销售部"选项，如下图所示。

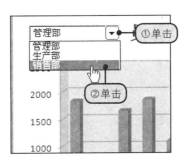

16 查看销售部的员工工资情况。图表中的数据显示的是销售部的员工工资情况，如下图所示。

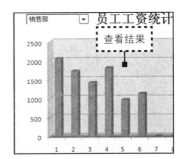

专家点拨：做个高效工作的文秘

　　作为一个秘书人员，一定要勤于动手，善于思考，找到解决问题的最佳方法，使自己逐步成为一个聪明人。俗话说，脑袋像磨盘，转了才出货。话虽粗，但是理不粗。

　　聪明人之所以为聪明人，是因为他们不是按照常规方法思考问题，而是改变了方向，结果就高人一筹。

　　一般情况下，人们习惯于顺向思维，或者叫定向思维，这在正常情况下是可行的，但是如果遇到事情能够从正反两个方面或过去、现在、将来等多方面想一想，工作效率可能就会提高。

　　除了勤于思考以外，秘书人员无论做什么事，都要掌握一个尺度，努力做到恰如其分，恰到好处。具体来讲，要从以下几个方面来注意。

　　（1）不掺杂个人感情。

　　（2）不赶时髦、不跟风。

　　（3）不盲目执行上级指示，要注意消化，真正贯彻上级精神。

　　（4）掌握一些原则是必需的，但不能太教条。

　　（5）不能绝对化、简单化，也就是评价一件事情不要分成简单的两极，非此即彼的思想对于正确认识和处理问题是不利的。

　　秘书的工作中还需要剖析技巧。在接到的一堆材料中，哪一个最重要？领导交代的几项工作中，哪项最重要，需要先办？处理一件棘手的事情时，从哪里入手？遇到这样的事情时，秘书人员就需要分析，分析过程中需要注意全面、定量、定性，要进行焦点分析、重点分析。

第14章

公司办公用品管理

 学习要点

- 自定义排序
- 条件格式
- 选择不重复的记录
- 制作关联列表
- 使用批注
- 保护工作表与共享工作表
- 圈释无效数据
- 定位条件功能

 本章结构

- 建立办公用品库存明细表
  - 自定义物品名称序列
  - 突出显示小于安全库存的物品
  - 自定义物品编号
  - 库存物品查询
- 建立办公用品需求登记表
  - 设定需求上限
  - 共享工作簿
  - 快速标识超出需求上限的数量
  - 保护工作表编辑区域
  - 对超出需求上限的录入发出警告
  - 统计各办公用品需求量
- 办公用品采购统计
  - 统计各办公用品拟购数量
  - 使用SUMPRODUCT函数计算拟购金额

① 突出显示小于安全库存的商品

规格	厂商	库存量	安全存量	库存单位
0222(108)文件夹	齐心	25	15	打
0224(110)文件夹	齐心	10	15	打
0225(111)文件夹	齐心	25	15	打
0226(112)文件夹	齐心	25	15	打
(10)号订书机	SDI	36	18	台
HD88R(附除针器)订书机	MAX	2	1	台
10号针	MAX	52	40	小盒
M8钉书针	MAX	30	15	小盒
3号钉书针(3号机专用)	SDI	50	25	小盒
0706大回形针	SDI	50	25	小盒
0702小回形针	SDI	50	25	小盒
654Y(3X3)便条纸	3C	40	23	本
656Y(2X3)便条纸	3C	24	23	本
657Y(3X4)便条纸	3C	35	23	本

② 设定需求数量上限限制

需求登记表
物品名称 | 数量

数量上限限制
每项物品限登记5个，特殊情况需要提示

③ 对超出需求上限的发出警告

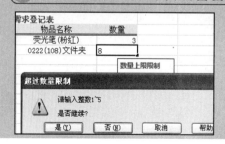

需求登记表

物品名称	数量
荧光笔(粉红)	3
0222(108)文件夹	8

数量上限限制

超过数量限制
⚠ 请输入整数1~5
是否继续？
是(Y) 否(N) 取消 帮助

④ 自动计算办公用品拟购数量

用品采购统计表

单价	库存数量	需求数量	安全存量	拟购数量
10	40	9	23	=IF(D3-E3<F3,F3-
8.5	21	4	23	D3+E3,"")
12	35	0	23	
2.5	25	5	15	
1.5	10	0	15	
1.2	25	2	15	
1	25	4	15	
2.5	52	0	40	
6.5	30	0	15	
5	50	0	25	

公司办公用品管理

第14章

节约开支、杜绝铺张浪费是办公用品管理的根本目的。为规范公司办公用品管理，使之既满足员工工作需要又杜绝浪费，通常各公司都制定有专门的办公用品管理制度。而负责统一保管、并向使用者发放的工作一般由人事行政部承担。本章就来介绍如何使用Excel软件将办公用品管理的一系列工作串联起来。

14.1

建立办公用品库存明细表

办公用品库存明细表为一张明细清单，其中记录了办公用品的名称、规格、单价、厂商、库存量、库存单位、安全存量等内容，方便行政人员对办公用品库存的统计与查询。

14.1.1 自定义物品名称序列

登记办公用品名称时，可以按用户指定的方式排列。本小节主要介绍利用Excel的"自定义排序"功能来实现这种排列方式。

原始文件	实例文件\第14章\原始文件\库存明细查询.xlsx
最终文件	实例文件\第14章\最终文件\库存明细查询.xlsx

1 选中A1单元格。打开"实例文件\第14章\原始文件\库存明细查询.xlsx"工作簿，选中数据清单中的任意单元格，如A1单元格，如下图所示。

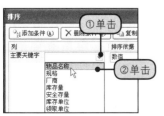

2 打开"排序"对话框。在"开始"选项卡下单击"编辑"组中的"排序和筛选"按钮，在展开的下拉列表中单击"自定义排序"选项，如下图所示。

3 选择主要关键字。打开"排序"对话框，单击"主要关键字"列表框右侧的下三角按钮，在展开的下拉列表中选择"物品名称"选项，如下图所示。

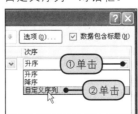

4 打开"自定义序列"对话框。单击"次序"列表框下三角按钮，在展开的列表中单击"自定义序列"选项，如下图所示，打开"自定义序列"对话框。

提示 ① "开始"选项卡的排序功能

在Excel 2010的"开始"选项卡下，集成了我们日常办公中最常用的功能，如左侧提到的自定义排序功能，其实关于对数据区域的排序，在"数据"选项卡下也有，并专门提供了"排序和筛选"组，但是，由于排序和筛选是数据分析与处理中最常使用的功能，因而在"开始"选项卡的"编辑"组中也有，这点希望读者注意。

 **② 编辑自定义序列**

在设置排序条件时，用户可以在"次序"下拉列表中选择"自定义序列"选项，打开"自定义序列"对话框，从而编辑自定义序列。

若用户仅需要编辑自定义序列，而不使用排序功能，该如何操作呢？

1 单击"文件"按钮，在弹出的菜单中单击"选项"按钮，如下图所示，打开"Excel选项"对话框。

2 在"高级"选项卡的"常规"选项组中单击"编辑自定义列表"按钮，如下图所示，可以打开"自定义序列"对话框，从而对列表进行编辑。

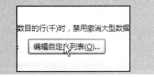

 **③ 插入多列**

要插入多列，先选择要紧靠其右侧插入列的那些列。所选的列数应与要插入的列数相同。如本例中要在A列左侧插入3个新列，则选取A～C列，接着插入3列。

5 输入序列。在"输入序列"文本框中输入序列，如垂直输入如下图所示的自定义序列，然后单击"添加"按钮。

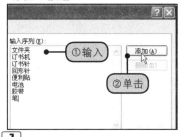

7 显示自定义排序后的效果。单击两次"确定"按钮退出排序设置后，从数据清单中即可看到设置按自定义物品名称排序后的效果，如右图所示。

6 完成自定义序列的添加。单击"添加"按钮后，用户设置的自定义序列即可添加到"自定义序列"列表框中，如下图所示。

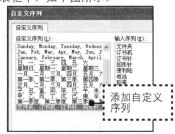

14.1.2 自定义物品编号

为了使办公用品门类更清晰、规范，行政人员可以按照物品的类别与不同规格对其进行统一编号。如指定按0001-001的方式编号，前面的数字表示物品的类别，后面的数字表示物品的规格。用Excel实现物品自动编号的方法如下。

1 插入3列。选取A～C列，右击鼠标，在弹出的快捷菜单中单击"插入"命令，如下图所示。

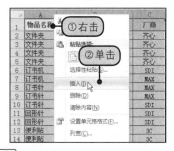

3 输入标题。快速添加格式后，即可在A1:C1单元格区域输入如下图所示的列标题，即"辅助列1"、"辅助列2"与"物品编号"。

2 设置列格式。插入新列后，单击"插入选项"按钮，在弹出的菜单中选中"与右边格式相同"单选按钮，如下图所示。

4 插入函数。在A2单元格输入1，然后选中A3单元格，再单击"插入函数"按钮，如下图所示。

5 选择函数。打开"插入函数"对话框，选择函数类别为"逻辑"，然后在"选择函数"列表框中双击IF选项，如下图所示.

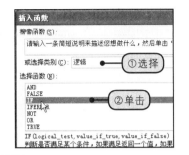

7 设置COUNTIF函数参数。在COUNTIF函数参数对话框中，指定参数Range为$D$2:D3、Criteria为D3，如下图所示。

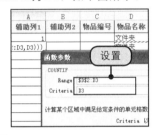

9 复制公式。此时，A3单元格返回了编号1，拖动A3单元格右下角填充柄，向下复制公式至A37单元格，如下图所示。

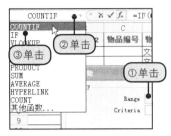

11 返回编号结果。按Enter键后，B3单元格即可返回IF函数的判定结果，拖动B3单元格右下角填充柄向下复制公式，如下图所示。

6 打开COUNTIF"函数参数"对话框。单击Logical_test文本框，再单击名称框下三角按钮，在展开的下拉列表中单击COUNTIF选项，如下图所示。

8 编辑IF函数参数。单击编辑栏中的IF选项，切换回IF函数参数对话框，接着指定IF函数的参数，如下图所示。设置完毕后，单击"确定"按钮。

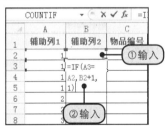

10 使用IF函数制定编号。在B2单元格输入1，然后选中B3单元格，输入公式"=IF(A3=A2,B2+1,1)"，如下图所示。

12 输入物品编号公式。选中C2单元格，输入物品编号公式"="000"&A2&"-"&"00"&B2"，如下图所示。

提示 ④ 公式解析

对A3单元格中IF嵌套函数可以作如下解释。

参数logical_test为统计D2：D3单元格区域中D3单元格，即"文件夹"出现的次数。大于1即出现的次数大于1，这是一个判定条件。

value_if_true是条件为真时的返回结果，即如果大于1，则返回A2单元格中的数值。

value_if_false是条件为假时的返回结果，即如果"文件夹"出现的次数小于1，则返回该单元格以上区域中最大的数值并向上累计加1，从而为新的物品名称编号。

提示 ⑤ &连接符

&连接符为公式中的文本运算符。

使用"&"符号来连结或关联一个或多个文本字符串，可以组合为一个新的文本。

⑥ 隐藏列

要隐藏工作表中的列，还可采用以下两种方法。

（1）在"开始"选项卡的"格式"下拉列表中单击"隐藏和取消隐藏"|"隐藏列"命令。

（2）在"格式"下拉列表中单击"列宽"选项，然后在"列宽"文本框中输入0。

隐藏行的方法与列类似。

经验分享：
安全库存

安全库存（SafetyStock，SS）是指当不确定因素已导致更高的预期需求或导致完成周期更长时的缓冲存货，用于满足前期需求。

通常来说，安全库存即适量的库存，即保证员工正常办公最少量的库存，在安全库存上，不会发生办公用品短缺从而影响工作的情形。

---

13 显示物品编号结果。按Enter键后，向下复制公式至C37单元格，如下图所示，即可完成物品名称的自定义编号。

14 隐藏辅助列。完成物品名称的编号后，选中A、B列，右击鼠标，在弹出的快捷菜单中单击"隐藏"命令，将辅助列隐藏，如下图所示。

14.1.3 突出显示小于安全库存的物品

当办公用品目前的库存低于安全存量时，行政人员就需要即时采购了。使用Excel的条件格式，可以将这部分库存量自动显示出来。

1 选取库存量区域。继上，选取单元格区域G2:G37，如下图所示。

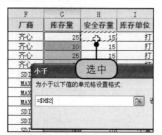

2 使用突出显示单元格规则。在"开始"选项卡下单击"条件格式"按钮，然后在展开的下拉列表中单击"突出显示单元格规则"|"小于"选项，如下图所示。

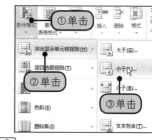

3 选取参照单元格。打开"小于"对话框，单击"为小于以下值的单元格设置格式"文本框，选中H2单元格，如下图所示。

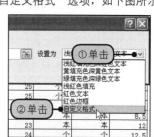

4 打开"设置单元格格式"对话框。单击"设置为"列表框右侧的下三角按钮，在展开的下拉列表中单击"自定义格式"选项，如下图所示。

5 设置字体特殊效果。打开"设置单元格格式"对话框，切换到"字体"选项卡，勾选"删除线"复选框，如右图所示。

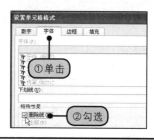

6 设置字体颜色。接着单击"颜色"列表框右侧的下三角按钮，在展开的下拉列表中选择"蓝色"，如下图所示。

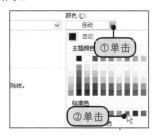

8 选择图案颜色与样式。在右侧"图案颜色"下拉列表中选择一款图案颜色，并在"图案样式"下拉列表中选择"粗 对角线 剖面线"样式，如右图所示。

9 显示目标区域应用条件格式后的效果。库存量区域应用条件格式后，效果如下图所示。可以看到，当库存量为2，大于安全库存时，该单元格是突出显示的，这不符合预期，出现这种情况最有可能是定义单元格出错，接下来需要重新编辑条件格式。

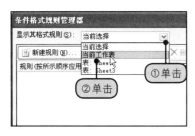

11 选取格式规则显示范围。单击"显示其格式规则"列表框右侧的下三角按钮，在展开的下拉列表中单击"当前工作表"选项，如下图所示。

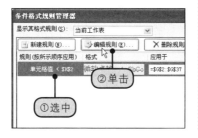

7 设置填充颜色。切换到"填充"选项卡，在"背景色"图形列表框中选择橙色背景色，如下图所示。

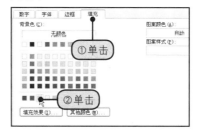

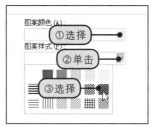

10 打开"条件格式规则管理器"对话框。编辑条件格式需要在"条件格式规则管理器"中进行。单击"条件格式"按钮，在展开的下拉列表中单击"管理规则"选项，如下图所示，打开"条件格式规则管理器"对话框。

12 打开"编辑格式规则"对话框。在下方列表框中选中要编辑的规则，然后单击"编辑规则"按钮，如下图所示，打开"编辑格式规则"对话框。

提示 ⑦ 清除规则

定义条件格式规则后，如果想要快速清除这些规则，可以执行如下的操作。

1 选取要清除规则的单元格区域，然后单击"条件格式"按钮，在展开的下拉列表中指向"清除规则"选项，如下图所示。

2 在展开的子列表中单击"清除所选单元格的规则"选项，如下图所示。

13 更改公式。在"只为满足以下条件的单元格设置格式"下单击公式所在的单元格，然后编辑公式中的绝对引用为相对引用"=$H2"，设置完毕后，单击"确定"按钮，如下图所示。

①设置
②单击 确定

14 显示编辑条件格式后返回的正确结果。返回库存明细表中，可以看到库存量所在列中，凡物品的库存量小于其安全库存的单元格均突出显示出来，如下图所示。

规格	厂商	库存量	安全存量
文件夹	齐心	25	15
文件夹	齐心	10	15
文件夹	齐心	25	15
文件夹	齐心	25	15
机	SDI	36	18
(针器)订书机	MAX	2	1
	MAX	52	40
	MAX	30	15
(3号机专用)	SDI	50	25
针	SDI	50	25
形针	SDI	50	25
便条纸	3C	40	23
便条纸	3C	21	23

14.1.4 库存物品查询

如果公司的库存物品种类繁多，要从库存明细清单中查找将十分不便，此时，不妨用Excel设计一套自动查询模型，使得只需选择物品种类与规格，其对应的库存明细就会自动显示。本小节就来制作这样一张查询卡片。

❶ 筛选物品名称中的不重复记录

使用Excel高级筛选中选择不重复记录的功能，将物品类别中不重复的物品筛选出来，以为后期制作物品类别下拉列表做准备。

1 建立物品查询工作表。重命名工作表Sheet2为"物品查询"，然后在工作表中制作如下图所示的表格。

2 选取物品名称。切换到"库存明细"工作表，选中D2单元格，再使用Ctrl+Shift+↓组合键选取物品名称区域，如下图所示。

物品名称：　　　　规格：

| 厂商 | 库存量 | 安全存量 | 库存单位 | 单价 |

②制作
①重命名

▶ 库存明细 / 物品查询 / Sheet3

	C	D	E
1	物品编号	物品名称	规格
2	0001-001	文件夹	0222(108)文件夹
3	0001-002	文件夹	0224(110)文件夹
4	0001-003	文件夹	0225(111)文件夹
5	0001-004	文件夹	0226(112)文件夹
6	0002-001	订书机	(10)号订书机
7	0002-002	订书机	HD3 订机
8	0003-001	订书针	10号
9	0003-002	订书针	M8钉书针
10	0003-003	订书针	3号钉书针(3号机专用)
11	0004-001	回形针	0706大回形针
12	0004-002	回形针	0702小回形针
13	0005-001	便利贴	654Y(3X3)便条纸

选取

◀ ▶ ▶ 库存明细 / 物品查询 / Sheet3

3 打开"高级筛选"对话框。在"库存明细"工作表中，切换到"数据"选项卡，单击"排序和筛选"组中的"高级"按钮，如右图所示，打开"高级筛选"对话框。

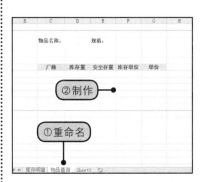
公式 数据 ①单击 开发工具
排序 筛选 清除 重新应用 高级 分列 删除 重项
排序和筛选 数据工具
文件夹
②单击

E	F	G	
规格	厂商	库存量	安
3)文件夹	齐心	25	

4 设置选择不重复的记录。在对话框中选中"将筛选结果复制到其他位置"单选按钮，然后设置"复制到"的单元格为"库存明细"表中的M2单元格，勾选"选择不重复的记录"复选框，单击"确定"按钮，如下图所示。

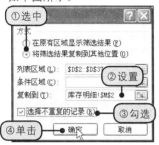

❷ 创建物品类别下拉列表

将数据有效性条件设置为"序列"，可以制作方便的下拉列表。但是序列的来源设置不能引用其他工作簿的单元格区域，因此，只能通过名称的定义，在来源中引用其他工作表的名称，来实现下拉列表的制作。

1 打开"新建名称"对话框。继上，切换到"公式"选项卡，单击"定义的名称"组中的"定义名称"按钮，如下图所示，打开"新建名称"对话框。

3 打开"数据有效性"对话框。定义物品类别名称后，切换回"物品查询"工作表，选中D3单元格，再单击"数据"选项卡下的"数据有效性"按钮，打开"数据有效性"对话框，如下图所示。

5 显示筛选唯一值后的效果。经过上述操作后，物品名称中不重复的记录即输出到指定的单元格区域中，如下图所示。要创建物品类别下拉列表，需要选取其中的M3:M10单元格区域。

2 定义名称。在"名称"文本框中输入"类别"，然后单击"确定"按钮，如下图所示。

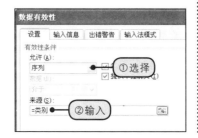

4 设置有效性条件。在"设置"选项卡下设置有效性条件为允许"序列"，在"来源"文本框中输入"=类别"，如下图所示。

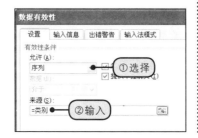

⑨ 通过删除重复项筛选出物品类别

使用删除重复项的方法也能帮助用户快速筛选出物品的类别，操作方法如下。

1 选取包含重复项的区域，即物品名称所在区域，然后在"数据"选项卡下单击"删除重复项"按钮，如下图所示。

2 打开"删除重复项警告"对话框，选中"以当前选定区域排序"单选按钮，然后单击"删除重复项"按钮，如下图所示。

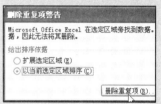

3 在打开的"删除重复项"对话框中选择包含重复值的列，此处直接单击"确定"按钮，如下图所示。

4 删除重复值后，弹出信息框，提示用户发现的重复值数以及保留的唯一值数目，如下图所示。

5 在工作表中相应区域可以看到删除重复值的效果，如下图所示。

	物品名称	规格
2	文件夹	0222(108)文件夹
3	订书机	0224(110)文件夹
4	订书针	0225(111)文件夹
5	回形针	0226(112)文件夹
6	便利贴	(10)号订书机
7	电池	HD88R(删除订书器)订书机
8	胶带	10号针
9	笔	M8钉书针
10		3号钉书针(3号机专用)
11		0706大回形针

5 完成物品名称下拉列表的制作。单击"确定"按钮后，即可制作好物品名称的下拉列表，如右图所示，从其下拉列表中选择"文件夹"，即可完成物品名称的自动录入。

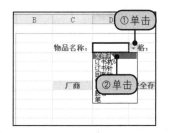

❸ 建立物品名称与规格的关联

要实现选择任意物品名称后，都会自动显示其对应的所有规格，可以使用定义名称结合数据有效性设置的方法。

1 命名文件夹不同规格。选取单元格区域E2:E5，在名称框中输入"文件夹"，然后按Enter键，如下图所示，命名文件夹规格。

2 命名订书机不同规格。选取单元格区域E6:E7，在名称框中输入"订书机"，然后按Enter键，命名订书机的规格，如下图所示。

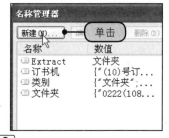

3 打开"名称管理器"对话框。切换到"公式"选项卡，单击"名称管理器"按钮，如下图所示。

4 打开"新建名称"对话框。在对话框中单击"新建"按钮，如下图所示，打开"新建名称"对话框。

5 新建名称。在"名称"文本框中输入"订书针"，然后设置引用位置为"=库存明细!$E$8:$E$10"，最后单击"确定"按钮，如下图所示。

6 完成物品规格的所有命名。继续完成"库存明细"工作表中其他物品类别对应规格的命名，命名完成后的效果如下图所示。

7 打开"数据有效性"对话框。切换回"物品查询"工作表，合并F3:G3单元格，然后选中合并后的单元格，单击"数据有效性"按钮，打开"数据有效性"对话框，如下图所示。

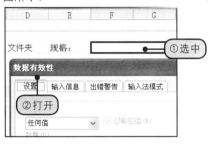

8 设置有效性条件。在"设置"选项卡下设置有效性条件为允许"序列"，在"来源"文本框中输入"=INDIRECT($D$3)"，如下图所示，设置完毕后，单击"确定"按钮。

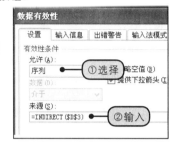

9 从关联列表中选择相应规格。返回工作表中，再单击出现的下三角按钮，可以看到选择物品名称为"文件夹"后，在"规格"下拉列表中出现了对应的文件夹规格项，如右图所示，选择第2种文件夹规格。

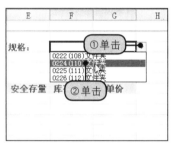

④ 使用VLOOKUP查询函数查询库存明细

VLOOKUP函数的意义在于能查找指定数值在某一区域中对应的数值，并返回某列处的结果。根据这一用法，用户可以利用它快速建立查询返回项。如本例中借助该函数快速返回物品规格对应的厂商、库存量等信息。

1 定义名称。切换至"库存明细"工作表，选取单元格区域E2:K37，在名称框中输入"area"，然后按Enter键完成命名，如下图所示。

2 使用VLOOKUP查询函数查找对应厂商。切换至"物品查询"工作表，选中C8单元格，输入公式"=IF($F$3="","",VLOOKUP($F$3,area,2,FALSE))"，如下图所示。

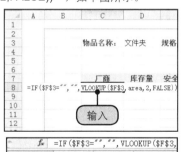

3 返回查找结果。按Enter键后，即可返回"0224(110)文件夹"规格的文件夹对应的厂商"齐心"，如右图所示。

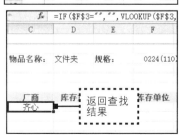

⑪ INDIRECT函数解析

INDIRECT函数用于返回由文字串指定的引用。此函数立即对引用进行计算，并显示其内容。

当需要更改公式中单元格的引用，而不更改公式本身时，即可使用INDIRECT函数。

语法：

INDIRECT(ref_text a1)

参数含义：

ref_text是对单元格的引用，此单元格可以包含A1样式的引用、R1C1样式的引用、定义为引用的名称或对文字串单元格的引用；

a1为一逻辑值，指明包含在单元格ref_text中的引用的类型。如果a1为TRUE或省略，ref_text被解释为A1-样式的引用。如果a1为FALSE，ref_text被解释为R1C1-样式的引用。

INDIRECT函数用于返回由文字串指定的引用。此函数立即对引用进行计算，并显示其内容。

当需要更改公式中单元格的引用，而不更改公式本身时，即可使用INDIRECT函数。

语法：

INDIRECT(ref_text a1)

参数含义：

ref_text是对单元格的引用，此单元格可以包含A1 样式的引用、R1C1样式的引用、定义为引用的名称或对文字串单元格的引用；

a1为一逻辑值，指明包含在单元格ref_text中引用的类型。如果a1为TRUE或省略，ref_text被解释为A1-样式的引用。如果a1为FALSE，则ref_text被解释为R1C1-样式的引用。

经验分享：
建立办公用品管理系统
的优势

办公用品是一个企业单位不可缺少的部分，但一些企业单位仍然一直采用传统的人工方式管理办公用品。这种管理方式存在着许多缺点，如效率低。另外，时间一长，将产生大量的文件和数据，这给查找、更新和维护都带来了不少的困难。此外，办公用品大部分又都是一些小而杂的物品，所以人为丢失，或者重复领用等事情经常发生，对物品的入库、出库、库存不能及时、准确地统计，因此会导致急用物品的缺货，不常用物品过多囤积，盘点库存也无从下手，这大大提高了企业单位管理费用的支出。

通过使用Excel制作周密的办公用品管理系统，可以记录办公用品库存的明细，查询办公用品库存情况，从而实现办公用品管理的系统化、规范化和自动化。

? 常见问题

如何管理圆珠笔、便贴纸
之类物品

Q 办公中经常会使用到各种易耗物品。例如，圆珠笔、便贴纸，这样的物品该如何管理呢？

A 易耗品是指会因使用而减少的物品。例如，办公用的铅笔、圆珠笔、钢笔、橡皮等笔记工具；公司信纸、活页纸、复印纸、便贴纸等纸张；笔记本、账簿、软盘等OA易耗品；文件夹及活页封面归档用具等。

为提高事务工作的效率，并削减事务工作的成本，必须经常保管一定品质、适量的易耗品。其要求及类别如下。

4 选取单元格区域。选取单元格区域C8:G8，如下图所示。

6 选中D8单元格。向右填充公式后，选中D8单元格，如下图所示。

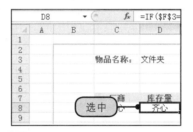

8 输入替换内容。在"替换"选项卡的"查找内容"文本框中输入2，然后在"替换为"文本框中输入3，单击"替换"按钮，如下图所示。

10 输入替换内容。接着更改"替换为"文本框中的数字2为数字4，然后单击"替换"按钮，如下图所示。

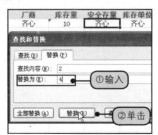

5 向右填充公式。单击"开始"选项卡下"编辑"组中的"填充"按钮，在展开的下拉列表中单击"向右"选项，如下图所示。

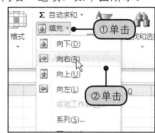

7 打开"查找和替换"对话框。单击"编辑"组中的"查找和选择"按钮，在展开的下拉列表中单击"替换"选项，如下图所示。

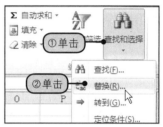

9 显示替换结果。替换公式中的相应数字后，D8单元格即返回了当前规格文件夹的相应库存量10，然后将活动单元格右移至E8，如下图所示。

11 完成公式中数字的替换。E8单元格即返回了文件夹的安全存量，用同样的方法再依次替换后面的公式，直到完成所有库存明细公式的设置。

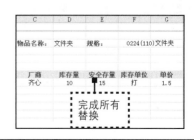

12 更改物品查询项。使用数据有效性与公式建立完物品查询表后，重新选择物品查询内容，如选择物品名称为"笔"、规格为"荧光笔（黄）"，选择所要查询的物品后，该物品对应的库存明细随即显示在下方。

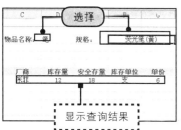

13 清除查询内容。制作好查询模板后，按住Ctrl键选中D3单元格与F3单元格，右击鼠标，在弹出的快捷菜单中单击"清除内容"命令，如下图所示，将查询内容清除。

❺ 使用批注建立查询提示

为了提示用户如何进行办公用品库存明细的查询，可以在查询卡片中的相应位置插入批注。

1 插入批注。右击D3单元格，在弹出的快捷菜单中单击"插入批注"命令，如下图所示。

2 编辑批注内容。在批注框内输入如下图所示的批注内容。

3 打开"设置批注格式"对话框。右击批注框，在弹出的快捷菜单中单击"设置批注格式"命令，如下图所示，打开"设置批注格式"对话框。

4 设置批注字体格式。切换到"字体"选项卡，单击"颜色"列表框右侧的下三角按钮，在展开的下拉列表中选择"蓝色"，如下图所示。

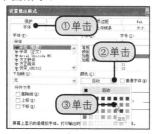

5 设置批注框线条与颜色。切换到"颜色与线条"选项卡，分别设置批注框的填充颜色、透明度、线条颜色等内容，并在线条"虚实"下拉列表中选择"方点"，如右图所示。

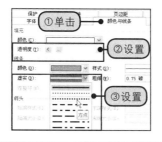

（续上页）

 常见问题

如何管理圆珠笔、便贴纸之类物品

（1）预先估计单位时间的事务工作需要花费多少费用，以便准备易耗品时可以设法削减费用。

（2）文书类用纸采用信纸大小或A4、B5纸；画图或制作图表时使用印有方格的纸张；会议使用无花纹的模造纸或印有方格的活动挂图。

（3）公司内部联络或各种申报需准备格式固定的专用纸张，例如交通费的支付申请书等。

（4）笔记本按不同主题分别制作，因此可以使用不同大小的笔记本，用来记录会议或培训等内容。

（5）企业内简单联络使用便贴纸。

（6）发送文书可使用公司内部信封和公司外部信封。信封有横写式、竖写式，大小不等，颜色各一。公司外部信封有社交用和贸易用两大类，公司内部应有邮件专用信封。

（7）文件夹、活页封面、透明文件袋、隔断用纸等是用于保管文书的易耗品。

（8）装订时使用的订书钉、鱼尾夹、回形针、糨糊、胶带纸等是用于对文书进行分类的易耗品。页数较少的文书用小号订书钉装订，报告书等数十页的文书用大号订书钉，更大的则用鱼尾夹装订；对文书进行隔离时使用回形针；要将文书贴在衬底或其他文书上时使用糨糊或胶带纸。

6 显示批注框应用格式后的效果。返回工作表，可以看到批注框应用所设格式后的效果，如下图所示。

7 显示批注。单击工作表中的其他单元格，批注框将自动隐藏，要使批注框一直显示，则需要单击"审阅"选项卡下的"显示所有批注"按钮，如下图所示。

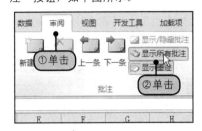

8 移动批注位置。由于此处的批注将物品规格字样挡住了，因此先在库存卡片上方插入几行，然后选中批注，按住鼠标左键，将批注移动到不会遮挡文字的位置，如下图所示。

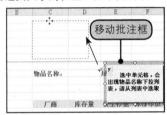

9 显示移动批注后的效果。释放鼠标后，批注即被固定在放置的位置，如下图所示。

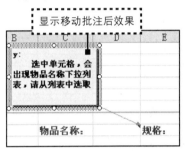

提示 ⑫ 插入行时公式引用自动改变

当在工作表中插入行时，受插入影响的所有引用都会相应地做出调整，不管它们是相对引用还是绝对引用。这同样适用于删除行，当删除的单元格由公式直接引用时除外。如果需要引用自动调整，则建议在公式中尽可能使用区域引用，而不是指定单个单元格。

10 为物品规则新建批注。选中F8单元格，在"审阅"选项卡下单击"新建批注"按钮，如下图所示，添加批注。

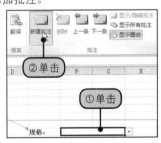

11 使用格式刷。选中已设置格式的批注，在"开始"选项卡下单击"格式刷"按钮，如下图所示。

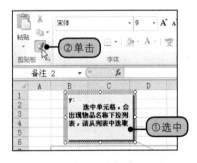

提示 ⑬ 使用格式刷

如果要向形状中的文本应用三维效果（例如三维艺术字样式或弯曲转换效果）以复制应用于形状中的文本的效果，则必须使用"格式刷"复制所有形状格式，而不是仅复制文本格式。

12 复制格式。此时，鼠标指针变为刷子形状，然后在添加的新批注上方单击鼠标，如下图所示，即可为新批注直接套用格式。

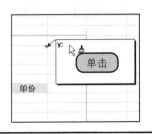

13 编辑批注内容并调整批注大小。编辑批注格式后，在批注框内输入批注内容，接着选中批注，并调节批注框四周的圆形控点，改变批注框的大小，如下图所示。

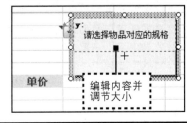

14 完成物品库存查询卡片的制作。最后编辑"物品库存查询卡片"的名称，并设置底纹，完成后的效果如右图所示。

14.2
建立办公用品需求登记表

办公用品需求登记表顾名思义就是用来登记公司人员办公用品需求的表格。本节将借助办公用品需求登记表的制作，介绍如何共享需求登记表到各部门填写、如何利用Excel的数据有效性设定需求上限输入限制以及如何使用数据透视表快速统计各物品需求量的方法。

14.2.1 设定需求上限

为了节约开支，避免浪费，在制作需求登记表时，可以对办公用品需求数量的录入设定限制。

原始文件	实例文件\第14章\原始文件\需求登记表.xlsx
最终文件	实例文件\第14章\最终文件\需求登记表.xlsx

1 打开"数据有效性"对话框。打开"实例文件\第14章\原始文件\需求登记表.xlsx"工作簿，选取单元格区域E3:E20，然后在"数据"选项卡下单击"数据有效性"按钮，打开"数据有效性"对话框，如下图所示。

2 设置有效性条件。在"设置"选项卡下设置有效性条件为允许"整数"、数据的范围为"介于"、最小值为1、最大值为5，如下图所示。

3 设置输入信息提示。切换到"输入信息"选项卡，在"标题"文本框与"输入信息"文本框中分别输入如下图所示的内容。

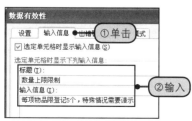

4 设置出错警告。切换到"出错警告"选项卡，在"样式"下拉列表中选择"警告"选项，然后在"标题"文本框中输入"超过数量限制"字样，最后在"错误信息"文本框中输入"请输入整数1-5"字样。

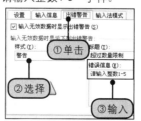

提示 **14** 设定需求数量上限

使用Excel的数据有效性，可以限制员工输入的需求数量，从而达到合理利用、避免浪费的目的。

提示 ⑮ 数据有效性消息

对于所验证的每个单元格，都可以显示两类不同的消息：一类是用户输入数据之前显示的消息，另一类是用户输入不符合要求的数据时显示的消息。

在"数据有效性"对话框中"输入信息"选项卡下设置的消息即是第一类消息。当设置"输入信息"选项卡后，则输入的信息在用户选定单元格时即可看到。

提示 ⑯ 设置出错提示为警告

在数据有效性的使用中，用户可以设置3种出错警告类型，分别是停止消息、警告消息和信息消息。

无论设置哪种出错警告方式，在用户录入错误值时，都将弹出对话框，中断用户的输入操作。

但是，这3种方式阻止用户输入数据的程度是不同的。

停止消息不允许用户输入无效数据，它有两个按钮："重试"用于返回单元格进一步进行编辑；"取消"用于恢复单元格的前一个值。

警告消息与信息消息不阻止无效数据的输入，它们可以选择继续在单元格内输入无效数值。

本例中设置出错警告方式为警告，因为例子中除规定需求数量上限外，还说明了若有特殊情况时，可以请求。

5 设置输入法模式。切换到"输入法模式"选项卡，在"模式"下拉列表中选择"关闭（英文模式）"选项，如下图所示。

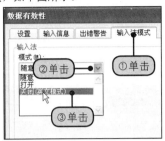

6 显示设置数据有效性后的效果。关闭对话框后，目标单元格区域即添加了数据有效性设置，如下图所示。

14.2.2 保护工作表编辑区域

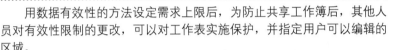

用数据有效性的方法设定需求上限后，为防止共享工作簿后，其他人员对有效性限制的更改，可以对工作表实施保护，并指定用户可以编辑的区域。

1 打开"允许用户编辑区域"对话框。切换到"审阅"选项卡，单击"更改"组中的"允许用户编辑区域"按钮，如下图所示。

3 设置允许用户编辑区域。在"标题"文本框中输入"登记区域"，在"引用单元格"文本框中输入"=A3:E30"，然后单击"确定"按钮，如下图所示。

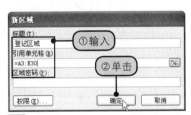

5 设置取消工作表保护时使用的密码。在"取消工作表保护时使用的密码"文本框中输入密码，如输入"123"，然后单击"确定"按钮，如右图所示。

2 打开"新区域"对话框。打开"允许用户编辑区域"对话框，在对话框中单击"新建"按钮，如下图所示，打开"新区域"对话框。

4 打开"保护工作表"对话框。返回"允许用户编辑区域"对话框，单击"保护工作表"按钮，如下图所示，打开"保护工作表"对话框。

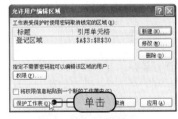

6 确认密码。弹出"确认密码"对话框，在"重新输入密码"文本框中再次输入密码"123"，然后单击"确定"按钮，如下图所示。

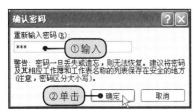

8 显示试图编辑其他区域后的效果。设置允许用户编辑区域后，如果用户编辑该区域以外的单元格，则均会弹出如右图所示的警告框。

7 显示保护工作表后的效果。设置工作表保护后，切换到"数据"选项卡，可以看到"数据有效性"等设置已经不能更改，如下图所示。

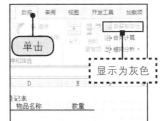

14.2.3 共享工作簿

保护工作簿后，需求登记工作表即可安全地共享到各部门，让所有人员对物品需求进行登记。共享工作簿的方法如下。

1 打开"共享工作簿"对话框。在"审阅"选项卡下单击"共享工作簿"按钮，如下图所示，打开"共享工作簿"对话框。

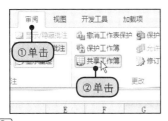

3 保存文档。弹出警告框，提示用户此操作将导致保存文档，单击"确定"按钮，如下图所示。

2 设置允许多用户同时编辑。在"编辑"选项卡下勾选"允许多用户同时编辑，同时允许工作簿合并"复选框，如下图所示。

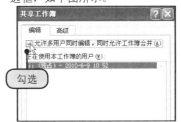

4 完成工作簿共享。经过上面的操作后，"需求登记表"工作簿将被共享，如下图所示，工作簿标题右侧将出现[共享]字样。

14.2.4 对超出需求上限的录入发出警告

共享需求登记表后，各部门就可按各自所需登记物品需求了。由于在物品需求数量上设置有条件限制，因而在录入超出需求量限制的数值时，会弹出出错警告。此时，用户可选择继续输入或更改需求数量。

**经验分享：
复印方法**

复印机根据使用的光敏材料不同、用纸不同、显影方式（干法或湿法）不同，分为多种类型，不过它们的复印方法大致相同。

1.原稿的放置打开

复印机的顶盖，需复印的原稿一面向下紧贴在玻璃板上，并根据稿台上的定位标尺，把原稿放在正确的位置上，然后把原稿压板轻轻放下，压在原稿上。

2.将复印纸放入供纸盘

复印纸的规格尺寸根据原稿的尺寸而定，复印纸要成叠放入供纸盘之内，应使复印纸松散，使纸张互相分开。复印纸一定要平整，否则容易出现纸路故障。

3.按开机键，接通整体电源

此时机内定影器开始加热。

4.调节定影温度

当复印纸较厚、室温较低时，可调高定影温度。当复印纸较薄，室温较高时，可调低定影温度。

5.调好复印数

将预印计数旋钮转到所需复印张数的位置上。

6.复印

当复印机预热达到温度后，"待机"指标灯灭，"复印"指示灯亮，此时可按"复印"键，开始复印。

7.调光圈和色粉量

根据第一次复印品的反差和墨色浓淡情况，调节复印机的光缝或光圈大小和色粉的多少。

8.关机

复印结束后，等最后一张复印品送进接纸盘，按"停机"键。待定影器冷却，即可关掉电源开关。

9.工作过程

复印机的工作过程可分为充电、曝光、显影、转印、定影、消电和消刷几部分。

1 登记需求内容。在"需求登记表"中进行需求登记，假设第2个员工在录入文件夹需求数量时，在E4单元格输入了8，按Enter键后，弹出警告，单击"否"按钮，如下图所示。

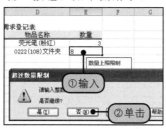

2 单元格变为可编辑状态。E4单元格变为可编辑状态，如下图所示。此时如果重新录入小于等于5的整数，即可正确输入单元格内容。

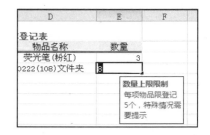

3 输入数值5。在E4单元格重新输入需求数量5，按Enter键后，单元格通过检查，并接受了数值的输入，如下图所示。

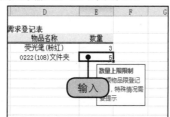

4 指定需求数量为6。若某个员工在登记办公用品需求量时，在需求数量列输入了6，如下图所示，按Enter键后，单击"是"按钮。

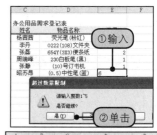

5 完成需求登记。经过以上操作后单元格仍然能接受错误数值的录入，因为警告消息的作用并不是阻止无效数值的输入，而只是提示用户输入正确值，即此处的不超过数量限制的需求量。需求量登记完成后，效果如右图所示。

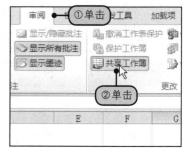

提示 **⑰ 出错警告**

由于在14.2.1小节设置了数据有效性输入限制，即只允许用户输入整数为1~5之间的数值，从而当输入超过数字5的数值时，将弹出"超过数量限制"的出错警告提示，中断用户输入操作。

14.2.5 快速标示超出需求上限的数量

当行政人员需要对需求表进行统计分析时，首先必须取消工作簿的共享，取消共享后，再撤销工作表的保护，才能执行工作表中的其他分析功能。

由于对用户需求量上限的录入没有设定硬性限制，因而在最后统计时，可以通过数据有效性中圈释无效数据的功能来查看是否特批这些人员的物品需求。

1 打开"共享工作簿"对话框。切换到"审阅"选项卡，单击"共享工作簿"按钮，如右图所示，打开"共享工作簿"对话框。

2 取消工作簿共享。在"编辑"选项卡下取消勾选"允许多用户同时编辑，同时允许工作簿合并"复选框，如下图所示，取消工作簿共享。

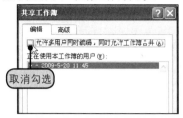

4 撤销工作表保护。取消工作簿共享后，再单击"撤销工作表保护"按钮，如下图所示，撤销工作表保护。

6 圈释无效数据。选取单元格区域E3:E20，在"数据"选项卡下单击"数据有效性"右侧的下三角按钮，在列表中单击"圈释无效数据"选项，如下图所示。

8 取消标识圈。核对数值后，要清除标识圈，可以再次单击"数据有效性"右侧的下三角按钮，然后在展开的列表中单击"清除无效数据标识圈"选项，如右图所示。

3 确认工作簿只供个人使用。此时，将弹出消息框，询问用户是否需要取消共享，单击"是"按钮，如下图所示。

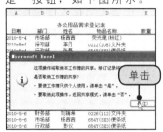

5 输入撤销工作表保护的密码。弹出"撤销工作表保护"对话框，在"密码"文本框中输入密码，此处为123，然后单击"确定"按钮，如下图所示。

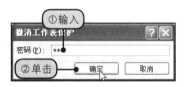

7 无效数据被圈释出来。经过以上操作后，不符合有效性条件限制，即范围不在整数1~5间的无效数值即被自动圈释了出来，如下图所示。

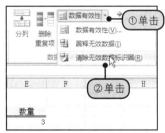

18 提示 **更改数据有效性警告条件为"停止"**

当用户将出错警告的样式由"警告"更改为"停止"时，用户就不能再输入无效数据了。更改数据有效性的方法如下。

1 选中包含数据有效性的任意单元格，如下图所示。

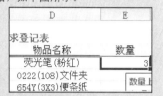

2 打开"数据有效性"对话框，切换到"出错警告"选项卡，在"样式"下拉列表中选择"停止"样式，如下图所示。

3 切换到"设置"选项卡，勾选"对有同样设置的所有其他单元格应用这些更改"复选框，如下图所示。

4 设置完毕后退出，再次录入大于5的数值时，将弹出如下图所示的停止消息，阻止用户继续录入无效数据，如下图所示。

14.2.6 统计各办公用品需求量

利用数据透视表的快速数据整理功能，可以迅速统计出各办公用品的需求量。

提示 ⑲ 撤销工作表保护

对工作表进行保护后，功能区中许多分析功能都将变得不可用。编辑工作表前，首先必须撤销工作表的保护，如果工作表设置有保护密码，用户还必须输入正确的密码，才能对工作表实行编辑。

提示 ⑳ 使用标识圈圈出无效数据

数据有效性旨在当用户直接在单元格中输入数据时显示消息并阻止无效数据的输入。但在以下情况下，用户可以输入无效的数据：通过复制或填充的方式向单元格中输入数据；在设置警告消息或信息消息时强制输入无效数据。

此时，您可能希望审核工作表以查找可能导致计算或结果不准确的错误数据，通过在包含无效数据的具有数据有效性的单元格周围显示红色标识圈识别它们。

1 打开"创建数据透视表"对话框。选中需求登记表中任意单元格，然后单击"插入"选项卡下的"数据透视表" | "数据透视表"选项，如下图所示，打开"创建数据透视表"对话框。

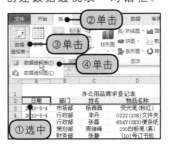

3 新建数据透视表。经过上面的操作后，在工作簿中又新插入了一张数据透视表工作表，将工作表重命名为"需求统计"，如下图所示。

5 设置透视表显示选项。打开"数据透视表选项"对话框，在"显示"选项卡下勾选"经典数据透视表布局"复选框，如下图所示，然后单击"确定"按钮。

7 选中物品名称字段。在"数据透视表字段列表"窗格中选中要添加到报表中的字段，如勾选"物品名称"字段复选框，如右图所示。

2 设置透视表源区域及放置位置。在对话框中保留默认的表数据区域，然后在"选择放置数据透视表的位置"选项组下选中"新工作表"单选按钮，单击"确定"按钮，如下图所示。

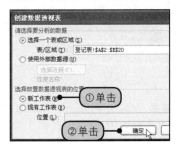

4 打开"数据透视表选项"对话框。单击"数据透视表工具" | "选项"标签，切换至"选项"选项卡，单击"数据透视表"组中的"选项"按钮，如下图所示。

6 显示将数据透视表布局更改为经典布局后的效果。经过设置后，数据透视表布局即变为了97-2003版本的经典布局，如下图所示。

8 拖动字段至行字段的显示位置。将"物品名称"字段拖动到数据透视表布局中的行字段处，如下图所示。

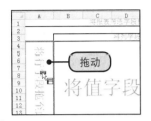

9 移动数量字段。接着选中"数量"字段，然后拖动至数据透视表布局中的数值区域，如下图所示。

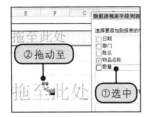

10 显示各办公物品需求量。经过上面的操作后，数据透视表将自动汇总出各办公用品的需求数量，如右图所示。

14.3 办公用品采购统计

根据当前各办公用品的库存数量、安全存量以及获取的员工需求信息，可以计算出目前各办公用品还需采购的数量，再借助SUMPRODUCT函数，可计算出采购的合计金额。

14.3.1 统计各办公用品拟购数量

拟购数量即计划采购的数量，该数量应以不低于办公用品安全库存为基准。本小节将介绍各办公用品拟购数量的计算方法，其中会用到的知识包括使用并排查看功能快速查看多个工作簿以及引用其他工作簿中的数值等。

原始文件	实例文件\第14章\原始文件\采购统计表.xlsx、库存明细查询.xlsx
	实例文件\第14章\最终文件\需求登记表.xlsx
最终文件	实例文件\第14章\最终文件\采购统计表.xlsx

1 并排查看工作簿。打开"实例文件\第14章\原始文件\采购统计表.xlsx"、"库存明细查询.xlsx"工作簿，然后在"采购统计表"工作簿中切换到"视图"选项卡，单击"窗口"组中的"并排查看"按钮，如下图所示。

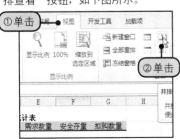

2 显示工作簿并排后的效果。打开的两个Excel工作簿水平并排后，效果如下图所示。通过并排查看工作簿，不仅方便对比工作簿的内容，还有利于工作簿间快速的相对引用。

❓ 常见问题

采购办公用品前需要做哪些准备

Q 采购办公用品前需要做什么准备，了解哪些信息？

A 办公用品通过购置入办。购置办公用品时必须首先决定购买何物和从何处购买的问题。作为办公用品负责人，必须选择最适合的办公用品和最合适的购货处。

（1）掌握办公用品的有关知识。

（2）充分了解各个部门对办公用品的要求。

（3）办公用品负责人需要将企业全体共同使用的办公用品和特定部门用于特殊目的的办公用品分开，将采购部全体共同使用的物件作为主要目标和中心。

（4）特定部门用于特殊目的的办公用品，则在需要时向特定部门询问所必需的重要物件。

提示 ㉑ 更改窗口排列方式

选择并排查看窗口后，用户还可以根据需要对窗口的排列位置进行更改，如设置垂直并排窗口，方法如下。

1 在"视图"选项卡下单击"全部重排"按钮，如下图所示，打开"重排窗口"对话框。

2 在"排列方式"下选中"垂直并排"单选按钮，然后单击"确定"按钮，如下图所示。

---

3 输入等号。在"采购统计表"窗口中选中A3单元格，输入等号"="，如下图所示。

5 修改引用方式。将"库存明细查询"工作簿中的A2单元格引用至公式后，选中绝对引用$A$2，按3次F4键，将绝对引用转换为相对引用A2，如下图所示。

7 引用"库存明细查询"工作簿中的其他单元格。用同样的引用方法完成办公用品采购统计表中规格、单价、库存数量、安全存量数值的引用，完成后的效果如下图所示。

B	C	D
	办公用品采购统计表	
规格	单价	库存数量
654Y(3X3)便条纸	10	40
656Y(2X3)便条纸	8.5	21
657Y(3X4)便条纸	12	35
0222(108)文件夹	2.5	25
0224(110)文件夹	1.5	10
0225(111)文件夹	1.2	25
0226(112)文件夹	1	25
1号针	2.5	52
M8钉书针	6.5	30
3号钉书针(3号机专用)	5	50
(1)0号钉书机	25	36

9 编辑需求数量公式。在"采购统计表"窗口选中E3单元格，通过VLOOKUP引用输入查询公式"=VLOOKUP(B3,[需求登记表.xlsx]需求统计!$A$5:$B$18,2,FALSE)"，如下图所示。

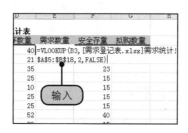

---

4 引用"库存明细查询"工作簿中的单元格。接着在"库存明细查询"窗口中选中A2单元格，如下图所示。

6 复制公式。按Enter键后，A3单元格即返回了引用结果"便利贴"，拖动A3单元格右下角的填充柄，向下复制公式至A38单元格，如下图所示。

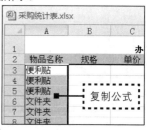

8 打开需求登记表工作簿。打开"实例文件\第14章\最终文件\需求登记表.xlsx"工作簿，如下图所示，此时，3个工作簿窗口同时显示。

10 复制公式。按Enter键后，E3单元格即返回第1个办公用品对应的需求数量。双击E3单元格右下角的填充柄，快速复制公式至E38单元格，统计出每个办公用品对应的需求，如下图所示。

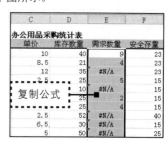

11 打开"定位条件"对话框。此时，由于查找结果中出现了错误值，用户可以快速对错误值进行处理，如在"开始"选项卡单击"查找和选择"按钮，然后在展开的菜单中单击"定位条件"选项，如下图所示。

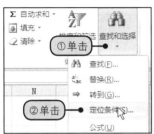

13 定位至包含错误值#N/A的单元格。经过以上操作后，Excel将自动快速定位至需求数量区域中包含错误值#N/A的单元格，如下图所示。

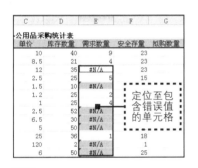

15 编辑公式。为了使该列区域中的数值能根据公司办公用品实际需求自动调整，而单元格又不会出现错误值，则可以重新定义E3单元格中的公式，如编辑E3单元格的公式为如下图所示的形式。

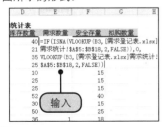

17 编辑拟购数量公式。选中G3单元格，输入公式"=IF(D3-E3<F3,F3-D3+E3,"")"，如右图所示，该公式计算出的拟购数量即为该物品的最低拟购数量。

12 选择定位条件。在打开的"定位条件"对话框中选中"公式"单选按钮，然后仅勾选"公式"下的"错误"复选框，如下图所示，设置完成后，单击"确定"按钮。

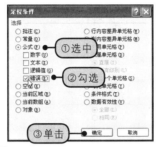

14 删除错误值。按Delete键后，可快速删除这些单元格，如下图所示。采用该方法将需求数量归0虽能一步到位，但相应单元格中的公式却被删除了，如果物品的需求出现了更新，则需求数量中的结果就会发生错误。

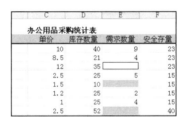

16 复制公式。编辑公式后，按Enter键，再将公式复制到E38单元格，如下图所示。此时，出现错误值#N/A的单元格将均显示0。

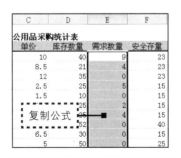

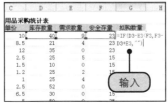

（续上页）

提示 ㉑ **更改窗口排列方式**

3 经过以上操作后，工作簿中的两个窗口即垂直并排显示，如下图所示。

提示 ㉒ **当查找项在查找范围中不存在时显示#N/A**

使用VLOOKUP函数在需求登记表工作簿的需求统计工作表中进行查找，当要查询的物品名称在需求统计工作表中不存在时，VLOOKUP函数将会返回错误值#N/A。

本例中返回错误值的单元格即表示本期对应的办公用品需求量为0。

提示 ㉓ **公式解析**

E3单元格应用的公式"=IF(ISNA(VLOOKUP(B3,[需求登记表.xlsx]需求统计!\$A\$5:\$B\$18,2,FALSE)),0,VLOOKUP(B3,[需求登记表.xlsx]需求统计!\$A\$5:\$B\$18,2,FALSE))"该如何理解？

在该公式中，最重要的就是理解ISNA函数，ISNA函数为判定单元格值是否为错误值#N/A的检测函数，若检查出为错误值，将返回TRUE，否则返回FALSE，利用这一功能，就可以将公式理解为查找物品名称对应的需求量，若查找不到对应的物品名，则返回0，否则返回物品对应的需求量。

提示 ㉔ 最低拟购数量的确定

最低拟购数量即保证安全存量的最低采购数量。办公用品管理的主要目的是为各个部门提供各种各样办公所需的物品，以最小的物品储备来达到最佳的使用状态，避免物品积压和短缺，合理组织供应，保证单位办公的正常运行。而要保证办公物品的正常供应，安全库存是一个很重要的标准。因此，最低拟购数量的确定需以安全库存为准。

提示 ㉕ SUMPRODUCT 函数解析

SUMPRODUCT函数用于在给定的几组数组中，将数组间对应的元素相乘，并返回乘积之和。

语法：

SUMPRODUCT(array1,array2,array3 ...)

参数含义：

"array1，array2，array3，...为" 2～255个数组，其相应元素需要进行相乘并求和。

使用SUMPRODUCT函数，可以在给定的几组数组中，将数组间对应的元素相乘，并返回乘积之和。例如，求多种商品的总金额，一般情况总是先根据各商品的单价和数量求出每件商品的金额，然后计算全部商品的总额。但是，如果使用SUMPRODUCT函数，即使不求每件商品的小计值，仅从各种商品的单价和数量中也能求得商品的总额。

此外，使用该函数时，数组参数必须具有相同的维数，否则，函数将返回错误值#VALUE!。此外，函数SUMPRODUCT将非数值型的数组元素作为0处理。

18 复制公式。按Enter键后，双击G3单元格右下角填充柄，向下复制公式，计算所有办公用品拟购数量，如下图所示。

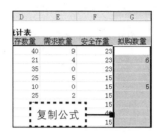

19 更改拟购数量数值颜色。选取单元格区域G3:G38，在"开始"选项卡下设置字体的颜色为"红色"，如下图所示，将办公用品最低拟购数量用红色突出显示。

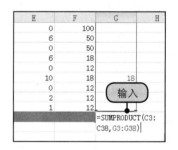

14.3.2 使用SUMPRODUCT函数计算拟购金额

使用SUMPRODUCT函数计算拟购金额，在无需计算每样办公用品的拟购金额时，将十分方便。

1 设计金额小计单元格。选取单元格区域A39:F39，合并居中单元格后，输入"拟购办公用品金额小计"字样，然后设置单元格底纹为蓝色，如下图所示。

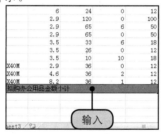

2 使用SUMPRODUCT函数计算拟购金额小计值。选中G39单元格，输入公式"=SUMPRODUCT(C3:C38,G3:G38)"，如下图所示。

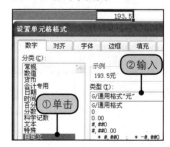

3 返回计算结果。按Enter键后，G39单元格即可返回金额小计值193.5，如下图所示。

4 自定义单元格格式。选中该单元格，打开"设置单元格格式"对话框，单击"数字"选项卡下"分类"列表框中的"自定义"选项，然后在"G/通用格式"后输入""元""，如下图所示。

5 显示自定义单元格格式后的效果。关闭对话框后，可以看到G39单元格中的拟购金额小计值以193.5元的形式显示，如右图所示。

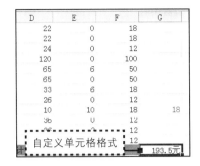

D	E	F	G
22	0	18	
22	0	18	
24	0	12	
120	0	100	
65	6	50	
65	6	50	
33	6	18	
26	0	12	
10	10	18	18
36	0	12	
		12	

自定义单元格格式 193.5元

专家点拨：优秀秘书所应具备的知识与技能

秘书是传统的职业之一，即负责管理文档、安排事务并协助机构或部门负责人处理日常工作的人员。秘书的工作非常繁琐，大致有以下几项。

（1）接听电话，向电话询问者提供信息，记录留言，转接电话。

（2）收发与回复日常邮件。

（3）撰写会议通知、会议纪要、日常信件和工作报告。

（4）会谈、会务安排；安排商务旅行，做好预订工作。

（5）将信件及其他记录归档；备份信件及其他文档。

（6）接待访客。

（7）采购、分发、控制办公用品等。

秘书工作的范围十分广泛，他们既是业务人员，也是管理人员，可以说，秘书自身的素质及工作效率直接影响整个部门或机构的形象及竞争力，可见秘书岗位的重要性。

要成为优秀秘书，专业的知识与技能是必不可少的。优秀文秘人员需要具备哪些核心竞争力呢？下面分别从对秘书的知识要求、技能要求、经验要求与职业素养方面做介绍。

一、知识要求

一般情况下，企业要求秘书具备中文或行政专业大专以上学历，有文书写作、档案管理、财务会计等基本知识，并有一定的外语基础。

二、技能要求

文字功底深厚，具备较强的沟通协调能力和逻辑思维与分析能力，熟练使用各种办公自动化设备，在授权范围内有一定的预见能力和判断能力。

三、经验要求

具有一年以上相关职位的工作经验，对所在行业和企业状况有所了解。

四、职业素养

能够和各种类型的上司和谐相处，办事细致、处事谨慎，具有较高的自我管理能力、工作积极主动并持久，具备较强的心理承受力和保密意识。

第 15 章

制作公司新产品调查问卷

✎ 学习要点

● 插入艺术字
● 选择性粘贴
● 高级筛选
● 饼图、条形图的使用

● 插入单选按钮、复选框
● REPT函数的使用
● 使用数据条
● 柱形图、折线图组合使用

☺ 本章结构

設計調查問卷內容
· 设计问卷标题和前言　　· 设计问卷主体

接收調查問卷結果
· 制作问卷调查结果接收表　　· 自动接收问卷结果
· 将编码转换为问题选项

統計調查結果
· 用REPT函数生成图形分析产品定价　· 用多边形图分析受访者月收入分布
· 分析产品定位

🖱 ① **使用控件制作问卷**

夏季即将来临，许多的MM时时只是注重了防晒措施，但往往忽略了随后对皮肤的修复。为了使该产品更好的满足您的需求，公司营销部特设计出一系列修复型系列美白产品。分钟宝贵的时间认真填写，感谢您的支持！

1. 你的年龄是？
○ 15-18岁　　○ 19-24岁　　○ 25-30岁　　○ 30岁以上

2. 你的月收入是？ ▼

3. 你平时会做晒护肤吗？
○ 每天　　○ 偶尔　　○ 完全不会

4. 请问你对修复型护肤品能接受的价格是？
○ 50元以下　　○ 50元-100元　　○ 100元-200元　　○ 200元-400元

5. 请问你选择修复型护肤品依据是？
□ 价格　　□ 品牌　　□ 好用　　□ 其他

6. 你觉得使用修复型护肤品必要吗？
○ 非常必要　　○ 必要　　○ 无所谓　　○ 没必要

7. 你每天使用修护霜的频率？
○ 几乎每天　　○ 2-3天一次　　○ 3-5天一次　　○ 1周一次

---

② **自动接收调查结果**

---

③ **次数表与次数图的制作**

	A	B	C	D	E	F
1		修复型护肤品接受价格次数表				
2	组别	价格范围	次数	累计次数	相对次数	
3	1	50元以下	6	6	0.12	
4	2	50元-100元	27	33	0.54	
5	3	100元-200元	12	45	0.24	
6	4	200元-400元	5	50	0.1	
7	合计		50		1	
8						
9						
10		修复型护肤品接受价格次数图				
11	50元以下					
12	50元-100元					
13	100元-200元					
14	200元-400元					

---

④ **受访者月收入多边形图**

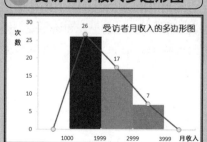

制作公司新产品调查问卷

第15章

对于许多公司来说，适时推出新产品是维持企业良性循环和保证企业利润增长的关键。然而，任何企业都不能盲目推出新产品，因为任何不满足市场需求的产品最终都会被市场所淘汰。因此，企业要推出适销对路的产品，就需要进行市场调查，以求得与消费需求的一致性，在此基础上再进行新产品营销策略的制定。本章就来介绍如何使用Excel制作产品调查问卷，并自动接收调查结果。

15.1

设计调查问卷的内容

调查问卷的内容设计是制作调查问卷的核心。一般说来，调查问卷的内容设计必须要围绕调查目的展开，调查问卷的设计中，问题的设计有不同的种类，其中开放性问题和封闭性问题是两个比较常用的种类。开放性问题，就是不为受访者提供具体回答选项的问题；封闭性问题，又称定选性问题，受访者可以从研究人员所给予的一个或更多的具体答案中选择回答。这两种问题各有其优缺点，如表15-1所示。

表15-1 开放性问题与封闭性问题的优缺点

	开放性问题	封闭性问题
优 点	允许受访者充分地回答，愿意写多详细就写多详细，而且可使其澄清并阐明其答案的缘由及意义	1.回答是标准的 2.不会使受访者感到困扰而回答"不知道"的情况 3.对内容进行编码和分析很容易
缺 点	1.容易导致搜集的信息无价值 2.答案不是标准化的，因而难以进行对比或统计 3.编码非常困难和主观 4.要求受访者有更高的教育水平 5.需要受访者花更多的时间和精力，易遭到拒绝	1.容易使不知如何回答的受访者随便乱答 2.若设计的答案较多，在电话调查时使受访者不能全部记住它们 3.不同受访者对回答上存在差异，不便于分析与统计 4.对问题的不正确理解难以被察觉

15.1.1 设计问卷的标题和前言

调查问卷的标题说明了本次调查的内容，而前言部分主要是本次调查的目的、意义及其相应的填表说明。前言部分的文字应尽量简单明了，突出调查主题。

⊙ 最终文件	实例文件\第15章\最终文件\新产品调查问卷.xlsx

 插入艺术字作为问卷标题。新建Excel工作簿，切换到"插入"选项卡，单击"艺术字"按钮，在展开的艺术字样式库中选择如右图所示的艺术字样式。

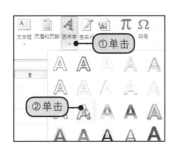

常见问题

如何使调查问卷结果更真实

Q 要使调查问卷反映的结果真实有效，在调查问卷的设计上是否有需要注意的内容？

A 调查问卷的设计对调查结果的可信性有很大影响。因而，为了得到更真实的调查结果，公司在设计调查问卷时，应注意以下几个方面。

1.调查的对象要全面

用户不可以将问卷只发给少数人群，这样会影响调查的结果。因为有时男人和女人的看法不一样，老人和年轻人的看法也不一样，当然得出来的结果就截然不同。

2.年龄的分布要广泛

公司在进行调查时要注意对各个年龄阶段的人进行调查，不能够只针对某个年龄阶段（除非你那个调查只要求某个特定年龄阶段的人为调查对象）。

3.被调查者的背景不同

这里说的背景是指家庭、学历、工作经验等各方面。公司在调查时，要对来自不同背景的人都进行调查，这样调查的"样本"才会齐全，结果才会准确。

（续上页）

常见问题

如何使调查问卷结果更真实

4．进行调查的地点要精心选择

例如，如果在老人聚集的地方调查多少人喜欢可口可乐，这样你的调查对象多数是老人，所以他们给你的答案将会与在学校外面调查所得到的答案完全不同。所以一定要注意你所作调查的地方，因为这个会对结果有直接的影响。

5．调查的时间也会影响调查的结果

白天与黑夜作调查可以有不同的结果，那就要看你的产品是什么。

提示 ① 自动换行的方法

如果用户希望Excel文本在单元格内以多行显示，则可以设置单元格格式为自动换行，也可以输入手动换行符。

1．方法一：设置单元格格式自动换行

选中要自动换行的单元格，单击"开始"选项卡下"对齐方式"组中的"自动换行"按钮，如下图所示，即可实现换行。

2．方法二：手动输入换行符换行

要在单元格中的特定位置开始新的文本行，用户可以双击该单元格，再单击该单元格中要断行的位置，然后按Alt+Enter键实现换行操作。

---

2 编辑标题内容。输入标题的文本为"夏季美白产品调查问卷"，如下图所示。

4 输入前言内容。选中A6单元格，单击编辑栏，在编辑栏中输入问卷前言的内容，如下图所示。

6 设置自动换行。之后单击"自动换行"按钮，如下图所示，让单元格区域中的文本自动换行，以在区域中规范显示。

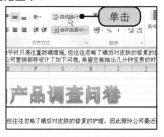

---

3 更改标题字体大小。选中艺术字标题，在出现的浮动工具栏上单击"字号"下三角按钮，然后在下拉列表中选择字号36。

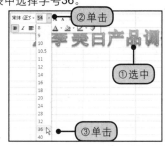

5 合并单元格。选取单元格区域A6:J9，单击"对齐方式"组中的"合并后居中"｜"合并单元格"选项，如下图所示。

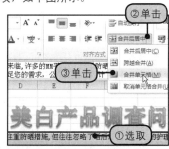

7 显示问卷标题与前言设置完成的效果。调查问卷的标题与前言制作完成后，效果如下图所示。

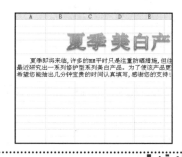

15.1.2 设计问卷主体

问卷主体包括问题和选项两个部分，本节主要介绍如何利用Excel的控件来设计问卷的主体。

1 输入问卷主体问题。在工作表中输入问卷主体问题，如右图所示。

2 调整行高。选取第10~35行，将鼠标置于任意两行的行号分界点处，按住鼠标左键拖动，此时，在鼠标指针上方将显示当前调整至的行高度，释放鼠标后，则所有选择的行同时调整为相同行高，如下图所示。

4 绘制按钮。选择按钮后，鼠标指针变为"十"字形，在第1个问题下方按下鼠标左键绘制第1个选项，如下图所示。

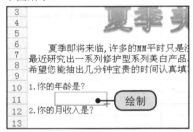

6 输入选项名称。编辑选项的文字名称为"15-18岁"，如下图所示。

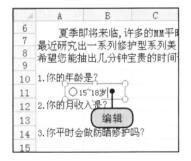

8 设置控件填充颜色。切换到"颜色与线条"选项卡，单击"颜色"按钮，在展开的列表中选择"玫瑰红"，如下图所示。

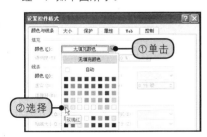

3 插入按钮。行间距增大后，接下来就开始制作答题按钮。切换到"开发工具"选项卡，单击"插入"按钮，在展开的下拉列表中单击"选项按钮"，如下图所示。

5 使用"编辑文字"功能。释放鼠标后，右击绘制完成的"选项按钮1"，在弹出的快捷菜单中单击"编辑文字"命令，如下图所示。

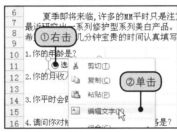

7 设置按钮属性。选中按钮，在"开发工具"选项卡下单击"控件"组中的"属性"按钮，如下图所示。

9 调整填充色透明度。拖动"透明度"滚动条，调整颜色的透明度为25%，如下图所示。

② 设置固定行高

用户在调整行高时，除了可以使用左边的方法外，还可以使用功能区的格式按钮对行高进行调整。

1 单击"开始"选项卡下"单元格"组中的"格式"按钮，然后在展开的下拉列表中单击"行高"选项，如下图所示。

2 弹出"行高"对话框，在"行高"右侧的文本框中输入行高值，如下图所示。

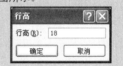

③ 在功能区显示"开发工具"选项卡

有时用户需要使用"开发工具"选项卡，而Excel工作簿标签上没有该标签，此时就需要为工作簿添加"开发工具"选项卡。

1 单击"文件"按钮，如下图所示。

2 在弹出的菜单中单击"选项"命令，打开"Excel选项"对话框，如下图所示。

（续上页）

提示③ 在功能区显示"开发工具"选项卡

3 在打开的"Excel 选项"对话框的"自定义功能区"选项卡下的"主选项卡"列表框中勾选"开发工具"复选框，如下图所示。

4 单击"确定"按钮完成设置后，返回工作簿，在功能区将显示"开发工具"选项卡，如下图所示。

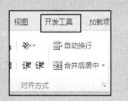

提示④ 设置表单控件三维外观

用户在设计下拉列表时，还可以设置控件显示三维阴影效果。

1 在"设置控件格式"对话框中勾选"控制"选项卡下的"三维阴影"复选框，如下图所示。

2 设置完成后，控件显示三维阴影效果，如下图所示。

10 设置控件边框线条。单击"线条"选项组中的"颜色"按钮，在展开的下拉列表中选择"粉红"，如下图所示。

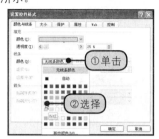

12 复制选项按钮。完成控件外观的设置后，按住Ctrl键拖动按钮，再复制3个同样的按钮，如下图所示。

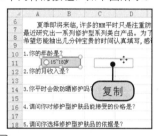

14 为第2个问题制作数据源。切换到Sheet2工作表，在单元格区域C1:C7中输入如下图所示的内容，制作月收入下拉列表中的可选数据。

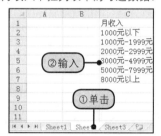

16 打开"设置对象格式"对话框。在第2个问题下方绘制组合框按钮后，右击控件，在弹出的快捷菜单中单击"设置控件格式"命令，如下图所示，打开"设置对象格式"对话框。

11 设置线条样式。单击"样式"按钮，在列表中选择"1磅"，如下图所示。单击"确定"按钮，就完成了控件属性的设置。

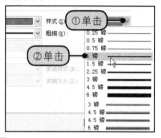

13 编辑按钮名称。分别编辑选项按钮的名称为"19-24岁"、"25-30岁"以及"30岁以上"，如下图所示。

15 插入组合框按钮。然后切换回Sheet1工作表，单击"开发工具"选项卡下的"插入"按钮，在列表中选择"组合框"，如下图所示。

17 设置控件属性。在打开的"设置对象格式"对话框中单击"控制"标签，在"控制"选项卡的"数据源区域"中引用数据源为"Sheet2!\$C\$2:\$C\$7"，并设置"下拉显示项数"为"3"，如下图所示。

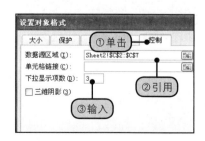

18 查看制作完成的月收入下拉列表。单击"确定"按钮返回工作表，单击下拉按钮，在展开的列表中即可看到该列表中已经添加了数据源区域中的选项，如下图所示。

20 制作问卷的边框。问卷主体设计完成后，选取单元格区域A1:J37，单击"字体"组中的"边框"下三角按钮，在展开的下拉列表中单击"粗匣框线"选项，如下图所示。

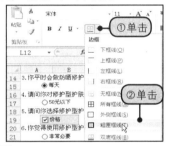

22 隐藏38行至工作表末端行。按下Ctrl+Shift+↓组合键，直接选中第38行到工作表的最后一行，右击鼠标，在弹出的快捷菜单中单击"隐藏"命令，如下图所示。

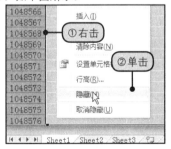

24 隐藏K列至工作表末端列。选中K列，然后按Ctrl+Shift+→组合键，选中K列至工作表最后一列，右击鼠标，在弹出的快捷菜单中单击"隐藏"命令，即可隐藏目标列，如右图所示。

19 制作其他控件按钮。其他控件按钮的添加方法与前面几种完全相同，读者只需要根据调查项目选择合适的按钮即可，所有问题的选项制作完成后，效果如下图所示。

21 选中第38行。为问卷添加边框后，再将工作表中多余的行隐藏。要隐藏多余的行，首先定位到问卷末端行，如单击行号38，选中第38行，如下图所示。

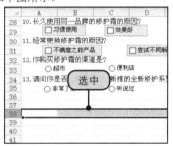

23 显示隐藏多余行后的效果。将工作表中的多余行隐藏后，效果如下图所示。

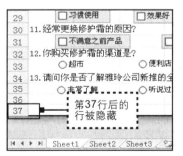

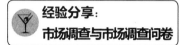

经验分享：市场调查与市场调查问卷

市场调查，就是运用科学的方法系统地搜集、记录、整理和分析有关市场的信息资料，从而了解市场发展变化的现状和趋势，为企业经营决策、广告策划、广告写作提供科学的依据。

市场调查具有系统性的特点，即在指导思想上坚持从系统的观点出发，把影响企业发展、广告策划的各种因素视为一个有机的系统，注重研究各种因素之间的内在联系，从因素的相互作用中把握市场需求的变化趋势及运动规律。

市场调查还具有科学性的特点，表现在以下两个方面。

一是从态度上说，市场调查对市场状况进行分析和判断，不能凭借个人经验或主观猜测，而是凭借调查手段，在大量材料的基础上得出结论。

二是从职能上看，市场调查是企业发展的主要环节。通过市场调查，可以了解市场供求的实际情况，总结企业经营计划执行中的经验，找出存在的问题，以便企业克服缺点，改善经营管理。从此角度看，市场调查是管理观念从经验管理走向科学管理的重要标志。

更为重要的是，市场调查是广告策划、新产品定位的科学手段。在正式制作新产品上市计划前，策划者必须对下列问题在心目中有一个清晰的轮廓：产品的市场竞争力情况、消费者的心理特点、消费观念等，只有在此基础上制定上市方案，才具有针对性，才能获得良好的效果。

（续上页）

经验分享：
市场调查与市场调查问卷

　　市场调查问卷是管理咨询中一个获取信息的常用方法。调查问卷从短小的表格到详细的说明可以有不同的规格和多种样式，它们可以用来收集有关参与者态度的主观性数据，也可以用于咨询项目分析数据的收集。由于这种方式功能齐全，应用广泛，如何设计问卷使其能够恰当、高效地满足多种目标，就显得极其重要。

25 隐藏网格线。为了使问卷更加美观，可切换到"视图"选项卡，然后取消勾选"网格线"复选框，将网格线隐藏，如下图所示。

27 制作问卷编码。在"编码"工作表中完善编码，设置完毕后，选中编码的标题行，如下图所示。

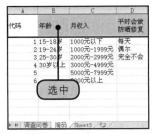

29 设置编码其他区域样式。再选取其他单元格区域，单击"单元格样式"按钮，在展开的样式库中应用如下图所示的主体单元格样式。

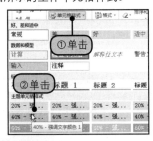

26 重命名工作表。问卷设计完毕后，将工作表Sheet1重命名为"调查问卷"，再将Sheet2工作表重命名为"编码"，如下图所示。

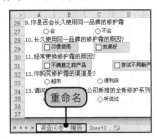

28 为编码标题应用单元格样式。接着单击"单元格样式"按钮，在展开的样式库中选择"注释"样式，如下图所示。

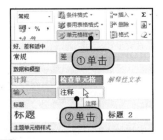

30 完成编码表的设计。编码工作表设计完毕后，效果如下图所示。

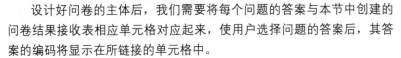

15.2

接收调查问卷结果

　　设计好问卷的主体后，我们需要将每个问题的答案与本节中创建的问卷结果接收表相应单元格对应起来，使用户选择问题的答案后，其答案的编码将显示在所链接的单元格中。

15.2.1 制作问卷调查结果接收表

　　要接收调查问卷的结果，首先需要建立一个接收调查问卷结果的表格。表格标题行的内容为调查问卷的相应问题。

1 引用其他工作表的单元格。将工作表Sheet3重命名为"问卷结果接收"，然后选中A1单元格，输入"="，再单击工作表标签"编码"，如下图所示。

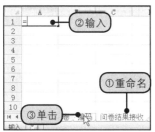

3 返回引用结果。按Enter键后，"问卷结果接收"工作表的A1单元格即会返回引用结果"年龄"，如下图所示。然后选取单元格区域A1:M1。

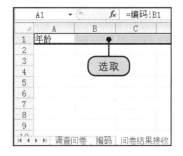

2 选中引用的目标单元格。在"编码"工作表中选中B1单元格，将引用的公式设置为"=编码!B1"，如下图所示。

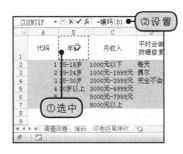

4 填充公式。在"开始"选项卡下单击"编辑"组中的"填充"按钮，然后在展开的下拉列表中单击"向右"选项，如下图所示，向右填充公式。

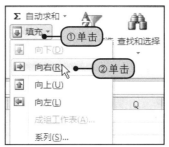

5 显示问卷结果接收工作表制作完成的效果。完成公式的填充后，最后设置标题行的底纹填充色，即完成了工作表的制作，如右图所示。

15.2.2 自动接收问卷结果

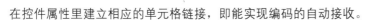

在控件属性里建立相应的单元格链接，即能实现编码的自动接收。

1 添加分组框。切换至"调查问卷"工作表，在"开发工具"选项卡下单击"插入"按钮，然后在展开的下拉列表中单击"分组框"图标，如右图所示。

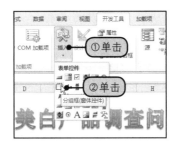

 经验分享：
市场调查的方法

公司在进行市场调查时，一般用到的调查方法分为观察法和问卷法两大类。

1．观察法

观察法是指通过直接观察取得第一手资料的调查方法。市场调查人员直接到商店、订货会、展销会等消费者比较集中的场所，借助于照相机、录音机或直接用笔录的方式，身临其境地进行观察记录，从而获得重要的市场信息资料。观察法的优点是可以客观地收集资料，可以集中地了解问题。不足之处在于许多问题观察不到，如被调查者的兴趣、偏好、心理感受、购买动机、态度、看法等。

2．问卷法

问卷法是指通过设计问卷的方式向被调查者了解市场情况的一种方法。按照问卷发放的途径不同，可分为当面调查、通讯调查、电话调查、留置调查四种。

（1）当面调查，即亲自登门调查，按事先设计好的问卷，有顺序地依次发问，让被调查者回答。

（2）通信调查，是将调查表或问卷邮寄给被调查者，由被调查者填妥后寄述的一种调查方法，这种调查的缺点是问卷的回收率低。

（3）电话调查，是指按照事先设计好的问卷，通过电话向被调查者询问或征求意见的一种调查方法。其优点是取得信息快，节省时间，回答率较高；其缺点是询问时间不能太长。

（4）留置调查，指调查人员将问卷或调查表当面交给被调查者，由被调查者事后自行填写，再由调查人员约定时间收回的一种调查方法。这种方法可以留给被调查人员充分的独立思考时间，可避免受调查人员倾向性意见的影响，从而减少误差，提高调查质量。

2 绘制分组框。为第1个问题的4个选项添加分组框，即绘制一个分组框，覆盖这4个选项，如下图所示。

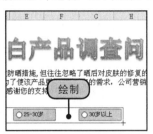

3 显示添加的分组框。绘制完成后，释放鼠标，如下图所示，即添加上了分组框。

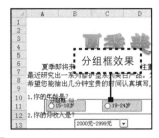

4 为其他问题分组。用同样的方法为问卷中的其他问题添加分组框，添加完成后，效果如下图所示。

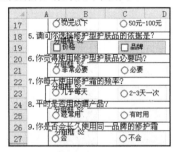

5 为第1个问题中第1选项按钮添加链接。右击第1个问题中的第1个选项按钮，在弹出的快捷菜单中单击"设置控件格式"命令，如下图所示。

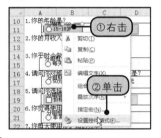

⑤ **分组框或结构控件的使用范围**

分组框和结构控件是具有可选标签的矩形对象，使用分组框或结构控件可以直观地组织表单上的相关项目。

6 选择链接单元格。切换到"控制"选项卡，单击"单元格链接"文本框，并引用"问卷结果接收"工作表中的A2单元格，如下图所示。

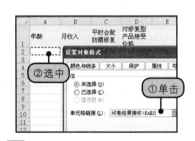

7 为组合框控件添加链接。关闭对话框后，右击组合框控件，在弹出的快捷菜单中单击"设置控件格式"命令，如下图所示，打开"设置控件格式"对话框。

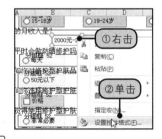

⑥ **什么是列表框和组合框**

列表框是显示用户可从中选择一个或多个文本项的列表。

组合框是将文本框与列表框组合起来以创建下拉列表框。组合框比列表框更加简洁，但它需要用户单击下三角按钮才能显示项目列表。通过使用组合框，用户可以键入一个条目或者仅从列表中选择一个项目。该控件显示文本框中的当前值，而不管该值是如何输入的。

8 设置结果接收单元格。在"控制"选项卡的"单元格链接"文本框中引用"问卷结果接收"工作表中的B2单元格，然后单击"确定"按钮，如下图所示。

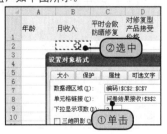

9 插入列。右击E列，在弹出的快捷菜单中单击"插入"命令，如下图所示，即可在E列的左侧插入新列。重复操作，插入3个新列。

10 合并单元格。选取单元格区域
E1:H1，合并单元格，如下图所示。
由于问卷中第5个问题为多选题，因
此，插入相应选项数目的列。完成操
作后，将第10和11个问题的接收区
域也设置为这样的格式。

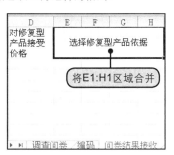

11 为第5个问题的第1个控件设置
格式。右击第5个问题中的第1个控
件，在弹出的快捷菜单中单击"设置
控件格式"命令，如下图所示。

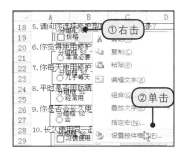

12 添加单元格链接。在"控制"选
项卡的"单元格链接"文本框中引
用"问卷结果接收"工作表中的E2
单元格，如下图所示，然后单击
"确定"按钮。

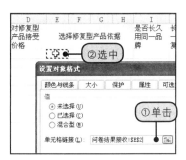

13 设置第2个控件格式。右击第2
个复选框，在弹出的快捷菜单中单
击"设置控件格式"命令，如下图
所示。

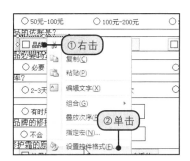

14 添加单元格链接。在"控制"选
项卡的"单元格链接"文本框中引
用"问卷结果接收"工作表中的F2单元
格，如下图所示，然后单击"确定"
按钮。

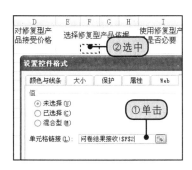

15 问卷答题。返回工作表中，用相
同的方法为其他问题的答案设置链接
单元格，单选问题只需设置一个链接
单元格即可，而多选问题需要为每个
选项设置链接。设置完毕后，试做第
1份问卷，如下图所示。

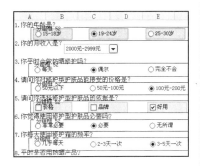

提示 ⑦ 设置选择性粘贴

　　用户若要使用选择性粘贴，也
可使用按Ctrl+Alt+V组合键的快捷
方式打开"选择性粘贴"对话框。

　　在"选择性粘贴"对话框中，
用户可以设置的内容很多。下面依
次对其中的功能进行介绍。

　　（1）"粘贴"选项组中的设
置项目如下。

● "全部"单选按钮：粘贴全部单
元格内容和格式。

● "公式"单选按钮：仅粘贴编辑
栏中输入的公式。

● "数值"单选按钮：仅粘贴单元
格中显示的值。

● "格式"单选按钮：仅粘贴单元
格格式。

● "批注"单选按钮：仅粘贴附加
到单元格的批注。

（续上页）

提示 ⑦ 设置选择性粘贴

- "有效性验证"单选按钮：将复制单元格的数据有效性规则粘贴到粘贴区域。
- "所有使用源主题的单元"单选按钮：使用应用于源数据的主题粘贴所有单元格内容和格式。
- "边框除外"单选按钮：粘贴应用到复制数据的文档主题格式中的全部单元格内容。
- "列宽"单选按钮：将一列或一组列的宽度粘贴到另一列或一组列。
- "公式和数字格式"单选按钮：仅粘贴选定单元格的公式和数字格式选项。
- "值和数字格式"单选按钮：仅粘贴选定单元格的值和数字格式选项。

（2）"运算"选项组中的设置项目如下。

- "无"单选按钮：粘贴复制区域的内容，而不进行数学运算。
- "加"单选按钮：将复制区域中的值与粘贴区域中的值相加。
- "减"单选按钮：从粘贴区域中的值减去复制区域中的值。
- "乘"单选按钮：将粘贴区域中的值乘以复制区域中的值。
- "除"单选按钮：将粘贴区域中的值除以复制区域中的值。

其中值得注意的是，数学运算仅适用于数值，如果用户要使用除"无"单选按钮之外的选项，则必须选择"粘贴"选项组下的"全部"、"数值"、"边框除外"或"值和数字格式"单选按钮。

（3）若用户要避免在复制区域中出现空单元格时替换粘贴区域中的值，则需要勾选"跳过空单元"复选框。

若用户要将复制数据的列更改为行或将复制数据的行更改为列，则需要勾选"转置"复选框。

16 查看问卷结果。问卷填写完毕后，切换到"问卷结果接收"工作表，可以看到，在标题行下方已经自动接收了问卷的填写结果，即每个选项所对应的编码都显示在相应单元格内，如下图所示。

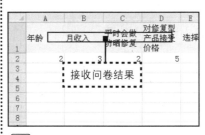

18 打开"选择性粘贴"对话框。选中A3单元格，再单击"粘贴"下三角按钮，并在展开的下拉列表中单击"选择性粘贴"选项，如下图所示。

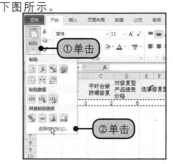

20 显示粘贴后的效果。经过上述操作后，所选区域即按指定格式粘贴到了目标区域的位置，如下图所示，按Esc键可取消复制状态。为了进行第二轮的问卷答题，则按Delete键将结果接收区域中的代码删除。

17 复制区域。选取结果单元格区域A2:V2，单击"剪贴板"组中的"复制"按钮，如下图所示，复制所选区域。

19 选择粘贴格式。在"选择性粘贴"对话框中选中"值和数字格式"单选按钮，然后单击"确定"按钮，选择粘贴格式，如下图所示。

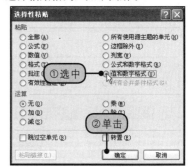

21 完成50份问卷。然后可通过此表格采集第2位受访者的答案，总共调查50位受访者，将这50份问卷的答案依次复制到下方区域中，完成后的效果如下图所示。

15.2.3 将编码转换为问题选项

利用接收表格接收每位受访者答案的编码后，为了使编码可读，还需要将这些编码翻译成之前设计的答案选项。在Excel中，使用VLOOKUP函数能快速解决这一问题。

1 新建编码转换表。新建工作表"编码转换"，复制标题行，并设置标题行的格式，如下图所示。

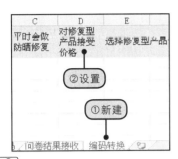

3 复制公式。按Enter键后，拖动A2单元格右下角填充柄，向下复制公式至A51单元格，如下图所示，将所有问卷的受访者年龄从编码转换为具体的年龄段。

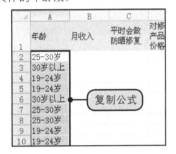

5 复制公式。此时双击B2单元格右下角填充柄，即可快速复制公式至B51单元格，如下图所示。用同样的方法再继续返回问卷其他单选问题的结果。

7 显示公式结果。按Ctrl+Enter组合键后，可返回公式的结果。该结果表示查询所有问卷中是否选择价格为选择修复型护肤品的依据，如右图所示。

2 返回第1份问卷的受访者年龄。选中A2单元格，输入公式"=IF(问卷结果接收!A3="","",VLOOKUP(问卷结果接收!A3,编码!$A$2:$N$7,2,FALSE))"，如下图所示。

4 返回第1份问卷的受访者月收入。选中B2单元格，输入"=IF(问卷结果接收!B3="","",VLOOKUP(问卷结果接收!B3,编码!$A$2:$N$7,3,FALSE))"，如下图所示，按Enter键后，返回第1份问卷的受访者月收入。

6 输入复选题的公式。复选题的公式设置与单选题不同，如选取单元格区域E2:E51，输入"=IF(问卷结果接收!E3="","","价格")"，如下图所示。

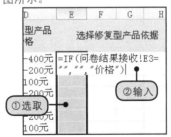

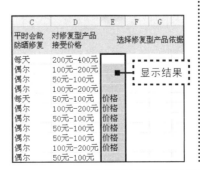

提示⑧ **VLOOKUP函数解析**

VLOOKUP函数用于在表格数组的首列查找指定的值，并由此返回表格数组当前行中其他列的值。

VLOOKUP中的V参数表示垂直方向。当比较值位于需要查找的数据左边的一列时，可以使用VLOOKUP函数而非HLOOKUP函数。

语法：
VLOOKUP(lookup_value,table_array,col_index_num,range_lookup)

参数含义：

Lookup_value为需要在表格数组第一列中查找的数值，它可以为数值或引用。

Table_array为两列或多列数据，使用对区域或区域名称的引用。

Col_index_num为table_array中待返回的匹配值的列序号。

Range_lookup为逻辑值，指定希望VLOOKUP查找精确的匹配值还是近似匹配值。

注解：

在table_array第一列中搜索文本值时，要确保table_array第一列中的数据没有前导空格、尾部空格，没有半角引号与全角引号不一致的情况或非打印字符。否则，VLOOKUP可能返回不正确或意外的值。

在搜索数字或日期值时，要确保table_array第一列中的数据未存储为文本值。否则，VLOOKUP可能返回不正确或意外的值。

提示 ⑨ 高级筛选与筛选的不同点

在"排序和筛选"组中单击"高级"按钮打开的是"高级筛选"对话框，而不是启动自动筛选。

当用户设置的筛选条件单一时，可以使用自动筛选快速筛选出满足条件的记录。但是，若用户要设置多个筛选条件，且筛选条件比较复杂时，就需要借助高级筛选功能来实现。

高级筛选通常用作筛选出同时或并列满足多个条件的值。

8 返回选择品牌为购买依据的项。选中单元格区域F2:F51，输入公式"=IF(问卷结果接收!F3="","","品牌")"，如下图所示，按Ctrl+Enter键后，可返回所有受访者中选择品牌为依据的选项。

9 完成问题的转换。其他选项的公式可依此类推，直到设置完编码转换表中所有的公式，如下图所示，得到调查问卷的结果清单。

使用修复型产品是否必要	使用修复霜频率	是否用防晒	是否长久用同一品牌	长久用同一品牌修
必要	2~3天一次	有时用	不会	习惯使用 效果好
非常必要	几乎每天	经常用	会	习惯使用 效果好
必要	2~3天一次	完全不用	会	习惯使用 效果好
非常必要	几乎每天	经常用	不一定	习惯使用 效果好
必要	几乎每天	有时用	会	习惯使用 效果好
非常必要	2~3天一次	经常用	不一定	效果好
无所谓	3~5天一次	有时用	会	习惯使用
必要	1周一次	有时用	不会	习惯使用 效果好
必要	1周一次	有时用	会	习惯使用 效果好

15.3

统计调查结果

市场调研的最终目的是为了分析调研结果，从调研结果中可以看出顾客的需求、顾客对现有产品的评价，满意点在哪儿，不满意点又在哪里，从而帮助企业的新产品更快更好地找到切入市场的机会。

15.3.1 用REPT函数生成图形分析产品定价

提示 ⑩ 使用通配符做条件筛选

用户还可以使用通配符条件筛选共享某些特定字符而非其他字符的文本值。

键入一个或多个不带等号（＝）的字符，以查找该列中文本值以这些字符开头的行。例如，如果键入文本Dav作为条件，则Excel将找到Davolio、David和Davis。

常用的通配符如下。

- ？（问号）：任意单个字符，例如，sm?th 可找到smith和smyth。
- ＊（星号）：任意数量的字符，例如，*east 可找到Northeast和Southeast。
- ～（波形符）后跟 ？、＊ 或 ～：问号、星号或波形符，例如，fy91~?可找到fy91?。

通过市场调查了解市场上其他同类产品的相关价格及企业的目标顾客群普遍能接受的价格范围，是保证新产品上市后获得市场支持的重要保证。本小节中就来介绍使用REPT函数生成图形分析产品定价的方法。

1 新建价格分析表。新建工作表"价格分析"，在B2单元格输入"价格范围"字样，如下图所示。

2 打开"高级筛选"对话框。切换到编码转换表，选取D列，再切换到"数据"选项卡，单击"排序和筛选"组中的"高级"按钮，如下图所示。

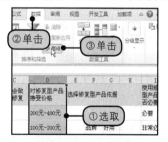

3 筛选不重复记录。在打开的"高级筛选"对话框中设置列表区域的范围为D1:D51，然后勾选"选择不重复的记录"复选框，最后单击"确定"按钮，如右图所示。

4 显示筛选结果。经过以上操作后，D列价格区域中不重复的记录即被筛选出来，如下图所示。

6 清除筛选。返回编码转换工作表，单击"排序和筛选"组中的"清除"按钮清除筛选，如下图所示。

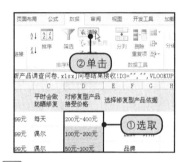

8 制作修复型护肤品接受价格次数表。之后调整价格范围为如下图所示的排列，接着制作修复型护肤品接受价格次数表。

10 显示各价格段次数。按Ctrl+Enter组合键后，即可计算出所有价格范围的次数，如下图所示。该次数反映了能接收某价格范围的受访者人数。

5 复制粘贴不重复记录。将不重复的记录，即单元格区域D2:D17使用Ctrl+C组合键复制，再使用Ctrl+V组合键粘贴到价格分析工作表的B3:B6单元格区域，如下图所示。

7 对价格范围排序。再返回"价格分析"工作表，选取B3:B6单元格区域，单击"降序"按钮，如下图所示，对单元格区域使用降序排列。

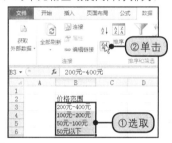

9 输入计算次数的公式。选取单元格区域C3:C6，输入公式"=COUNTIF(编码转换!$D$2:$D$51,价格分析!B3)"，如下图所示。

11 返回价格范围在50元以下的累计次数。由于价格范围在50元以下的累计次数就是其本身，因此，直接在D3单元格输入"=C3"，然后按Enter键，如下图所示。

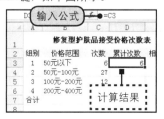

提示 ⑪ COUNTIF函数解析

COUNTIF函数用于对区域中满足单个指定条件的单元格进行计数。

语法：

COUNTIF(range, criteria)

参数含义：

range为要对其进行计数的一个或多个单元格，其中包括数字、名称、数组或包含数字的引用，空值和文本值将被忽略，是必需设置的。

criteria用于定义将对哪些单元格进行计数的数字、表达式、单元格引用或文本字符串，是必需设置的。

注意：

在条件中可以使用通配符，即问号（？）和星号（*）。问号匹配任意单个字符，星号匹配任意一系列字符。若要查找实际的问号或星号，则在该字符前键入波形符（~）。

其中，条件不区分大小写。

⑫ 搜索函数
提示

当用户要实现的某项功能不能确定在Excel中对应的处理函数时，则可以使用搜索函数功能。下面以计算求和为例进行介绍。

1 在"公式"选项卡下单击"插入函数"按钮，打开"插入函数"对话框，如下图所示。

2 在"搜索函数"文本框中输入文本说明您希望函数做什么，如下图所示，然后单击"转到"按钮。

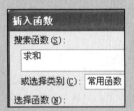

3 此时，一列基于您的描述并且符合您需要的函数将会显示在"选择函数"列表框中。选择你需要的函数，如下图所示，在下方可以查看相应的注释，若满足您的需求，即可双击应用该函数。

12 输入返回其他价格段累计次数的公式。选取单元格区域D4:D6，输入公式"=D3+C4"，如下图所示。

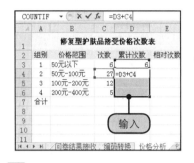

14 对次数求和。选中C7单元格，在"公式"选项卡下单击"自动求和"下三角按钮，然后在展开的下拉列表中单击"求和"选项，如下图所示。

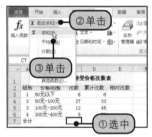

16 求接受产品价格低于50元的相对次数。选中E3单元格，输入公式"=C3/$C$7"，按Enter键后，求得价格范围在50元以下的相对次数为0.12，如下图所示。

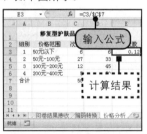

18 制作修复型护肤品接受价格次数图。在价格次数表下方区域制作一个修复型护肤品接受价格次数图的表格，如右图所示。

13 返回累计次数。按Ctrl+Enter键后，可返回各价格区间的累计次数，如下图所示。该累计为向下累计，即D4单元格的次数33表示受访者中共有33人认为修复型护肤品的价格最好在100元以下。

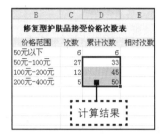

15 返回次数总和。之后自动选中求和区域为C3:C6，按Enter键后，返回次数总和50，即累计的问卷总数，如下图所示。

17 复制公式。拖动E3单元格右下角的填充柄，向下复制公式至E7单元格，如下图所示，即可求得所有价格区间的相对次数。

19 打开"符号"对话框。选中B11单元格，切换至"插入"选项卡下，单击"符号"组中的"符号"按钮，如下图所示。

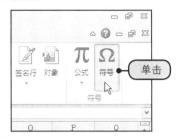

20 选择符号。打开"符号"对话框，从"字体"下拉列表中选择"普通文本"类型，再从下方列表框选择"│"图标，如下图所示。

21 使用REPT函数。在B11单元格中输入"=REPT("")"，并将"│"图标插入到双引号之间，如下图所示。

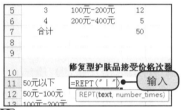

22 编辑REPT函数。插入符号后，编辑REPT函数为"=REPT("│",C3)"，如下图所示，即用"│"符号重复显示C3单元格中的次数。

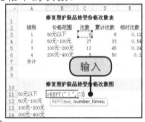

23 显示函数结果。按Enter键后，可以看到函数结果，如下图所示，即以线条的方式显示了50元以下的次数。

24 复制公式。拖动B11单元格右下角的填充柄，将公式复制至B14单元格，如下图所示。

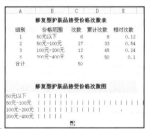

25 设置线条格式。选取所有线条符号，单击"加粗"按钮，再单击"字体颜色"下三角按钮，在展开的下拉列表中选择"蓝色"，如下图所示。

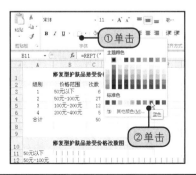

26 显示图形最终效果。经过以上操作后，即使用函数制作了一张次数分布图，从图中可以看到，修复型护肤品普遍能接受的价格段在50～100元之间，因而公司可以将此范围作为定价的主要依据。

⑬ REPT 函数解析

REPT函数用于按照给定的次数重复显示文本的操作。可以通过函数REPT来不断地重复显示某一文本字符串，对单元格进行填充。

语法：

REPT(text,number_times)

参数含义：

Text为需要重复显示的文本。

Number_times是指定文本重复次数的正数。如果number_times为0，则REPT返回""（空文本）。如果number_times不是整数，则将被截尾取整。

REPT函数的结果不能大于32767个字符，否则，REPT将返回错误值#VALUE!。

❓ 常见问题

调查问卷的构成有哪些

Q 调查问卷是否有专门的格式要求？一份完整的调查问卷由哪些部分组成？

A 一份比较完整的调查问卷通常由以下四部分构成。

（1）被调查者的基本情况，包括被调查者的年龄、性别、文化程度、职业、住址、家庭人均月收入等。

（2）调查内容，指所调查的具体项目，它是问卷最重要的组成部分。

（3）调查问卷说明，其内容主要包括填表目的和要求，被调查者注意事项、交表时间等。

（4）编号，有些问卷需要编号，以便分类归档，汇总统计。

27 对相对次数使用色阶分析。选取单元格区域 E3:E6，在"开始"选项卡下单击"条件格式"按钮，然后在展开的下拉列表中单击"色阶"|"绿 - 黄色阶"图标，如下图所示。

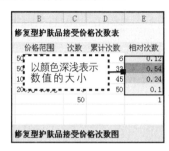

28 显示单元格区域应用色阶后的效果。对单元格区域应用色阶后，效果如下图所示。从色阶的颜色分布也可以看出，修复型护肤品普遍能接受的价格段在50~100元之间，且该数据占到了受访者人数的54%。

15.3.2 用多边形图分析受访者月收入分布情形

制作一份清晰明了的受访者月收入分布图，能够帮助公司更好地分析产品的受用人群，更合理地对公司产品进行定位，以对公司的产品销售策略起到参考的作用。

1 制作收入分析表。新建工作表"收入分析"，并制作受访者月收入次数表，如下图所示，关于月收入的分组采用上小节中选择不重复记录的方法得到。

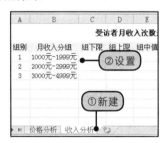

2 计算月收入分组的组下限。选取单元格区域 C3:C5，输入公式"=LEFT(B3,4)"，然后按Ctrl+Enter键，得到每个收入分组的组下限，如下图所示。

3 计算月收入分组的组上限。选取单元格区域 D3:D5，输入"=MID(B3,7,4)"，然后按Ctrl+Enter键，得到每个收入分组的组上限，如下图所示。

4 计算组中值。选中E3:E5单元格区域，输入公式"=(C3+D3)/2"然后按Ctrl+Enter键，计算出其他收入段组中的值。

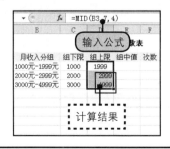

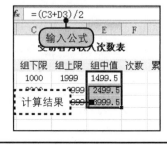

5 计算各分组次数。选取单元格区域F3:F5，输入公式"=COUNTIF(编码转换!\$B\$2:\$B\$51,收入分析!B3)"，按Ctrl+Enter键后，得到各分组的次数。

7 计算各分组的相对次数。在H3单元格中输入公式"=F3/SUM(\$F\$3:\$F\$5)"，按Enter键后，可求得第1个分组的相对次数0.52，即月收入在1000~1999元的受访者居多，占到了52%的比例。向下复制公式，计算其他分组的相对次数。

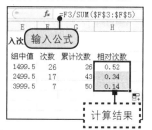

9 显示自动生成的图表效果。经过以上操作后，即插入了一张簇状柱形图表，如下图所示。

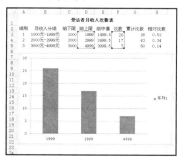

11 隐藏网格线。接着单击"网格线"按钮，并在展开的下拉列表中单击"主要横网格线"|"无"选项，隐藏网格线，如右图所示。

6 计算各分组累计次数。第1个分组的累计次数为其本身，要计算第2、3个分组的累计次数，可选取单元格区域G4:G5，然后输入"=G3+F4"，按Ctrl+Enter键后，即求得结果。

8 插入柱形图。为了更直观地看到次数的分配效果，可以制作多边形图。按Ctrl键选取单元格区域D3:D5与F3:F5，在"插入"选项卡下单击"柱形图"按钮，然后在下拉列表中单击"簇状柱形图"图标，如下图所示。

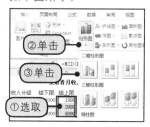

10 隐藏图例。选中图表，并切换到"图表工具"|"布局"选项卡，单击"图例"按钮，在展开的下拉列表中单击"无"选项，如下图所示，隐藏图例。

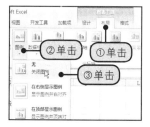

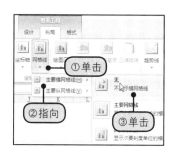

提示 **⑮ MID函数解析**

MID函数用于返回文本字符串中从指定位置开始的特定数目的字符，该数目由用户指定。

语法：

MID(text start_num num_chars)

参数含义：

text是包含要提取字符的文本字符串。

start_num是文本中要提取的第1个字符的位置。文本中第1个字符的start_num为1，依此类推。如果start_num大于文本长度，则MID返回空文本("")；如果start_num小于文本长度，但start_num加上num_chars超过了文本的长度，则MID只返回至多直到文本末尾的字符；如果start_num小于1，则MID返回错误值#VALUE!。

num_chars为指定希望MID从文本中返回字符的个数。如果num_chars是负数，则MID返回错误值#VALUE!。

提示 **⑯ 快速删除网格线**

要快速删除图表网格线，可以先选中它们，然后按 Delete键，或右击鼠标，在弹出的快捷菜单中单击"删除"命令。

12 在横坐标轴下方显示标题。单击"坐标轴标题"按钮，在展开的下拉列表中单击"主要横坐标轴标题"|"坐标轴下方标题"选项，如下图所示。

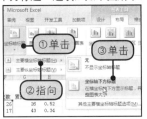

14 添加纵坐标轴标题。用同样的方法再添加纵坐标轴标题，并设置标题的文本为"次数"，如下图所示。

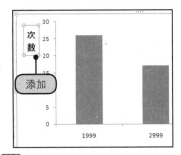

16 调整分类间距。在"系列选项"选项卡下拖动"分类间距"选项组中的滚动滑块至最左侧，将间距调整为0%，然后单击"关闭"按钮，如下图所示。

18 扩展次数数据源。在第3行上方插入一新行，然后选中图表中的系列，此时数据源即以彩色方框的形式突出显示，将鼠标置于蓝色边框的右上角，待指针变为伸缩箭头后，调整数据源区域为F3:F6，如下图所示。

13 编辑标题文本。在横坐标下方插入标题后，编辑标题文本为"月收入"，然后将其移动到坐标轴的右下方，如下图所示。

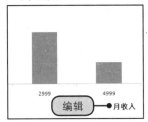

15 打开"设置数据系列格式"对话框。右击图表中的数据系列，在弹出的快捷菜单中单击"设置数据系列格式"命令，如下图所示，打开"设置数据系列格式"对话框。

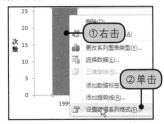

17 设置数据系列填充颜色。关闭对话框后，再依次设置数据系列的填充颜色，设置完毕后，效果如下图所示。

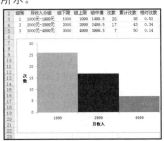

19 扩展组上限的数据源。用同样的方法再调整紫色边框的数据范围，最后将图表中系列的数据区域设置为如下图所示的范围。

受访者月收入次数表

组下限	组上限	组中值	次数	累计
1000	1999	1499.5	26	
2000	2999	2499.5	17	
3000	4999	3999.5	7	

提示 ⑰ 数据系列格式中系列重叠与分类间距

在"设置数据系列格式"对话框的"系列选项"选项卡下有两个功能，分别是设置系列重叠比例与设置分类间距，这两者的作用是什么呢？

重叠比例主要用于说明条形图或柱形图的重叠格式，输入的正数表示重叠百分比，输入100表示全部重叠，输入负数则可使每个条形图或柱形图分隔开。

而分类间距主要用于指定条形图或柱形图组的间距。

除此之外，还有一种间距，即系列间距，该间距主要用于三维图表，表示用指定的百分比指定标记之间的深度间距，间距只能在0~500之间。

？ 常见问题

调查问卷的题型有哪些

Q 调查问卷的题型有哪几种，每种的功能主要是什么呢？

A 一般而言，问卷的题型有4种：问答题、单项选择题、多项选择题和量表题。下面将作简单说明。

20 显示调整数据源后的图表效果。调整图表中数据区域的范围后，图表的效果即发生相应改变，改变后的效果如下图所示。

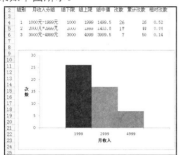

22 设置坐标轴选项。在"坐标轴选项"选项卡下选择"主要刻度线类型"为"内部"，然后选择"坐标轴标签"为"无"，如下图所示。

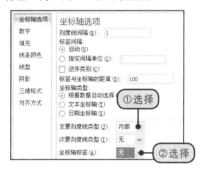

24 设置线条宽度。切换到"线型"选项卡，单击"宽度"文本框右侧的数字调节按钮，将线条的宽度调整为2.5磅，如下图所示。

26 插入文本框。设置坐标轴格式后，切换到"插入"选项卡，单击"形状"按钮，在展开的下拉列表中单击"文本框"图标，如右图所示，插入文本框。

21 打开"设置坐标轴格式"对话框。右击横坐标轴，在弹出的快捷菜单中单击"设置坐标轴格式"命令，如下图所示，打开"设置坐标轴格式"对话框。

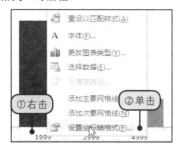

23 设置坐标轴线条颜色。切换到"线条颜色"选项卡，选中"实线"单选按钮，然后单击"颜色"按钮，在展开的下拉列表中选择蓝色，如下图所示。

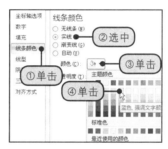

25 显示设置的坐标轴效果。关闭对话框后，即可看到调整格式后的坐标轴样式，如下图所示。用同样的方法再将纵坐标轴设置为相同的样式。

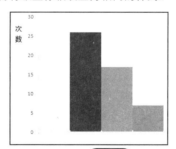

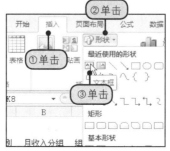

（续上页）

常见问题

调查问卷的题型有哪些

（1）问答题。直接提出问题，问题本身并不揭示任何暗示的答案，让被调查者自由发表自己的看法。

（2）单项选择题。一般设置相互对立的两个答案，让被调查者选出其中一项。

（3）多项选择题。一般设置3个以上的答案，让被调查者选出其中的一项或多项。

（4）量表题。量表题的典型之一是李克特量表题，它属评分加总式量表最常用的一种，属同一构念的这些项目是用加总方式来计分，单独或个别项目是无意义的，它是由美国社会心理学家利克特于1932年在原有的总加量表基础上改进而成的。该量表由一组陈述组成，每一陈述有"非常同意"、"同意"、"不一定"、"不同意"和"非常不同意"5种回答，分别记为1、2、3、4、5，每个被调查者的态度总分就是他对各道题的回答所得分数的加总，这一总分可说明他的态度强弱或她在这一量表上的不同状态。

提示 ⑱ 插入文本框的3种方式

用户在工作表中插入文本框一般有3种方式，下面进行简单介绍。

切换到"插入"选项卡下，单击"文本"组中的"文本框"按钮，在展开的下拉列表中选择要设置的文本框版式，如下图所示。

用户在编辑形状后，也可以在"绘图工具"|"格式"选项卡下，单击"插入形状"组中的"文本框"按钮，在展开的下拉列表中选择要设置的文本框版式，如下图所示。

用户还可以切换到"插入"选项卡下，单击"插图"组中的"形状"按钮，在展开的下拉列表中单击"文本框"图标，如下图所示，插入文本框。

27 输入组限。在横坐标第1个刻度线的下方绘制一个文本框，然后输入数字1000，如下图所示，制作横坐标轴的第1个刻度。

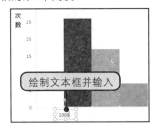

29 横向对齐4个文本框。为了使文本框在水平方向上对齐分布，可使用横向分布功能。方法为先选中4个文本框，然后在"绘图工具"|"格式"选项卡下单击"对齐"按钮，在展开的下拉列表中单击"横向分布"选项，如下图所示。

31 取消文本框边框。要取消文本框的轮廓，可单击"形状轮廓"按钮，并在展开的下拉列表中单击"无轮廓"选项，如下图所示。

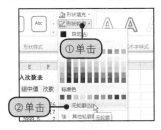

33 在F3与F7单元格中输入0。为了制作统计学中的多边形图表现次数分配，还需另插入一张折线图，此时，先在F3与F7单元格中输入0，如下图所示。

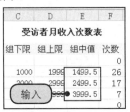

28 复制并更改刻度。接着复制3个相同的文本框，再依次更改刻度为1999、2999和3999，如下图所示。

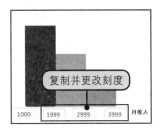

30 纵向对齐文本框。为了使文本框在垂直方向上高度一致，可使用纵向分布功能。仍然单击"对齐"按钮，在展开的下拉列表中单击"纵向分布"选项，如下图所示，可实现4个文本框的纵向对齐分布。

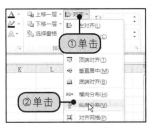

32 显示横坐标刻度单位制作完成后的效果。使用文本框插入横坐标的刻度后，效果如下图所示。注意，刻度一定要位于刻度线的正下方。

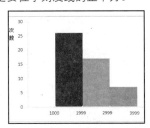

34 插入折线图。之后选取单元格区域F3:F7，然后切换到"插入"选项卡，并单击"折线图"按钮，在展开的下拉列表中单击"带数据标记的折线图"图标，如下图所示。

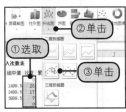

35 显示创建的折线图效果。经过以上操作后，Excel即自动创建了一张折线图表，如下图所示。

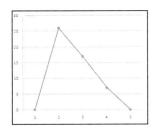

37 调整数据标记类型与大小。打开"设置数据系列格式"对话框，在"数据标记选项"选项卡下选中"内置"单选按钮，然后选择"类型"为圆点，并调整标记"大小"为8，如下图所示。

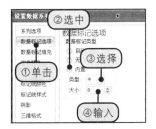

39 更改系列线条颜色。切换到"线条颜色"选项卡，选中"实线"单选按钮，并选择颜色为红色，如下图所示，将折线图的线条更改为红色。

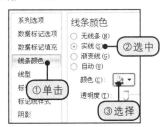

41 显示系列应用格式后的效果。关闭对话框后，可以看到设置系列格式后的效果，如下图所示。

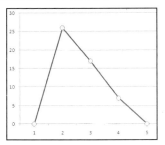

36 打开"设置数据系列格式"对话框。右击图表中的系列，在弹出的快捷菜单中单击"设置数据系列格式"命令，如下图所示。

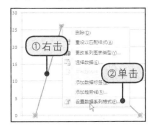

38 更改标记填充颜色。切换到"数据标记填充"选项卡，选中"纯色填充"单选按钮，在"颜色"下拉列表中选择黄色，如下图所示，更改系列中标记的颜色为黄色。

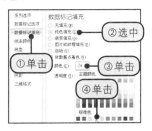

40 更改标记线颜色。切换到"标记线颜色"选项卡，选中"实线"单选按钮，并选择标记线颜色为红色，如下图所示。

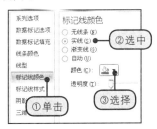

42 打开"设置图表区格式"对话框。右击横坐标轴，在弹出的快捷菜单中单击"设置图表区域格式"命令，如下图所示。

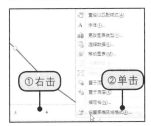

经验分享：
李克特量表构造步骤

公司在设置李克特量表时，其构造的基本步骤如下。

（1）收集大量（50～100）与测量的概念相关的陈述语句。

（2）有研究人员根据测量的概念将每个测量的项目划分为"有利"或"不利"两类，一般测量的项目中有利的或不利的项目都应有一定的数量。

（3）选择部分受测者对全部项目进行预先测试，要求受测者指出每个项目是有利的或不利的，并在下面的方向-强度描述语中进行选择，一般采用所谓"五点"量表：非常同意、同意、无所谓（不确定）、不同意、非常不同意。

（4）对每个回答给一个分数，如从非常同意到非常不同意的有利项目分别为1、2、3、4、5分，对不利项目的分数就为5、4、3、2、1。

（5）根据受测者的各个项目的分数计算代数和，得到个人态度总得分，并依据总分多少将受测者划分为高分组和低分组。

（6）选出若干条在高分组和低分组之间有较大区分能力的项目，构成一个李克特量表。如可以计算每个项目在高分组和低分组中的平均得分，选择那些在高分组平均得分较高并且在低分组平均得分较低的项目。

提示 ⑲ 使用组合图显示数据

用户在创建图表时，为了强调图表中的不同信息类型，可以在该图表中组合两种或更多种图表类型。例如，可以组合柱形图和折线图来显示即时视觉效果，从而令该图表更易于理解。

如果整个图表更改为折线图，则需要确保在更改图表类型之前仅选择了一个数据系列。

当图表中不同数据系列的值范围很宽，或者当混合了多种数据类型时，可以在次要纵坐标（数值）轴上以不同的图表类型绘制一个或多个数据系列。

提示 ⑳ 什么是产品定位

产品定位就是设置产品在未来潜在顾客心目中占有的位置，其重点是在对未来潜在顾客所下的工夫，为此要从产品特征、包装、服务等多方面作研究，并顾及到竞争对手的情况。通过市场调查，可以掌握市场和消费者消费习惯的变化，在必要时对产品进行重新定位（repositioning）。

对产品定位的计划和实施以市场定位为基础，受市场定位指导，但比市场定位更深入人心。具体地说，就是要在目标顾客的心目中为产品创造一定的特色，赋予一定的形象，以适应顾客一定的需要和偏好。

43 取消图表区填充色。在"填充"选项卡下选中"无填充"单选按钮，如下图所示，取消图表区填充色。

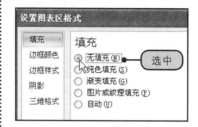

45 打开"设置坐标轴格式"对话框。关闭对话框后，右击纵坐标轴，在弹出的快捷菜单中单击"设置坐标轴格式"命令，如下图所示。

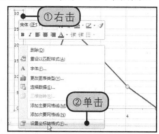

47 隐藏坐标轴线条。切换到"线条颜色"选项卡，选中"无线条"单选按钮，如下图所示，隐藏坐标轴线条。

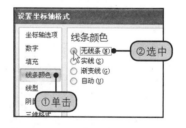

49 将两个图表重叠放置。之前的步骤操作完毕后，将折线图移动到柱形图的上方，接着调整折线图的位置，使得数据标记位于柱形图系列的正中位置，如下图所示。

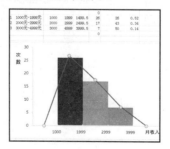

44 删除边框线条。切换到"边框颜色"选项卡，选中"无线条"单选按钮，如下图所示，删除边框线条。

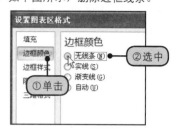

46 设置坐标轴选项。在"坐标轴选项"选项卡下将"主要刻度线类型"、"次要刻度线类型"以及"坐标轴标签"项均设置为"无"，如下图所示。

48 取消纵坐标轴显示的效果。关闭对话框后，可看到图表中的纵坐标轴已经被隐藏，如下图所示。用同样的方法再将横坐标轴隐藏起来，步骤不再赘述。

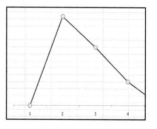

50 添加数据标签。选中折线图中的系列，在"图表工具"|"布局"选项卡单击"数据标签"按钮，然后在展开的下拉列表中单击"上方"选项，如下图所示，在系列上方添加数据标签。

51 删除数据为0的标签。接着将数据为0的左右两侧标签删除，删除标签后，添加图表的标题为“受访者月收入的多边形图”，如下图所示。

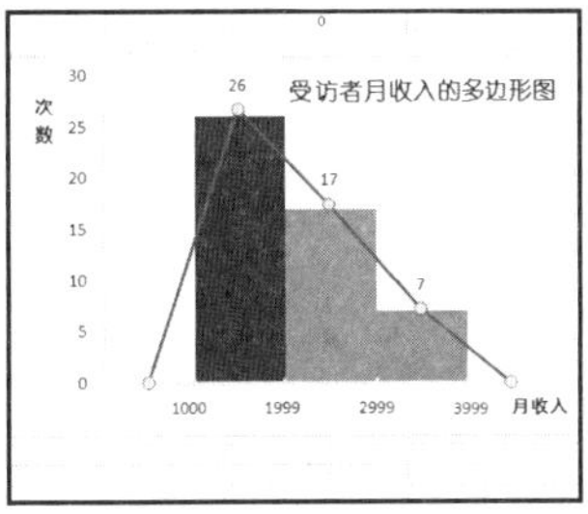

52 美化图表。接着设置图表边框的线条颜色，则一张表现受访者月收入次数分配的多边形图便制作完成了，如下图所示。

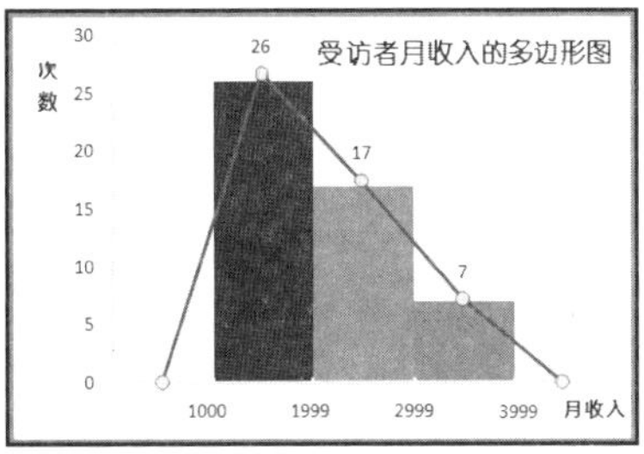

提示 ㉑ 粘贴方式的选择

用户在使用Excel 2010粘贴功能时，会发现Excel 2010提供的粘贴方式有很多，用户可以根据需要选择适合文档编辑要求的粘贴方式。

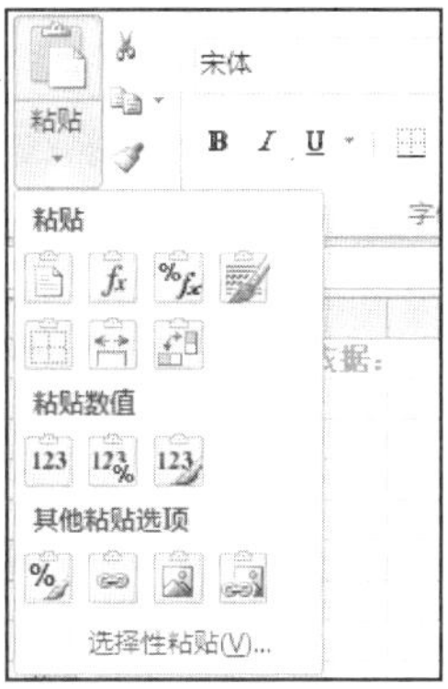

15.3.3 分析产品定位

通过对消费者选择修复性护肤品的依据、是否长久使用同一品牌护肤品及其使用原因的调查，企业可以更清楚要推出的新产品该如何定位以及如何确定营销策略。

1 建立“定位分析”工作表。新建“定位分析”工作表，在A1单元格中输入“选择修复型产品依据：”，再选中A2单元格，输入“=编码！F2”，按Enter键后，返回“价格”，向下复制公式至A5单元格，如下图所示。

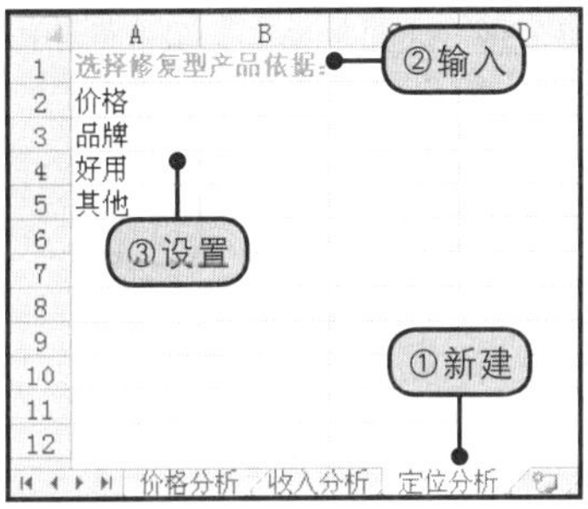

2 复制区域内容。选取单元格区域A2:A5，按Ctrl+C快捷键快速复制区域内容，如下图所示。

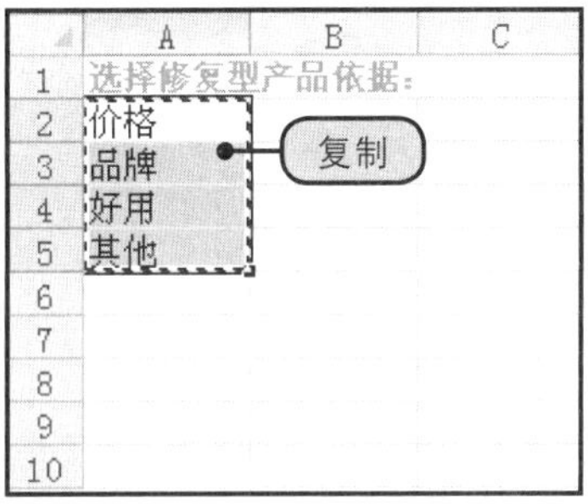

3 粘贴区域值。选中A2单元格，按Ctrl+V快捷键粘贴内容覆盖原区域，然后单击“粘贴选项”按钮，在弹出的菜单中选中“值”图标，如下图所示。

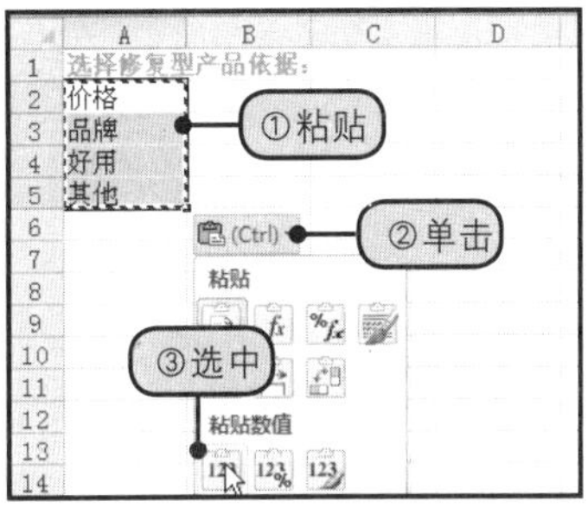

4 选中B2单元格。经过上述操作后，单元格区域随即转化为文本值。接着选中B2单元格，如下图所示。

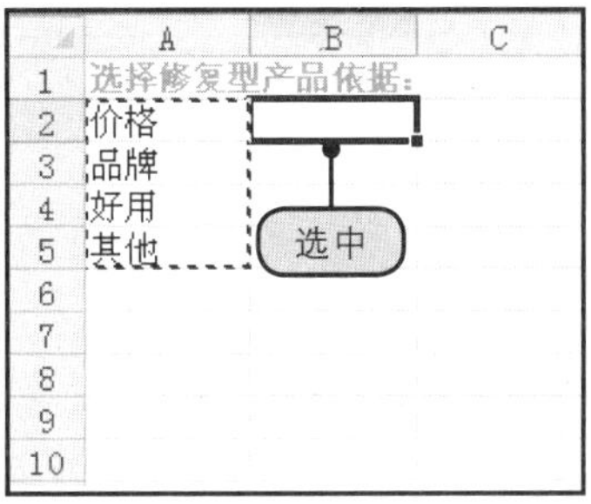

常见问题

什么是有效问卷

Q 在问卷结果统计中，有一个经常听说的专业术语“有效问卷”，那什么样的问卷才可以称作有效问卷？

A 有效问卷是指在社会调查中能够真实反映接受调查者相关信息及态度的问卷。

判定一份问卷是否为有效问卷，一般通过人工判读，当回答问题的选项或答案有总计超过15%无法使人明确了解被调查者对问题的观点时，此份问卷即判断为无效问卷。只有有效问卷才能成为进一步统计研究并得出相关结论的依据。

提示 ② COUNTA函数解析

COUNTA函数主要用于计算区域中不为空的单元格的个数。

语法：

COUNTA(value1,value2,...)

参数含义：

Value1表示要计数的值的第一个参数，是必需的。

Value2表示要计数的值的其他参数，最多可包含255个参数，是可以选择设置的。

COUNTA函数可对包含任何类型信息的单元格进行计数，这些信息包括错误值和空文本。例如，如果区域包含一个返回空字字符串的公式，则COUNTA函数会将该值计算在内。

COUNTA函数不会对空单元格进行计数。

如果不需要对逻辑值、文本或错误值进行计数（换句话说，只希望对包含数字的单元格进行计数），则使用COUNT函数。

如果只希望对符合某一条件的单元格进行计数，则使用 COUNTIF函数或COUNTIFS函数。

提示 ② 通过图表得出结论

从本例图表中可推断出，消费者对品牌的信赖主要取决于产品的品质。因此，只有保证新产品的品质才是赢得消费者信赖与维持其忠诚度的关键。

5 将所选区域转置。单击"粘贴"下三角按钮，在展开的下拉列表中单击"转置"图标，如下图所示。

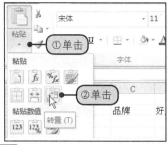

7 使用COUNTA函数。选中B3单元格，输入公式"=COUNTA(问卷结果接收!E$3:E$52)"，如下图所示。

9 创建饼图。选取单元格区域B2:E3，在"插入"选项卡下插入饼图，如下图所示。关于图表的创建方法前面已经有详细的叙述，这里不再详细介绍。

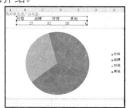

11 格式化图表。接着设置图表系列与边框的填充颜色以及为图表添加标题。图表经过格式化后，效果如下图所示。

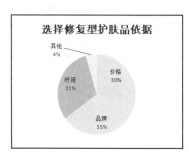

6 显示转置后的效果。将单元格区域A2:A5中的内容转置粘贴到B2:E2单元格区域后，效果如下图所示。

8 复制公式。按Enter键后，将公式向右复制至E3单元格，如下图所示。由于COUNTA函数为统计非空单元格的个数，因此统计的结果值刚好即为选择各选项的次数。

10 为图表应用快速布局。切换到"图表工具"|"设计"选项卡，选择"图表布局"组中的快速布局"布局1"，如下图所示。

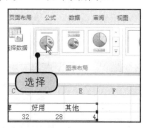

12 添加标注。为了表现图表的内容，可以为图表添加标注。只需在"插入"选项卡的"形状"下拉列表中插入相应的标注即可，如下图所示，添加圆角矩形标注，并说明品牌是选择修复型护肤品的主要依据。

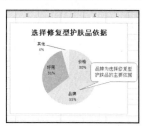

13 使用COUNIF函数统计会长久使用同一品牌的样本数。选中B7单元格，输入"=COUNTIF(编码转换!$L$2:$L$51,定位分析!B6)"，如下图所示。

14 统计不会和不一定会长久使用同一品牌的样本数。按Enter键后，向右复制公式至D7单元格，如下图所示，统计不会和不一定会长久使用同一品牌的样本数。

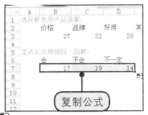

15 创建图表。用同样的方法创建一个"是否长久使用同一品牌调查"的饼图，格式化图表后，效果如下图所示。

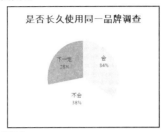

16 分离数据点。选择数据点"会"，按住鼠标左键向外拖动，将其分离出饼图，如下图所示。

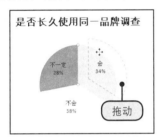

17 显示分离数据点后的效果。将所选数据点从饼图分离后，效果如下图所示。

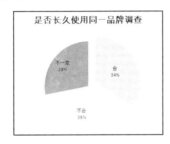

18 添加标注。最后在饼图中添加标注，说明饼图中各扇区表示的相应含义，如下图所示。

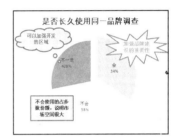

19 计算长久使用同一品牌是因为习惯使用的人数。选中B11单元格，输入"=COUNTA(问卷结果接收!M$3:M$52)"，如下图所示，计算长久使用同一品牌是因为习惯使用的人数。

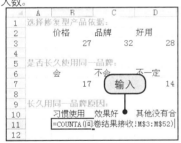

20 计算长久使用同一品牌是因为效果好、其他没有合适的或选择其他选项的人数。按Enter键后，向右复制公式至E11单元格，如下图所示，计算长久使用同一品牌是因为效果好、其他没有合适的或选择其他选项的人数。

21 创建条形图分析。将该问题选项的答案用条形图的方式呈现出来，效果如下图所示。从图表中可以更直观地看出，使用效果与习惯使用是使用者长久使用同一品牌修护霜的原因。

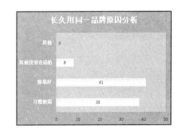

专家点拨：秘书管理时间小窍门

　　文秘在工作中，怎样才能有效地利用时间呢？这里为文秘提供了几点在工作中利用时间的建议，仅供参考。

一、养成每天完成工作目标的习惯

　　奏效是指把一项工作做合适，效率是指把一项最关键的工作做好。把明天要做的最重要的比如六件事，按其重要性大小编成号码，明天上午头一件事是考虑第一项，做起来，直至完毕；再做第二项，如此下去。如果没有全做完，不要于心不安，因为照此办法完不了，那么其他的办法也是做不了的。

（续上页）

专家点拨：秘书管理时间小窍门

二、充分利用时间

如果文秘把最重要的任务安排在一天里你干事最有效率的时间去做，那么就可以花较少的力气，做完较多的工作。那么何时做事最有效率呢？各人不同，需要自己摸索。

三、集中精力

重要的不是做一件事花多少时间，而是有多少不受干扰的时间。全力猛攻，则任何困难都可迎刃而解，而零打碎敲，往往解决不了问题。一次只能考虑一件事，一次只能做一件事。

四、不要做完人

不要求把什么事都做得完美无缺，如写信中有几个错别字，改一下即可，不必重写。

五、利用已派用处的时间

如将看病、理发的等候时间，用来订计划、写信，甚至考虑写作提纲。

六、区别紧迫性和重要性

紧急的事不一定重要，重要的事不一定紧急。不幸的是，许多人把一生花费在较紧急的事上，而忽视了不那么紧急但比较重要的事情。当你面前摆着一堆问题时，应该问问自己，哪一些真正重要，把它们作为最优先处理的问题，如果你听任自己让紧急的事情左右，你的生活中就会充满危机。

七、各种东西有条理放置

如果文秘把东西乱放一气，则找东西的时间就要占很多。

八、学会说不行

事半功倍只取决于懂得有所不为，要砍掉一切不必要的义务和约会。

九、尽量利用简便工具

如电话通信息，只需要几分钟，而信却要好几天。

十、适当地休息

一项工作做久了，可以变换一下身体姿势，从事一些体育活动以消除疲劳，换得更充足的精力。

十一、摆脱消极情绪

在所有影响完成更多工作的消极情绪中，内疚最无益。遗憾懊悔和心情不佳改变不了过去，又使当前的事情难以做成，着眼于未来的担心也是一种毫无用处的情绪。

十二、驱除生活中的忧虑

（1）勇敢地正视你担心的事情。可以自问："这可能引起什么最坏的后果？"，当你回答了这个问题时，没必要的担心就会消失。

（2）以行动、计划来代替担心。为自己规定有意义的目标，然后马上为达到这些目标而努力。

第3篇

拓展应用

第16章 Excel与其他软件的协同使用

注意：由于笔者实际操作中的文件路径与您放置实例文件的路径不一定一致，因此，部分最终文件在打开并直接使用时看不到操作后效果，建议您按照步骤介绍实际操作后重新链接文件。

第16章

Excel与其他软件的协同使用

 学习要点

- ●共享工作簿
- ●插入对象
- ●将工作表输出为PDF格式
- ●修订
- ●获取外部数据

 本章结构

Excel与文本文件的协同使用	Excel与Access的协同使用	Excel与PowerPoint的协同使用
• 将文本文件数据导入Excel • 将Excel数据导出到文本文件	• 将Access数据导入Excel • 将Excel数据导出到Access	• 将Excel数据以图片复制到PPT • 将Excel数据以可编辑的形式导入 • 使导入PPT的Excel数据自动更新 • 在Excel编辑导入到PPT的Excel数据

1 共享工作簿

共享工作簿

| 编辑 | 高级 |

☑ 允许多用户同时编辑，同时允许工作簿合并

正在使用本工作簿的用户(W):

jj - 2010-6-1 15:16

2 导入Word文档数据

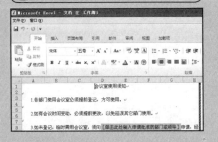

3 导入文本文件中的数据

4 另存为PDF格式的文件

Excel与其他软件的协同使用

第16章

文秘行政人员在使用Excel 2010进行办公时，还会遇到需要同其他软件协同工作的状况。本章主要向用户介绍遇到相关的情况应该怎样处理，包括介绍创建与使用共享工作簿来满足多个用户共同编辑工作簿、在工作簿中导入不同类型的数据以及将Excel文档以PDF格式的形式输出等。

16.1

创建与使用共享工作簿

用户为了提高工作速度，有时可能需要多人同时处理一张Excel表格。Excel 2010为了满足用户这种需求，提供了"共享工作簿"的系统功能。通过使用这个功能，用户可以通过网络将一个Excel文件共享，同时供多人编辑，而且在编辑的同时，Excel会自动保持信息不断更新。

在一个共享工作簿中，用户可以进行输入数据、插入行和列以及更改公式等操作，甚至还可以筛选出自己关心的数据，保留自己的视窗。当多人同时编辑一个单元格发生数据冲突时，用户还可以进行冲突处理。总之，使用共享工作簿可以大大提高用户的工作效率。

① **共享工作簿的定义**

共享工作簿是指允许网络上的多位用户同时查看和修订的工作簿。在查看和修订工作簿时，每位保存工作簿的用户还可以看到其他用户所做的修订。

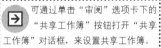

可通过单击"审阅"选项卡下的"共享工作簿"按钮打开"共享工作簿"对话框，来设置共享工作簿。

16.1.1 创建共享工作簿

用户创建共享工作簿时，主要是通过"审阅"选项卡下的"共享工作簿"按钮来实现的。创建共享工作簿后，就可以实现多个用户编辑同一个工作簿的功能。创建共享工作簿的操作如下。

② **在编辑共享工作簿时的注意事项**

用户要保存对工作簿所做的更改，或查看自上次保存以来其他用户已保存的更改，则可以单击快速访问工具栏上的"保存"按钮，或者按Ctrl+S组合键。

原始文件	实例文件\第16章\原始文件\办公室日常维护计划.xlsx
最终文件	实例文件\第16章\最终文件\办公室日常维护计划.xlsx

 打开"共享工作簿"对话框。打开"实例文件\第16章\原始文件\办公室日常维护计划.xlsx"工作簿，然后单击"审阅"选项卡下"更改"组中的"共享工作簿"按钮，如右图所示。

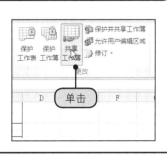

2 设置允许工作簿合并。在弹出的"共享工作簿"对话框中，切换至"编辑"选项卡下，勾选"允许多用户同时编辑，同时允许工作簿合并"复选框，如下图所示。

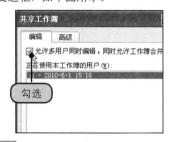

用户在使用共享工作簿时，必须注意共享工作簿并非支持所有功能。如果要包括以下任何功能，则应在将工作簿保存为共享工作簿之前添加，如合并单元格、条件格式、数据有效性、图表、图片、包含图形对象的对象超链接、方案、分级显示、分类汇总、数据表、数据透视表、工作簿和工作表保护以及宏。在工作簿共享之后，不能更改这些功能。

4 设置工作簿的更新。在"更新"选项组下选中"自动更新间隔"单选按钮，然后在其右侧的文本框中输入30分钟，如下图所示。

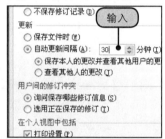

6 显示共享工作簿后的效果。当设置工作簿为共享后，返回工作簿，此时的工作表标题栏中将显示"[共享]"字样，表示设置成功，如下图所示。

8 查看正在使用此工作簿的用户。打开"共享工作簿"对话框，在"编辑"选项卡下"正在使用本工作簿的用户"下方的列表框中可以查看正在使用当前工作簿的用户，如右图所示。

3 设置共享工作簿的修订选项。切换至"高级"选项卡下，选中"保存修订记录"单选按钮，然后在其右侧的文本框中输入60天，如下图所示。

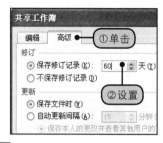

5 设置完成。单击"确定"按钮退出"共享工作簿"对话框，在弹出的提示保存当前文档的提示框中单击"确定"按钮，如下图所示。

7 打开"共享工作簿"对话框。用户将共享后的工作簿放在共享区域内，多个用户都可以对工作簿进行编辑，此时单击"审阅"选项卡下"更改"组中的"共享工作簿"按钮，如下图所示。

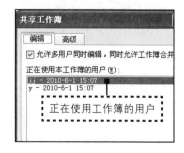

16.1.2 编辑共享工作簿

用户在打开共享工作簿之后，可以像在常规工作表中一样输入和更改数据。在编辑完成工作簿后可以通过操作，达到突出显示修订、接受其他用户的修订、解决编辑发生冲突状况的目的。

| 原始文件 | 实例文件\第16章\最终文件\办公室日常维护计划.xlsx |
| 最终文件 | 实例文件\第16章\最终文件\办公室日常维护计划1.xlsx |

❶ 突出显示修订

用户在对工作簿的数据进行修改后，可以通过突出显示修订的功能，查看被修改的内容。

1 打开"突出显示修订"对话框。打开"实例文件\第16章\最终文件\办公室日常维护计划.xlsx"工作簿，单击"审阅"选项卡下"更改"组中的"修订"下三角按钮，在展开的下拉列表中单击"突出显示修订"选项，如下图所示。

2 设置"突出显示修订"对话框。在"突出显示修订"对话框中设置"时间"为"全部"，设置"修订人"为"每个人"，然后勾选"在屏幕上突出显示修订"复选框，再单击"确定"按钮，如下图所示。

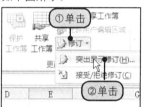

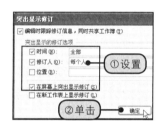

3 突出显示修订后的效果。经过以上操作后，在修改过的单元格左上角会出现一个三角形，将鼠标指针移至此单元格处，就会出现一个注释，提示此处做过修改，如右图所示。

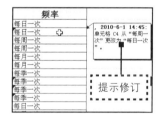

❷ 接受本用户的修订

用户在对共享工作簿做出修订后，可以通过"接受/拒绝修订"按钮，完成对已修改工作簿的最终确定。

1 打开"接受或拒绝修订"对话框。当使用本台计算机对工作簿做出修改后，单击"审阅"选项卡下"更改"组中的"修订"下三角按钮，然后在展开的下拉列表中单击"接受/拒绝修订"选项，如下图所示。

2 保存文档。在弹出的提示保存当前文档的提示框中单击"确定"按钮，如下图所示。

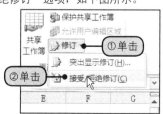

提示 **④ 在快速访问工具栏上添加"比较和合并工作簿"命令**

当共享工作簿被其他用户更新后，用户可能希望先比较这些用户所做的更改，然后用这些更改更新工作簿，此时，用户可以使用"比较和合并工作簿"命令。在"审阅"选项卡下的"更改"组中，所显示的共享工作簿命令并不包括此命令，但用户可以将它添加到快速访问工具栏上。

1 单击"文件"按钮，如下图所示。

2 在展开的下拉列表中单击"选项"按钮，如下图所示。

3 在打开的"Excel选项"对话框中，切换至"快速访问工具栏"选项卡下，然后在"从下列位置选择命令"列表中选择"所有命令"选项，如下图所示。

4 在下方的列表框中单击"比较和合并工作簿"选项，再单击"添加"按钮，如下图所示。

（续上页）

提示 ④ 在快速访问工具栏上添加"比较和合并工作簿"命令

5 通过以上操作后，右侧的"自定义快速访问工具栏"列表框中即可添加上"比较和合并工作簿"选项，如下图所示，然后单击"确定"按钮完成操作。

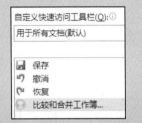

6 通过以上操作后，即可在快速访问工具栏上添加"比较和合并工作簿"命令，如下图所示。

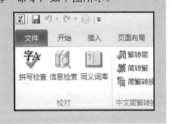

提示 ⑤ 使用"比较和合并工作簿"命令注意事项

共享工作簿只能与从该同一共享工作簿生成的工作簿副本合并，用户不能使用"比较和合并工作簿"命令合并尚未共享的工作簿。

用户要使用"比较和合并工作簿"命令，则所有的共享工作簿用户就都必须保存一个包含自己所做更改的共享工作簿副本，并使用有别于原始工作簿的唯一文件名。共享工作簿的所有副本都应与该共享工作簿位于同一个文件夹中。

用户要将工作簿同时与多个共享工作簿副本合并，则可以按住Ctrl键或Shift键，并单击这些副本的文件名，然后单击"确定"按钮。

3 设置修订时间。在弹出的"接受或拒绝修订"对话框中勾选"时间"复选框，然后在其右侧的下拉列表中选择"起自日期"选项，如下图所示。

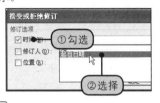

5 接受修订。在弹出的新对话框中单击"全部接受"按钮，接受对工作簿的修订，如下图所示。

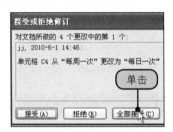

3 接受其他用户的修订

当联机用户对本工作簿做出修改后，用户也可以对其修改进行接收或拒绝操作。

1 打开"接受或拒绝修订"对话框。当联机用户对本工作簿做出修改后，单击"审阅"选项卡下"更改"组中的"修订"下三角按钮，在展开的下拉列表中单击"接受/拒绝修订"选项，如下图所示。

3 接受修订。在弹出的新对话框中查看联机用户对工作簿的修改内容后，单击"全部接受"按钮，接受对工作簿的修订，如右图所示。

4 设置修订人。勾选"修订人"复选框，然后在其右侧的下拉列表中选择"每个人"选项后，单击"确定"按钮，如下图所示。

6 显示修订后的效果。经过以上操作后，即可显示接受工作簿修订后的效果，如下图所示。

	频率
	每日一次
	每日一次
	每日一次
	每周一次
	每月一次
家具上光	每月一次
	每季一次
	每季一次
	每季一次
	每季一次
	每日一次

2 设置修订时间和修订人。在弹出的"接受或拒绝修订"对话框中设置"时间"为"起自日期"，设置"修订人"为"每个人"，然后单击"确定"按钮，如下图所示。

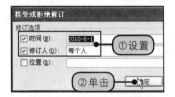

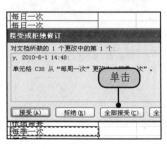

❹ 编辑发生冲突

当两位用户同时编辑同一共享工作簿并试图保存影响同一个单元格的更改时，就会发生冲突。Excel 2010只能在该单元格里保留一种版本的修订。当第二位用户保存工作簿时，就会出现"解决冲突"对话框。

1 接受修订。当共享用户对工作簿做出修改后，单击"审阅"选项卡下"更改"组中的"修订"下三角按钮，在展开的下拉列表中单击"接受/拒绝修订"选项，如下图所示。

2 解决冲突。如果此时修订内容发生冲突，就会弹出"解决冲突"对话框，显示更改发生冲突的内容，单击"全部接受本用户"按钮，如下图所示。

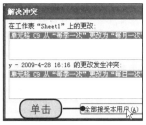

3 设置修订时间和修订人。在弹出的"接受或拒绝修订"对话框中，设置"时间"为"起自日期"，设置"修订人"为"每个人"，再单击"确定"按钮完成设置，如下图所示。

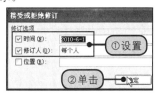

4 接受修订。在弹出的新对话框中查看工作簿的修改内容后，单击"全部接受"按钮，接受对工作簿的修订，如下图所示。

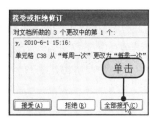

提示 ❻ **解决编辑冲突时的注意事项**

用户在打开"解决冲突"对话框时，要先阅读有关每次更改以及其他用户所做的冲突修订的信息。

用户要保留其更改或其他人的更改并继续处理下一个冲突修订时，可以单击"接受本用户"按钮或"接受其他用户"按钮。

如果用户要保留自己的其余所有更改或其他用户的所有更改，则可以单击"全部接受本用户"按钮或"全部接受其他用户"按钮。

用户要保存包含自己全部修订的工作簿的一份副本时，可以单击"解决冲突"对话框中的"取消"按钮，再单击"文件"按钮，在弹出的下拉列表中单击"另存为"命令，然后输入文件的新名称。

16.1.3 断开用户与共享工作簿的连接

如果需要，用户还可以设置不需要编辑共享工作簿的用户与共享工作簿断开连接。

1 打开"共享工作簿"对话框。打开"实例文件\第16章\最终文件\办公室日常维护计划1.xlsx"工作簿，单击"审阅"选项卡下"更改"组中的"共享工作簿"按钮，如下图所示。

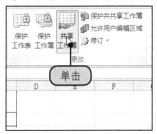

2 选择要断开的用户。在打开的"共享工作簿"对话框中，选择"正在使用本工作簿的用户"下方的列表框中要断开的用户，如下图所示。

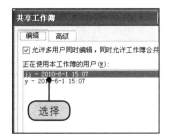

⑦ 断开用户与共享工作簿连接时的注意事项

用户在断开连接用户之前，要先确保其他用户已经在工作簿上完成了他们的工作。如果删除某位活动用户，那么该用户所有未保存的工作将会丢失。

虽然断开用户与共享工作簿连接的操作会将用户与共享工作簿的连接断开，但是不会阻止该用户再次编辑共享工作簿。

⑧ 保护共享工作簿

用户也可以通过保护共享工作簿来设置共享工作簿。

1 单击"审阅"选项卡下"更改"组中的"保护并共享工作簿"按钮，如下图所示。

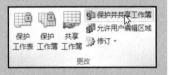

2 在弹出的"保护共享工作簿"对话框中勾选"以跟踪修订方式共享"复选框，然后在"密码"文本框中输入密码"123"，单击"确定"按钮，如下图所示。

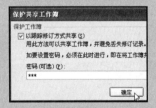

3 弹出"确认密码"对话框，在"重新输入密码"文本框中再次输入密码"123"，单击"确定"按钮完成设置，如下图所示。

3 删除用户。单击"共享工作簿"对话框中的"删除"按钮，如下图所示。

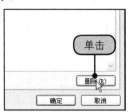

5 断开用户和共享工作簿的连接。经过以上操作后，即可断开用户和共享工作簿的连接，如右图所示。

16.1.4 停止工作簿的共享状态

当共享工作簿编辑完成后，用户可以通过撤销"允许多用户同时编辑，同时允许工作簿合并"复选框来停止工作簿的共享状态。

原始文件	实例文件\第16章\最终文件\办公室日常维护计划.xlsx
最终文件	实例文件\第16章\最终文件\办公室日常维护计划3.xlsx

1 打开"共享工作簿"对话框。打开"实例文件\第16章\最终文件\办公室日常维护计划.xlsx"工作簿，然后单击"审阅"选项卡下"更改"组中的"共享工作簿"按钮，如下图所示。

3 确定Microsoft Office Excel提示。单击"确定"按钮后，系统弹出Microsoft Office Excel提示框，单击"是"按钮完成设置，如下图所示。

4 确定Microsoft Office Excel提示。此时系统弹出Microsoft Office Excel提示框，单击"确定"按钮，如下图所示。

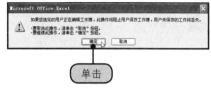

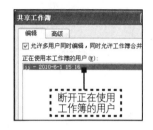

2 取消允许工作簿合并。在弹出的"共享工作簿"对话框中，切换至"编辑"选项卡下，取消勾选"允许多用户同时编辑，同时允许工作簿合并"复选框，如下图所示。

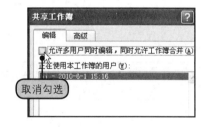

4 显示取消共享工作簿后的效果。当设置工作簿共享取消后，返回工作簿，此时的工作表标题栏中"[共享]"字样即被取消，如下图所示。

16.2

在Excel中导入不同类型的数据

用户在编辑工作簿时，可能会遇到需要从外部导入数据的情况，Excel 2010为用户提供了多种导入功能，以满足用户的需要。

用户可以将Excel 2010中的数据与其他软件共享，通过数据共享来实现Office软件协同工作的目的。

用户在Excel中可以获取的外部数据包括来自Access、网站、文本、现有连接和其他来源。

当用户选择数据自其他来源时，包括数据来自SQL Server、分析服务、XML数据导入、数据连接向导和Microsoft Query。

16.2.1 在Excel中导入Word文档内容

用户在使用Excel 2010时，还可以通过导入Word文档来实现Excel和Word的协同工作。

❶ 直接导入Word文档

用户可以通过系统直接导入已经编辑好的Word文档，实现Excel和Word的协同工作。

原始文件	实例文件\第16章\原始文件\会议室使用须知.docx
最终文件	实例文件\第16章\最终文件\会议室使用须知.xlsx

1 打开"对象"对话框。新建一张Excel工作簿，单击"插入"选项卡下"文本"组中的"对象"按钮，如下图所示。

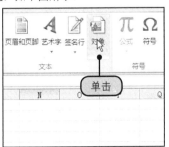

2 打开"浏览"对话框。在弹出的"对象"对话框中，切换至"由文件创建"选项卡下，单击"浏览"按钮，如下图所示。

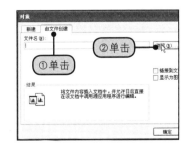

（续上页）

⑧ 保护共享工作簿

4 在弹出的提示保存当前文档的提示框中单击"确定"按钮，如下图所示。

5 设置完成后返回工作簿，此时的工作表标题栏中将显示"[共享]"字样，表示设置成功，如下图所示。

⑨ 直接在Excel 2010 中创建Word文档

用户在Excel 2010中可以通过创建Word文档直接进行文档的编辑。

1 单击"插入"选项卡下"文本"组中的"对象"按钮，如下图所示。

2 在弹出的"对象"对话框中，切换至"新建"选项卡下，单击"对象类型"列表框中的"Microsoft Word文档"选项，如下图所示。

3 经过以上操作后，Excel 2010即可进入Word编辑页面，如下图所示。

3 选择插入的Word文档。在弹出的"浏览"对话框中，用户可以在"查找范围"列表框中选择需要插入的文件，如下图所示，设置完毕后，单击"插入"按钮退出"浏览"对话框。

5 显示设置完成后的效果。经过以上操作后，即可将Word文档成功导入Excel工作簿中，效果如下图所示。

4 完成"对象"对话框的设置。此时"对象"对话框的"文件名"文本框中即可显示插入文档的路径，单击"确定"按钮完成设置，如下图所示。

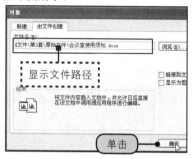

6 进入Word文档编辑模式。在Excel工作簿中，双击Word文档对象，Excel工作簿即可进入Word文档编辑模式，如下图所示。

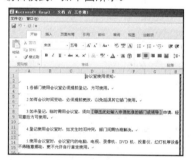

❷ 以图标形式插入Word文档

用户还可以以图标的形式在Excel 2010中插入Word文档。通过双击插入的Word图标来显示Word文档。

原始文件	实例文件\第16章\原始文件\会议室使用须知.docx
最终文件	实例文件\第16章\最终文件\会议室使用须知1.xlsx

1 打开"对象"对话框。新建一张Excel工作簿，单击"插入"选项卡下"文本"组中的"对象"按钮，如下图所示。

2 打开"浏览"对话框。在弹出的"对象"对话框中，切换至"由文件创建"选项卡下，单击"浏览"按钮，如下图所示。

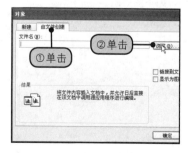

3 选择插入的Word文档。在弹出的"浏览"对话框中，用户可以在"查找范围"列表框中选择需要插入的文件，如下图所示，设置完毕后，单击"插入"按钮退出"浏览"对话框。

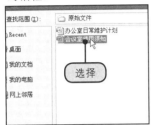

5 显示设置完成后的效果。经过以上操作后，Word文档即可成功导入Excel工作簿中显示为一个图标，效果如下图所示。

3 以超链接形式插入Word文档

用户在Excel 2010中还可以插入超链接形式的Word文档。

原始文件	实例文件\第16章\原始文件\会议室使用须知.docx
最终文件	实例文件\第16章\最终文件\会议室使用须知2.xlsx

1 打开"对象"对话框。新建一张Excel工作簿，单击"插入"选项卡下"文本"组中的"对象"按钮，如下图所示。

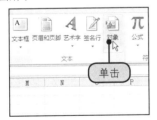

3 选择插入的Word文档。在弹出的"浏览"对话框中，用户可以在"查找范围"列表框中选择需要插入的文件，如右图所示，设置完毕后，单击"插入"按钮退出"浏览"对话框。

4 选择显示为图标形式。返回"对象"对话框，勾选"显示为图标"复选框，单击"确定"按钮完成设置，如下图所示。

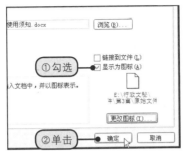

6 进入Word文档编辑模式。在Excel工作簿中双击Word文档图标，即可对Word文档进行编辑，如下图所示。

2 打开"浏览"对话框。在弹出的"对象"对话框中，切换至"由文件创建"选项卡下，单击"浏览"按钮，如下图所示。

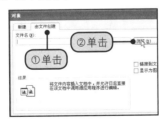

提示 ⑩ 更改插入的Word文档图标

用户在设置以图标形式插入Word文档时，是可以对插入的Word文档图标进行设置的。

1 "对象"对话框中勾选"显示为图标"复选框后，复选框下方即可显示出"更改图标"按钮，单击"更改图标"按钮，如下图所示，打开"更改图标"对话框。

2 用户在弹出的"更改图标"对话框中"图标"右侧的样式库中选中满意的样式，如下图所示。

3 在"图标标题"文本框中根据需要修改图标标题名称，如下图所示。

4 单击"更改图标"对话框中的"确定"按钮退出"更改图标"对话框，再单击"对象"对话框中的"确定"按钮完成设置，则Word文档导入Excel工作簿中的图标显示效果如下图所示。

4 选择显示为超链接形式。返回"对象"对话框，勾选"链接到文件"复选框，单击"确定"按钮完成设置，如下图所示。

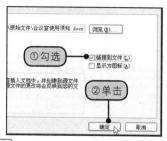

5 显示设置完成后的效果。经过以上操作后，即可将Word文档成功导入Excel工作簿中，效果如下图所示。

6 打开原Word文档。在Excel工作簿中，双击Word文档对象，则Excel工作簿即可链接到原始Word文档，如右图所示。

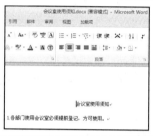

提示 ⑪ 在Excel中导入Access数据注意事项

要将数据从Access导入到Excel中，用户可以从Access数据表中复制数据并将其粘贴到Excel工作表中，或者从Excel工作表连接到Access数据库，也可以将Access数据导出到Excel工作表中。

但是如果用户要将可刷新的Access数据引入Excel中，就需要创建一个到Access数据库的连接。该连接通常存储在Office数据连接文件（.odc）中，并检索表或查询中的所有数据。

连接到Access数据而不导入这些数据的主要好处是，用户可以在Excel中定期分析这些数据，而不需要从Access中反复复制或导出数据。连接到Access数据后，只要原始Access数据库更新了信息，就可以从该数据库自动刷新（或更新）Excel工作簿。

16.2.2 在Excel中导入Access数据

用户在Excel 2010中导入Access数据库数据，可以方便利用数据分析和制作图表功能或数据排列和布局。在Excel 2010中，可以对数据灵活地使用Access中不可用的功能。

原始文件	实例文件\第16章\原始文件\资产.accdb
最终文件	实例文件\第16章\最终文件\资产.xlsx

1 打开"选取数据源"对话框。新建一张Excel工作簿，单击"数据"选项卡下"获取外部数据"组中的"自Access"按钮，如下图所示。

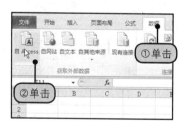

2 选择插入的Access数据文档。弹出"选取数据源"对话框，在"查找范围"列表框中选择需要插入的文件，如下图所示，设置完毕后，单击"打开"按钮打开"选择表格"对话框。

3 选择表格。在打开的"选择表格"对话框中，单击"资产扩展信息"选项选择需要导入Excel工作簿的数据，如右图所示，然后单击"确定"按钮打开"导入数据"对话框。

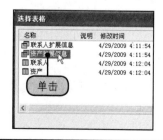

4 设置导入数据。在弹出的"导入数据"对话框中，选中"表"单选按钮设置数据的显示方式，然后选中"现有工作表"单选按钮，返回工作表中选中单元格A1，如下图所示。

5 显示设置完成后的效果。单击"确定"按钮完成设置后，即可将来自Access的数据成功导入Excel工作簿中，效果如下图所示。

16.2.3 在Excel中导入文本数据

用户可以使用Excel 2010将数据从文本文件导入工作表中。文本导入向导可检查用户正在导入的文本文件，并能确保以用户期望的方式导入数据。

原始文件	实例文件\第16章\原始文件\产品销售表.txt
最终文件	实例文件\第16章\最终文件\产品销售表.xlsx

1 打开"导入文本文件"对话框。新建一张Excel工作簿，单击"数据"选项卡下"获取外部数据"组中的"自文本"按钮，如下图所示。

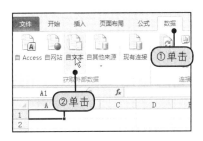

2 选择导入的文本文件。弹出"导入文本文件"对话框，在"查找范围"列表框中选择需要导入的文件，如下图所示，设置完毕后，单击"导入"按钮。

3 设置原始数据类型。在弹出的"文本导入向导-步骤1（共3步）"对话框中，选中"原始数据类型"选项组中的"分隔符号"单选按钮，如下图所示，再单击"下一步"按钮。

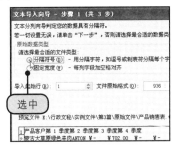

4 设置分隔符号。在"文本导入向导-步骤2（共3步）"对话框中，勾选"分隔符号"选项组中的"Tab键"复选框，如下图所示，再单击"下一步"按钮。

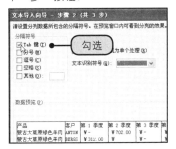

提示 ⑫ 使用文本导入向导的3个步骤

用户要启动"文本导入向导"对话框时，要在"数据"选项卡下的"获取外部数据"组中单击"自文本"按钮来打开。

1 设置原始数据类型。如果文本文件中的各项以制表符、冒号、分号、空格或其他字符分隔，那么用户可以选择"分隔符号"；如果每列中所有项的长度都相同，那么用户可以选择"固定宽度"进行设置。

设置导入起始行。用户可以输入或选择行号，来指定要导入数据的第一行。

设置文件原始格式。用户可以选择文本文件中所使用的字符集，在多数情况下，可以将此设置保留为默认设置。如果用户知道文本文件是使用不同于计算机上所用字符集的其他字符集创建的，那么应更改此设置以使其与该字符集相匹配。

预览文件。该框以文本被分到各工作表列后的形式来显示文本。

2 设置分隔符号。用户可以选择在文本文件中分隔值的字符。如果未列出该字符，就勾选"其他"复选框，然后在包含光标的框中输入该字符；如果数据类型为"固定宽度"，那么这些选项不可用。

连续分隔符号视为单个处理。如果数据包含数据字段之间的一个具有多个字符的分隔符号，或者数据包含多个自定义分隔符号，那么用户可以勾选此选项。

设置文本识别符号。用户可以用来选择文本文件中将值括起来的字符。

数据预览。在该框中用户可以查看文本以验证文本是否按照期望的方式分到工作表上的列中。

3 设置列数据格式。单击"数据预览"中所选列的数据格式，如果不希望导入所选列，就单击"不导入此列（跳过）"选项。

（续上页）

（续上页）

提示 ⑫ 使用文本导入向导的3个步骤

用户选择选定列的数据格式后，"数据预览"下的列标题将显示该格式。如果选择"日期"，就在"日期"框中选择日期格式。

选择与预览数据最接近的数据格式，这样 Excel 便可以准确地转换导入数据。如果转换可能产生某些意外结果，那么Excel 将以常规格式导入列。

5 设置列数据格式。在"文本导入向导-步骤3（共3步）"对话框中，选中"列数据格式"选项组中的"常规"单选按钮，如下图所示，再单击"完成"按钮。

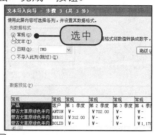

6 设置导入数据。在弹出的"导入数据"对话框中，选中"现有工作表"单选按钮，然后返回工作表中选中单元格A1，如下图所示，单击"确定"按钮完成设置。

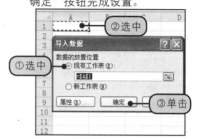

7 显示设置完成后的效果。经过以上操作后，即可将来自文本文件的数据成功导入Excel工作簿中，效果如右图所示。

提示 ⑬ Web 查询的定义

Web查询是指用于检索 Intranet 或 Internet 中存储的数据。

提示 ⑭ 从网站导入数据使用范围和注意事项

用户可以使用 Web 查询来检索存储在 Intranet 或 Internet 上的数据，例如查询单个表、多个表或网页上的所有文本，并使用 Excel 中的工具和功能来分析这些数据。用户通过单击按钮，可以使用网页上的最新信息轻松地刷新数据。例如，用户可以从公共网页上检索和更新股票报价，或者从公司网页上检索和更新销售信息表。

值得注意的是，如果用户发现页面上的表格旁边没有➡按钮，那么可以单击对话框顶部的"显示图标"按钮➡来显示。

16.2.4 在Excel中导入网站中的数据

用户通过创建或运行 Web查询，可以从网页中检索文本或数据。网页包含的信息通常最适合用 Excel 进行分析。用户可以根据需要检索可刷新的数据，也就是说，用户可以用网页中的最新数据更新 Excel 中的数据。此外，还可以从网页中检索数据并在工作表中将其设置为静态数据。

> **最终文件** 实例文件\第16章\最终文件\中国2002年前500家批发企业主要经济指标统计.xlsx

1 打开"新建Web查询"对话框。新建一张Excel工作簿，单击"数据"选项卡下"获取外部数据"组中的"自网站"按钮，如下图所示。

2 选择导入的网站内容。弹出"新建Web查询"对话框，在"地址"文本框中输入需要导入的网站地址，再单击页面上的➡按钮，如下图所示，设置完毕后，单击"导入"按钮。

3 设置导入数据。在弹出的"导入数据"对话框中，选中"现有工作表"单选按钮，然后返回工作表中选中单元格A1，如下图所示，单击"确定"按钮完成设置。

4 显示设置完成后的效果。经过以上操作后，即可将来自网站中的数据成功导入Excel工作簿中，效果如下图所示。

16.3

将工作表输出为PDF格式

用户在保存Excel 2010文件时，可以将文件输出为PDF或XPS的形式。要将文件输出为PDF的形式，只需将文件另存为 PDF 格式。下面以导出PDF格式工作表为例加以说明。

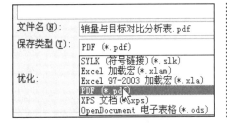

←　单击"文件"按钮，从弹出菜单中单击"另存为"命令，弹出"另存为"对话框，从"保存类型"下拉列表中选择"PDF（*.pdf）"选项，可以将文件输出为PDF 的形式。

原始文件	实例文件\第16章\原始文件\销量与目标对比分析表.xlsx
最终文件	实例文件\第16章\最终文件\销量与目标对比分析表.pdf

1 单击"另存为"命令。打开"实例文件\第16章\原始文件\销量与目标对比分析表.xlsx"工作簿，单击"文件"按钮，从弹出的菜单中单击"另存为"命令，如下图所示。

2 设置保存位置。弹出 "另存为"对话框，在"保存位置"下拉列表中选择需要保存文件的位置，如下图所示。

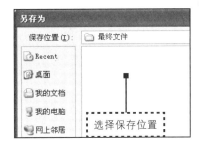

提示 ⑮ **输出工作簿为XPS格式**

用户也可以根据需要将Excel工作簿输出为XPS格式，操作步骤与输出为XPS格式工作簿基本相同。

1 弹出 "另存为"对话框，在"保存类型"右侧的下拉列表中单击"XPS文档（*.xps）"选项，如下图所示。

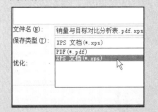

2 选中"标准"单选按钮，再单击"发布"按钮，就可以将Excel工作簿输出为XPS格式，如下图所示。

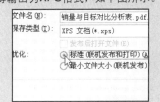

3 设置保存类型。在"保存类型"右侧的下拉列表中单击"PDF（*.pdf）"选项，如下图所示。

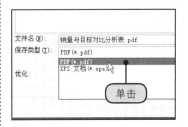

4 设置文档的优化。勾选"发布后打开文件"复选框，然后选中"标准"单选按钮，再单击"选项"按钮，如下图所示。

5 设置选项。在打开的"选项"对话框中，选中"页"单选按钮，再选中"发布内容"选项组中的"活动工作表"单选按钮，如下图所示，设置完毕后，单击"确定"按钮。

6 显示工作表输出后的效果。单击"另存为"对话框中的"保存"按钮，将Excel工作簿输出为PDF格式，效果如下图所示。

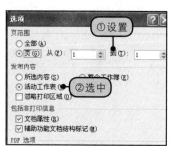

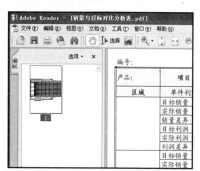

读书笔记